U0673897

国家出版基金项目
NATIONAL PUBLICATION FOUNDATION

"十二五"国家重点图书出版规划项目

CHINA WETLANDS RESOURCES
Gansu Volume

中国湿地资源

甘肃卷

◎ 国家林业局组织编写

中国林业出版社

图书在版编目（CIP）数据

中国湿地资源·甘肃卷／国家林业局组织编写；樊辉分册主编．－北京：
中国林业出版社，2015.12

"十二五"国家重点图书出版规划项目
ISBN 978-7-5038-8298-2

Ⅰ．①中… Ⅱ．①国… ②樊… Ⅲ．①湿地资源－研究－甘肃省 Ⅳ．① P942.078

中国版本图书馆 CIP 数据核字（2015）第 296583 号

总 策 划： 金　旻
策划编辑： 徐小英
主要编辑： 徐小英　刘香瑞　李　伟
　　　　　 何　鹏　于界芬
美术编辑： 赵　芳

出版发行　　中国林业出版社（100009　北京西城区刘海胡同 7 号 ）
　　　　　　http://lycb.forestry.gov.cn
　　　　　　E-mail:forestbook@163.com　电话：(010)83143515、83143543
设计制作　　北京捷艺轩彩印制版有限公司
印刷装订　　北京中科印刷有限公司
版　　次　　2015 年 12 月第 1 版
印　　次　　2015 年 12 月第 1 次
开　　本　　787mm×1092mm　　1/16
字　　数　　511 千字
印　　张　　20
定　　价　　135.00 元

中国湿地资源系列图书
编撰工作领导小组

顾　问：陈宜瑜　李文华　刘兴土
组　长：张永利
副组长：马广仁
成　员：（按姓氏笔画排序）

王文宇	王忠武	王海洋	韦纯良	邓乃平	邓三龙
兰宏良	刘建武	刘艳玲	刘新池	李　兴	李三原
李永林	来景刚	吴　亚	张宗启	陆月星	陈则生
陈传进	陈俊光	林云举	呼　群	金　旻	金小麒
周光辉	降　初	孟　沙	侯新华	夏春胜	党晓勇
徐济德	奚克路	阎钢军	程中才	雷桂龙	蔡炳华
樊　辉					

中国湿地资源系列图书
编撰工作领导小组办公室

主　任：马广仁
副主任：鲍达明　唐小平　熊智平　马洪兵
成　员：

王福田	姬文元	刘　平	闫宏伟	李　忠	田亚玲
王志臣	张阳武	但新球	刘世好	王　侠	徐小英

《中国湿地资源·甘肃卷》
编辑委员会

主　任：樊　辉
副主任：武全国　杨宇翔
成　员：汪　杰　陶　冶

《中国湿地资源·甘肃卷》
编写组

主　　编：樊　辉
副 主 编：武全国　杨宇翔　陶　冶
编 著 者：(按姓氏笔画排序)

马玉萍　马存世　王春霞　何莉萍　张立勋　杨宇翔
陈学林　赵成章　陶　冶　高　军　蔡　鸣

主　审：马克明　汪　杰
地图绘制：高　军　马洪兵　谢　磊
照片摄影：张　勇　赵　勤　汪　杰　陶　冶　索义拉　张玉斌
王春霞　朱　民　魏向华

总　序

　　湿地是地球表层系统的重要组成部分，是自然界最具生产力的生态系统和人类文明的发祥地之一。在联合国环境规划署（UNEP）委托世界自然保护联盟（IUCN）编制的《世界自然资源保护大纲》中，湿地与森林和海洋一起并称为全球三大生态系统。湿地具有类型多样、分布广泛的特点；湿地更重要的是还具有多种供给、调节、支持与文化服务功能，是人类重要的生存环境和资源资本。湿地与人类生产生活和社会经济发展息息相关。湿地的重要性受到世界各国和国际社会的普遍关注。早在1971年，国际社会就建立了全球第一个政府间多边环境公约，即《关于特别是作为水禽栖息地的国际重要湿地公约》（简称《湿地公约》）。同时，该公约也是全球最早针对单一生态系统保护的国际公约。1992年中国加入《湿地公约》，自此我国湿地保护事业进入了新的发展时期。

　　我国加入《湿地公约》后，在国家林业局设立了专门的湿地保护和履约机构，对内负责组织、协调、指导和监督全国湿地保护工作，对外负责《湿地公约》的履约工作。近年来，中国各级政府在湿地保护方面开展了大量卓有成效的工作，采取了一系列保护和合理利用湿地资源的措施，在湿地保护规划和重点工程建设、财政补贴政策制定实施、法规制度建设、保护体系建设、科研监测、宣传教育和国际合作等方面取得了长足进步。但我国湿地生态系统仍然面临着盲目围垦与改造、污染、水土流失、泥沙淤积、生物资源过度利用等多种因素的破坏和威胁，导致面积减少，生态功能下降，生物多样性丧失。因此，切实保护和合理利用湿地资源，既是保障生态安全和国土安全的当务之急，更是中国实施可持续发展战略势在必行的要务。

　　开展湿地资源调查，摸清湿地资源家底，把握湿地资源动态，是所有湿地保护工作的基础，也是履行《湿地公约》各项工作的根基。2009～2013年，在中央财政的支持下，国家林业局组织开展了第二次全国湿地资源调查工作。在此期间，我有幸作为第二次全国湿地资源调查专家技术委员会的主任委员，和其他专家一起全程参与了此次湿地资源调查的主要技术环节和成果鉴定。

　　我认为此次调查具有以下几个特点：一是，此次调查的湿地分类、界定标准、调查方法基本与《湿地公约》规定相接轨，使得调查数据符合《湿地公约》的要求，调查成果易于被国际认可，便于国际间的对比和交流。二是，制定了内容全面、方法科学、符合国际标准的统一技术规程《全国湿地资源调查技术规程（试行）》，进行了同标准、同口径的分期分批调查。三是，本次调查利用"3S"技术与现地验证相结合的技术方法，查清了全国范围内（未包括香港、澳门、台湾）8 公顷以上的湿地资源基本情况。四是，湿地调查分为一般调查和重点调查。重点调查包括，国际重要湿地、国家重要湿地、自然保护区（含自然保护小区）和湿地公园内的湿地以及其他特有、分布濒危物种和红树林等具有特殊保护价值的湿地。五是，组织保障有力。国家层面上，成立了第二次全国湿地资源调查领导小组、专家技术委员会、中央技术支撑单位和国家质量检查组；省级层面上，分别成立了湿地调查专职机构，组建了省级专业调查队伍。

需要指出的是，第二次全国湿地资源调查期间，我国湿地保护事业发展迅速。2009 年，中央启动了"湿地生态效益补偿试点"工作；2010 年开始，中央财政设立了湿地保护补助专项资金；2012 年，党的十八大将建设生态文明纳入中国特色社会主义事业"五位一体"总体布局，提出要"扩大森林、湖泊、湿地面积，保护生物多样性"。期间，国家林业局会同相关部门认真实施了《全国湿地保护工程实施规划 (2005 ~ 2010 年)》和《全国湿地保护工程"十二五"实施规划》。2013 年，国家林业局出台的《推进生态文明建设规划纲要》划定了湿地保护红线，到 2020 年中国湿地面积不少于 8 亿亩。2013 年，国家林业局出台了第一部国家层面的湿地保护部门规章《湿地保护管理规定》。应该说，历时 5 年的湿地资源调查与同期湿地保护事业的发展，是休戚相关，相互促进的。

第二次全国湿地资源调查取得了丰硕成果。在全球范围内，我国率先完成了《湿地公约》倡导的国家湿地资源调查，首次科学、系统地查明了《湿地公约》所定义的我国湿地资源情况。建立了完整的全国湿地资源空间数据库和属性数据库，掌握了近 10 年来湿地资源动态变化情况，建立了稳定的湿地资源调查专业队伍和专家团队，形成了较为完整的湿地资源调查监测技术规范，完成了全国湿地资源总报告、分省报告和多个专题报告，编制了系列成果图。调查成果达到国际先进水平。

党的十八大对建设生态文明作出了全面部署，强调把生态文明建设放在突出地位，融入经济建设、政治建设、文化建设、社会建设各方面和全过程。在全国第二次湿地资源调查成果的基础上，系统编著形成了中国湿地资源系列图书，为新时期我国湿地保护事业奠定了坚实基础。希望本系列图书能够为我国湿地工作者在开展湿地研究、保护与合理利用工作时提供参考和借鉴。

中国科学院院士

2015 年 9 月

前　言

　　湿地是世界上分布最广泛、生物多样性最丰富、环境资产最重要的自然资源之一，与森林、海洋被誉为全球三大自然生态系统。因其所具有的保持水源、净化水质、蓄水调洪、调节气候、保护生物多样性等多种不可替代的综合功能而被称之为"地球之肾""淡水之源""物种基因库"。湿地资源既是重要的自然资源，也是人类经济社会可持续发展的基础资源和战略资源，是国家生态安全的重要组成部分，具有巨大的生态、经济和社会价值。

　　甘肃省地处我国内陆腹地，是长江、黄河和主要内陆河流的重要水源涵养区，是国家主体功能区划中确定的重点生态保护区，承担着我国主要江河源头水源保护、涵养、防风固沙和生物多样性保护等重要生态功能。复杂多样的地形地貌，蕴育了丰富的湿地资源。第二次湿地资源调查结果显示，全省分布有河流湿地、湖泊湿地、沼泽湿地和人工湿地等多种类型的湿地 169.39 万公顷，湿地面积占全省国土面积的3.98%，湿地成为维系全省社会发展的重要经济资源和生态资源。甘肃又是一个自然条件十分严酷，生态资源和生态环境极其脆弱的省份。因此，加大湿地资源保护力度，对改善全省生态环境，推进生态安全屏障建设和生态文明建设具有重要的现实意义和深远的历史意义。掌握和了解全省湿地资源分布现状以及保护和利用状况，对采取行之有效的保护措施至关重要。《中国湿地资源·甘肃卷》就是一部全面系统地反映甘肃省湿地资源的基础资料用书。

　　《中国湿地资源·甘肃卷》按照国家林业局的统一安排，由省林业厅组织编写而成。该书以第二次全国湿地资源调查甘肃省湿地资源调查报告为依据，全面系统地反映了甘肃省湿地资源分布的范围、类型、面积、动植物资源、景观资源、利用现状、保护管理状况、受威胁情况和存在的问题以及应采取的措施等，内容翔实，图文并茂，融专业性、科普性于一体。该书不仅是一部湿地资源业务用书，也是一部普及湿地知识用书，还是一部宣传甘肃湿地景观和生态旅游的宣传用书。其出版发行必将为准确把握全省湿地格局、科学评价湿地价值和确定湿地合理定位，制定切合实际的科学的保护及合理利用规划提供科学依据，为开展全省湿地保护管理、发挥湿地功能、恢复退化湿地以及维护区域生态平衡发挥重大作用。当然，《中国湿地资源·甘肃卷》的编撰出版也是甘肃湿地保护工作的重要组成部分。

《中国湿地资源·甘肃卷》编辑委员会

2014 年 9 月

目　录

第一章
基本情况

第一节
自然概况

1　地理位置

　　甘肃省位于黄土高原、青藏高原、蒙古高原三大高原和西北干旱区、青藏高寒区、东部季风区三大自然区域的交汇处。东邻陕西省，南与四川省、青海省接壤，西与新疆维吾尔自治区相邻，北与内蒙古自治区和蒙古国交界，东北部与宁夏回族自治区连接。地理坐标为东经92°13′~108°46′，北纬32°11′~45°57′，面积425790平方公里。

2　地质地貌

　　甘肃省的地质构造，反映在地层方面，十分复杂。分布于省境南部的西秦岭山地和横跨甘肃、青海边界的祁连山地，都是地壳上的活动带。经过多次的造山运动，特别是近期剧烈的阶段性上升运动，才形成现在不同级夷平面的中、高山地与许多河谷阶地和峡谷。省境中北部的陇山以东及祁连山以北，均属地质时代长期较稳定的中国地台部分，如陇东的鄂尔多斯地台，河西的阿拉善—北山地块，地表起伏较小，广泛覆盖着第三纪及第四纪的疏松地层，多属高原形态。全省的大地构造轮廓，就是在稳定的古地块与活动地槽相间分布的形式下，通过加里东和海西造山期，地台控制了地槽的发展，同时邻近地槽的变化，也影响了地台的升降复活，因而形成现今高山与盆地相间分布的地形。

　　甘肃省是中国中部以山地、高原为主，而地貌及其复杂的省区。有辽阔而平坦的河西走廊，沙漠、绿洲相间分布；有高大的雪山、冰川和纵横分布于其周围的森林草原；有幽深的峡谷；有广袤的黄土高原和外营力侵蚀切割形成的梁、峁、沟壑以及冲积、洪积而成的宽坦河谷平原，组成错综复杂的地貌景观。概括起来说，有以下特征：①山脉走向与地质构造线一致。陇南山地和祁连山地是省境最大的两个山系，前者是大致呈东西或北西西—南东东走向的西秦岭地槽褶皱带，因此，陇南岭谷概呈东西向排列，非常整齐；后者大抵是呈西北—东南走向的祁连山地槽褶皱带，因而山岭和纵谷也循着同一方向平行排列。河西走廊北侧的合黎山、龙首山与北山区的马鬃山以及陇中近南北向的陇山和子午岭，山文线都与构造线符合，可见地质构造与地形地貌关系非常密切，这是甘肃省地貌的主要特色。②西部的祁连山中有几级高峻的剥蚀面，高出河床数百米至数公里不等，都是晚近纪山体阶段性隆升的结果。省内各河流沿岸的多级阶地，是地面间歇性上升，河流相应下切的结果；陇南山地的深切曲流和陡岸峡谷，为幼年期地形的表现；这些普遍显著的地貌，都与新构造运动的强烈隆升有关。③地貌组成物质复杂。全省自南而北，地表组成物质有明显差别。陇南山地石多、土少、坡陡、峰锐，为典型的山岳地貌；陇中黄土高原黄土与其下伏的红层深厚，岩性松软，易被流水冲刷；甘南高原地高气寒，谷宽坡缓而土层较厚，另具高山草甸景观；乌鞘岭以北，地面物质大部分为砾石和松散沙粒，风成地形显著，有广袤的戈壁滩、风积沙丘和雅丹地貌，且有少数的剥蚀低山，蚀余残丘及点缀在干旱荒漠中的一些绿洲景观。④地貌复杂，以山地、高原为主。省境大部在青藏高原东北缘，因此地势高峻，向西北和东南两侧倾斜，除西北与东南边少数河谷外，大部地面海拔在 1000 米以上，其中山地占全省面积的 43%，主要有陇南山地、祁连山地及马鬃山地，包括不少山间盆地及河谷川坝区；高原占全省面积的 32.2%，有甘南高原及黄土高原。上述两种地貌合计占全省面积的 75% 以上，平地仅占全省面积 24.7%。河西走廊的高平地，大部分是戈壁、沙漠及剥蚀低山，有灌溉条件的绿洲农业面积不到 2 万平方公里。全省地形可分为 6 大区域，概述如下。

2.1　陇南山地

陇南山地西以太子山南至光盖山西麓直抵省界一线邻接甘南高原，北与陇中黄土高原约以露骨山至火焰山间的渭河、西汉水分水岭为界，东南止于甘肃、陕西及甘肃、四川省界。全区以石质山为主，是秦岭地槽的一部分，也是全省平地最少区。全区地势西北高，东南低，山脉多与构造线一致，概呈东西向或北西西走向。主要山脉有 3 条：北条大山有太子山、白石山、莲花山、露骨山等，主峰海拔都在 3000 米以上，越向东山势越低，至天水市东、渭河南岸的火炎山间，一般山峰的海拔在 2000 米左右；中条大山有光盖山及迭山山脉，海拔均在 4000 米以上，是洮河、白龙江的分水岭，至岷江以东，高度大减，武都以北，海拔降至 2500 米左右，山峰零乱，无明显的山文线；南条大山在甘肃、四川界上有岷山及其东延的摩天岭。

本区河流有黄河水系的大夏河和洮河，长江水系的嘉陵江上游及其支流白龙江，河道交错，河谷深陷，河网稠密，山脊尖锐，地域性差别很大，可再分为南秦岭、徽成盆地和北秦岭 3 个亚区。

2.1.1　南秦岭

南秦岭西起洮河南岸的光盖山西麓，东止西汉水以北的龙凤山北坡，全部属长江水系的嘉陵江上游中山峡谷地及其支流白龙江中上游的中高山与峡谷地。全区地形的主要特点是高峻山岭与深切河谷对比明显。本区多石灰岩，另有页岩、片岩或千枚岩。山多角峰锯脊，石骨嶙峋。山脊不仅高峻，而且具有峰林外貌，崖壁陡绝，山脊圆浑，坡度平缓，海拔概在 2000 米左右。冰川地形虽不显著，但据调查，文县北部的天池，海拔 1800 米，面积 5 平方公里，水深 49 米，是擂鼓山冰川湖的遗迹。

2.1.2　徽成盆地

徽成盆地南北介于南秦岭和北秦岭之间，是一重要的山间盆地。包括两当、徽县、成县部分地区，大致是北东东—南西西走向，长百余公里，宽 10 余公里，是经断裂而成的狭长盆地，南缘是燕山运动所造成的凤岭大断层，东部有第三纪红层直接覆盖在古生代地层之上。由此得知，喜马拉雅运动使本区断层的范围更加扩大。北缘与北秦岭以断层挠曲相接触。盆地内部为第三纪红层和第四纪黄土层及近代冲积层所充填，切割成红色丘陵。近代冲积物分布于各河谷川地，都已辟为耕地。盆地内部至边缘山岭的景观差别明显，可分为中部丘陵与河谷平原和盆地边缘山岭两亚区。

2.1.3　北秦岭

北秦岭是徽成盆地以北至渭河上游谷地间山地的总称。范围较广，山川地势的差别也较大，一般分为渭南中、低山区，洮河中上游高山峡谷区及大夏河上游山原区。

渭南中低山区：西起洮渭分水岭的露骨山南；以渭河各支流与嘉陵江流域的分水岭为界，是北秦岭东段的狭长地带；向东山势降低，切割深度达 400～500 米，谷坡变化在 30°～40°间；北入渭河各支流的上游仍多峡谷及峻峨山峰，是中山地貌。松软岩层区概属低山，上多黄土覆盖，大部地区具有黄土景观，土地利用充分。

洮河中上游高山峡谷区：洮河以黑甸峡北为下游，以岷县城西 20 公里的高石崖山岔为中上游的分界线。洮河至岷县城东，由东西流向突然转变为南北流向，横切山岭而过，形成很不自然的弯曲。据调查，洮河很可能原循岷县城东的迭藏河南流入小岷江，后因地面抬升，东面自南北流的一河溯源侵蚀强烈，切割分水岭，劫夺古迭藏河水源，使其改向北流。至今迭藏河与小岷江之间的分水岭，仍有古河床的痕迹。可见小岷江是被袭夺河（或称断头河），洮河自岷县以下为袭夺河，迭藏河则为袭夺后的倒流河。洮河上游沿岸全是峡谷地形，南岸的迭山山脉，海拔 4000 米以上，形势巍峨，盛夏积雪不化。在中游峡谷与平川相间，著名峡谷有野狐峡、九甸峡及黑甸峡等，川地以岷县平原最大，东西长达 40 公里，宽 1 公里以上，由三级阶地组成，阶地表层全为冲积黄土。

大夏河上游山区：大夏河以土门关附近为山地和川地及上游和下游的天然分界线。土门关至夏河间，有北秦岭西延的太子山和白石山，海拔概在 3500 米以上，是本区的高山地带。高山以南有甘南藏族自治州政府合作市所在的德乌鲁盆地，是高山森林灌丛区向甘南高原牧区的过度地带。

2.2　陇中黄土高原

位居甘肃中部的黄土高原，是山西、陕西、甘肃黄土高原的一部分，海拔在 1000～2600 米之间，主要在陇南山地的北秦岭以北，祁连山东延部分的乌鞘岭、毛毛山、寿鹿山、哈思山一线之南，以纵峙其中的陇山分为陇东和陇西二亚区。

2.2.1　陇东黄土高原

陇东黄土高原除西南一隅以陇山分开于陇西黄土岭谷区外，其余四面均止于省界，东西介于宁夏和陕西之间，海拔在 1000～1800 米间。上覆深厚的黄土层，经过流水切割，形成大小不等破碎的黄土原及梁、峁、沟壑等高度均匀的各类地形，这显然与下伏地层倾角平缓的白垩纪砂岩、页岩侵蚀面有关。第四纪黄土的覆盖，缓和了原来的起伏。

陇东水系以泾河为主干，树枝状支流伸入黄土高原，支沟发育，蚕食原面，造成破碎的高原。庆阳驿马关以北，原面更为破碎，形成丘陵型梁峁与沟壑错综的残原地貌。

由于新构造运动的间歇性上升，河流相应下切，河岸生成多级阶状台地，是陇东历史文化及农业发展的主要基地。阶地除河漫滩外，普遍有三级，如平凉附近，第一级阶地高出河床 25 米，第二级阶地高出 70～80 米，第三级阶地高出 180～200 米。

2.2.2 陇西黄土高原

陇西黄土高原以在陇山之西得名。由于受陇西帚状旋卷构造及陇西地轴诸种因素影响，而且在中生代和新生代以来，各山岭间生成大小不等的白垩系及甘肃群红层的许多盆地，经褶皱断裂成红层山岭，后被黄土覆盖成陇西黄土岭谷状高原。又可分为渭河上游黄土岭谷；洮河大夏河下游黄土岭谷；祖厉河黄土岭谷；省境黄河谷地及皋兰北山黄土梁、峁、沟壑与山间盆地 5 个亚区。

渭河上游黄土岭谷区南北介于北秦岭及华家岭，东西介于陇山及鸟鼠山之间，地势西北高而东南低。渭河各支流切穿老地层处，形成峡谷；流经第三纪红层盆地处，就出现平川或宽谷盆地。因此，各河道多一束一放，形成峡谷和盆地交错分布的葫芦状河谷，这也就是葫芦河一名的由来。上述诸盆地是发展农业的重要区域。峡谷地形又是建置水电站的理想坝址。渭河北岸的黄土岭比高概在 270～300 米，原面及梁嘴的高度比较一致。各河谷在河漫滩以上，普遍有三级阶地。第一级阶地较广，统称川地。二、三级阶地通称坪地与梁地，断续出现。

洮河、大夏河下游黄土岭谷与祖厉河黄土岭谷二区同位居省境黄河南岸的马寒山、华家岭等分水岭以北，同属南高北低、黄土层较厚的半干旱区，尤其祖厉河流域的定西、会宁及靖远南部，是省境内环境较艰苦的著名苦水区。年降水量自南至北，从 400 毫米以上降至 200 毫米左右，农业由旱作农业渐至半农半牧的"非灌不植"区。

省境黄河谷地横贯本省 486 公里间，峡谷和盆地相间，一束一放的地形更为明显。河流切穿古老基岩处，造成峡谷，是大型综合性水利工程的良好坝址。被这些峡谷分开的宽谷盆地川台区，是本省历史文化及工农业经济发展的重心所在。自西至东，本区依次分布 11 个峡谷与 11 个盆地。其中以兰州和靖远两个盆地最大，各达 210 平方公里；什川盆地最小，仅 16 平方公里。除盐锅峡与红山峡由较疏松的甘肃群红层组成外，其余各峡都由坚硬的火成岩与变质岩组成，水流湍急，水利资源丰富。

兰州黄河以北的皋兰北山黄土梁峁沟壑与山间盆地，是祁连山东段余脉的几条平列老山，由陇西帚状旋卷构造所组成，因此，山地起伏不大，地表多由第三纪甘肃群红层及第四纪黄土层所覆盖。毛毛山、老虎山南麓的山前倾斜平地如秦王川、郝家川及吴家川等，都是重要的山间盆地与历史交通要道。

2.3 甘南高原

甘南高原位于达里加山至康乐县南的白石山一线之南，白石山南麓的石门河至洮南大峪沟一线以西，海拔在 3000 米以上，是本省地势最高、面积最小的高山、高原交错区，也是昆仑、秦岭两个地槽褶皱带的连接区。除西缘的西倾山与西南缘的大积石山海拔均在 4400 米以上外，其余海拔均在 3000～3500 米之间。西南有黄河的河曲环绕，东北有黄河支流的大夏河和洮河及长江支流的白龙江上游发源地，地表起伏小，切割微弱，相对高度由东至西，从 300～400 米降至 100～200

米之间，多为宽阔湿地与典型高原，也是青藏高原的东延部分，亦为本省重要的天然牧场。该区一般可分为西倾山原、碌曲高原及玛曲山原三亚区。

2.3.1 西倾山

西倾山原是西秦岭地槽最西部分，以向西南突出的弧形与昆仑地槽相接，大部在青海省境，东延至本区是典型的高山草地，山体魁伟，高峻部分有古冰川地形遗迹。

2.3.2 碌曲高原

碌曲高原位于洮河上游西倾山与大积石山之东，以大夏河和洮河分水岭的高山区为北界。东南缘包括白龙江上源区一小部分，大部在洮河上游的碌曲县境，故名碌曲高原，一般比高小于200米，多沼泽湿地，分布在低平冈岭间，地面泥炭层深厚，是典型的高原草甸。

2.3.3 玛曲山

玛曲山原在碌曲高原以南，以大积石山为轴心，由黄河三面环绕，一般称为河曲山原。大积石山为古生代地层，主山在青海省境，本区只限于河曲部分。河曲的生成，一般认为与河流袭夺有关，黄河下切成为峡谷，比高超过1000米。西北段山势高峻，古代和现代冰川地势发育良好。

2.4 河西走廊

河西走廊又称甘肃走廊，以地形上介于南山和北山之间的狭长平地，以历史交通要道而得名。河西走廊东西长900～1100公里，南北宽5～50公里，东起黄河，一般从乌鞘岭算起，西止玉门关以西的省境，与罗布泊洼地相通，约介于东经90°10′～104°30′，海拔在800～2000米。地貌特征有广阔的冲积—洪积倾斜平地，中间突出一些干燥剥蚀的低山。除大黄山外，比高大概在200米以内。地貌和第四纪沉积自南而北，可分为：南山北麓坡积带；洪积带，由3～4个叠置的洪积扇组成；洪积—冲积带，分布在中间拗陷带；冲积带，地下水多出露成泉，形成条状或片状绿洲；北山南麓坡积带，规模小于南山北麓坡积带，多数不相连属。走廊内部的主要特征有广泛分布的戈壁滩、局部沙漠和人们生活不可缺少的荒漠绿洲。民勤绿洲和金塔绿洲，虽在走廊北山以北，也可作为走廊支线的一部分。

2.5 祁连山

祁连山位于河西走廊之南，介于甘肃、青海两省之间，东起乌鞘岭，西止当金山口。当金山口以西的阿尔金山东段及其南面属于柴达木盆地北缘的苏干湖盆地，均属本省辖区，也附在本区内。

祁连山是一复杂的山系，走向为北西西至南东东，长900～1000公里，宽250～300公里，是一群平行排列的褶皱断块山脉，包括许多海拔3000米以上的高山，最高峰是甘肃、青海交界处的疏勒南山，名宰吾结勒或团结峰，海拔5808米。省境东段有冷龙岭（海拔4378米）；中段有走廊南山的祁连山（海拔5564米）、陶勒南山（海拔5148米）和疏勒南山（海拔5388米）；西段有大雪山（海拔5488米）、野马山（海拔4758米）、野马南山（海拔5439米）以及阿尔金山（海拔5798米）。以上诸山峰，大多有终年积雪与现代冰川，为高原天然水塔，不少冰源河流，是河西走廊绿洲生成的水源基础。因此可以说，没有祁连山，就没有历史上的丝绸之路和河西走廊绿洲农业。

祁连山通常分为东、中、西3段，中段介于疏勒河上游谷地至扁都口间，为强烈切割的高山，是祁连山在省境的主要部分，比高在 1000～2500 米之间；扁都口以东为东段，比高在 1000 米左右；疏勒河谷以西为西段，当金山口以西为阿尔金山东段，以南有柴达木盆地北缘的苏干湖盆地。

　　构造地貌使祁连山的水系呈辐射—格子状分布。辐射中心在东经 99°与北纬 38°20′附近的所谓"五河之源"，即陶勒河、黑河、疏勒河、大通河和布哈河的源头。从这里沿陶勒山、走廊南山、冷龙岭至毛毛山一线的南北，分祁连山的河流为外流与内陆两水系。流入河西走廊的河流，大多破穿山岭，造成横谷，分为石羊河、黑河及疏勒河三大水系，同是河西生命的源泉。

2.6　走廊北山

　　走廊北山包括合黎—龙首中低山区与北山（马鬃山）剥蚀残山区。前者是阿拉善台地边缘隆起带，山体主要由南山系变质岩构成，因而也是祁连山的一支。该区海拔高度 2000 米左右，主峰在张掖东北，名东大山（海拔 3616 米），一般比高在 100～500 米之间，已成准平原的岛状山。

　　作为北山区主峰的马鬃山，海拔 2583 米，主要是海西期花岗岩体，东西走向，山峰破碎，由于气候干旱，植被稀少，碎石戈壁遍布全区，山顶多为风化残积碎石所覆盖。比高很少超过 200 米，是具有准平原性质的剥蚀残丘、低山与中山。

3　气　候

3.1　气候分区

　　甘肃远离海洋，属大陆性气候。由于地形条件复杂，气候多样，气候的地域差异较大。由南至北大致可分为 8 个气候区。

3.1.1　陇南南部河谷亚热带湿润区

　　陇南南部河谷亚热带湿润区，包括武都、文县东南大部及康县东南一小部分河谷地带，海拔均小于 1000 米，是甘肃省唯一的亚热带气候区。年平均气温 >14℃，活动积温 4000～5000℃，四季分明，年降水量 450～800 毫米，无霜期 >280 天，干燥度 <1，气候温湿。

3.1.2　陇南北部暖温带湿润区

　　陇南北部暖温带湿润区，包括天水市的渭河和西汉水分水岭以南小部分，甘南藏族自治州的舟曲县东南部和陇南地区中北部。年平均气温 8～12℃，活动积温 3000～4000℃，四季分明，冬长于夏，年降水量 550～850 毫米，无霜期 220～240 天，干燥度 <1。

3.1.3　陇中南部温带半湿润区

　　陇中南部温带半湿润区，包括渭河、西汉水的分水岭以北，积石峡、马寒山、华家岭、驿马关、荔园堡一线以南的平凉地区全部，庆阳、定西、临夏三市（州）南部及天水市北部。年平均气温 6～10℃，活动积温除华家岭与陇山（1500℃以下）外，在 2500～3000℃之间，无霜期 180～220 天，四季不分明，大部冬长达半年而夏短，或无夏季而春秋相连，年降水量 500～600 毫米，干燥度 1～1.5，降水较多。

3.1.4　陇中北部温带半干旱区

　　陇中北部温带半干旱区，包括陇中南部温带半湿润区以北，乌鞘岭、毛毛山、老虎山、一条山一线以南的兰州、白银的全部及庆阳、定西、临夏三市（州）北部，也就是陇中黄土高原区北部，通称"中部干旱区"。年平均气温 6 ~ 9℃，活动积温 1500 ~ 3000℃，无霜期 160 ~ 180 天，虽有四季，但冬长夏短，也有年无夏季，春秋相连的定西、会宁等县市，年降水量 200 ~ 500 毫米，干燥度 1.5 ~ 4，降水量由南至北，迅速减少，而且变率较大。

3.1.5　河西北部温带干旱区

河西北部温带干旱区，包括陇中北部温带半干旱区西北部除疏勒河下游盆地以外的河西走廊、北山区及走廊北山与民勤绿洲荒漠区，也就是武威、张掖及酒泉三地区北部及金昌、嘉峪关两市全部。年平均气温 5 ~ 8℃，活动积温 2000 ~ 3500℃，虽有四季，但冬长夏短，年降水量 50 ~ 200 毫米，无霜期 140 ~ 160 天，干燥度 4 ~ 15。

3.1.6　河西西部暖温带干旱区

河西西部暖温带干旱区，仅限于河西走廊西端的疏勒河下游盆地，即酒泉地区的瓜州、敦煌二县（市），海拔在 1200 米以内的地区。年平均气温 8 ~ 10℃，活动积温 >3500℃，年降水量不到50 毫米，无霜期 160 ~ 170 天，干燥度 >15。

3.1.7　河西南部高寒半干旱区

河西南部高寒半干旱区，包括走廊以南省境的祁连山地、阿尔金山东段与苏干湖盆地，即武威、张掖、酒泉三地区南部的南山区，年平均气温 <4℃，由于地势高寒，热量不足，活动积温 <1500℃，年降水量 100 ~ 500 毫米，无霜期 <140 天，干燥度 1 ~ 4，大部分植被较好。

3.1.8　甘南高寒湿润区

甘南高寒湿润区，包括省境西南部的太子山、白石山、莲花山一线以南，岷迭二山东段腊子口及大峪沟以西的甘南藏族自治州全部，海拔在 3000 米以上。年平均气温 1 ~ 6℃，活动积温 <2500℃，年降水量 550 ~ 800 毫米，无霜期 <140 天，干燥度 <1。本区东部由河谷到高山的垂直气候带显著。

3.2　气候特点

甘肃省气候属温带季风气候，具有明显的向大陆性气候过渡的特征。全省干旱缺雨，温差较大，四季气候的特点是：冬季雨雪少，寒冷时间长；春季升温快，冷暖变化大；夏季气温高，降水较集中；秋季降温快，初霜来临早。年平均气温为 -0.3 ~ 14.8℃，略同华北地区，海拔 1500米以下的地方年平均气温在 8℃以上，海拔 2500 米以上的地方年平均气温低于 4℃。全省无霜期一般在 48 ~ 228 天。全省各地年降水量在 300 ~ 860 毫米，大致从东南向西北递减，乌鞘岭以西降水明显减少，陇南山区和祁连山东段降水偏多。受季风影响，降水多集中在 6 ~ 8 月份，占全年降水量的 50% ~ 70%。全省无霜期各地差异较大，陇南河谷地带一般在 280 天左右，甘南高原最短，大部分地区不足 100 天。全年日照时数在 1975 ~ 3300 小时。

3.3　气候条件

甘肃省处于我国气候自东南温暖多雨带向西北内陆干旱少雨带逐渐变化的过渡地带，境内由于许多高山和甘南高原的隆起，使气候变化出现复杂的格局。地形狭长，南北和东西地理跨度都很大。处于东南部的陇南山地森林区具有南方湿润区的气候特征；河西干旱区绝大多数地方基本与新疆内陆沙漠区一致，气候干旱少雨；从东西变化看，东部天水、平凉、庆阳的气候特征接近我国中部关中平原；西部甘南高原气候特征与青藏高原相同。甘肃省的气候变化不但具有东西经向性特征，而且具有南北纬向性变化，同时还具有随海拔增高的垂直性变化。每年10月至翌年4月间，高空经常维持西风气流，青藏高原北支气流伴有下沉运动，不利于降水形成，构成冬春少雨干旱的大环流背景。夏季随着副热带高压北移西伸，西风带动冷性气团东移，与东南季风和西南季风带来的来自太平洋及孟加拉湾的湿热气团交绥，成为主要的成雨水汽动力条件。从空间变化看，乌鞘岭以东具有明显的大陆季风气候特征，乌鞘岭以西主要受西风带和青藏高原季风控制。冬春季节蒙古冷高压、青藏高原热源动力作用和西风带对甘肃省影响最大，夏秋季节西太平洋副热带高压的伸缩变化对雨热组合起主导作用，表现出雨热同期的气候特征。夏季降水集中，占年降水的70%左右，造成了干旱缺雨的地理气候大背景。在这种恶劣的地理气候条件下，原本脆弱的低水平水量供需平衡关系因年降水量的变化和季节分配的不均极易遭到破坏，导致旱灾频繁发生。由于甘肃省有许多山脉隆起，如六盘山、华家岭、马寒山、老虎山等，在干旱地区形成若干湿岛，但这同时又成了山区及中部干旱地区局地暴雨洪水及冰雹频繁发生的策源地。我国在地理气候区划上以500毫米等雨量线作为湿润区与干旱区的分界线，甘肃大部分地区正好处于500毫米等雨量线以下，总的气候特征是干旱。年平均气温在空间分布上变化很大，文县年平均气温14.9℃，为全省最高区；乌鞘岭年平均气温-0.2℃，为全省最低区。根据气象资料统计，全省有4个相对高值区，依次为：陇南相对高值区，年平均气温8.4～14.9℃；陇东黄土高原和天水相对高值区，年平均气温8.3～10.9℃；中部黄河河谷相对高值区，年平均气温8.2～9.2℃；瓜州—敦煌盆地相对高值区，年平均气温8.8～9.3℃。有两个相对低值区，甘南高原年平均气温1.1～4.5℃；祁连山区年平均气温0～4℃。其余陇西黄土高原和河西走廊地区年平均气温5～8℃。

4　土　壤

甘肃省幅员广袤，跨纬度和经度都在10°以上，山地和高原的大部分海拔在2000～3000米以上，因而土壤的水平地带性和垂直地带性分布都很明显。大致从东南至西北，分为6个土壤地带。

4.1　黄棕壤地带

黄棕壤地带，分布在陇南南部白龙江流域的武都、文县、康县一带。本带土壤在河谷平地以草甸黄棕壤及其植被改造的水稻土为主。丘陵低山以黄褐土和山地灰棕壤为主。大于2000米的中山区，则有山地棕壤、山地森林草甸土及山地草甸土。

4.2　褐土、山地褐土、山地棕壤地带

褐土、山地褐土、山地棕壤地带，分布于天水市以南的北秦岭和徽成盆地。本区地带性土壤，平地以褐土为主，川坝区有潮土与水稻土，成县东南部仍属黄褐土带。山地以山地褐土及山地棕壤为主。北秦岭南坡海拔小于2400米，则为山地黄棕壤；大于2400米，则属山地森林草原土和山地草甸土。北秦岭北坡，从渭河谷地南部的山麓到海拔2800米以下，为落叶阔叶林到针阔混交林带的山地褐土。至3000米以下的针叶林下是山地棕壤和山地灰棕壤。3000米以上的山岭，

则出现山地森林草甸土和山地草甸土。

4.3 黏化黑垆土、山地褐土地带

黏化黑垆土、山地褐土地带，主要分布在临夏、康乐、渭源、秦安、平凉、华池一线之南。本带山地土壤，以山地褐土和山地棕壤为主、平地以黏化黑垆土为主；黏化黑垆土分布在普通黑垆土的南部，是普通黑垆土与褐色土之间的过渡类型。

4.4 黑垆土地带

黑垆土地带，主要分布在森林草原地带北部，兰州市黄河以南，东至会宁土木岘河及环县合道川一线以南的黄土地区。普通黑垆土，概分布在泾河中游的黄土原上及华家岭以东的黄土岭谷区。淡黑垆土概在华池及环县以北的干草原区。草甸黑垆土多在河谷阶地的地下水位较高地段。淋溶黑垆土多分布在山麓向山地森林土壤的过渡区。山地黑垆土多分布在华家岭一带海拔 2000 米以上的黄土原梁区。黏化黑垆土主要分布在南部较湿润和森林草原区。

4.5 灰钙土地带

灰钙土地带，本带在草原带以北，古浪县大景乡、景泰县营盘水一线以南。本带的地带性土壤是灰钙土。主要分布在华家岭以北，河湟谷地及河西走廊的大黄山以东祁连山前的狭长地带，实为草原向荒漠带过度的土壤。

4.6 灰棕荒漠土地带

灰棕荒漠土地带，包括河西走廊北山区，走廊北山及阿尔金山以南的苏干湖盆地与哈尔腾河谷。

5 水　文

甘肃省地表水系复杂多样，境内河流分为内陆河、黄河、长江三大流域，共 12 个水系，较大河流 450 多条。多年平均自产水量 282 亿立方米，分布极不均匀，由东南向西北递减。按 2009 年末人口计算，人均水资源占有量约为 1100 立方米，约为全国平均数的 1/2，是水资源贫乏省份之一。省境内中南部分属长江、黄河两大水系。长江水系在省境内主要支流有嘉陵江及其支流白龙江等；黄河干流横贯省境中部，主要支流有大夏河、洮河、渭河、泾河、祖厉河等，其中泾、渭两河流出省境汇入黄河。乌鞘岭以西为内陆水系，大都源出祁连，流入荒漠，或经一段潜流后汇流于尾闾湖。较大的内陆河有石羊河、黑河和疏勒河。较大的尾闾湖有阿克塞的大小苏干湖。天然湖泊有甘南的尕海和文县的天池。

6 动植物概况

6.1 动物概况

甘肃省地域辽阔，地形复杂，地带性分异明显，植被类型繁多，孕育了丰富的野生动物资源。

甘肃省有陆生脊椎动物 4 纲 30 目 96 科 845 种和亚种，其中哺乳纲 8 目 27 科 177 种，鸟纲 17 目 54 科 574 种，爬行纲 3 目 10 科 63 种，两栖纲 2 目 11 科 31 种。

甘肃省有国家重点保护的野生动物 106 种，其中Ⅰ级保护动物 33 种（哺乳类有 18 种，鸟类有 14 种，昆虫 1 种）；Ⅱ级保护动物 73 种（哺乳类有 24 种，鸟类有 49 种，两栖类 2 种，鱼类 1 种，昆虫 7 种）。

甘肃省重点保护野生动物 21 种。

CITES 附录物种共有 93 种，其中Ⅰ级 21 种，Ⅱ级 65 种，Ⅲ级 7 种。

甘肃省处于中亚—印度、澳大利亚—东亚 2 条候鸟迁徙通道之上，是雁鸭类和鹤类往返迁徙的重要通道，也是隼形目鹰隼类的主要迁飞通道和停栖地。

重要的珍稀动物有大熊猫、金丝猴、白唇鹿、梅花鹿、马鹿、野牦牛、盘羊、藏野驴、蒙古野驴、野骆驼、金钱豹、云豹、雪豹、马麝、林麝、斑尾榛鸡、淡腹雪鸡、暗腹雪鸡、雉鹑、血雉、红腹角雉、绿尾虹雉、蓝马鸡、白冠长尾雉、红腹锦鸡、金雕、白肩雕、玉带海雕、白尾海雕、黑鹳、黑颈鹤、猎隼等。

甘肃是我国大熊猫 3 个分布省份之一，现有野生大熊猫 117 只，栖息地面积 18.28 万公顷，现有白水江、裕河、博峪河、插岗梁、阿夏、多儿和尖山共 7 个大熊猫保护区。

6.2　植物概况

甘肃省多样的生态环境孕育了丰富的植物资源。根据资料显示，全省共分布高等植物 5209 种（含种下类型）。其中被子植物 4247 种，裸子植物 46 种，蕨类植物 294 种。省内分布的国家重点保护野生植物有 34 种，其中，国家Ⅰ级保护的有银杏、红豆杉、南方红豆杉、水杉、珙桐、光叶珙桐、独叶草、发菜等 8 种。

第二节
社会经济状况

1　行政区划、人口、民族

甘肃以古甘州（今张掖）、肃州（今酒泉）两地首字而得名，由于陇山在境内因此又简称陇。闻名中外的古丝绸之路和新亚欧大陆桥横贯全境，使甘肃成为西北地区连接中、东部地区的桥梁和纽带，成为贯通东亚与亚洲中部、西亚与欧洲之间的陆上交通通道。全省辖 12 个市、2 个自治州，86 个县（市、区），省会兰州是西北重要的交通通信枢纽，陇海、兰新、包兰、兰青和兰渝铁路在此交汇，也是石油天然气管道运输枢纽、国家级西北商贸中心。甘肃是一个多民族省份，拥有汉、回、藏、东乡、土、满、裕固、保安、蒙古、撒拉、哈萨克等 56 个民族，其中裕固、保安、东乡族是甘肃的独有民族。全省行政区划见表 1-1。

甘肃省 2012 年末总人口达到 2577.55 万人，平均 60.54 人／平方公里，全年共出生 31.21 万人，出生率 12. 11‰，自然增长率 6. 06‰。甘肃省常住人口见表 1-2。

表 1-1 甘肃省行政区划表

省辖市(州)	县(市、区)名称
兰州市	城关区、七里河区、西固区、安宁区、红古区、永登县、皋兰县、榆中县
嘉峪关市	长城区、雄关区、镜铁区
金昌市	永昌县、金川区
白银市	白银区、平川区、会宁县、靖远县、景泰县
天水市	秦州区、麦积区、清水县、秦安县、甘谷县、武山县、张家川回族自治县
武威市	凉州区、民勤县、古浪县、天祝藏族自治县
张掖市	甘州区、肃南裕固族自治县、民乐县、临泽县、高台县、山丹县
平凉市	崆峒区、泾川区、灵台县、崇信县、华亭县、庄浪县、静宁县
酒泉市	肃州区、金塔县、瓜州县、肃北蒙古族自治县、阿克塞哈萨克族自治县、玉门市、敦煌市
庆阳市	西峰区、庆城县、环县、华池县、合水县、正宁县、宁县、镇原县
定西市	安定区、通渭县、陇西县、渭源县、临洮县、漳县、岷县
陇南市	武都区、宕昌县、成县、康县、文县、西和县、礼县、两当县、徽县
临夏回族自治州	临夏市、临夏县、康乐县、永靖县、广河县、和政县、东乡族自治县、积石山保安族东乡族撒拉族自治县
甘南藏族自治州	合作市、临潭县、卓尼县、舟曲县、迭部县、玛曲县、碌曲县、夏河县

表 1-2 2012 年各市(州)常住人口统计表

地 区	总人口(万人)	非农业人口(万人)	非农业人口比重(%)
全 省	2577. 55	998. 80	38. 75
兰州市	363. 05	284. 41	78. 34
嘉峪关市	23. 43	21. 88	93. 37
金昌市	46. 74	29. 97	64. 13
白银市	171. 92	71. 42	41. 54
天水市	328. 22	102. 11	31. 11
武威市	182. 16	56. 25	30. 88
张掖市	120. 76	44. 81	37. 11
平凉市	208. 19	65. 89	31. 65
酒泉市	110. 44	57. 59	52. 15

（续）

地　　区	总人口（万人）	非农业人口（万人）	非农业人口比重（%）
庆阳市	221.84	62.14	28.01
定西市	276.92	71.53	25.83
陇南市	256.95	60.05	23.37
临夏回族自治州	197.62	52.74	26.69
甘南藏族自治州	69.31	18.01	25.98

2　经济发展状况

据《甘肃发展年鉴 2013》公布数据，2012 年，全省实现生产总值 5650.2 亿元，比上年增长 12.6%，增速比上年提高 0.1 个百分点，是 1989 年以来经济增长最快的一年。其中：第一产业完成增加值 780.5 亿元，增长 6.8%；第二产业完成增加值 2600.1 亿元，增长 14.2%；第三产业完成增加值 2269.6 亿元，增长 12.5%。全年全省城镇居民人均可支配收入为 17156.89 元，比上年增长 14.47%，增幅比上年提高 0.82 个百分点。其中：工资性收入 12514.92 元，增长 11.79%；转移性收入 4598.23 元，增长 15.07%；经营净收入 1125.68 元，增长 23.12%；财产性收入 259.63 元，增长 60.60%。

全年全省农民人均纯收入为 4506.66 元，比上年增长 15.28%，增幅比上年提高 1.13 个百分点。其中：农村居民人均家庭经营收入 2114.75 元，增长 13.28%；工资性收入 1787.72 元，增长 14.50%；转移性收入 492.12 元，增长 23.59%；财产性收入 112.08 元，增长 35.93%。

2.1　工　业

2012 年全省规模以上工业企业完成工业增加值 1931.4 亿元，比 2011 年增长 14.6%。有色金属冶炼和压延加工业等六行业对全省工业增长的贡献率近 70%。在全省 40 个大类行业中，正增长的有 38 个行业，高于全省平均增速的有 22 个行业。其中：有色金属冶炼和压延加工业、石油和天然气开采业、煤炭开采业、黑色金属冶炼和压延加工业、非金属矿物制品业、烟草制品业共完成工业增加值 985.7 亿元，占全省总量的 51.0%，比 2011 年增长 19.7%，比全省平均增速高出 5.1 个百分点，拉动全省工业增长 9.9 个百分点，对全省工业增长的贡献率达到 67.9%。其中：有色金属冶炼和压延加工业的贡献率为 29%，石油和天然气开采业贡献率为 9.0%，煤炭开采业贡献率为 8.5%，黑色金属冶炼和压延加工业贡献率为 8.0%，非金属矿物制品业贡献率为 7.2%，烟草制品业贡献率为 6.2%。

2.2　农牧业

2012 年甘肃省粮食产量再创历史新高。近年来，受一系列惠农政策的落实和粮食价格普遍上涨的双重影响，粮食综合生产能力得到逐步提高。尤其是新技术在旱作农业区的进一步推广，极大地调动了农民种粮的积极性。全年粮食产量突破 1100 万吨，达到 1109.7 万吨，比上年增长

9.4%。自2004年以来粮食产量连续9年保持在800万吨以上，连续两年突破1000万吨，有力地保证了粮食安全。草食畜牧业稳步发展。全省牛存栏489万头，比上年下降1.9%；羊存栏1932.8万只，增长1.8%。牛、羊出栏分别达172.7万头和1087.2万只，增长1.9%和2.3%。生猪存栏655.3万头，出栏721.8万头，分别增长5.43%和6.2%。家禽存栏3792.3万只，出栏3558.8万只，分别增长3.2%和4.3%。全省畜禽规模化养殖比重达到41%，同比提高3个百分点。其中，猪、禽规模化养殖比重分别达到66%和75%，农区牛羊规模化养殖比重达到35%以上。全省肉蛋奶总产量达到152.8万吨，增长1.47%。其中肉类产量92.28万吨，增长4.31%；奶类产量49.14万吨，下降6%；禽蛋产量11.4万吨，增长3.2%。

2.3　林　业

　　甘肃省现有林地981.21万公顷。其中有林地232.5万公顷，占林地面积的23.69%；灌木林地351.85万公顷，森林覆盖率达13.42%；活立木总蓄积2.171亿立方米。甘肃省的森林按山系、水系或地域的不同，划分为白龙江、洮河、大夏河、祁连山、小陇山、关山、西秦岭、子午岭、康南、马衔山等10个面积较大的林区。此外，陇中北部和河西走廊及走廊北山还孤立分布有14片面积不大的零星天然林。全省天然森林中，原始林少，次生林多，现有原始林主要分布在祁连山和白龙江林区的高山和河流上游。甘肃省林业系统已建立自然保护区49处。其中，国家级自然保护区16处；国有林场303个；国家级森林公园21处；省级森林公园73处；国家湿地公园7处；省级湿地公园1处。甘肃省正在实施的林业工程有天然林资源保护、退耕还林、三北防护林、生态公益林保护、自然保护区和野生动植物保护、荒漠化治理等。

第二章
湿地类型

第一节
湿地类型与面积

　　甘肃省深居祖国内陆，除近海与海岸湿地不分布外，其他4大类湿地均有分布。通过覆盖甘肃省全境97景遥感数据影像分析、结合人工现场勘误校订，对全境大于等于8公顷的湿地图斑和宽度大于等于10米、长度大于等于5公里的河流逐一判读并生成属性数据库。辅以地形图和GPS人工外业调绘，共完成线2708条，面1307块的整理与描绘。结果显示，甘肃省分布的各类湿地总面积为1693945.56公顷，其中自然湿地占绝大多数，面积为1642410.78公顷，占96.96%；人工湿地51534.78公顷，占3.04%。全省湿地率为3.98%。受到有效保护的湿地面积共932119.19公顷，占全省湿地总面积的51.56%。甘肃省各类湿地概况见表2-1。

表 2-1　甘肃省各类湿地概况表

湿地类	湿地型	面积（公顷）	湿地型比例（%）	湿地类面积（公顷）	湿地类比例（%）
河流湿地	永久性河流	182378.82	47.78	381678.33	22.53
	季节性河流	93403.55	24.47		
	洪泛平原	105895.96	27.75		
湖泊湿地	永久性淡水湖	6953.37	43.71	15909.83	0.94
	永久性咸水湖	8201.35	51.55		
	季节性淡水湖	299.38	1.88		
	季节性咸水湖	455.73	2.86		
沼泽湿地	草本沼泽	222842.36	17.90	1244822.62	73.49
	灌丛沼泽	33154.01	2.66		
	内陆盐沼	81995.62	6.59		
	季节性咸水沼泽	384415.13	30.88		
	沼泽化草甸	522415.50	41.97		

（续）

湿地类	湿地型	面积(公顷)	湿地型比例(%)	湿地类面积(公顷)	湿地类比例(%)
人工湿地	库塘	36747.71	71.31	51534.78	3.04
	输水渠	5049.73	9.80		
	水产养殖场	2036.29	3.95		
	盐田	7701.05	14.94		
合　计		1693945.56	100.00	1693945.56	100.00

　　全省分布的 4 大类 16 型湿地中，占绝对优势的天然湿地由河流、湖泊和沼泽 3 类 12 型所构成。分别为河流湿地的永久性河流、季节性河流和洪泛平原 3 型；湖泊湿地的永久性淡水湖、永久性咸水湖、季节性淡水湖和季节性咸水湖 4 型；沼泽湿地的草本沼泽、灌丛沼泽、内陆盐沼、季节性咸水沼泽和沼泽化草甸 5 型；人工湿地由库塘、运河/输水河、水产养殖场和盐田 4 型所组成（水稻田未列入湿地型和面积统计）。

　　从湿地类别上，统计获得以下数据：河流湿地 381678.33 公顷，占湿地总面积 22.53%；湖泊湿地 15909.83 公顷，占湿地总面积 0.94%；沼泽湿地 1244822.62 公顷，占湿地总面积 73.49%；人工湿地 51534.78 公顷，占湿地总面积的 3.04%。各类湿地面积如图 2-1。

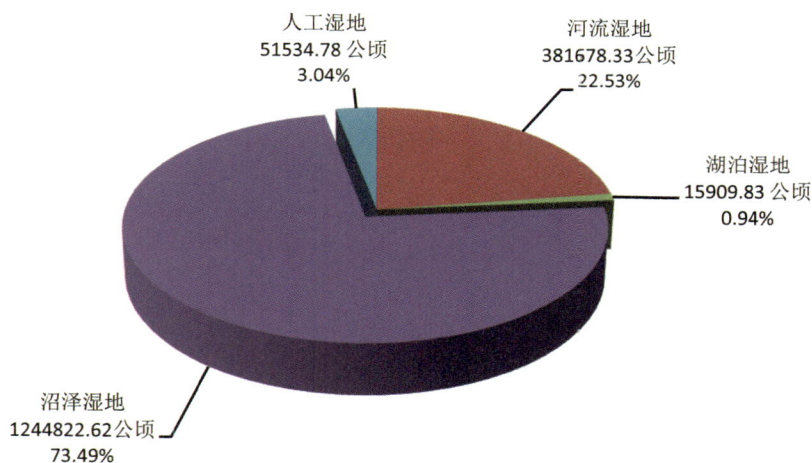

图 2-1　甘肃省各类湿地面积比例

第二节
湿地的分布规律

　　湿地是气候、水文以及地貌、土壤等自然要素之间综合作用的结果。由于水文条件的多样性，湿地类型也趋于多样。甘肃省分布的湿地包括河流湿地、湖泊湿地、沼泽湿地和人工湿地，类型丰富多样，其中自然湿地所占比例较大，尤其是沼泽湿地。各类湿地分布的特征明显，沼泽湿地绝大多数分布于甘南与河西人类活动和干扰较少的地域，河流湿地广泛分布于省内各地，湖泊湿地零星分布于水系的源头或尾闾，人工湿地分布于中西部人类活动较频繁、经济相对发达与水耗较大地区。甘肃湿地分布总体趋势像一只头顶西南仰视苍穹的巨蝶，其左翼为地处青藏高原与黄土高原过渡带，地形地貌复杂，地势西高东低，南高北低，大体由西南向东北倾斜，南部为岷迭山区，东部为丘陵山地，西北部为广袤的甘南草原。河西走廊地域狭长，是青藏高原和蒙古高原的过渡地带，南部为祁连山、北部为龙首山、合黎山、马鬃山。祁连山分布有现代冰川、森林、草原、湿地、荒漠。走廊及走廊北山为荒漠地区，发源于祁连山的石羊河、黑河、疏勒河孕育了走廊绿洲。从西北的酒泉市到东南的武威市则构成了这只巨蝶的另一只翅膀，而这只巨蝶的躯干正是绵延千里的黄河。甘肃省湿地分布特点突出：①地域集中。从各市州湿地分布情况看，湿地资源集中分布在属于荒漠绿洲和青藏高原东部边缘的酒泉市、张掖市、武威市、甘南藏族自治州。四市（自治州）的湿地占全省湿地面积的89.83%，其中酒泉市为39.98%、甘南藏族自治州为28.86%、张掖市为14.84%、武威市为6.15%。四市（自治州）的湿地率17.53%，比全省平均数高出近14个百分点。酒泉、张掖、武威三市的湿地为河西走廊的农业生产和生态建设发挥了重要作用；甘南藏族自治州的湿地是黄河水源的重要补给区，为维系黄河中下游的生态安全同样发挥了重要作用。②两大主体。以沼泽与河流湿地为主要存在形式，两类湿地占湿地总面积的96.02%。在沼泽湿地中又以沼泽化草甸为主，占沼泽湿地总面积的41.97%，其次是季节性盐沼，占30.88%，再次是草本沼泽，占17.90%。沼泽湿地在涵养水源方面的生态功能巨大，是洮河等黄河支流、白龙江等长江支流及石羊河、黑河、疏勒河的重要补水区；河流湿地的水资源和水能则为生态建设和工农业生产发挥着保障作用。③天然湿地多。自然湿地面积为1642410.78公顷，占湿地总面积的96.96%。

按甘肃省分布的4类湿地面积比重排序：依次为沼泽湿地1244822.62公顷、河流湿地381678.33公顷、人工湿地51534.78公顷和湖泊湿地15909.83公顷。分述如下：

1   河流湿地

1.1   河流湿地概况

甘肃省符合《全国湿地资源调查技术规程（试行）》和《甘肃省湿地资源调查实施细则》要求的河流湿地为2927条（块），其中永久性河流1036条、季节性河流1660条，洪泛平原231块。河流湿地总面积为381678.33公顷。其中：永久性河流182378.82公顷，占河流湿地总面积的47.78%，季节性河流93403.55公顷，占河流湿地总面积的24.47%，洪泛平原105895.96公顷，占河流湿地总面积的27.75%。河流湿地总面积占甘肃省湿地总面积的22.53%，位居第二。甘肃省河流湿地各湿地型面积比例构成及分布如图2-2和图2-3。

1.2   河流湿地的形成及分布特点

河流湿地是由溪流、河流及其两岸的河漫滩构成，河漫滩在洪水季节接受泛滥河水补给，但其他植物生长季节仍然维持落干状态。河流的形成主要依赖于大气降水、冰川融水等补给，河西三大内陆河均受益于祁连山冰川。长江、黄河为流入河流，流域参与补给。河流湿地具有丰富的植物多样性，植物的种类依据河岸梯度和河水泛滥频度而异。湿地水的温度、水的流速和水质等

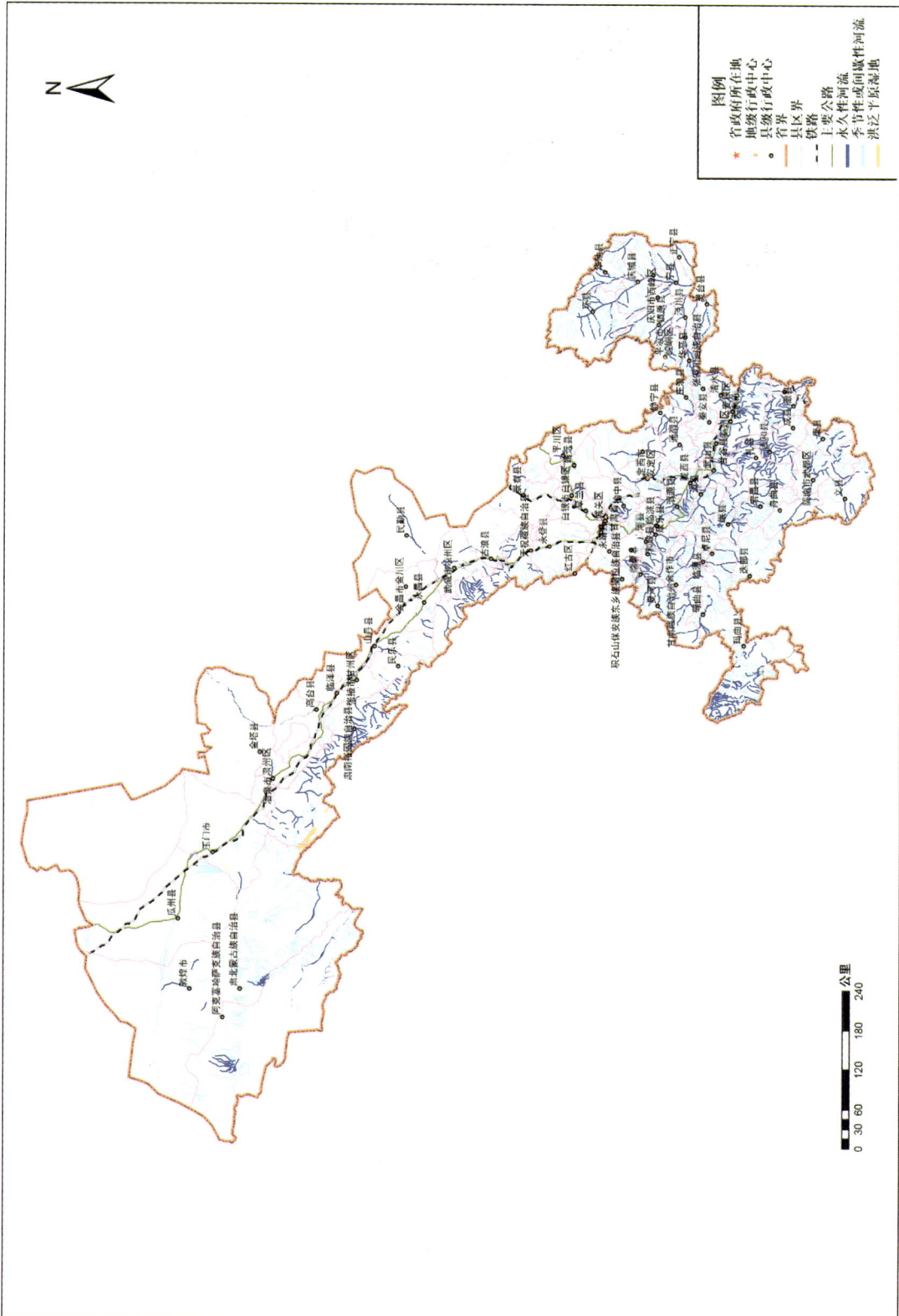

图 2-2　甘肃省河流湿地分布图

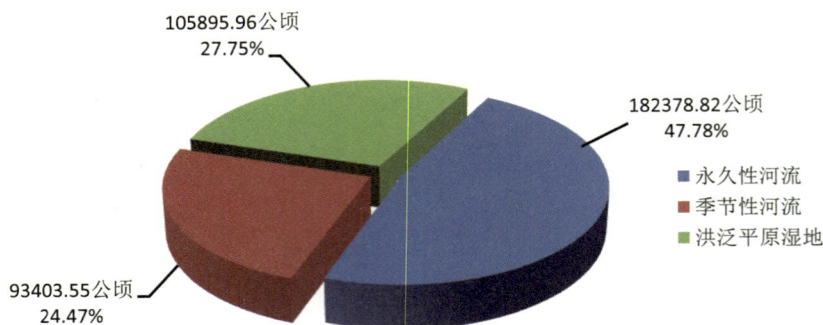

图 **2-3** 甘肃省河流湿地各湿地型面积比例

都影响着动植物的种类、数量、结构和分布情况。这类湿地多呈带状分布，是许多鱼类产卵和幼鱼索饵、成长的场所。由于河流水位在一年中的波动，所以湿地的边缘呈不稳定状态。干旱和半干旱地区也有河流湿地分布，与周围旱生植物相比，这里的湿地具有明显区别于周围景观的突出特征。河流湿地通常也是高产的生态系统，每年的泛滥季节，湿地都会接受丰富的营养输入。在河西人口较集中的区域内，由于工农业生产和人类生活用水强度较大，对这类湿地干扰较多，河流湿地有明显的退化迹象。保存比较好的这类湿地主要分布在人口稀少的地区，如玛曲至河源。

1.3　各流域河流湿地及分布规律

　　各一级流域河流湿地分布的排序为西北诸河 214478.01 公顷、黄河流域 134823.73 公顷和长江流域的 32376.59 公顷，所占比例分别为 56.20%、35.32% 和 8.48%。甘肃省各流域河流湿地分布概况见表 2-2。

表 **2-2**　甘肃省各流域河流湿地分布概况表(公顷)

流域级别			永久性河流	季节性或间歇性河流	泛洪平原	合计
一级	二级	三级				
西北诸河	河西内陆河	石羊河	13563.05	12425.87	11853.65	37842.57
		黑河	28411.50	17380.07	50266.36	96057.93
		疏勒河	4835.80	14388.71	30601.10	49825.61
		小　计	46810.35	44194.65	92721.11	183726.11
	柴达木盆地	柴达木盆地西部	24655.29	1266.85	81.41	26003.55
		小　计	24655.29	1266.85	81.41	26003.55
	昆仑山北麓小河	车尔臣诸小河	27.01	335.11	0	362.12
		小　计	27.01	335.11	0	362.12
	塔里木盆地荒漠区	库木塔格沙漠	691.53	3694.70	0	4386.23
		小　计	691.53	3694.70	0	4386.23

（续）

流域级别			永久性河流	季节性或间歇性河流	泛洪平原	合计
一级	二级	三级				
黄河	龙羊峡以上	河源至玛曲	12256.60	1628.78	8228.43	22113.81
		玛曲至龙羊峡	5224.06	1328.01	1008.26	7560.33
		小 计	17480.66	2956.79	9236.69	29674.14
黄河	龙羊峡至兰州	大通河享堂以上	788.63	787.89	43.26	1619.78
		湟水	815.25	0	0	815.25
		大夏河与洮河	19971.43	10415.67	986.01	31373.11
		龙羊峡至兰州干流区	4215.33	3437.56	1265.67	8918.56
		小 计	25790.64	14641.12	2294.94	42726.70
	兰州至河口镇	兰州至下河沿	10044.87	3351.69	1270.43	14666.99
		小 计	10044.87	3351.69	1270.43	14666.99
	龙门至三门峡	北洛河状山以上	720.58	724.62	0	1445.20
		泾河张家山以上	18129.85	7095.22	187.82	25412.89
		渭河宝鸡峡以上	13183.74	7714.07	0	20897.81
		小 计	32034.17	15533.91	187.82	47755.90
长江	嘉陵江	广元昭化以上	24580.60	7428.73	103.56	32112.89
		小 计	24580.60	7428.73	103.56	32112.89
	汉江	丹江口以上	263.70	0	0	263.70
		小 计	263.70	0	0	263.70
合 计			182378.82	93403.55	105895.96	381678.33

1.4 各湿地区河流湿地及分布规律

单独区划湿地区河流湿地分布靠前的依次是黑河流域湿地区4956.24公顷、黄河三峡湿地区1666.51公顷和敦煌西湖湿地区1051.04公顷。其他分布有上万公顷河流湿地的湿地区分别是阿克塞县零星湿地区24804.82公顷、玛曲县零星湿地区17052.26公顷和金塔县零星湿地区11561.63公顷。甘肃省各湿地区河流湿地分布概况见表2-3。

表2-3 甘肃省各湿地区河流湿地分布概况表（公顷）

湿地区 \ 湿地类型	永久性河流	季节性或间歇性河流	洪泛平原	合 计
合 计	182378.82	93403.55	105895.96	381678.33
尕海湿地区	206.29	1804.88	0	2011.17
敦煌西湖湿地区	1051.04	3604.12	0	4655.16

（续）

湿地区 ＼ 湿地类型	永久性河流	季节性或间歇性河流	洪泛平原	合　计
黑河流域湿地区	4956.24	1237.33	7162.25	13355.82
黄河首曲湿地区	263.41	93.42	72.22	429.05
黄河三峡湿地区	1666.51	0	1105.32	2771.83
昌马河湿地区	320.53	0	683.23	1003.76
干海子湿地区	0	0	0	0
大苏干湖湿地区	151.66	372.70	0	524.36
小苏干湖湿地区	128.31	0	0	128.31
阿克塞县零星湿地区	24804.82	2253.07	81.41	27139.30
肃北县零星湿地区	2153.70	7553.27	11190.76	20897.73
敦煌市零星湿地区	225.37	749.22	6971.15	7945.74
瓜州县零星湿地区	646.54	3505.35	6319.85	10471.74
玉门市零星湿地区	727.66	1284.41	3225.81	5237.88
金塔县零星湿地区	11561.63	27.05	5074.47	16663.15
肃州区零星湿地区	635.52	217.48	2776.35	3629.35
嘉峪关市零星湿地区	696.10	117.11	0	813.21
高台县零星湿地区	9.01	1792.09	0	1801.10
肃南县零星湿地区	7875.22	6279.81	34707.64	48862.67
临泽县零星湿地区	0	1237.22	13.10	1250.32
甘州区零星湿地区	609.11	416.47	447.06	1472.64
山丹县零星湿地区	313.43	3228.79	164.98	3707.20
民乐县零星湿地区	2653.77	3781.73	5340.58	11776.08
金川区零星湿地区	0	0	0	0
永昌县零星湿地区	360.40	10021.27	334.20	10715.87
民勤县零星湿地区	2036.79	0	793.97	2830.76
凉州区零星湿地区	4814.36	152.63	5540.94	10507.93
古浪县零星湿地区	3183.98	1821.01	1974.77	6979.76
天祝县零星湿地区	3753.95	1194.57	0	4948.52
景泰县零星湿地区	1420.80	198.89	243.14	1862.83
平川区零星湿地区	572.46	47.23	25.83	645.52
白银区零星湿地区	762.05	146.98	24.72	933.75
靖远县零星湿地区	3291.88	390.45	772.32	4454.65
会宁县零星湿地区	734.82	742.73	0	1477.55
永登县零星湿地区	614.96	2308.12	66.69	2989.77

（续）

湿地类型 湿地区	永久性河流	季节性或间 歇性河流	洪泛平原	合　计
红古区零星湿地区	346.36	0	0	346.36
皋兰县零星湿地区	703.44	69.35	0	772.79
西固区零星湿地区	956.49	258.03	225.29	1439.81
安宁区零星湿地区	242.66	4.64	42.50	289.80
七里河区零星湿地区	212.62	148.47	43.55	404.64
城关区零星湿地区	506.42	0	0	506.42
榆中县零星湿地区	543.19	399.36	3.80	946.35
安定区零星湿地区	996.33	741.95	0	1738.28
临洮县零星湿地区	2142.78	782.83	583.19	3508.80
通渭县零星湿地区	642.71	886.49	0	1529.20
陇西县零星湿地区	2028.71	651.88	0	2680.59
渭源县零星湿地区	1640.02	657.47	0	2297.49
漳县零星湿地区	859.41	531.01	0	1390.42
岷县零星湿地区	1954.56	808.55	101.33	2864.44
临夏市零星湿地区	522.74	114.31	0	637.05
临夏县零星湿地区	1687.64	586.19	0	2273.83
康乐县零星湿地区	1256.55	341.58	26.95	1625.08
永靖县零星湿地区	665.94	173.92	116.55	956.41
广河县零星湿地区	359.70	457.69	20.23	837.62
和政县零星湿地区	833.67	387.92	0	1221.59
东乡县零星湿地区	490.12	252.20	58.84	801.16
积石山县零星湿地区	311.88	638.25	0	950.13
环县零星湿地区	3365.36	1842.38	48.03	5255.77
华池县零星湿地区	1403.90	807.12	0	2211.02
庆城县零星湿地区	1598.86	624.57	102.73	2326.16
合水县零星湿地区	974.00	962.44	37.06	1973.50
西峰区零星湿地区	289.96	55.83	0	345.79
镇原县零星湿地区	2897.12	912.80	0	3809.92
宁县零星湿地区	1806.29	513.23	0	2319.52
正宁县零星湿地区	247.22	286.66	0	533.88
崆峒区零星湿地区	1664.55	643.14	0	2307.69
静宁县零星湿地区	1594.82	532.34	0	2127.16
庄浪县零星湿地区	778.00	639.26	0	1417.26

（续）

湿地区 ＼ 湿地类型	永久性河流	季节性或间歇性河流	洪泛平原	合　计
华亭县零星湿地区	837.08	218.12	0	1055.20
崇信县零星湿地区	448.08	231.24	0	679.32
泾川县零星湿地区	1946.98	140.37	0	2087.35
灵台县零星湿地区	1341.99	581.94	0	1923.93
张家川县零星湿地区	111.08	721.57	0	832.65
秦安县零星湿地区	350.80	516.62	0	867.42
武山县零星湿地区	1128.53	149.35	0	1277.88
甘谷县零星湿地区	797.22	1673.59	0	2470.81
清水县零星湿地区	390.77	503.79	0	894.56
麦积区零星湿地区	3186.77	418.92	0	3605.69
秦州区零星湿地区	1108.86	60.31	0	1169.17
夏河县零星湿地区	3362.43	1472.21	0	4834.64
合作市零星湿地区	1454.39	728.43	0	2182.82
临潭县零星湿地区	1090.37	432.21	11.85	1534.43
卓尼县零星湿地区	2926.56	1561.39	93.27	4581.22
碌曲县零星湿地区	1695.98	696.98	0	2392.96
迭部县零星湿地区	762.66	1906.05	0	2668.71
玛曲县零星湿地区	17052.26	2863.37	9164.47	29080.10
舟曲县零星湿地区	1314.41	189.09	0	1503.50
礼县零星湿地区	3836.75	332.90	18.24	4187.89
宕昌县零星湿地区	1729.34	1137.53	0	2866.87
西和县零星湿地区	1633.00	17.62	0	1650.62
成县零星湿地区	1070.33	743.26	0	1813.59
徽县零星湿地区	2977.42	497.21	0	3474.63
两当县零星湿地区	1168.12	110.54	0	1278.66
武都区零星湿地区	2025.85	1470.34	0	3496.19
康县零星湿地区	3105.80	35.98	0	3141.78
文县零星湿地区	3798.65	701.36	85.32	4585.33

1.5　各行政区河流湿地及分布规律

　　各行政区河流湿地分布前三位的依次是酒泉市 98296.48 公顷、张掖市 82225.83 公顷和甘南藏族自治州 51218.60 公顷，所占比例为 25.75%、21.54% 和 13.42%。甘肃省 14 个市（自治州）河流湿地分布概况见表 2-4。

表2-4　甘肃省14个市州河流湿地分布概况表(公顷)

湿地类型 行政区	合　计	永久性河流	季节性河流	洪泛平原
合　计	381678.33	182378.82	93403.55	105895.96
酒泉市	98296.48	42406.78	19566.67	36323.03
嘉峪关市	813.21	696.10	117.11	0
张掖市	82225.83	16416.78	17973.44	47835.61
金昌市	10715.87	360.40	10021.27	334.20
武威市	25266.97	13789.08	3168.21	8309.68
白银市	9374.30	6782.01	1526.28	1066.01
兰州市	7695.94	4126.14	3187.97	381.83
定西市	16009.22	10264.52	5060.18	684.52
天水市	11118.18	7074.03	4044.15	0
平凉市	11597.91	8611.50	2986.41	0
庆阳市	18775.56	12582.71	6005.03	187.82
陇南市	26495.56	21345.26	5046.74	103.56
临夏藏族自治州	12074.70	7794.75	2952.06	1327.89
甘南藏族自治州	51218.60	30128.76	11748.03	9341.81

2　湖泊湿地

2.1　湖泊湿地概况

甘肃省符合调查《全国湿地资源调查技术规程(试行)》和《甘肃省湿地资源调查实施细则》要求的湖泊共35个，永久性淡水湖21个，永久性咸水湖8个，季节性淡水湖4个，季节性咸水湖2个。面积分别为：永久性淡水湖6953.37公顷，占湖泊湿地总面积的43.71%，永久性咸水湖8201.35公顷，占湖泊湿地总面积的51.55%。季节性淡水湖299.38公顷，占湖泊湿地总面积的1.88%，季节性咸水湖455.73公顷，占湖泊湿地总面积的2.86%。湖泊湿地总面积为15909.83公顷，占甘肃省湿地总面积的0.94%。甘肃省湖泊湿地各湿地型面积比例及分布如图2-4和图2-5。

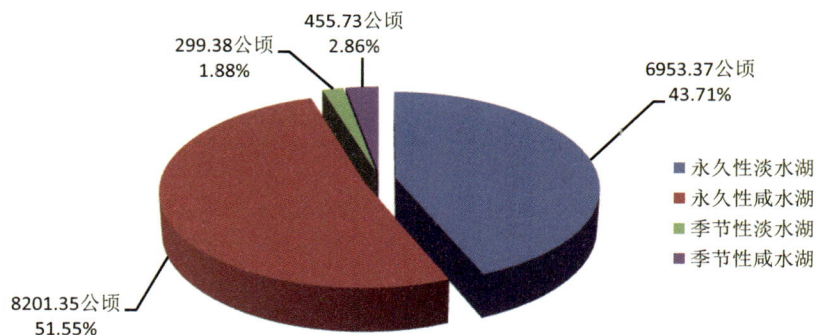

图2-4　甘肃省湖泊湿地各湿地型面积比例

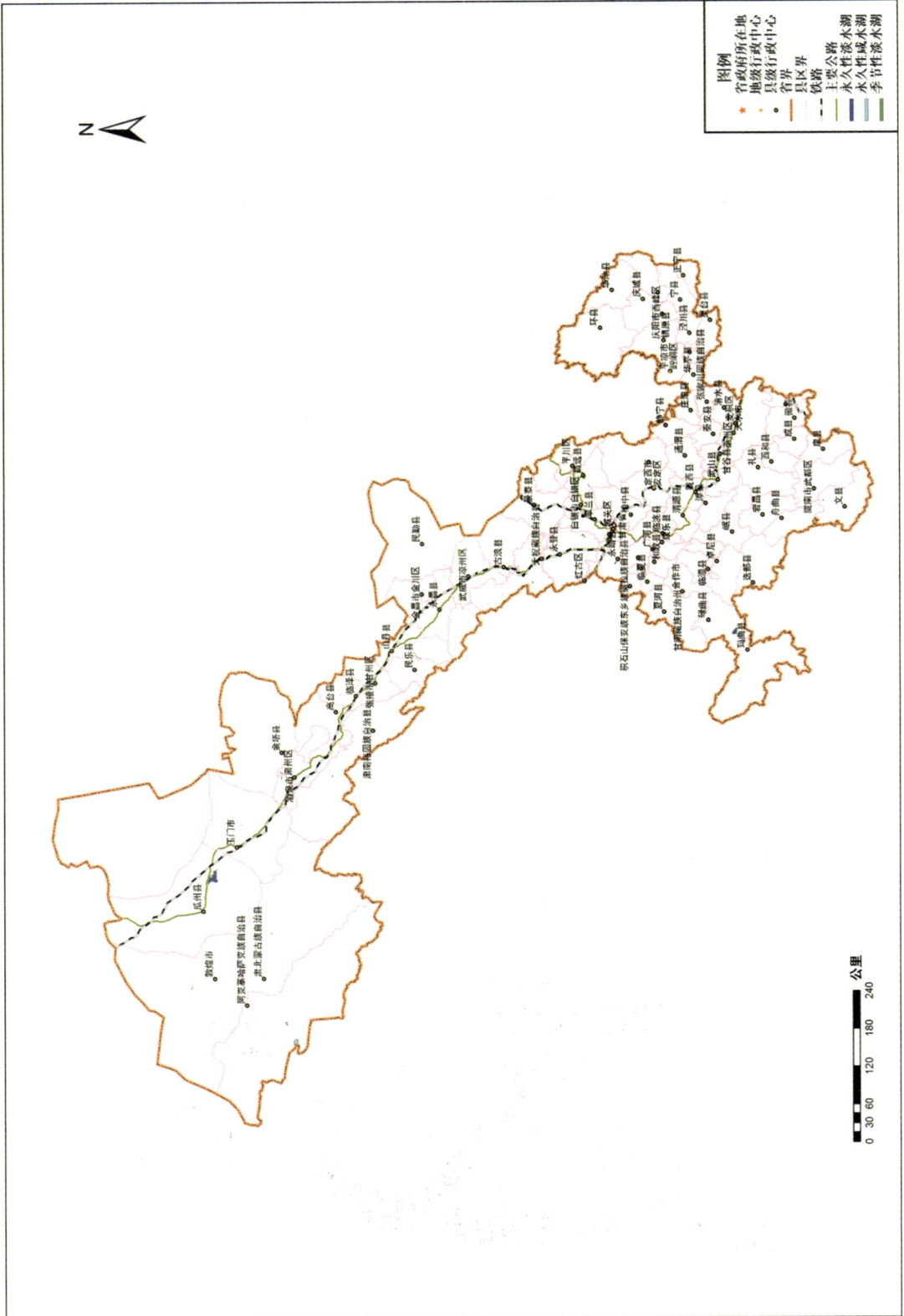

图 2-5 甘肃省湖泊湿地分布图

2.2 湖泊湿地的形成及分布特点

湖泊湿地是由湖泊及岸边湖滨低地所构成。受北山褶皱带、阿拉善台隆、祁连山褶皱带、鄂尔多斯地台、秦岭褶皱带和布尔汗布达褶皱带等地貌限制和普遍向北倾斜的地势制约，甘肃省的湖泊湿地多为河流尾闾，集中分布与西北部边缘盆状地带，诸如分布于阿克塞县的大小苏干湖、玉门市的干海子、民勤县的青土湖等。这类湿地周边多密布芦苇，或为盐碱植被及草甸等所包围。位于甘南藏族自治州碌曲县境内的高原明珠尕海湖的形成，则是与其四面环山的地形以及区域性长期下降活动造成局部低洼的趋势与排泄不畅密切相关。省内局部地区虽山大沟深，但因降水较少雨量较小，堰塞现象极为罕见。湖泊湿地对洪水具有巨大的调蓄功能，在流域防洪减灾方面发挥着及其重要的作用。在人口较多的地区，这类湿地周边的湿草甸一般都被开垦为农田。碱滩、芦苇沼泽一般都保留着较原始的状态。湖泊季节变动的水位给野生动植物的保护创造了得天独厚的条件，因而，许多湖泊湿地都是鱼类和鸟类重要的繁殖地和栖息地。湖泊湿地是淡水鱼的主要生产基地，甘肃省湖泊基本属于淡水湖泊，但大多距离城区较远，渔业生产目前尚处在十分落后的阶段。这类湿地在区域气候调节、保障农业渔业生产、提供人类休闲休憩等诸多方面发挥着不可替代的作用。

2.3 各流域湖泊湿地及分布规律

以一级流域为例，湖泊湿地分布于西北诸河区 9755.24 公顷、黄河区 6052.47 公顷和长江区 257.39 公顷，所占比例分别为 61.32%、38.04% 和 1.62%。甘肃省各流域湖泊湿地分布概况见表 2-5。

表 2-5 甘肃省各流域湖泊湿地分布概况表(公顷)

流域级别			永久性淡水湖	永久性咸水湖	季节性淡水湖	季节性咸水湖	合计
一级	二级	三级					
西北诸河	河西内陆河	石羊河	131.02	0	24.25	0	155.27
		黑河	810.14	61.73	205.60	102.51	1179.98
		疏勒河	54.07	291.87	0	353.22	699.16
		小计	1296.23	655.60	532.85	759.73	2034.41
	柴达木盆地	柴达木盆地西部	0	7720.83	0	0	7720.83
		小计	0	7720.83	0	0	7720.83
	昆仑山北麓小河	车尔臣河诸小河	0	0	0	0	0
		小计	0	0	0	0	0
	塔里木河荒漠区	库木塔格沙漠	0	0	0	0	0
		小计	0	0	0	0	0

（续）

流域级别			永久性淡水湖	永久性咸水湖	季节性淡水湖	季节性咸水湖	合计
一级	二级	三级					
黄河	龙羊峡以上	河源至玛曲	0	0	0	0	0
		玛曲至龙羊峡	32.66	0	0	0	32.66
		小计	32.66	0	0	0	32.66
	龙羊峡至兰州	大通河享堂以上	0	0	0	0	0
		湟水	0	0	0	0	0
		大夏河与洮河	4740.41	0	56.86	0	4797.27
		龙羊峡至兰州干流区	1082.95	0	0	0	1082.95
		小计	5823.36	0	56.86	0	5880.22
	兰州至河口镇	兰州至下河沿	0	126.92	12.67	0	139.59
		小计	0	126.92	12.67	0	139.59
	龙门至三门峡	北洛河状头山以上	0	0	0	0	0
		泾河张家山以上	0	0	0	0	0
		渭河宝鸡峡以上	0	0	0	0	0
		小计	0	0	0	0	0
长江	嘉陵江	广元昭化以上	102.12	0	0	0	102.12
		小计	102.12	0	0	0	102.12
	汉江	丹江口以上	0	0	0	0	0
		小计	131.02	0	24.25	0	155.27
合 计			6953.37	8201.35	299.38	455.73	15909.83

2.4   各湿地区湖泊湿地及分布规律

分布有千公顷以上湖泊湿地的湿地区为大苏干湖湿地区 6512.75 公顷、尕海湿地区 4732.30 公顷和小苏干湖湿地区 1208.08 公顷，所占比例分别为 40.94%、29.74% 和 7.59%。甘肃省各湿地区湖泊湿地分布概况见表 2-6。

表 2-6　甘肃省各湿地区湖泊湿地分布概况表(公顷)

湿地类型 / 湿地区	合　计	永久性 淡水湖	永久性 咸水湖	季节性 淡水湖	季节性 咸水湖
合　计	15909.83	6953.37	8201.35	299.38	455.73
尕海湿地区	4732.30	4732.30	0	0	0
敦煌西湖湿地区	0	0	0	0	0
黑河流域湿地区	0	0	0	0	0
黄河首曲湿地区	0	0	0	0	0
黄河三峡湿地区	396.46	396.46	0	0	0
昌马河湿地区	0	0	0	0	0
干海子湿地区	353.22	0	0	0	353.22
大苏干湖湿地区	6512.75	0	6512.75	0	0
小苏干湖湿地区	1208.08	0	1208.08	0	0
阿克塞县零星湿地区	0	0	0	0	0
肃北县零星湿地区	98.97	0	98.97	0	0
敦煌市零星湿地区	192.90	0	192.90	0	0
瓜州县零星湿地区	0	0	0	0	0
玉门市零星湿地区	54.07	54.07	0	0	0
金塔县零星湿地区	0	0	0	0	0
肃州区零星湿地区	377.61	377.61	0	0	0
嘉峪关市零星湿地区	257.84	257.84	0	0	0
高台县零星湿地区	0	0	0	0	0
肃南县零星湿地区	297.86	174.69	20.66	0	102.51
临泽县零星湿地区	41.07	0	41.07	0	0
甘州区零星湿地区	0	0	0	0	0
山丹县零星湿地区	205.60	0	0	205.60	0
民乐县零星湿地区	0	0	0	0	0
金川区零星湿地区	0	0	0	0	0
永昌县零星湿地区	0	0	0	0	0
民勤县零星湿地区	66.34	66.34	0	0	0
凉州区零星湿地区	0	0	0	0	0
古浪县零星湿地区	0	0	0	0	0
天祝县零星湿地区	331.14	306.89	0	24.25	0

（续）

湿地区＼湿地类型	合　计	永久性淡水湖	永久性咸水湖	季节性淡水湖	季节性咸水湖
景泰县零星湿地区	0	0	0	0	0
平川区零星湿地区	0	0	0	0	0
白银区零星湿地区	0	0	0	0	0
靖远县零星湿地区	126.92	0	126.92	0	0
会宁县零星湿地区	0	0	0	0	0
永登县零星湿地区	444.28	444.28	0	0	0
红古区零星湿地区	0	0	0	0	0
皋兰县零星湿地区	0	0	0	0	0
西固区零星湿地区	0	0	0	0	0
安宁区零星湿地区	0	0	0	0	0
七里河区零星湿地区	0	0	0	0	0
城关区零星湿地区	0	0	0	0	0
榆中县零星湿地区	0	0	0	0	0
安定区零星湿地区	12.67	0	0	12.67	0
临洮县零星湿地区	0	0	0	0	0
通渭县零星湿地区	0	0	0	0	0
陇西县零星湿地区	0	0	0	0	0
渭源县零星湿地区	0	0	0	0	0
漳县零星湿地区	0	0	0	0	0
岷县零星湿地区	0	0	0	0	0
临夏市零星湿地区	0	0	0	0	0
临夏县零星湿地区	0	0	0	0	0
康乐县零星湿地区	0	0	0	0	0
永靖县零星湿地区	0	0	0	0	0
广河县零星湿地区	0	0	0	0	0
和政县零星湿地区	0	0	0	0	0
东乡县零星湿地区	0	0	0	0	0
积石山县零星湿地区	0	0	0	0	0
环县零星湿地区	0	0	0	0	0
华池县零星湿地区	0	0	0	0	0
庆城县零星湿地区	0	0	0	0	0

（续）

湿地区 ＼ 湿地类型	合　计	永久性淡水湖	永久性咸水湖	季节性淡水湖	季节性咸水湖
合水县零星湿地区	0	0	0	0	0
西峰区零星湿地区	0	0	0	0	0
镇原县零星湿地区	0	0	0	0	0
宁县零星湿地区	0	0	0	0	0
正宁县零星湿地区	0	0	0	0	0
崆峒区零星湿地区	0	0	0	0	0
静宁县零星湿地区	0	0	0	0	0
庄浪县零星湿地区	0	0	0	0	0
华亭县零星湿地区	0	0	0	0	0
崇信县零星湿地区	0	0	0	0	0
泾川县零星湿地区	0	0	0	0	0
灵台县零星湿地区	0	0	0	0	0
张家川县零星湿地区	0	0	0	0	0
秦安县零星湿地区	0	0	0	0	0
武山县零星湿地区	0	0	0	0	0
甘谷县零星湿地区	0	0	0	0	0
清水县零星湿地区	0	0	0	0	0
麦积区零星湿地区	0	0	0	0	0
秦州区零星湿地区	0	0	0	0	0
夏河县零星湿地区	8.11	8.11	0	0	0
合作市零星湿地区	0	0	0	0	0
临潭县零星湿地区	56.86	0	0	56.86	0
卓尼县零星湿地区	0	0	0	0	0
碌曲县零星湿地区	0	0	0	0	0
迭部县零星湿地区	0	0	0	0	0
玛曲县零星湿地区	32.66	32.66	0	0	0
舟曲县零星湿地区	0	0	0	0	0
礼县零星湿地区	0	0	0	0	0
宕昌县零星湿地区	0	0	0	0	0
西和县零星湿地区	0	0	0	0	0
成县零星湿地区	0	0	0	0	0

湿地类型 / 湿地区	合　计	永久性淡水湖	永久性咸水湖	季节性淡水湖	季节性咸水湖
徽县零星湿地区	0	0	0	0	0
两当县零星湿地区	0	0	0	0	0
武都区零星湿地区	0	0	0	0	0
康县零星湿地区	0	0	0	0	0
文县零星湿地区	102.12	102.12	0	0	0

2.5　各行政区湖泊湿地及分布规律

　　分布千公顷以上湖泊湿地的行政区只有酒泉市和甘南藏族自治州，面积和比例分别为8797.60公顷，占55.30%、4829.93公顷，占30.36%，是甘肃湖泊湿地的主体。甘肃省14个市（自治州）湖泊湿地分布概况见表2-7。

表2-7　甘肃省14个市（自治州）湖泊湿地分布概况表（公顷）

湿地类型 / 行政区	合　计	永久性淡水湖	永久性咸水湖	季节性淡水湖	季节性咸水湖
合　计	15909.83	6953.37	8201.35	299.38	455.73
酒泉市	8797.60	431.68	8012.70	0	353.22
嘉峪关市	257.84	257.84	0	0	0
张掖市	544.53	174.69	61.73	205.60	102.51
金昌市	0	0	0	0	0
武威市	397.48	373.23	0	24.25	0
白银市	126.92	0	126.92	0	0
兰州市	444.28	444.28	0	0	0
定西市	12.67	0	0	12.67	0
天水市	0	0	0	0	0
平凉市	0	0	0	0	0
庆阳市	0	0	0	0	0
陇南市	102.12	102.12	0	0	0
临夏藏族自治州	396.46	396.46	0	0	0
甘南藏族自治州	4829.93	4773.07	0	56.86	0

3　沼泽湿地

3.1　沼泽湿地概况

甘肃省符合调查《全国湿地资源调查技术规程(试行)》和《甘肃省湿地资源调查实施细则》要求的沼泽湿地449块,分别为:草本沼泽湿地128块,面积222842.36公顷,占沼泽湿地总面积的17.90%;灌丛沼泽29块,面积33154.01公顷,占沼泽湿地总面积的2.66%;内陆盐沼22块,面积81995.62公顷,占沼泽湿地总面积的6.59%;季节性盐沼118块,面积384415.13公顷,占沼泽湿地总面积的30.88%;沼泽化草甸湿地152块,面积为522415.5公顷,占沼泽湿地总面积的41.97%。沼泽湿地总面积1244822.62公顷,占甘肃省湿地总面积的73.49%,在各类湿地中名列前茅。沼泽湿地各湿地分布及构成如图2-6,图2-7。

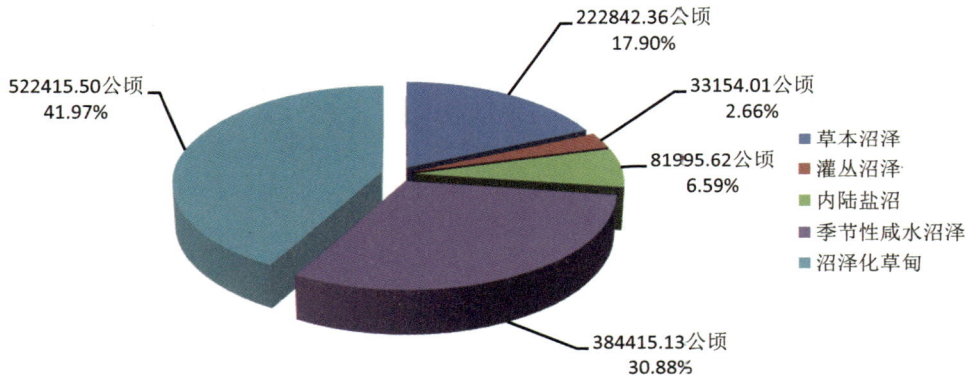

图 2-6　甘肃省沼泽湿地各湿地型面积示意图

3.2　沼泽湿地的形成及分布特点

沼泽湿地的形成受地质地貌、气候、水文、植被和土壤等综合因素的影响。对沼泽形成发育而言,最有利于沼泽形成发育的新构造运动配合上升或下降运动过程的持续进行,而下降速度与泥炭堆积速度基本相同时对泥炭沼泽发育最为有利,往往堆积较厚的泥炭层。全省各地沼泽的主要成因有以下几个方面:①大面积区域性长期下降活动,自第三纪以来,尤其是第四纪普遍大规模下沉,堆积较厚的第四纪沉积物,在下降的相对稳定阶段,广泛发育了沼泽。②区域性的山地不太强烈的上升运动,在上升不十分强烈运动的微弱的间歇性阶段或上升运动形成的构造盆地,在沟谷、河谷、台地上发育沼泽。③大面积区域性强烈、较强烈上升运动(如青藏高原东部第四纪以来的上升运动),在上升过程的间歇阶段或缓慢上升阶段,发育大面积沼泽,如甘南玛曲至黄河河源区及甘南其他区域。此处也是甘肃省内最大的沼泽湿地集中分布区。④山地剥蚀形成的夷平面地表平坦,排水不好,深厚的风化壳阻碍水分下渗,使地表容易发生水分过多或有积水,形成有利于沼泽发育的环境。山地、高原中多发育封闭或半封闭的山间盆地,盆地内地势平坦,排水不畅,且多有地下水出露补给盆地,使盆地汇集地表与地下水,发生沼泽化过程。由于高原

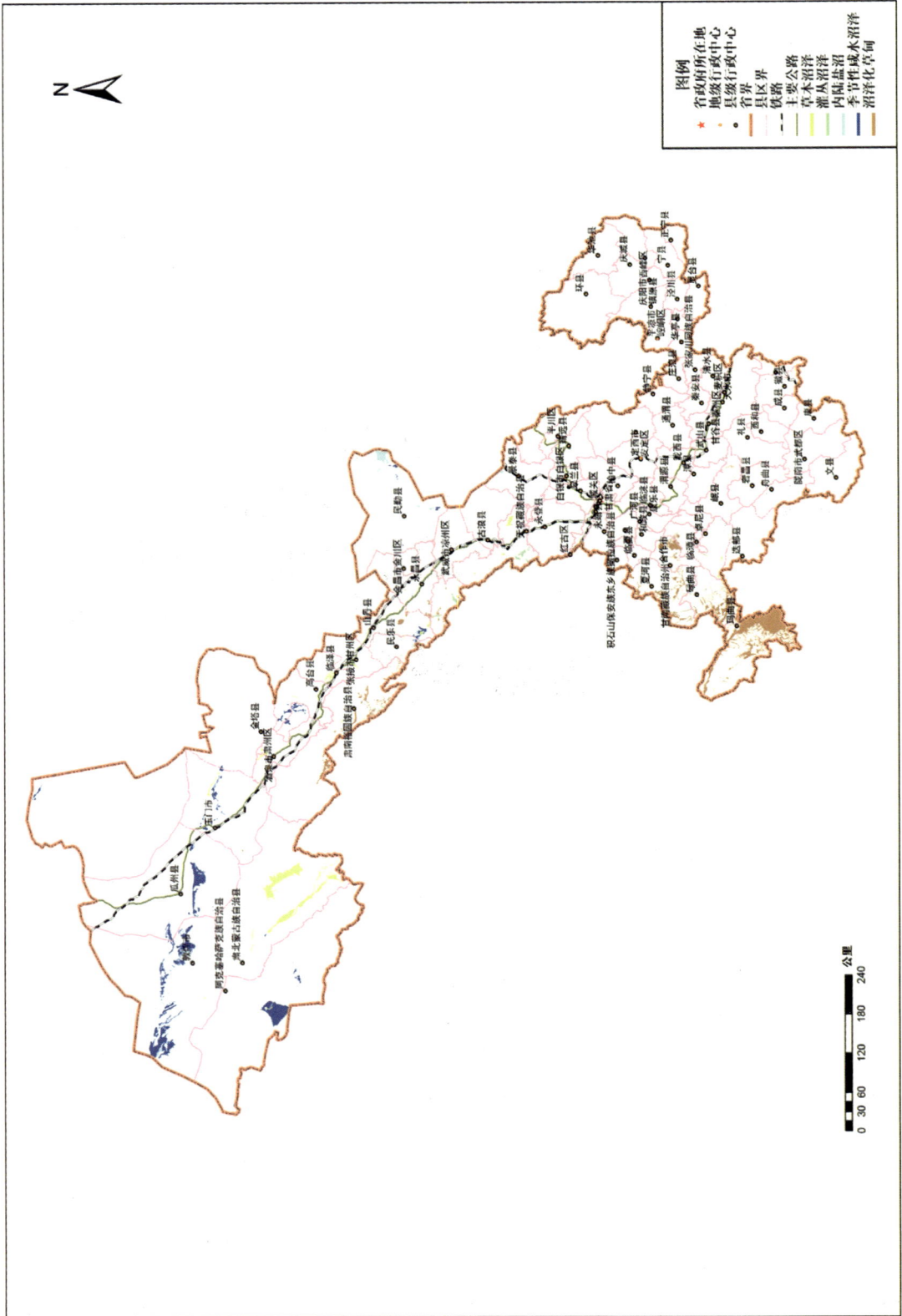

图 2-7　甘肃省沼泽湿地分布示意图

盆地内沼泽形成发育的环境比较稳定，沼泽发育条件能够长期保持。如西部祁连山地盐池湾自然保护区、祁连山自然保护区区域内的沼泽湿地。⑤蒸发量受温度、风、空气湿度、蒸发面等多种因子的影响，其中温度因子起决定性的作用。大部分山间盆地沼泽蒸发量相对较小，区域维持较好，人为干预较少也使得这一类型湿地原始性状得以完整保存。⑥省内西北干旱区和南部青藏高原大部分地区，河流水源主要靠冰雪融水补给。由于气温年际变化很小，故由冰雪补给的河流水量要比以雨水补给为主的河流水量稳定，沼泽发育的环境也较稳定，沼泽发育广泛。⑦沼泽多以大气降水、地表水和地下水共同补给。此类沼泽受气候和地质地貌综合因素的作用，一般水量丰富，水质好，沼泽长期处于富营养阶段。这类湿地是由河流下游形成的无尾河发育而成，或是由于处在汇水区域由降水及地下水补给而形成，或是以上几种情况混合而成。

沼泽湿地的植被主要由芦苇、薹草类的挺水型湿生、沼生植物组成，地表经常保持浅薄的水层，水分供应稳定的地段有泥炭积累。沼泽湿地是重要的野生生物的栖息地，也是重要的蓄洪区。此类湿地多集中分布于海拔较高的区域，如祁连山地、青藏高原东北部局部区域，基本保持在比较原始的状态下，人类干扰较少，但也有不同程度的放牧活动。沼泽类湿地地表低洼，接受地表径流和地下水补给，随水的流动为土壤带来丰富的矿物质，因而沼泽中生长着富营养植物。富营养植物也叫嗜营养植物，如芦苇、薹草、木贼等，这些植物死亡后，在土壤嫌气条件下，植物残体逐年堆积而形成富营养泥炭。沼泽湿地受所处地区自然条件的影响，特别是气候和水文状况影响，沼泽发育长期停留在富营养阶段。如甘南藏族自治州境内（青藏高原）的此类湿地，因该地区气候高寒，地质构造目前仍处于下沉区，沼泽地周围的地下水丰富，沼泽接收丰富的补给，富营养植物不断生长堆积，发育形成泥炭。该区域泥炭厚度多在3～7米，最厚可达10米，储量十分可观。另外，省内西北部干旱区土壤有渍水的特征，加之高地下水位促进毛管水蒸发，一旦盐分表聚，减少的水分蒸发压力就允许表面土壤永久性地保持湿润，促进了盐生植物侵入和嫌气缺氧状况的保持。受降水量、毛细管水上升携带了溶解的盐分，导致地表盐分丰富，促使了盐沼的形成。不合理灌溉会引起的地下水位升高，在干旱区也会形成局部的盐沼地。荒漠地区富盐的潜育土壤具有与海岸盐沼相同的特征，且与它们的定居植物有关。两种环境中的盐生植物都形成多汁组织和泌盐表皮，主要分布于河西地区。甘肃省沼泽密集状态原始，绝大多数沼泽保存完好，这与经济发展缓慢开发强度低关系密切。沼泽湿地在甘肃省湿地中占有较大比重。

3.3 各流域沼泽湿地及分布规律

各流域分布的沼泽湿地总面积为1244822.62公顷。以一级流域为例，依次是西北诸河、黄河与长江流域，分布的沼泽湿地分别为785479.60公顷、456651.81公顷和2691.21公顷，所占比例分别为：63.10%、36.68%和0.22%；沼泽湿地分布较多的三级流域依次是疏勒河、河源至玛曲、大夏河与洮河、黑河、石羊河，分布的沼泽湿地分别为385473.78公顷、217782.85公顷、166778.50公顷、148865.55公顷、93011.79公顷，所占比例分别为：30.97%、17.50%、13.40%、11.96%和7.47%。综上所述，沼泽湿地在各流域分布的主要趋向为黄河与河西内陆河两大二级流域，但客观上河西内陆河流域国土资源面积比重较大，湿地率远低于黄河龙羊峡以上及龙羊峡至兰州。因此，理论上沼泽湿地在本省的重点分布区应视为黄河流域。各流域沼泽湿地分布概况见表2-8。

表 2-8   甘肃省各流域沼泽湿地分布概况表（公顷）

流域级别			草本沼泽	灌丛沼泽	内陆盐沼	季节性盐沼	沼泽化草甸	合计
一级	二级	三级						
西北诸河	河西内陆河	石羊河	2359.11	11559.55	55965.69	6219.55	16907.89	93011.79
		黑河	36537.66	9210.51	105.28	33918.33	69093.77	148865.55
		疏勒河	171156.20	0	20495.24	192530.24	1292.10	385473.78
		小计	210052.97	20770.06	76566.21	232668.12	87293.76	627351.12
	柴达木盆地	柴达木盆地西部	1630.44	0	0	81508.84	0	83139.28
		小计	1630.44	0	0	81508.84	0	83139.28
	昆仑山北麓	车尔臣河诸小河	0	0	0	329.60	0	329.60
		小计	0	0	0	329.60	0	329.60
西北诸河	塔里木河荒漠	库木塔格沙漠	0	0	4958.48	69701.12	0	74659.60
		小计	0	0	4958.48	69701.12	0	74659.60
黄河	龙羊峡以上	河源至玛曲	0	0	0	0	217782.85	217782.85
		玛曲至龙羊峡	0	0	0	0	48423.20	48423.20
		小计	0	0	0	0	266206.05	266206.05
	龙羊峡至兰州	大通河享堂以上	0	2731.37	0	0	0	2731.37
		湟水	0	0	0	0	0	0
		大夏河与洮河	2538.90	0	0	0	164239.60	166778.50
		龙羊峡至兰州	7719.65	9652.58	0	0	0	17372.23
		小计	10258.55	12383.95	0	0	164239.60	186882.10
	兰州至河口镇	兰州至下河沿	55.04	0	470.93	207.45	0	733.42
		小计	55.04	0	470.93	207.45	0	733.42
	龙门至三门峡	北洛河状头以上	0	0	0	0	0	0
		泾河张家山以上	0	0	0	0	0	0
		渭河宝鸡峡以上	0	0	0	0	2830.24	2830.24
		小计	0	0	0	0	2830.24	2830.24

（续）

流域级别			草本沼泽	灌丛沼泽	内陆盐沼	季节性盐沼	沼泽化草甸	合计
级一	二级	三级						
长江	嘉陵江	广元昭化以上	579.80	0	0	0	1845.85	2425.65
		小计	579.80	0	0	0	1845.85	2425.65
	汉江	丹江口以上	265.56	0	0	0	0	265.56
		小计	265.56	0	0	0	0	265.56
合　计			222842.36	33154.01	81995.62	384415.13	522415.50	1244822.62

3.4　各湿地区沼泽湿地及分布规律

从单独区划的湿地区看，本省沼泽湿地分布前三位的依次是黄河首曲湿地区 113761.21 公顷、敦煌西湖湿地区 92286.98 公顷和尕海湿地区 51406.42 公顷；零星湿地区沼泽湿地分布面积在 10 万公顷以上的县依次是肃北县零星湿地区 156716.85 公顷、玛曲县零星湿地区 148179.21 公顷和肃南县零星湿地区 101141.21 公顷，湿地率分别为 2.43%、15.38% 和 4.25%（仅沼泽湿地或沼泽湿地率），不难看出，本省沼泽湿地分布的重要趋向。甘肃省各湿地区沼泽湿地分布概况见表 2-9。

表 2-9　甘肃省各湿地区沼泽湿地分布概况表（公顷）

湿地类型 / 湿地区	合　计	草本沼泽	灌丛沼泽	内陆盐沼	季节性盐沼	沼泽化草甸
合　计	1244822.62	222842.36	33154.01	81995.62	384415.13	522415.50
尕海湿地区	51406.42	0	0	0	0	51406.42
敦煌西湖湿地区	92286.98	0	0	5364.37	86922.61	0
黑河流域湿地区	10065.51	8937.29	792.05	0	336.17	0
黄河首曲湿地区	113761.21	0	0	0	0	113761.21
黄河三峡湿地区	0	0	0	0	0	0
昌马河湿地区	458.07	103.51	0	0	0	354.56
干海子湿地区	163.71	163.71	0	0	0	0
大苏干湖湿地区	44908.89	0	0	0	44908.89	0
小苏干湖湿地区	33000.79	1630.44	0	0	31370.35	0
阿克塞县零星湿地区	5566.06	6.86	0	0	5559.20	0
肃北县零星湿地区	156716.85	151329.41	0	53.17	5334.27	0
敦煌市零星湿地区	99184.88	459.58	0	20036.18	78689.12	0
瓜州县零星湿地区	86490.02	13739.10	0	0	72750.92	0
玉门市零星湿地区	26868.22	5354.03	0	0	20576.65	937.54

（续）

湿地区 ＼ 湿地类型	合　计	草本沼泽	灌丛沼泽	内陆盐沼	季节性盐沼	沼泽化草甸
金塔县零星湿地区	1733.08	443.32	0	0	1289.76	0
肃州区零星湿地区	4490.01	4250.44	0	0	239.57	0
嘉峪关市零星湿地区	3015.19	3015.19	0	0	0	0
高台县零星湿地区	8279.68	677.71	47.37	0	7554.60	0
肃南县零星湿地区	101141.21	4208.63	17444.62	0	11458.31	68029.65
临泽县零星湿地区	6283.12	6283.12	0	0	0	0
甘州区零星湿地区	3020.18	2370.16	650.02	0	0	0
山丹县零星湿地区	22598.74	5930.57	0	105.28	9558.16	7004.73
民乐县零星湿地区	7058.81	421.23	1679.16	0	1439.55	3518.87
金川区零星湿地区	23.17	23.17	0	0	0	0
永昌县零星湿地区	13322.32	275.54	0	5231.58	366.79	7448.41
民勤县零星湿地区	53309.99	0	0	47590.91	5719.08	0
凉州区零星湿地区	78.58	0	0	0	78.58	0
古浪县零星湿地区	55.10	0	0	0	55.10	0
天祝县零星湿地区	22320.84	9780.05	12540.79	0	0	0
景泰县零星湿地区	3350.65	0	0	3143.20	207.45	0
平川区零星湿地区	0	0	0	0	0	0
白银区零星湿地区	0	0	0	0	0	0
靖远县零星湿地区	525.97	55.04	0	470.93	0	0
会宁县零星湿地区	0	0	0	0	0	0
永登县零星湿地区	0	0	0	0	0	0
红古区零星湿地区	0	0	0	0	0	0
皋兰县零星湿地区	0	0	0	0	0	0
西固区零星湿地区	0	0	0	0	0	0
安宁区零星湿地区	0	0	0	0	0	0
七里河区零星湿地区	0	0	0	0	0	0
城关区零星湿地区	0	0	0	0	0	0
榆中县零星湿地区	364.41	0	0	0	0	364.41
安定区零星湿地区	0	0	0	0	0	0
临洮县零星湿地区	263.04	0	0	0	0	263.04
通渭县零星湿地区	0	0	0	0	0	0
陇西县零星湿地区	0	0	0	0	0	0

（续）

湿地类型 湿地区	合　计	草本沼泽	灌丛沼泽	内陆盐沼	季节性 盐沼	沼泽化 草甸
渭源县零星湿地区	172.60	0	0	0	0	172.60
漳县零星湿地区	0	0	0	0	0	0
岷县零星湿地区	2521.27	0	0	0	0	2521.27
临夏市零星湿地区	0	0	0	0	0	0
临夏县零星湿地区	0	0	0	0	0	0
康乐县零星湿地区	0	0	0	0	0	0
永靖县零星湿地区	0	0	0	0	0	0
广河县零星湿地区	0	0	0	0	0	0
和政县零星湿地区	0	0	0	0	0	0
东乡县零星湿地区	0	0	0	0	0	0
积石山县零星湿地区	0	0	0	0	0	0
环县零星湿地区	0	0	0	0	0	0
华池县零星湿地区	0	0	0	0	0	0
庆城县零星湿地区	0	0	0	0	0	0
合水县零星湿地区	0	0	0	0	0	0
西峰区零星湿地区	0	0	0	0	0	0
镇原县零星湿地区	0	0	0	0	0	0
宁县零星湿地区	0	0	0	0	0	0
正宁县零星湿地区	0	0	0	0	0	0
崆峒区零星湿地区	0	0	0	0	0	0
静宁县零星湿地区	0	0	0	0	0	0
庄浪县零星湿地区	0	0	0	0	0	0
华亭县零星湿地区	0	0	0	0	0	0
崇信县零星湿地区	0	0	0	0	0	0
泾川县零星湿地区	0	0	0	0	0	0
灵台县零星湿地区	0	0	0	0	0	0
张家川县零星湿地区	136.37	0	0	0	0	136.37
秦安县零星湿地区	0	0	0	0	0	0
武山县零星湿地区	0	0	0	0	0	0
甘谷县零星湿地区	0	0	0	0	0	0
清水县零星湿地区	0	0	0	0	0	0
麦积区零星湿地区	0	0	0	0	0	0

（续）

湿地区 ＼ 湿地类型	合 计	草本沼泽	灌丛沼泽	内陆盐沼	季节性盐沼	沼泽化草甸
秦州区零星湿地区	0	0	0	0	0	0
夏河县零星湿地区	62631.97	0	0	0	0	62631.97
合作市零星湿地区	32253.83	0	0	0	0	32253.83
临潭县零星湿地区	0	0	0	0	0	0
卓尼县零星湿地区	8561.47	2538.90	0	0	0	6022.57
碌曲县零星湿地区	15562.99	0	0	0	0	15562.99
迭部县零星湿地区	0	0	0	0	0	0
玛曲县零星湿地区	148179.21	0	0	0	0	148179.21
舟曲县零星湿地区	330.32	0	0	0	0	330.32
礼县零星湿地区	246.55	0	0	0	0	246.55
宕昌县零星湿地区	1268.98	0	0	0	0	1268.98
西和县零星湿地区	0	0	0	0	0	0
成县零星湿地区	0	0	0	0	0	0
徽县零星湿地区	576.08	576.08	0	0	0	0
两当县零星湿地区	269.28	269.28	0	0	0	0
武都区零星湿地区	0	0	0	0	0	0
康县零星湿地区	0	0	0	0	0	0
文县零星湿地区	0	0	0	0	0	0

3.5　各行政区沼泽湿地及分布规律

本省各行政区沼泽湿地面积居前三位的分别是酒泉市551867.56公顷、甘南藏族自治州432687.42公顷和张掖市158447.25公顷，湿地率分别为2.85%、10.76%和3.88%（仅沼泽湿地或沼泽湿地率）。三地沼泽湿地分布特点进一步验证，甘肃省的湿地分布趋势西比东多，南比北强（其他类型大致相同）的客观实际。甘肃省14个市（自治州）沼泽湿地分布概况见表2-10。

表2-10　甘肃省14个市州沼泽湿地分布概况表（公顷）

行政区 ＼ 湿地类型	合 计	草本沼泽	灌丛沼泽	内陆盐沼	季节性盐沼	沼泽化草甸
合 计	1244822.62	222842.36	33154.01	81995.62	384415.13	522415.5
酒泉市	551867.56	177480.40	0	25453.72	347641.34	1292.10
嘉峪关市	3015.19	3015.19	0	0	0	0
张掖市	158447.25	28828.71	20613.22	105.28	30346.79	78553.25

（续）

湿地类型 行政区	合　计	草本沼泽	灌丛沼泽	内陆盐沼	季节性盐沼	沼泽化草甸
金昌市	13345.49	298.71	0	5231.58	366.79	7448.41
武威市	75764.51	9780.05	12540.79	47590.91	5852.76	0
白银市	3876.62	55.04	0	3614.13	207.45	0
兰州市	364.41	0	0	0	0	364.41
定西市	2956.91	0	0	0	0	2956.91
天水市	136.37	0	0	0	0	136.37
平凉市	0	0	0	0	0	0
庆阳市	0	0	0	0	0	0
陇南市	2360.89	845.36	0	0	0	1515.53
临夏藏族自治州	0	0	0	0	0	0
甘南藏族自治州	432687.42	2538.90	0	0	0	430148.52

4　人工湿地

4.1　人工湿地概况

　　甘肃省符合《全国湿地资源调查技术规程（试行）》和《甘肃省湿地资源调查实施细则》要求的人工湿地604块（条），分别为：库塘243块，面积36747.71公顷，占人工湿地总面积的71.31%；运河/输水河308条，面积5049.73公顷，占人工湿地总面积的9.80%；水产养殖场46块，面积2036.29公顷，占人工湿地总面积的3.95%；盐田7块，面积7701.05公顷，占人工湿地总面积的14.94%。人工湿地总面积为51534.78公顷，占甘肃省湿地总面积的3.04%。甘肃省人工湿地分布及各湿地型面积比例构成如图2-8，图2-9。

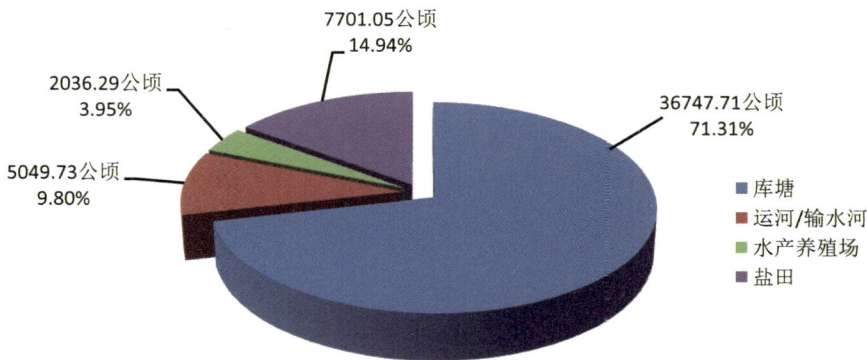

图 **2-8**　甘肃省人工湿地各湿地型面积比例

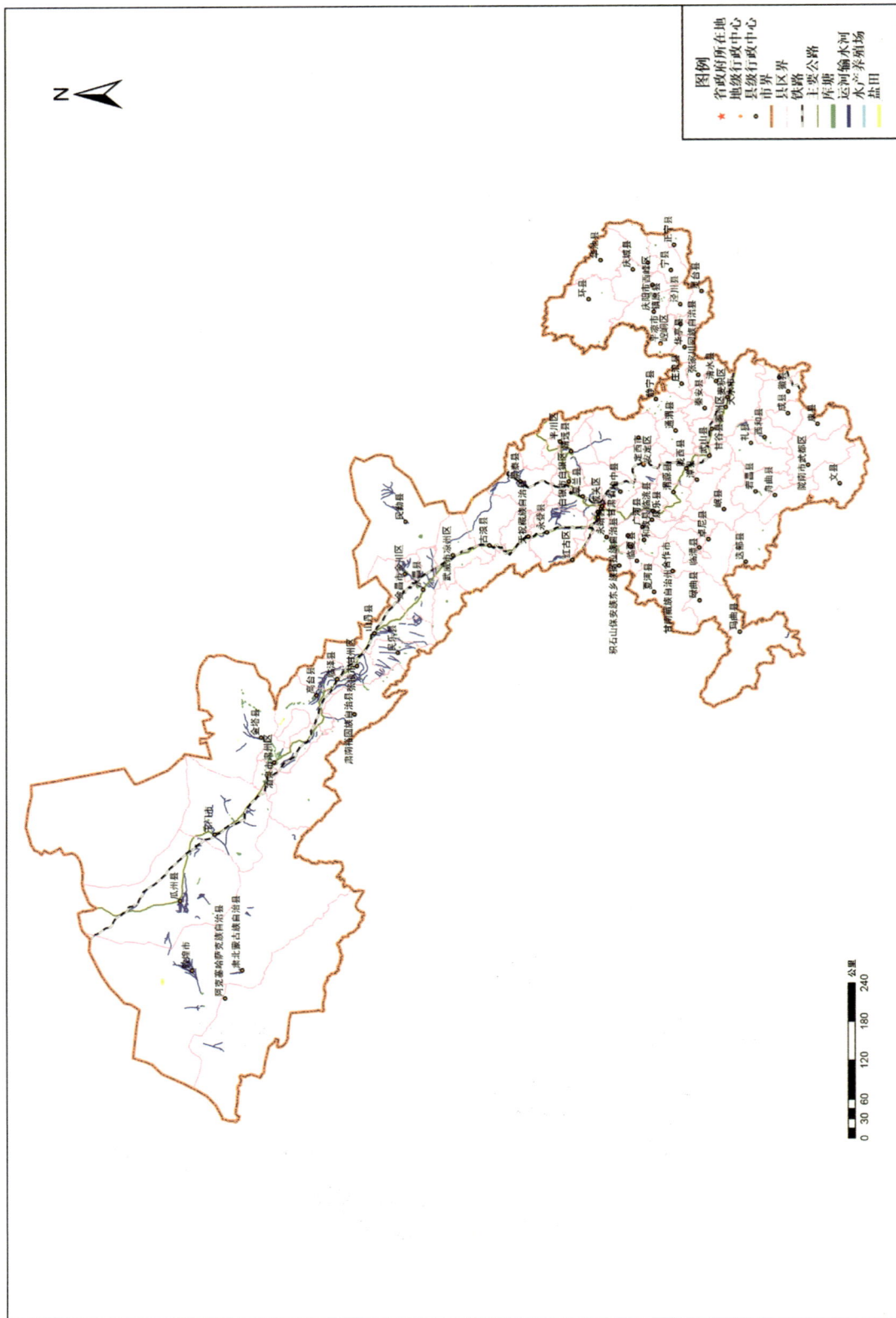

图 2-9 甘肃省人工湿地分布图

4.2　人工湿地的形成及分布特点

甘肃省基本无人工景观湿地，除少部分鱼塘、库区外，其他多为因干旱等自然条件所限，用于工农业生产而修建的水利设施，如引水渠等。此类湿地在解决生产生活用水的同时也部分改善了当地的生态环境，为渔业生产和众多鸟类栖息繁殖迁徙提供了场所，如黄河三峡湿地区。此类湿地多分布于人类生产生活强度较高密度较大的区域。

4.3　各流域人工湿地及分布规律

以一级流域为例，人工湿地分布于西北诸河区 34028.64 公顷、黄河区 16944.04 公顷和长江区 562.10 公顷，所占比例分别为 66.03%、32.88% 和 1.09%。甘肃省各流域人工湿地分布概况见表 2-11。

表 2-11　甘肃省各流域人工湿地分布概况表（公顷）

流域级别			库塘	运河/输水河	盐田	水产养殖场	合计
一级	二级	三级					
西北诸河	河西内陆河	石羊河	4528.25	811.42	88.87	0	5428.54
		黑河	11738.98	1575.89	1277.25	3181.12	17773.24
		疏勒河	4752.43	1411.45	112.32	4519.93	10796.13
		小计	21019.66	3798.76	1478.44	7701.05	33997.91
	柴达木盆地	柴达木盆地西部	30.73	0	0	0	30.73
		小计	30.73	0	0	0	30.73
	昆仑山北麓小河	车尔臣河诸小河	0	0	0	0	0
		小计	0	0	0	0	0
西北诸河	塔里木河荒漠区	库木塔格沙漠	0	0	0	0	0
		小计	0	0	0	0	0
黄河	龙羊峡以上	河源至玛曲	0	25.87	0	0	25.87
		玛曲至龙羊峡	0	0	0	0	0
		小计	0	25.87	0	0	25.87
	龙羊峡至兰州	大通河享堂以上	146.40	70.22	0	0	216.62
		湟水	0	40.13	0	0	40.13
		大夏河与洮河	11588.58	60.17	78.63	0	11727.38
		龙羊峡至兰州干流区	225.44	198.61	58.17	0	482.22
		小计	11960.42	369.13	136.80	0	12466.35

（续）

流域级别			库塘	运河/输水河	盐田	水产养殖场	合计
一级	二级	三级					
黄河	兰州至河口镇	兰州至下河沿	818.38	676.73	402.97	0	1898.08
		小计	818.38	676.73	402.97	0	1898.08
	龙门至三门峡	北洛河状头山以上	0	0	0	0	0
		泾河张家山以上	1663.59	0	0	0	1663.59
		渭河宝鸡峡以上	748.88	123.19	18.08	0	890.15
		小计	2412.47	123.19	18.08	0	2553.74
长江	嘉陵江	广元昭化以上	506.05	56.05	0	0	562.10
		小计	506.05	56.05	0	0	562.10
	汉江	丹江口以上	0	0	0	0	0
		小计	0	0	0	0	0
合 计			36747.71	5049.73	2036.29	7701.05	51534.78

4.4 各湿地区人工湿地及分布规律

除坐落于永靖县的黄河三峡保护区为较大的人工湿地外，其他人工湿地分布较多的区域多为干旱半干旱地区和人类频繁活动的区域，甘肃省各湿地区人工湿地分布概况见表2-12。

表2-12 甘肃省各湿地区人工湿地分布概况表（公顷）

湿地区 \ 湿地类型	合 计	库塘	运河/输水河	水产养殖场	盐田
合 计	51534.78	36747.71	5049.73	2036.29	7701.05
尕海湿地区	0	0	0	0	0
敦煌西湖湿地区	0	0	0	0	0
黑河流域湿地区	2520.03	2443.15	68.41	8.47	0
黄河首曲湿地区	0	0	0	0	0
黄河三峡湿地区	11286.71	11286.71	0	0	0
昌马河湿地区	992.40	992.40	0	0	0
干海子湿地区	0	0	0	0	0
大苏干湖湿地区	0	0	0	0	0
小苏干湖湿地区	0	0	0	0	0
阿克塞县零星湿地区	79.88	30.73	49.15	0	0

（续）

湿地类型 湿地区	合　计	库塘	运河/输水河	水产养殖场	盐田
肃北县零星湿地区	101.20	0	101.20	0	0
敦煌市零星湿地区	5301.15	420.41	304.91	55.90	4519.93
瓜州县零星湿地区	3158.59	2550.40	608.19	0	0
玉门市零星湿地区	1193.64	789.22	348.00	56.42	0
金塔县零星湿地区	3000.61	2497.38	116.91	0	386.32
肃州区零星湿地区	4487.32	3520.35	105.66	777.87	83.44
嘉峪关市零星湿地区	1199.48	722.31	4.34	472.83	0
高台县零星湿地区	3531.36	649.13	170.87	0	2711.36
肃南县零星湿地区	1613.55	1584.30	29.25	0	0
临泽县零星湿地区	465.37	243.60	221.77	0	0
甘州区零星湿地区	373.45	147.12	226.33	0	0
山丹县零星湿地区	959.53	521.82	419.63	18.08	0
民乐县零星湿地区	667.62	402.5	265.12	0	0
金川区零星湿地区	767.89	631.33	136.56	0	0
永昌县零星湿地区	768.76	541.39	227.37	0	0
民勤县零星湿地区	1980.49	1732.33	159.29	88.87	0
凉州区零星湿地区	483.15	438.67	44.48	0	0
古浪县零星湿地区	251.13	174.40	76.73	0	0
天祝县零星湿地区	67.43	67.43	0	0	0
景泰县零星湿地区	259.62	0	241.88	17.74	0
平川区零星湿地区	288.81	266.44	0	22.37	0
白银区零星湿地区	219.18	0	0	219.18	0
靖远县零星湿地区	398.22	149.04	105.50	143.68	0
会宁县零星湿地区	60.36	11.87	48.49	0	0
永登县零星湿地区	517.57	227.68	289.89	0	0
红古区零星湿地区	60.46	0	60.46	0	0
皋兰县零星湿地区	214.43	0	214.43	0	0
西固区零星湿地区	110.31	52.14	0	58.17	0
安宁区零星湿地区	13.91	10.10	3.81	0	0
七里河区零星湿地区	18.21	18.21	0	0	0
城关区零星湿地区	72.99	33.96	39.03	0	0

（续）

湿地类型　　　湿地区	合　计	库塘	运河/输水河	水产养殖场	盐田
榆中县零星湿地区	351.07	308.84	42.23	0	0
安定区零星湿地区	76.63	22.07	54.56	0	0
临洮县零星湿地区	75.19	0	60.17	15.02	0
通渭县零星湿地区	18.25	18.25	0	0	0
陇西县零星湿地区	52.63	0	52.63	0	0
渭源县零星湿地区	101.88	68.81	14.99	18.08	0
漳县零星湿地区	0	0	0	0	0
岷县零星湿地区	0	0	0	0	0
临夏市零星湿地区	33.61	0	0	33.61	0
临夏县零星湿地区	41.53	41.53	0	0	0
康乐县零星湿地区	0	0	0	0	0
永靖县零星湿地区	18.47	18.47	0	0	0
广河县零星湿地区	30	0	0	30	0
和政县零星湿地区	183.32	183.32	0	0	0
东乡县零星湿地区	0	0	0	0	0
积石山县零星湿地区	98.44	98.44	0	0	0
环县零星湿地区	41.66	41.66	0	0	0
华池县零星湿地区	0	0	0	0	0
庆城县零星湿地区	55.03	55.03	0	0	0
合水县零星湿地区	41.25	41.25	0	0	0
西峰区零星湿地区	400.97	400.97	0	0	0
镇原县零星湿地区	689.44	689.44	0	0	0
宁县零星湿地区	48.29	48.29	0	0	0
正宁县零星湿地区	39.93	39.93	0	0	0
崆峒区零星湿地区	90.26	90.26	0	0	0
静宁县零星湿地区	494.52	494.52	0	0	0
庄浪县零星湿地区	38.26	38.26	0	0	0
华亭县零星湿地区	6.44	6.44	0	0	0
崇信县零星湿地区	152.84	152.84	0	0	0
泾川县零星湿地区	13.54	13.54	0	0	0
灵台县零星湿地区	83.94	83.94	0	0	0

（续）

湿地类型 湿地区	合　计	库塘	运河/输水河	水产养殖场	盐田
张家川县零星湿地区	76.66	76.66	0	0	0
秦安县零星湿地区	52.38	52.38	0	0	0
武山县零星湿地区	0	0	0	0	0
甘谷县零星湿地区	55.57	0	55.57	0	0
清水县零星湿地区	0	0	0	0	0
麦积区零星湿地区	0	0	0	0	0
秦州区零星湿地区	8.14	8.14	0	0	0
夏河县零星湿地区	0	0	0	0	0
合作市零星湿地区	0	0	0	0	0
临潭县零星湿地区	0	0	0	0	0
卓尼县零星湿地区	0	0	0	0	0
碌曲县零星湿地区	0	0	0	0	0
迭部县零星湿地区	111.93	111.93	0	0	0
玛曲县零星湿地区	25.87	0	25.87	0	0
舟曲县零星湿地区	0	0	0	0	0
礼县零星湿地区	240.65	200.85	39.80	0	0
宕昌县零星湿地区	72.28	72.28	0	0	0
西和县零星湿地区	129.10	112.85	16.25	0	0
成县零星湿地区	0	0	0	0	0
徽县零星湿地区	0	0	0	0	0
两当县零星湿地区	0	0	0	0	0
武都区零星湿地区	0	0	0	0	0
康县零星湿地区	0	0	0	0	0
文县零星湿地区	0	0	0	0	0

4.5　各行政区人工湿地及分布规律

　　甘肃省人工湿地分布较为万公顷以上的行政区依次为酒泉市18314.79公顷、临夏藏族自治州11692.08公顷和张掖市10130.91公顷，所占比例分别为35.54%、22.69%和19.66%。甘肃省14个市（自治州）人工湿地分布概况见表2-13。

表 2-13   甘肃省 14 个市(自治州)人工湿地分布概况表(公顷)

行政区 / 湿地类型	合计	库塘	运河/输水河	水产养殖场	盐田
合　计	51534.78	36747.71	5049.73	2036.29	7701.05
酒泉市	18314.79	10800.89	1634.02	890.19	4989.69
嘉峪关市	1199.48	722.31	4.34	472.83	0
张掖市	10130.91	5991.62	1401.38	26.55	2711.36
金昌市	1536.65	1172.72	363.93	0	0
武威市	2782.20	2412.83	280.50	88.87	0
白银市	1226.19	427.35	395.87	402.97	0
兰州市	1358.95	650.93	649.85	58.17	0
定西市	324.58	109.13	182.35	33.10	0
天水市	192.75	137.18	55.57	0	0
平凉市	879.80	879.80	0	0	0
庆阳市	1316.57	1316.57	0	0	0
陇南市	442.03	385.98	56.05	0	0
临夏藏族自治州	11692.08	11628.47	0	63.61	0
甘南藏族自治州	137.80	111.93	25.87	0	0

第三节
重点湿地区概况

　　甘肃省符合《全国湿地资源调查技术规程(试行)》设计要求的重点调查湿地有 34 个。重点调查湿地有 4 个湿地类 13 个湿地型,含 999 个斑块,各类型湿地总面积为 892164.36 公顷,占全省湿地总面积的 52.67%。重点调查湿地分布情况见表 2-14。

表 2-14   甘肃省 34 个重点调查湿地概况表(公顷)

重点调查湿地名称	湿地型	斑块数	面　积
总　计	13	999	892164.36
安南坝野骆驼国家级自然保护区	季节性河流	3	164.50
	季节性咸水沼泽	1	329.60
	合计	4	494.10

（续）

重点调查湿地名称	湿地型	斑块数	面积
安西极旱荒漠国家级自然保护区	季节性河流	6	2449.07
	洪泛平原	1	463.94
	合计	7	2913.01
白水江国家级自然保护区	永久性河流	10	836.37
	季节性河流	14	330.21
	合计	24	1166.58
博峪河省级自然保护区	永久性河流	2	52.87
	季节性河流	1	28.96
	合计	3	81.83
插岗梁省级自然保护区	永久性河流	4	782.42
	季节性河流	5	69.92
	沼泽化草甸	1	330.32
	合计	10	1182.66
昌马河省级自然保护区	永久性河流	2	320.53
	洪泛平原	2	683.23
	草本沼泽	1	103.51
	沼泽化草甸	1	354.56
	库塘	1	992.40
	合计	7	2454.23
大苏干湖省级自然保护区	永久性河流	1	151.66
	季节性河流	2	372.70
	永久性咸水湖	1	6512.75
	季节性咸水沼泽	1	44908.89
	合计	5	51946.00
敦煌西湖国家级自然保护区	永久性河流	2	1051.04
	季节性河流	5	3604.12
	内陆盐沼	3	5364.37
	季节性咸水沼泽	11	86922.61
	合计	21	96942.14
敦煌阳关国家级自然保护区	季节性河流	3	139.42
	洪泛平原	2	2533.20
	草本沼泽	1	459.58
	内陆盐沼	4	18423.08
	库塘	1	89.58
	运河/输水河	1	7.52
	合计	12	21652.38

（续）

重点调查湿地名称	湿地型	斑块数	面积
尕海则岔国家级自然保护区	永久性河流	3	206.29
	季节性河流	15	1804.88
尕海则岔国家级自然保护区	永久性淡水湖	1	4732.30
	沼泽化草甸	12	51406.42
	合计	31	58149.89
干海子省级自然保护区	季节性咸水湖	1	353.22
	草本沼泽	1	163.71
	合计	2	516.93
黄河靖远段省级自然保护区	永久性河流	3	4514.72
	洪泛平原	22	1041.29
	永久性咸水湖	1	126.92
	草本沼泽	1	55.04
	库塘	1	41.21
	水产养殖场	9	166.05
	合计	37	5945.23
黄河兰州段省级自然保护区	永久性河流	14	5007.62
	季节性河流	1	1372.77
	洪泛平原	12	293.56
	库塘	3	164.61
	水产养殖场	4	190.71
	合计	34	7029.27
黄河三峡省级自然保护区	永久性河流	3	1666.51
	洪泛平原	8	1105.32
	永久性淡水湖	1	396.46
	库塘	5	11286.71
	合计	17	14455.00
黄河首曲省级自然保护区	永久性河流	3	263.41
	季节性河流	3	93.42
	洪泛平原	1	72.22
	沼泽化草甸	4	113761.21
	合计	11	114190.26
兰州秦王川国家湿地公园	永久性淡水湖	2	444.28
	合计	2	444.28

（续）

重点调查湿地名称	湿地型	斑块数	面积
兰州银滩湿地公园	洪泛平原	1	42.50
兰州银滩湿地公园	合计	1	42.50
连城国家级自然保护区	季节性河流	10	169.63
连城国家级自然保护区	运河/输水河	2	27.94
连城国家级自然保护区	合计	12	197.57
莲花山国家级自然保护区	永久性河流	3	267.32
莲花山国家级自然保护区	合计	3	267.32
民勤连古城国家级自然保护区	内陆盐沼	1	12302.55
民勤连古城国家级自然保护区	合计	1	12302.55
岷县狼渡滩省级自然保护区	永久性河流	1	7.54
岷县狼渡滩省级自然保护区	季节性河流	4	69.43
岷县狼渡滩省级自然保护区	沼泽化草甸	8	2383.17
岷县狼渡滩省级自然保护区	合计	13	2460.14
祁连山国家级自然保护区	永久性河流	142	10882.98
祁连山国家级自然保护区	季节性河流	125	7919.80
祁连山国家级自然保护区	洪泛平原	16	34745.40
祁连山国家级自然保护区	永久性淡水湖	6	481.58
祁连山国家级自然保护区	季节性淡水湖	1	24.25
祁连山国家级自然保护区	草本沼泽	18	19327.01
祁连山国家级自然保护区	灌丛沼泽	23	32314.59
祁连山国家级自然保护区	内陆盐沼	2	5096.60
祁连山国家级自然保护区	沼泽化草甸	65	83570.56
祁连山国家级自然保护区	库塘	13	1547.06
祁连山国家级自然保护区	运河/输水河	3	128.46
祁连山国家级自然保护区	合计	414	196038.29
疏勒河中下游省级自然保护区	季节性河流	7	468.65
疏勒河中下游省级自然保护区	草本沼泽	4	10542.03
疏勒河中下游省级自然保护区	季节性咸水沼泽	8	66953.37
疏勒河中下游省级自然保护区	库塘	3	185.12
疏勒河中下游省级自然保护区	运河/输水河	5	107.90
疏勒河中下游省级自然保护区	合计	27	78257.07
太统—崆峒国家级自然保护区	永久性河流	1	155.77
太统—崆峒国家级自然保护区	季节性河流	3	34.14
太统—崆峒国家级自然保护区	库塘	1	90.26

（续）

重点调查湿地名称	湿地型	斑块数	面积
太统—崆峒国家级自然保护区	合计	5	280.17
太子山国家级自然保护区	永久性河流	10	330.07
	季节性河流	7	138.88
	库塘	1	94.79
	合计	18	563.74
洮河国家级自然保护区	永久性河流	7	2101.47
	季节性河流	31	936.37
	草本沼泽	5	2538.90
	沼泽化草甸	1	939.92
	合计	44	6516.66
洮河临洮段省级自然保护区	永久性河流	3	2262.51
	洪泛平原	13	613.01
	水产养殖场	2	42.12
	合计	18	2917.64
小陇山国家级自然保护区	永久性河流	9	207.33
	草本沼泽	7	845.36
	合计	16	1052.69
小苏干湖省级自然保护区	永久性河流	1	128.31
	永久性咸水湖	1	1208.08
	草本沼泽	1	1630.44
	季节性咸水沼泽	1	31370.35
	合计	4	34337.18
兴隆山国家级自然保护区	永久性河流	8	71.34
	季节性河流	1	30.38
	沼泽化草甸	1	364.41
	库塘	1	11.78
	合计	11	477.91
盐池湾国家级自然保护区	永久性河流	3	1681.46
	季节性河流	47	2952.90
	草本沼泽	5	145759.52
	合计	55	150393.88

（续）

重点调查湿地名称	湿地型	斑块数	面积
裕河省级自然保护区	永久性河流	6	140.15
	季节性河流	11	413.75
	合计	17	553.90
张掖黑河流域国家级自然保护区	永久性河流	7	4956.24
	季节性河流	3	1237.33
	洪泛平原	43	7162.25
	草本沼泽	28	7974.94
	灌丛沼泽	5	792.05
	季节性咸水沼泽	2	336.17
	库塘	12	2443.15
	运河/输水河	11	68.41
	水产养殖场	1	8.47
	合计	112	24979.01
张掖市国家湿地公园	草本沼泽	1	962.35
	合计	1	962.35

甘肃省重点调查各类湿地分布数量如图 2-10～图 2-13。

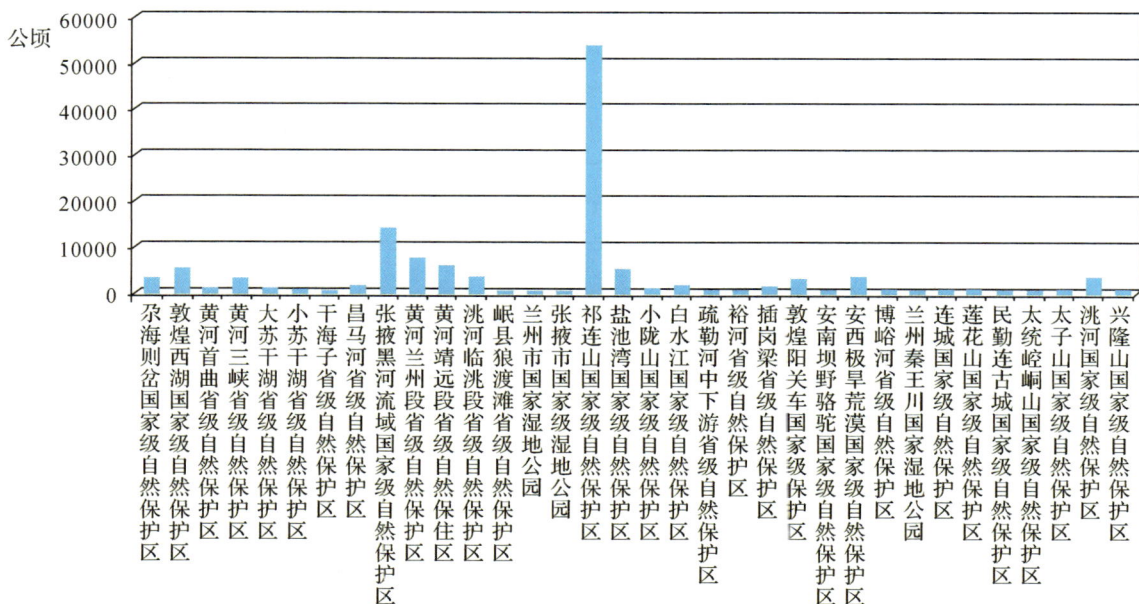

图 2-10 甘肃省 34 个重点湿地区河流湿地面积示意图

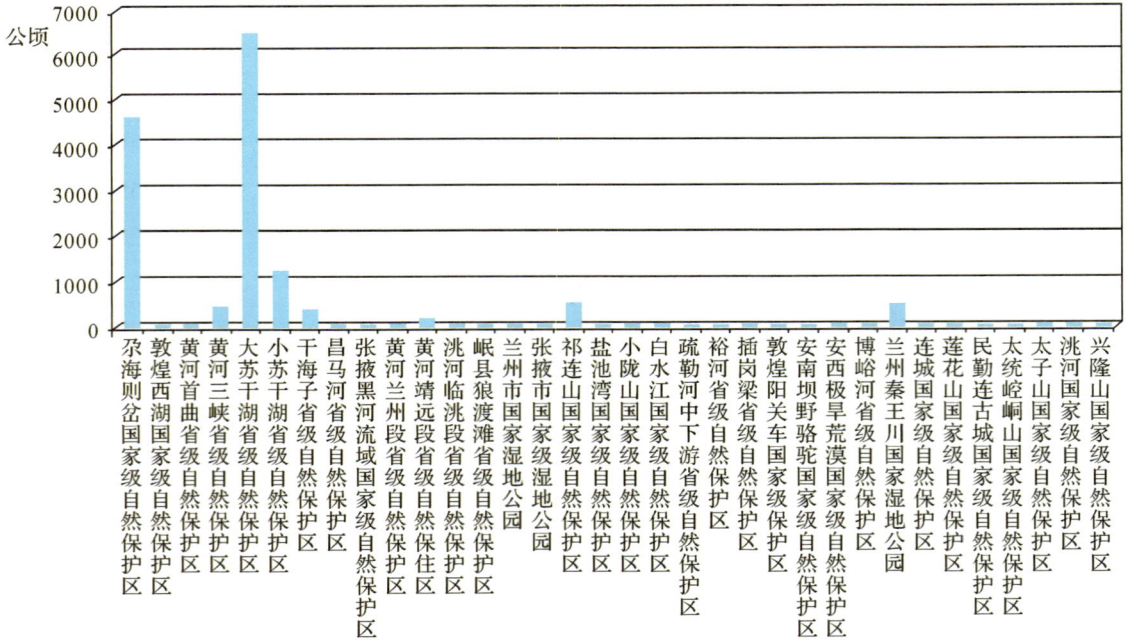

图 **2-11**   甘肃省 **34** 个重点湿地区湖泊湿地面积示意图

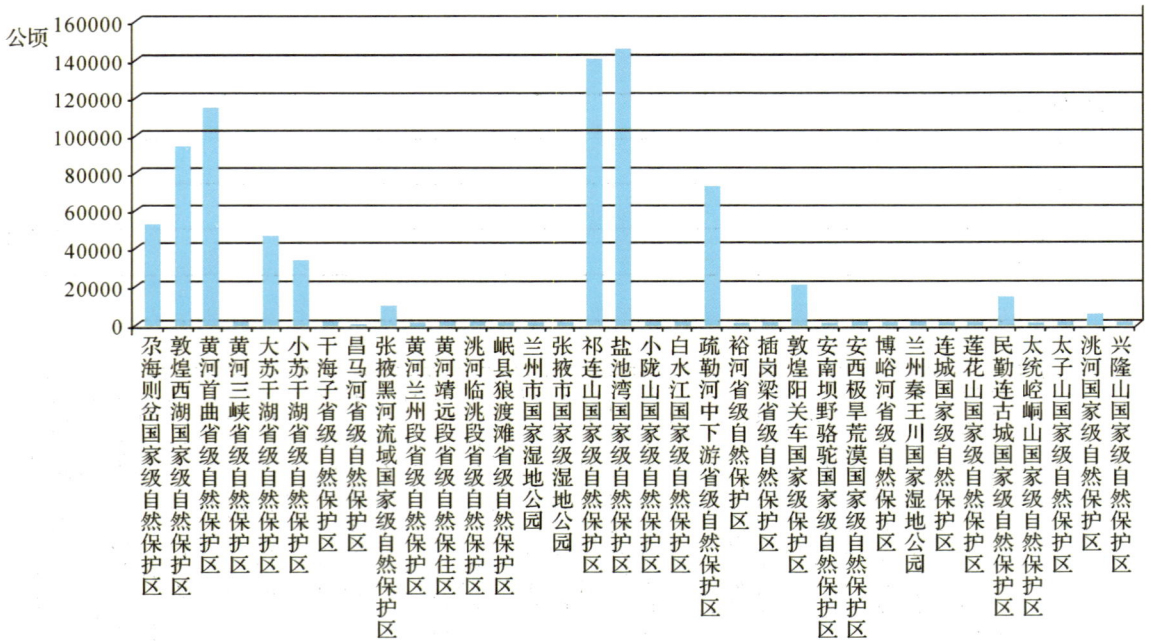

图 **2-12**   甘肃省 **34** 个重点湿地区沼泽湿地面积示意图

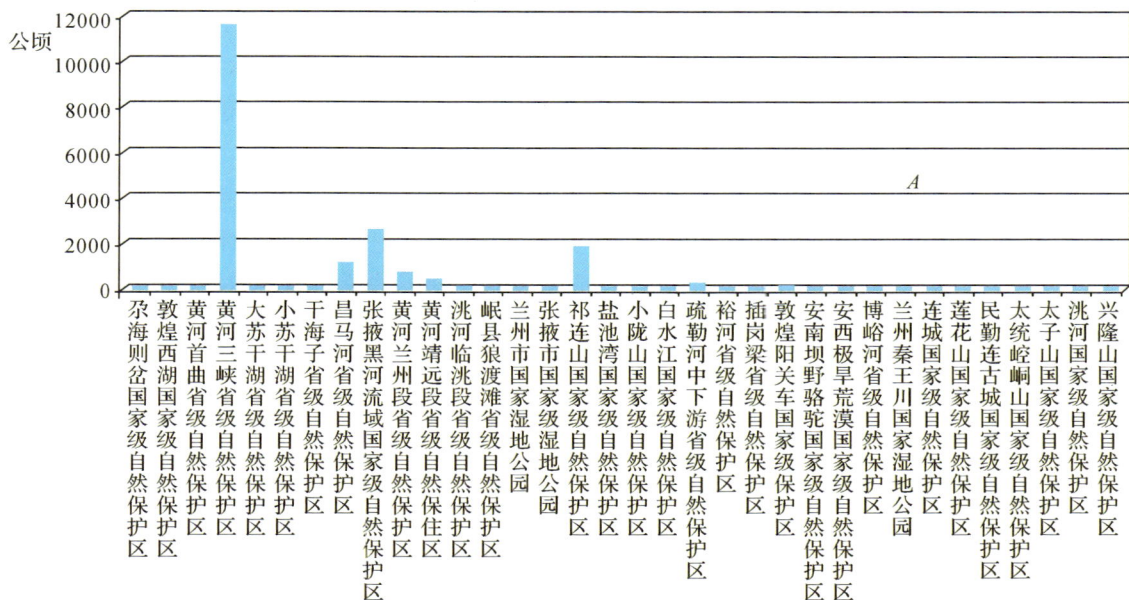

图 **2-13** 甘肃省 **34** 个重点湿地区人工湿地面积示意图

1 尕海湿地

1.1 基本情况

湿地区编码为 6240447。尕海湿地位于甘肃尕海则岔国家级自然保护区。该保护区是在 1982 年 3 月 29 日省政府批准建立的尕海候鸟省级自然保护区和 1992 年 2 月 13 日省林业厅根据省政府决定批准建立的则岔省级自然保护区合并后成立的，后晋升为国家级自然保护区(《国务院关于发布红松洼等国家级自然保护区名单的通知》)，是我国少有的集高原湿地型、高原草甸型、森林和野生动物型三重功能为一体的自然保护区，主要保护对象是高原湿地、森林及生物多样性资源。保护区总面积 247431 公顷，由甘肃省林业厅管理。

2012 年尕海湿地被列入国际重要湿地名录，是目前甘肃省唯一的一块国际重要湿地。

1.2 湿地资源

尕海湿地共 31 个湿地斑块，总面积为 58149.89 公顷。主要有以下几种湿地类型：永久性河流 3 个斑块，面积 206.29 公顷；季节性河流 15 个斑块，面积 1804.88 公顷；永久性淡水湖 1 个斑块，面积 4732.30 公顷；沼泽化草甸 12 个斑块，面积 51406.42 公顷。据保护区科技人员 2007 年调查，在湿地资源中有泥炭地 10429 公顷，14 个调查点的泥炭层平均厚度为 1.94 米，泥炭储量 2 亿立方米。

1.3 动物资源

结合研究资料和调查结果表明，尕海湿地有脊椎动物 16 目 22 科 70 种，占甘肃湿地脊椎动物总数的 28.85%。其中鱼类 1 目 2 科 9 种，其中鲤科 3 种，分别是厚唇裸重唇鱼、黄河裸裂尻鱼、花斑裸鲤；鳅科 6 种，分别是达里湖高原鳅、东方高原鳅、短尾高原鳅、黑体高原鳅、硬鳍高原鳅、拟硬鳍高原鳅；两栖类 2 目 4 科 5 种，其中有尾目 1 科 1 种，即西藏山溪鲵，无尾目 3 科 4 种，分别是西藏齿突蟾、岷山蟾蜍、中国林蛙、倭蛙；鸟类 8 目 14 科 54 种，分别为小鸊鷉、凤头鸊鷉、普通鸬鹚、草鹭、白鹭、大白鹭、中白鹭、牛背鹭、池鹭、苍鹭、黑鹳、大天鹅、灰雁、斑头雁、赤麻鸭、翘鼻麻鸭、绿翅鸭、绿头鸭、赤膀鸭、罗纹鸭、赤颈鸭、斑嘴鸭、琵嘴鸭、针尾鸭、白眉鸭、凤头潜鸭、白眼潜鸭、棉凫、赤嘴潜鸭、鹊鸭、普通秋沙鸭、冠鱼狗、黑颈鹤、灰鹤、普通秧鸡、白胸苦恶鸟、白骨顶、金眶鸻、蒙古沙鸻、环颈鸻、凤头麦鸡、针尾沙锥、扇尾沙锥、红脚鹬、鹤鹬、青脚鹬、白腰草鹬、矶鹬、乌脚滨鹬、渔鸥、棕头鸥、普通燕鸥、蓝翡翠；哺乳类 1 目 1 科 1 种，即水獭。无脊椎动物 3 门 12 纲 84 个分类单元，其中环节动物门 2 纲 3 类 14 属；软体动物门有 2 纲 2 类 5 属；节肢动物门有 8 纲 65 类（包含科和属），其中昆虫纲的种类最丰富。国家重点保护动物 6 种，其中国家 I 级保护动物 2 种（黑鹳、黑颈鹤）；国家 II 级保护动物 4 种（大天鹅、灰鹤、蓑羽鹤、水獭）。鱼类所有种类均为甘肃特有种。调查发现，国家 I 级保护动物黑颈鹤的数量由最初的 11 只增加到目前的 31 只；黑鹳的数量由 10 只猛增到 2009 年的 319 只；国家 II 级保护动物大天鹅的数量 2009 年达到 260 多只。每年大约有 24000 多只湿地鸟类栖息尕海湿地。

1.4 植物资源

根据实际调查以及相关资料的记载，植被可划分为 4 个植被型组、6 个植被型、24 个群系，其中主要以莎草型湿地植被型和禾草型湿地植被型为主，分布面积占整个保护区湿地植被面积的 85% 以上。其中莎草型湿地植被型主要包括华扁穗草群系、木里薹草群系、黑褐薹草群系以及大花嵩草群系，分布面积约 3.3 万公顷；禾草型湿地植被型主要包括垂穗披碱草群系、发草群系、短颖披碱草群系、沿沟草群系等，分布面积约 1 万公顷；其次落叶阔叶灌丛湿地植被型较多，其中主要有分布于则岔河流沿岸的川滇柳群系、川滇柳—中国沙棘群系，约 400 公顷；另外，还有零星分布的寒温性针叶林湿地植被型、杂类草湿地植被型以及沉水植被型。

本次采集到标本的湿地植物共有 235 种，并查阅甘肃植物志和保护区科考报告，初步统计尕海则岔国家级自然保护区共有湿地高等植物 342 种（包括亚种和变种），隶属于 59 科 176 属。包括蕨类植物 1 科 1 属 2 种，裸子植物 3 科 4 属 5 种，被子植物 55 科 168 属 335 种（双子叶植物 45 科 135 属 261 种，单子叶植物 10 科 33 属 74 种）。区系分析可知，在科的分布区类型中，世界分布科有 35 科，占种子植物总科数的 63.64%；其次温带分布科分布较多，有 13 科，占种子植物总科数的 23.64%；温带分布科及以温带性质分布为主的有 17 科，占种子植物总科数的 30.91%；北温带分布属及其变形有 77 属，占总属的 45.83%，加上温带分布属以及以温带性质分布的属共有 122 属，占总种数的 72.62%，这也体现了保护区植物区系的温带性质，含有 20 种以上的科有 6 科，依次为菊科（50 种）、毛茛科（31 种）、蔷薇科（28 种）、禾本科（24）、莎草科（24 种）。

优势植物：蕨类有节节草、水木贼；灌木有川滇柳、中国沙棘、小叶金露梅、金露梅、康定柳、具鳞水柏枝、洮河柳、红花岩生忍冬；草本主要有华扁穗草、黑褐薹草、木里薹草、无脉薹草、膨囊薹草、青藏薹草、尖苞薹草、红棕薹草、线叶嵩草、大花嵩草、藏嵩草、裸果嵩草、具刚毛荸荠、矮生嵩草、甘肃嵩草、矮薹草、线叶龙胆、圆穗蓼、鹅绒委陵菜、甘肃棘豆、老鹳草、柳兰、葛缕子、湿生扁蕾、肋柱花、辐状肋柱花、微孔草、短穗兔耳草、短筒兔耳草、海韭菜、垂穗披碱草、短颖披碱草、发草、沿沟草、甘青剪股颖、疏花剪股颖、茴草、葱状灯心草、小灯心草、展苞灯心草、西伯利亚蓼、狐尾藻、杉叶藻、水毛茛等。

重点保护及珍稀濒危植物：湿地区内植物资源丰富，共有珍稀濒危及重点保护植物 3 种，其中国家Ⅱ级保护野生植物 2 种，分别为羽叶点地梅、红花绿绒蒿；国家Ⅲ级保护野生药材甘肃贝母。羽叶点地梅是中国特有属，在植物系统进化中具有重要的科研价值。

2　敦煌西湖湿地

2.1　基本情况

湿地区编码为 6240446。敦煌西湖湿地位于甘肃敦煌西湖国家级自然保护区，该保护区是在 1992 年 12 月 14 日省林业厅以甘林资字〔1992〕046 号文件批准建立的省级自然保护区的基础上晋升为国家级自然保护区的（2003 年 6 月 14 日国务院以国办发〔2003〕54 号文），保护区地处库姆塔格沙漠东沿，与罗布泊相邻，是一个极为典型的内陆湿地、荒漠生态系统和野生动植物类型的自然保护区。主要保护对象为湿地生态系统、荒漠生态系统和珍稀野生动植物及其生境。敦煌西湖湿地水草茂盛，物种资源丰富，是以保护湿地生态系统及国际濒危物种——野骆驼种群为宗旨，集资源保护、科学研究、教学实习、生态旅游为一体的重要基地。在今天罗布泊干涸、塔克拉玛干、库姆塔格两大沙漠即将合拢的情况下，保护区大面积荒漠草场与湿地植被，是敦煌绿洲赖以生存和发展的绿色屏障，它的存亡关系到敦煌的生态安全，对保护敦煌乃至我国西部生态平衡，改善区域生态环境，保障敦煌工农业生产和旅游业的持续健康发展，特别是对保护世界文化遗产莫高窟将起到非常重要的作用。保护区总面积 660000 公顷，由甘肃省林业厅管理。

2.2　湿地资源

敦煌西湖湿地共 21 个湿地斑块，湿地总面积为 96942.14 公顷，主要有以下几种湿地类型：永久性河流 2 个斑块，面积 1051.04 公顷；季节性河流 5 个斑块，面积 3604.12 公顷；内陆盐沼 3 个斑块，面积 5364.37 公顷；季节性咸水沼泽 11 个斑块，面积 86922.61 公顷。

2.3　动物资源

结合研究资料和调查结果发现，敦煌西湖湿地内有湿地动物 9 目 18 科 67 种，其中鱼类 1 目 2 科 8 种，其中鳅科 6 种，分别为短尾高原鳅、重穗唇高原鳅、酒泉高原鳅、梭形高原鳅、背斑高原鳅、大鳍骨鳔鳅；鲤科 2 种，分别为花斑裸鲤、麦穗鱼。其中甘肃特有种 6 种，分别是重穗唇高原鳅、酒泉高原鳅、梭形高原鳅、背斑高原鳅、大鳍骨鳔鳅、花斑裸鲤；两栖类 1 目 2 科 2 种，均为无尾目，分别是蟾蜍科的花背蟾蜍，蛙科的中国林蛙；鸟类 7 目 14 科 57 种，分别是小䴙䴘、赤颈䴙䴘、凤头䴙䴘、黑颈䴙䴘、普通鸬鹚、苍鹭、大白鹭、岩鹭、黑鹳、大天鹅、灰雁、赤麻鸭、翘鼻麻鸭、赤颈鸭、赤膀鸭、绿翅鸭、绿头鸭、斑嘴鸭、针尾鸭、白眉鸭、琵嘴鸭、赤嘴潜鸭、红头潜鸭、凤头潜鸭、鹊鸭、斑头秋沙鸭、普通秋沙鸭、鹗、灰鹤、蓑羽鹤、普通秧鸡、小田鸡、黑水鸡、白骨顶、反嘴鹬、金斑鸻、灰斑鸻、金眶鸻、环颈鸻、蒙古沙鸻、凤头麦鸡、灰头麦鸡、扇尾沙锥、白腰勺鹬、红脚鹬、青脚鹬、青脚滨鹬、矶鹬、白腰草鹬、黑尾

塍鹬、黑翅长脚鹬、渔鸥、红嘴鸥、三趾
鸥、黑尾鸥、普通燕鸥。鱼类特有种6种，
国家重点保护动物6种，其中国家Ⅰ级保护
物种有黑鹳，Ⅱ级保护物种有赤颈䴙䴘、
大天鹅、鹗、灰鹤、蓑羽鹤）。

在动物地理区划上，敦煌西湖湿地属
于古北界，中亚亚界，蒙新区。鱼类中鳅
科6种；鲤科2种，除麦穗鱼为古北、东
洋两界兼有分布种外，其余的种类都属古
北界种，均为内陆河水系；两栖类有全部
为古北界种类；鸟类7目14科57种，以
雁形目、鹤形目、鸻形目、鸥形目为主

甘肃敦煌西湖国家级保护区黑翅长脚鹬
（敦煌西湖国家级自然保护区提供）

体，地理型较为复杂，有两界4个区系型：①全北型，以大天鹅、绿头鸭、赤麻鸭、红头潜鸭为
代表。②古北型，以普通鸬鹚、大白鹭、苍鹭、黑鹳、凤头潜鸭为代表。③东洋型，以小䴙䴘、
斑嘴鸭为代表。④高地型，以红脚鹬为代表，其中赤麻鸭为青藏高原的代表性的鸟类，还有一些
欧洲西伯利亚沼泽草地种类，金眶鸻、黑翅长脚鹬、红脚鹬、矶鹬、普通燕鸥。是鸟类迁徙的重
要通道和部分湿地鸟类的繁殖地。

2.4　植物资源

保护区湿地植被可以划分为3个植被型组4个植被型12个群系，主要以落叶阔叶林湿地植被
型、盐生灌丛湿地植被型和禾草型湿地植被型为主。落叶灌丛湿地植被型主要有胡杨群系，是荒
漠地区湿地中重要的乔木树种，分布面积约5400公顷；盐生灌丛湿地植被型主要包括多枝柽柳群
系、刚毛柽柳群系、黑果枸杞群系、盐穗木群系，此植被类型的分布面积约9000公顷；禾草型湿
地植被型主要包括芦苇群系、骆驼刺＋芦苇群系、芦苇＋大花白麻群系、芦苇＋胀果甘草群系，
此类型的植被面积在保护区分布最广，为保护区植被面积的主要成分，所占面积约3.6万公顷；
杂类草湿地植被型主要包括骆驼刺群系、花花柴群系，分布面积约4700公顷。

在湿地内植物种类少，实际调查采集到59种，并参考保护区科考报告等资料统计共有湿地
高等植物67种，隶属于17科52属，其中双叶子植物12科35属45种，单子叶植物5科17属22
种。从区系成分看，世界分布科较多，有11科，占总科数的64.70%；科的大小排序中含种数最
多的科依次为菊科（14种）、蓼科（12种）、禾本科（12种）、莎草科（7种）；属的统计分析可知，
含一种的属较多，达40属，占总属数的76.92%，北温带分布属有8属，占总属数的15.38%。

优势植物：在湿地内乔木优势植物为胡杨；灌木主要为多枝柽柳、刚毛柽柳、黑果枸杞、盐
穗木、白刺；草本类主要为芦苇、骆驼刺、花花柴、胀果甘草、大花白麻、海乳草、盐角草、水
葱、芨芨草、拂子茅等。

重点保护及珍稀濒危植物：在湿地内分布有国家Ⅱ级重点保护野生药材物种——胀果甘草和
中国稀有濒危植物——胡杨（渐危种），胡杨是荒漠地区湿地中重要的乔木树种，它对于稳定荒漠
河流地带的生态平衡，防风固沙，调节绿洲气候具有十分重要的作用。同时，胡杨是第三世纪残
余的古老树种，对于研究亚非荒漠区气候变化、河流变迁、植物区系的演化以及古代经济、文化

的发展都有重要的科学价值。

3　黄河首曲湿地

3.1　基本情况

　　湿地区编码为6240452。黄河首曲湿地位于黄河首曲省级自然保护区，该保护区是1995年1月22日由甘肃省林业厅甘林资字〔1995〕12号文件批准建立的，属湿地生态系统和野生动植物类型的自然保护区。区内地势高亢，分布大片沼泽湿地，既是黑颈鹤等众多候鸟前来栖息繁衍的良好场所，也是一些高原特有动物的栖息地。主要保护对象为黑颈鹤等珍稀野生动物及

甘肃黄河首曲湿地(汪杰摄)

其栖息地的高原湿地环境。保护区总面积375000公顷(2013年12月国办发〔2013〕111号文件晋升为国家级自然保护区保护区，面积变更为203401公顷)，由玛曲县政府管理。

　　首曲湿地是青藏高原甘肃部分面积最大、湿地类型多样、特征明显、最原始、最具代表性的高寒沼泽湿地，也是世界上保存最完整的自然湿地之一。湿地区海拔在3300～3600米，是黄河上游重要的水源涵养区，因泥炭贮量非常丰富而成为应对气候变化的重要资源，已被列入中国重要湿地名录和国家级生态功能保护区。首曲湿地主要包括采日玛也力乔尔干湿地、曼日玛朗曲乔尔干湿地、河曲马场纳尔玛贡滩湿地、黄河干流及其一二级支流湿地。

3.2　湿地资源

　　首曲湿地共11个湿地斑块，湿地总面积114190.26公顷，主要有以下几种湿地类型：永久性河流3个斑块，面积263.41公顷；季节性河流3个斑块，面积93.42公顷；洪泛平原1个斑块，面积72.22公顷；沼泽化草甸4个斑块，面积113761.21公顷。据调查，首曲湿地的泥炭储量约为15亿立方米，泥炭资源保护在应对气候变化中具有特殊的重要意义。

3.3　动物资源

　　黄河首曲湿地是一个生物多样性较高的地区，有湿地脊椎动物13目18科54种，占甘肃湿地动物总数的21.34%，其中鱼类2目3科20种，占甘肃鱼类总数的18.18%；有壮体高原鳅、黄河高原鳅、似鲶高原鳅、硬刺高原鳅、小眼高原鳅、黑体高原鳅、赤眼鳟、鳙、鲢鱼、棒花鱼、平鳍鳅鮀、厚唇裸重唇鱼、极边扁咽齿鱼、花斑裸鲤、黄河裸裂尻鱼、嘉陵裸裂尻鱼、骨唇黄河鱼、鲤、鲫、鲶；两栖类3目3科5种，占甘肃两栖类总数的16%，有西藏山溪鲵、中华蟾蜍、花背蟾蜍、中国林蛙、倭蛙；湿地鸟类8目12科29种，占甘肃湿地鸟类总数的26.61%，有小䴙䴘、凤头潜鸭、普通鸬鹚、黑颈鹤、灰鹤、凤头麦鸡、黑鹳、牛背鹭、大天鹅、豆雁、灰雁、斑头雁、赤膀鸭、赤颈鸭、斑嘴鸭、赤麻鸭、翘鼻麻鸭、绿翅鸭、绿头鸭、红脚鹤鹬、林鹬、乌脚滨

鹬、黑尾鸥、金眶鸻、蒙古沙鸻、红脚鹬、黑翅长脚鹬、棕头鸥、普通燕鸥；无脊椎动物3门12纲，其中环节动物门有2纲3类12属，以湿生小蚓类为优势类群；软体动物门有2纲2类3属；节肢动物门有8纲64类（包含科和属），其中昆虫纲的种类最丰富。

在动物地理区划上，黄河首曲湿地属于古北界、中亚亚界、青藏高原区、青海藏南亚区。鱼类区系归青藏亚区。两栖类以中国林蛙、岷山蟾蜍、北方齿突蟾、西藏山溪鲵均为古北界种类。湿地鸟类以古北界种类占优势，其中北方型种类以赤麻鸭为代表；高地型以黑颈鹤、斑头雁、棕头鸥等为代表，分布于青藏高原的高山带，是该区域湿地动物的主体。调查共记录国家I级保护动物黑颈鹤数量145只，其他湿地鸟类589只，特别是河流湿地鸟类和沼泽鸟类重要的繁殖地和栖息地，同时也是迁徙鸟类的集散地，也是鸟类迁徙途中的停歇地和能量补充地。

3.4　植物资源

首曲湿地植被计有2个植被型组3个植被型20个群系，以禾草型湿地植被型和莎草型湿地植被型为主要植被类型，另外，还有落叶灌丛湿地植被型和零星分布的杂类草湿地植被型。禾草型湿地植被型主要包括垂穗披碱草群系、短颖披碱草群系、西藏早熟禾群系等，约占整个湿地面积的40%，分布面积约3.5万公顷；莎草型湿地植被型主要包括华扁穗草群系、大花嵩草群系、裸果嵩草群系、线叶嵩草群系、木里薹草群系、黑褐薹草群系、青藏薹草群系、甘肃嵩草群系、矮蔍草群系，植被面积约4.5万公顷；此外，还有落叶灌丛湿地植被型，主要包括川滇柳群系、川滇柳+中国沙棘群系，面积约5000公顷。

在湿地内植物种类丰富，此次调查共采集到湿地植物265种，并根据以往调查资料和植物志记载，初步统计保护区共有湿地高等植物366种（包括亚种和变种），隶属于62科201属。其中蕨类植物2科2属3种，裸子植物1科1属1种，被子植物57科190属362种（双叶子植物47科153属279种，单子叶植物10科37属83种）。以世界广布科、北温带及其变型最多，世界广布科达34科，占总科数的58.62%，这也是湿地植物尤其是水生植物区系的普遍特征。其次以北温带及其变型为多，为14科，占总科数的24.14%，这也体现了保护区湿地植物区系的温带性质。

优势植物：湿地植物以湿生和沼生为主，主要的优势植物以华扁穗草、裸果嵩草、黑褐薹草、木里薹草、青藏薹草、大花嵩草、黑褐薹草、甘肃嵩草、藏嵩草、线叶嵩草、矮蔍草、具刚毛荸荠、垂穗披碱草、短颖披碱草、沿沟草、西藏早熟禾、发草、菌草、甘肃马先蒿、斑唇马先蒿、中间型荸荠、展苞灯心草、花葶驴蹄草、高原毛茛、海韭菜、水麦冬、三裂碱毛茛、水葫芦苗、溪木贼、问荆、鹅绒委陵菜、条叶垂头菊、沿沟草、矮泽芹、百里香杜鹃、川滇柳、山生柳、金露梅、高山绣线菊、窄叶鲜卑花、中国沙棘为主。

重点保护及珍稀濒危植物：在湿地内分布有珍稀濒危及重点保护植物3种，分别是国家II级保护野生植物红花绿绒蒿，国家III级保护野生药材植物甘肃贝母和秦艽。

4　黄河三峡湿地

4.1　基本情况

湿地区编码为6250450。黄河三峡湿地位于黄河三峡省级自然保护区，该保护区是省林业厅于 1995 年 2 月 10 日以甘林资字[1995]11 号文件批准建立的，主要保护对象为鸟类及其生态环境。沿河刘家峡、盐锅峡、八盘峡均建有电站，形成 3 个高原人造平湖。保护区面积 19500 公顷，由永靖县人民政府管理。

4.2　湿地资源

黄河三峡湿地共有 17 个湿地斑块，湿地总面积 14455 公顷，主要有以下几种湿地类型：永久性河流 3 个斑块，面积 1666.51 公顷；洪泛平原 8 个斑块，面积 1105.32 公顷；永久性淡水湖 1 个斑块，面积 396.46 公顷；库塘 5 个斑块，面积 11286.71 公顷。

4.3　动物资源

根据研究资料和调查结果发现，黄河三峡湿地动物资源比较丰富，包括脊椎动物 13 目 20 科 73 种，占甘肃湿地脊椎动物总数的 28.85%。其中鱼类 3 目 5 科 24 种，分别是黄河高原鳅、似鲶高原鳅、草鱼、赤眼鳟、鳙、鲢鱼、团头鲂、鳊、刺鮈、麦穗鱼、黄河鮈、北方铜鱼、圆筒吻鮈、大鼻吻鮈、棒花鱼、平鳍鳅鮀、厚唇裸重唇鱼、极边扁咽齿鱼、花斑裸鲤、鲤、鲫、鲶、青鳉、波氏栉鰕虎鱼。其中花斑裸鲤、黄河高原鳅、似鲶高原鳅、赤眼鳟、北方铜鱼、圆筒吻鮈、大鼻吻鮈、极边扁咽齿鱼为省级保护物种；两栖类 2 目 3 科 3 种，分别为中国林蛙、中华蟾蜍和花背蟾蜍，其中中国林蛙为省级保护动物；鸟类 8 目 12 科 46 种分别为小䴙䴘、黑颈䴙䴘、凤头䴙䴘、普通鸬鹚、苍鹭、草鹭、绿鹭、池鹭、大白鹭、白鹭、中白鹭、黄苇鳽、大麻鳽、豆雁、斑头雁、大天鹅、赤麻鸭、翘鼻麻鸭、针尾鸭、绿翅鸭、绿头鸭、斑嘴鸭、赤膀鸭、赤颈鸭、白眉鸭、红头潜鸭、白眼潜鸭、凤头潜鸭、鸳鸯、棉凫、鹊鸭、灰鹤、普通秧鸡、黑水鸡、白骨顶、凤头麦鸡、金眶鸻、蒙古沙鸻、红脚鹬、黑翅长脚鹬、渔鸥、红嘴鸥、普通燕鸥、普通翠鸟、蓝翡翠。其中国家Ⅱ级保护动物 2 种，为大天鹅和灰鹤，占该区湿地鸟类总数的 6.5%；省级保护动物 4 种，为大白鹭、斑头雁、渔鸥、白鹭，占该区湿地鸟类总数的 13%。无脊椎动物 3 门 11 纲 64 个分类单元。环节动物门有 2 纲 3 类 13 属，以颤蚓属和尾鳃蚓属等湿生小蚓类为优势类群；软体动物门有 2 纲 2 类 3 属；节肢动物门有 7 纲 48 类(包含科和属)。

鱼类主要是鲤科的裂腹鱼亚科和鳅科的高原鳅属的鱼类，区系组成简单，属于古代第三纪区系复合体的种类有鲤、鲫、鲶、鳅；裂腹鱼亚科鱼类属于中亚高原区系复合体。鱼群结构在河段的不同断面差别不大，其中以厚唇重唇鱼，黄河裸裂尻鱼和黄河高原鳅为优势种，似鲶高原鳅为凶猛鱼类。多数为底层鱼类，中层鱼和上层鱼很少。两栖类以东北—华北型，以花背蟾蜍和中国林蛙为代表和季风型，以中华蟾蜍为代表。湿地鸟类以古北界种类占优势，其中北方型种类以赤麻鸭为代表；古北型种类以普通鸬鹚、大白鹭、苍鹭、豆雁、翘鼻麻鸭、凤头潜鸭为代表；东洋型种类以小䴙䴘、斑嘴鸭为代表；高地型种类以红脚鹬(为代表，其中赤麻鸭为青藏高原的代表性的鸟类，还有一些欧洲西伯利亚沼泽草地种类，绿头鸭、金眶鸻、凤头麦鸡、黑翅长脚鹬、红脚鹬、普通燕鸥。

4.4　植物资源

黄河三峡湿地植被有 4 个植被型组 6 个植被型 13 个群系，主要以禾草型湿地植被型和杂类草湿地植被型为主，落叶阔叶林湿地植被型也较多。禾草型湿地植被型主要以芦苇群系分布面积最大，分布面积约 1100 公顷；杂类草湿地植被型以长苞香蒲、水烛群系为主，分布面积约 800 公顷；落叶林湿地植被型主要以分布于黄河沿岸的旱柳群系、垂柳群系，分布面积约 200 公顷；盐生灌丛湿地植被型主要以甘蒙柽柳群系为主，分布面积约 150 公顷。

此次调查共记录高等湿地植物 98 种，并查阅相关调查资料，初步统计保护区内湿地植物共有 166 种，隶属于 42 科 109 属，其中蕨类植物 1 科 1 属 2 种，被子植物 41 科 108 属 164 种（双子叶植物 34 科 83 属 128 种，单子叶植物 7 科 25 属 36 种）。含有 10 种以上的科有 4 个，依次为菊科（30 种）、禾本科（16 种）、杨柳科（10 种）、藜科（10 种），所含种数占总种数的 39.76%；科的分布型中以世界分布科最多，达 28 属，占总科数的 68.29%；属的分布型中北温带及其变型有 28 属，占总属数的 25.93%，加上以温带分布或以温带性质为主的分布，共有 61 属，占总属数的 56.48%，说明了保护区植物区系的温带性质。

优势植物：优势植物主要为旱柳、垂柳、甘蒙柽柳、长苞香蒲、水烛、水芹、水毛花、具槽秆荸荠、芦苇、苍耳、苔草、水莎草、藨草、隐花草、小蓬草等。

5 大苏干湖湿地

5.1 基本情况

湿地区编码为 6230445。大苏干湖湿地位于大苏干湖省级候鸟自然保护区，该保护区是根据甘肃省政府《批转省林业局、环保局＜关于加强鸟类保护的报告＞的通知》[甘政发（1982）139 号]成立的。大苏干湖处于阿尔金山、党河南山与赛什腾山之间的花海子—苏干湖盆地的色勒屯（海子）草原西北端，为盆地最低处，海拔 2795～2808 米，属内陆高寒半干旱气候。湖泊平均水深 2.5 米左右，属咸水湖。主要保护对象为鸟类及其生境。大苏干湖湿地保护区总面积 74252.1 公顷，其中省境内水域面积 7980 公顷。保护区面积为 74252.1 公顷，区划为核心区面积 10680 公顷，缓冲区面积 31000 公顷，实验区面积 32572.1 公顷，由阿克塞哈萨克族自治县人民政府管理。

5.2 湿地资源

大苏干湖湿地共 5 个湿地斑块，湿地总面积 51946 公顷，主要有以下几种湿地类型：永久性河流 1 个斑块，面积 151.66 公顷；季节性河流 2 个斑块，面积 372.70 公顷；永久性咸水湖 1 个斑块，面积 6512.75 公顷；季节性咸水沼泽 1 个斑块，面积 44908.89 公顷。大苏干湖湿地生态序列基本保持着原始状态，已被列入中国重要湿地名录，属于国家重点保护的湿地资源。

5.3 动物资源

结合研究资料和调查结果，大苏干湖湿地中脊椎动物 16 目 31 科 48 种，其中鱼类 1 目 1 科 1 种，鲤形目鳅科短尾高原鳅 *Triplophysa brevicauda*，是一种小型的底栖淡水鱼类，为我国的特有鱼类。长期以来一直认为大、小苏干湖无自然生长的鱼类，2005 年刘迺发教授等在苏干湖进行生物多样性考察时首次发现有鱼类存在，本次调查是继他们的调查结果之后的再次证明，但是这种鱼主要生活在大苏干湖和小苏干湖之间的河道区域，湖体中至今仍未见鱼类存在，因此可以肯定地说，苏干湖湿地无鱼的历史已经结束。鸟类 8 目 12 科 47 种，分别是凤头䴙䴘、黑颈䴙䴘、白鹈鹕、苍鹭、黑鹳、灰雁、斑头雁、大天鹅、赤麻鸭、翘鼻麻鸭、赤膀鸭、赤颈鸭、绿头鸭、斑嘴鸭、针尾鸭、白眉鸭、绿翅鸭、赤嘴潜鸭、白眼潜鸭、红头潜鸭、凤头潜鸭、普通秋沙鸭、黑颈鹤、蓑羽鹤、灰鹤、骨顶鸡、金斑鸻、金眶鸻、环颈鸻、蒙古沙鸻、黑尾塍鹬、红脚鹬、白腰草鹬、林鹬、矶鹬、翻石鹬、红颈滨鹬、青脚滨鹬、弯嘴滨鹬、三趾鹬、红颈瓣蹼鹬、反嘴鹬、黑翅长脚鹬、渔鸥、遗鸥、棕头鸥、普通燕鸥。缺乏两栖爬行类和哺乳类。

珍稀濒危物种：国家保护的 8 种，其中黑颈鹤、黑鹳、遗鸥等 3 种为国家 I 级保护区动物，赤颈䴙䴘、白鹈鹕、大天鹅、灰鹤、蓑羽鹤等 5 种为国家 II 级保护动物。列入 CITES 附录 I 的 3 种，附录 II 的 4 种；中国红皮书的 6 种；列入《中日候鸟保护协定》的有黑颈䴙䴘、草鹭、豆雁、大天鹅、赤麻鸭、绿头鸭、赤膀鸭、针尾鸭、翘鼻麻鸭、绿翅鸭、赤颈鸭、白眉鸭、赤嘴潜鸭、红头潜鸭、凤头潜鸭、金斑鸻、蒙古沙鸻、黑尾塍鹬、红脚鹬、白腰草鹬、林鹬、翻石鹬、红胸滨鹬、乌脚滨鹬、弯嘴滨鹬、三趾滨鹬、反嘴鹬、黑翅长脚鹬、普通燕鸥等 37 种。

5.4 植物资源

保护区内湿地植被以沼泽植被和草甸植被为主，可划分为 2 个植被型组 4 个植被型 10 个群系，分布较多的为禾草型湿地植被型和莎草型湿地植被型。禾草型湿地植被型主要包括芦苇群系、大颖草群系和垂穗披碱草群系，此类型的植被面积较大，约 2.5 万公顷；莎草型湿地植被型主要包括华扁穗草群系、线叶嵩草群系以及中间型苔草群系，分布面积约 7500 公顷。

湿地植被类型比较单一，此次调查共采集湿地植物 48 种，再根据植物志等记载，初步统计共有湿地高等植物共 63 种，隶属于 19 科 47 属，双子叶植物 14 科 35 属 42 种，单子叶植物 5 科 14 属 21 种，世界分布科为主要的成分，占总科数的 84.21%，主要包括菊科、藜科、禾本科、莎草科等；含 1 种的属较多，有 34 属，占总属数的 72.34%，占总种数的 53.97%。

优势植物：主要有华扁穗草、矮藨草、线叶嵩草、中间型苔草、芦苇、芨芨草、大颖草、碱茅、垂穗披碱草、水麦冬、海韭菜、乳苣、米蒿、碱地风毛菊、珠牙蓼、大茨藻、杉叶藻、黄花补血草、蒲公英等。

重点保护及珍稀濒危植物：据文献记载，大苏干湖湿地中分布有国家 III 级保护野生药材秦艽，但此次调查未发现，秦艽是中药治疗风湿痹痛和关节病必不可少的药物。

6 小苏干湖湿地

6.1 基本情况

湿地区编码为 6230452。小苏干湖湿地位于小苏干湖省级候鸟自然保护区，该保护区也是根据《批转省林业局、环保局 <关于加强鸟类保护的报告 >的通知》[甘政发 (1982)139 号]成立的。小苏干湖与大苏干湖相距约 20 公里，是一个具有出口的微咸水湖。海拔 2807~2808 米，水域面积 11.85 平方公里，平均水深 0.1~0.6 米，最深 2 米，蓄水 0.24 亿立方米，小苏干湖水通过齐力克河流向大苏干湖。主要保护对象为鸟类及其生境，小苏干湖湿地保护区总面积 35066.81 公顷，由阿克塞哈萨克族自治县人民政府管理。

6.2　湿地资源

小苏干湖湿地共 4 个湿地斑块，湿地总面积 34337.18 公顷，主要有以下几种湿地类型：永久性河流 1 个斑块，面积 128.31 公顷；永久性淡水湖 1 个斑块，面积 1208.08 公顷；草本沼泽 1 个斑块，面积 1630.44 公顷；季节性咸水沼泽 1 个斑块，面积 31370.35 公顷。小苏干湖湿地基本保持着原始状态，已被列入《中国重要湿地名录》，属于国家重点保护的湿地资源。

6.3　动物资源

小苏干湖湿地与大苏干湖湿地通过中间的河道相连，形成一个整体的湿地生态系统——大小苏干湖湿地，在动物种类和组成上基本一致，湿地动物 16 目 31 科 48 种，其中鱼类 1 目 1 科 1 种，鸟类 8 目 12 科 47 种。

6.4　植物资源

保护区湿地植被有 1 个植被型组 3 个植被型 9 个群系，以沼泽植被和草甸植被为主，分布较多的为禾草型湿地植被型和莎草型湿地植被型。禾草型湿地植被型主要包括芦苇群系、赖草群系、鹅观草群系和垂穗披碱草群系，此类型的植被面积较大，约 1.6 万公顷；莎草型湿地植被型主要包括华扁穗草群系、线叶嵩草群系、以及中间型薹草群系，分布面积约 1.3 万公顷。

保护区内湿地植物种类较少，此次调查共采集到湿地植物 42 种，同时查阅相关文献资料，共计有湿地高等植物 51 种，隶属于 18 科 41 属，其中双子叶植物 13 科 29 属 34 种、单子叶植物 5 科 12 属 17 种，主要以世界分布科为主，共有 15 个世界分布科，占总科数的 83.33%。科的大小排序依次是菊科、藜科、禾本科、蝶形花科。含有 1 种的属有 32 属，占总属数的 78.05%，占总种数的 62.75%，说明该植物区系含 1 种属较多。

优势植物：赖草、碱茅、矮蔍草、线叶嵩草、华扁穗草、中间型薹草、芦苇、芨芨草、大颖草、碱茅、垂穗鹅观草、水麦冬、海韭菜、乳苣、米蒿、碱地风毛菊、珠牙蓼、刺叶柄棘豆、骆驼蓬、大茨藻、杉叶藻、黄花补血草、蒲公英、灰绿藜、碱蓬等。

重点保护及珍稀濒危植物：据文献记载，在保护区内有国家Ⅲ级保护野生药材秦艽的分布，但此次调查未见。

7　干海子湿地

7.1　基本情况

湿地区编码为 6230448。干海子湿地位于干海子省级自然保护区，该保护区是省政府 1982 年以甘政函〔1982〕049 号文件批准建立的，干海子（湖泊）地处马鬃山和大红山之间广阔的沙漠戈壁前缘，是一个天然积水湖泊，属咸水湖，海拔 1204 米，主要保护对象是候鸟及湿地生态系统。保护区总面积 666 公顷，由玉门市人民政府管理。

7.2　湿地资源

干海子湿地共有 2 个湿地斑块 516.93 公顷，主要有以下几种湿地类型：季节性淡水湖 1 个斑块，面积 353.22 公顷；草本沼泽 1 个斑块，面积 163.71 公顷。

7.3　动物资源

根据研究资料和调查结果显示，干海子湿地有湿地动物 10 目 16 科 30 种，占甘肃湿地动物总数的 11.5%，其中鱼类 2 目 3 科 3 种，分别为大鳍鼓鳔鳅、棒花鱼、波氏栉鰕虎鱼，其中大鳍鼓鳔鳅为甘肃特有种；两栖类 1 目 2 科 2 种，分别为花背蟾蜍和中国林蛙；湿地鸟类 7 目 11 科 25 种，分别为小䴙䴘、凤头䴙䴘、黑颈䴙䴘、普通鸬鹚、大天鹅、豆雁、斑头雁、绿翅鸭、绿头鸭、赤膀鸭、斑嘴鸭、赤麻鸭、凤头潜鸭、红胸秋沙鸭、大白鹭、灰鹤、凤头麦鸡、金眶鸻、蒙古沙鸻、普通燕鸻、灰鸥、弯嘴滨鹬、遗鸥、普通燕鸥、黑鹳。

珍稀濒危物种：国家保护的 4 种，其中国家 I 级保护动物黑鹳、遗鸥等，国家 II 保护动物有大天鹅、灰鹤。列入《中日候鸟保护协定》有黑颈䴙䴘、豆雁、大天鹅、赤麻鸭、绿头鸭、赤膀鸭、绿翅鸭、凤头潜鸭、蒙古沙鸻、弯嘴滨鹬、普通燕鸥等 11 种。

干海子湿地共有鱼类 2 目 3 科 3 种，其中大鳍鼓鳔鳅为古北界种类，棒花鱼、波氏栉鰕虎鱼为古北界和东洋界兼有种，种类少，区系简单；两栖类仅 2 种，均为古北界种类；24 种湿地鸟类中古北界 14 种，东洋界 3 种，其余为两界兼有型种类，缺乏湿地爬行类和哺乳类。该湿地区域在甘肃湿地中具有重要的生态价值，因丰水期和枯水期的交替出现，形成季节性河流湿地和湖泊湿地，为湿地动物的繁殖、迁徙提供繁殖场所和停歇地。

7.4　植物资源

干海子湿地植被有 2 个植被型组 3 个植被型 6 个群系，以耐盐性的盐生灌丛湿地植被型为主要植被类型，包括多枝柽柳群系、刚毛柽柳群系、盐穗木群系、宽苞水柏枝群系，分布面积约 100 公顷；其次为杂类草湿地植被型，主要指骆驼刺群系，分布面积约 30 公顷；保护区还有零星分布的芦苇群系。

此次调查共采集到湿地植物 58 种，根据植物志等记载，初步统计保护区内共有湿地高等植物 87 种，隶属于 26 科 65 属，其中双子叶植物 22 科 52 属 72 种，单子叶植物 4 科 13 属 15 种。区系分析可知，世界分布科达 18 科，占总科数的 69.23%。所含种数最多的科依次是藜科(19 种)、菊科(14 种)；世界分布属有 17 属，占种子植物总属数的 26.56%；含有 1 种的属较多，有 51 属，占种子植物总属数的 75.38%，占种子植物总种数的 56.32%。

优势植物：主要的湿地优势植物有以耐盐碱、耐干旱的灌木为主，主要有多枝柽柳、刚毛柽柳、盐穗木、宽苞水柏枝、黑果枸杞、芦苇、盐角草、盐爪爪、骆驼刺、乳苣、赖草等。

8　昌马河湿地

8.1　基本情况

湿地区编码为 6220444。昌马河湿地位于昌马河省级自然保护区，该保护区是省政府于 1996 年 3 月 21 日以甘政函[1996]14 号文件批准建立的，主要保护对象为候鸟及其生态系统。保护区总面积 6825 公顷，由玉门市人民政府管理。

8.2   湿地资源

昌马河湿地共有 7 个湿地斑块，湿地总面积 2454.23 公顷，主要有以下几种湿地类型：永久性河流 2 个斑块，面积 320.53 公顷；洪泛平原 2 个斑块，面积 683.23 公顷；草本沼泽 1 个斑块，面积 103.51 公顷；沼泽化草甸 1 个斑块，面积 354.56 公顷；水库 1 个斑块，面积 992.40 公顷。

8.3   动物资源

昌马河湿地有湿地动物 12 目 14 科 29 种，占甘肃省湿地脊椎动物总数的 12.25%。其中：鱼类 1 目 2 科 4 种，分别为大鳍鼓鳔鳅、中华细鲫、棒花鱼、花斑裸鲤。其中大鳍鼓鳔鳅、花斑裸鲤为特有种；两栖类 1 目 2 科 2 种，分别为花背蟾蜍和中国林蛙；鸟类 7 目 10 科 23 种，分别是小䴙䴘、凤头䴙䴘、鸬鹚、大白鹭、白琵鹭、豆雁、斑头雁、大天鹅、赤麻鸭、绿翅鸭、绿头鸭、斑嘴鸭、赤膀鸭、红头潜鸭、凤头潜鸭、普通秋沙鸭、灰鹤、凤头麦鸡、金眶鸻、蒙古沙鸻、普通燕鸻、普通燕鸥、须浮鸥。

地处青藏高原向蒙古高原荒漠区的过渡地带，是湿地动物的繁殖、迁徙提供繁殖场所和停歇地。有鱼类 1 目 2 科 4 种，其中花斑裸鲤为我国特有种，大鳍鼓鳔鳅为古北界种类，棒花鱼、波氏栉鰕虎鱼为古北界和东洋界兼有种；两栖类仅 2 种，均为古北界种类；地理区划上处于青藏区和蒙新区过渡地带，鸟类区系为古北界和东洋界兼有，以古北界为主。

8.4   植物资源

保护区内湿地植被可划分为 4 个植被型组 6 个植被型 18 个群系，主要以盐沼湿地、河流湿地为主。盐沼湿地主要以盐生灌丛湿地植被型、禾草型湿地植被型和杂类草湿地植被型为主，盐生草甸植物群落位于荒漠植物群落与沼泽植物群落之间，占据绿洲的广大面积，是绿洲的主要组成部分。主要群系有禾草型湿地植被型，主要包括芨芨草群系、碱茅群系、芦苇群系、赖草群系等，此植被型分布面积约 140 公顷；杂类草湿地植被型主要包括芦苇—大花白麻群系、大花白麻群系、马蔺群系、苦豆子群系、花花柴群系等，此植被型的分布面积约 80 公顷。这两类植被型分布面积很广泛，占保护区沼泽湿地植被面积的大部分。其次，盐生灌丛湿地植被型分布较常见，在疏勒河河床分布的主要为黑果枸杞群系、中亚紫菀木群系；在月亮湾等地分布较多的为宽苞水柏枝群系，该群系的分布面积约 60 公顷。

调查共采集到湿地植物 88 种，并根据资料记载，初步统计保护区湿地高等植物共有 109 种，隶属于 31 科 78 属，其中蕨类植物 1 科 1 属 1 种，被子植物 30 科 77 属 108 种（双子叶植物 23 科 58 属 80 种，单子叶植物 7 科 19 属 28 种）。其中世界分布科分布较多，有 20 科，占种子植物总科数的 66.67%；北温带分布科有 3 科，占种子植物总科数的 30.00%（世界广布科除外），加上以温带分布或以温带性质分布为主的科共有 6 科，占种子植物总科数的 60.00%（世界广布科除外），体现了较为明显的温带性质。保护区内植被以荒漠、半荒漠植被较多，如红砂、多枝柽柳、中亚紫菀木等，菊科、藜科分布较多。植物以盐生灌丛湿地植被型和禾草类湿地植被型为主。

优势植物：保护区湿地范围内分布的优势种中，乔木只有胡杨，灌木主要有多枝柽柳、刚毛柽柳、宽苞水柏枝、盐穗木、黑果枸杞，草本主要为芦苇、骆驼刺、赖草、假苇拂子茅、芨芨草、华扁穗草、矮蔍草、中间型莎草、小花灯芯草、蒿蓄、木贼、铺散眼子菜等。

　　重点保护及珍稀濒危植物：保护区湿地内分布有列入中国稀有濒危植物名录中的渐危种胡杨。

9　黑河流域国家级自然保护区湿地

9.1　基本情况

　　湿地区编码为6220001。黑河流域湿地位于张掖黑河流域湿地国家级自然保护区，该保护区是在省政府1982年10月11日批准成立的甘肃高台黑河湿地省级自然保护区的基础上，经省政府批复扩大调整后设立的，是甘肃干旱荒漠地区的一块重要湿地。湿地区水源充足，日照时间长，物产丰富，水生植物种类繁多，为鸟类提供了良好的栖息环境，每年到保护区停歇和越夏越冬的候鸟种群和数量逐年增加。保护区的主要功能是涵养水源、调节气候、净化水质、防风固沙、减轻沙尘暴危害、阻止巴丹吉林沙漠南侵，特别是在维系黑河流域可持续发展、阻断京津地区西路沙尘，维护区域生态安全等。保护区总面积41164.56公顷，区划为核心区13640.01公顷、缓冲区12524.55公顷、实验区15000公顷，由张掖市人民政府管理。

9.2　湿地资源

　　黑河湿地共112个湿地斑块，湿地总面积24979.01公顷，主要有以下几种湿地类型：永久性河流7个斑块，面积4956.24公顷；季节性河流3个斑块，面积1237.33公顷；洪泛平原43个斑块，面积7162.25公顷；草本沼泽28个斑块，面积7974.94公顷；灌丛沼泽5个斑块，面积792.05公顷；季节性咸水沼泽2个斑块，面积336.17公顷；库塘12个斑块，面积2443.15公顷；输水渠11个斑块，面积68.41公顷；水产养殖场1个斑块，面积8.47公顷。

9.3　动物资源

　　根据研究资料和调查结果发现，黑河湿地动物资源比较丰富，包括脊椎动物有19目48科164种；其中：鱼类1目2科15种；两栖类有1目2科5种；湿地鸟类15目39科142种。无脊椎动物3门10纲46个分类单元，环节动物门1纲2类6属；软体动物门有2纲2类3属；节肢动物门有7纲37类。

　　国家Ⅰ级保护种类有黑鹳、遗鸥；国家Ⅱ级保护种类有灰鹤、蓑羽鹤、小天鹅、大天鹅、鹗等5种。列入中日候鸟保护协定有黑颈䴙䴘、豆雁、大天鹅、赤麻鸭、绿头鸭、赤膀鸭、针尾鸭、翘鼻麻鸭、绿翅鸭、赤嘴潜鸭、青头潜鸭、凤头潜鸭、金斑鸻、蒙古沙鸻、黑尾塍鹬、红脚鹬、红胸滨鹬、乌脚滨鹬、弯嘴滨鹬、黑翅长脚鹬、普通燕鸥等21种。

　　在动物地理区划上处于青藏区青海藏南亚区、蒙新区西部荒漠亚区，由于地处青藏、蒙新高原的交汇地带，湿地鸟类资源比较丰富，是湿地动物的重要繁殖地、越冬地、迁徙停歇地。古北界种类38种，东洋界7种，广布种8种。古北界鸟类由两种类型组成，一是北方型，其繁殖区环绕北半球北部向南分布，达青藏高原；二是高地型，这些动物主要繁殖在青藏高原或喜马拉雅山的高山带，是保护区古北界鸟类的主体。东洋界鸟类属于横断山脉—喜马拉雅山型，起源于横断山脉。

9.4   植物资源

保护区内湿地植被复杂多样，共有 4 个植被型组 7 个植被型 25 个群系，主要以河流湿地和沼泽湿地为主。河流湿地以落叶灌丛湿地植被型和禾草型湿地植被型为主。灌丛湿地植被型主要包括多枝柽柳群系、刚毛柽柳群系、中国沙棘群系、线叶柳群系和白沙柳群系，此植被型分布面积约 2500 公顷；沼泽湿地主要以禾草型湿地植被型和杂类草湿地植被型为主，禾草类湿地植被型主要包括芦苇群系、赖草群系、披碱草群系，是保护区分布最广泛的植被类型，分布面积约 3500 公顷；杂类草湿地植被型以长苞香蒲群系和水烛群系为主，分布面积约 2000 公顷；另外，还有落叶阔叶林湿地植被型和沉水植被型，分布面积较小。

黑河湿地保护区内有河流湿地、沼泽湿地、湖泊湿地以及人工水库，生态系统多样，湿地植物物种较丰富，调查中共采集到湿地植物 216 种，并根据相关资料记载，初步统计有湿地高等植物 293 种，隶属于 63 科 173 属，其中蕨类植物 2 科 2 属 3 种，被子植物 61 科 171 属 290 种（双子叶植物 46 科 134 属 222 种，单子叶植物 15 科 39 属 68 种）。区系成分可知，该地区世界分布科有 38 科，占总科数的 62.30%，世界分布科占有很大的比重。科的大小排序中，含有 20 种以上的科有 4 科，依次是菊科（34 种）、禾本科（30 种）、藜科（26 种）、蝶形花科（22 种）。属的分布型可知，北温带及其变形有 46 属，占总属数的 35.11%（世界分布属除外），温带分布和以温带性质分布为主的属有 101 属，占总属数的 77.10%（世界分布属除外），体现了黑河保护区湿地植物的温带性质。

优势植物：乔木优势植物主要为沿河栽培的树种，常见的有旱柳、沙枣、胡杨、二白杨；灌木主要有多枝柽柳、刚毛柽柳、中国沙棘、线叶柳、大花白麻；草本主要有芦苇、长苞香蒲、小香蒲、水烛、赖草、黑三棱、穿叶眼子菜、小眼子菜、三裂碱毛茛、藨草、泽泻、细灯心草、小花灯心草、披碱草、假苇拂子茅、菹草、圆囊薹草、水葱、菖蒲等。

重点保护及珍稀濒危植物：湿地内分布有列入《中国稀有濒危植物名录》的渐危种胡杨，主要分布于临泽平川水库附近。

10   黄河兰州段湿地

10.1   基本情况

湿地区编码为 620101。兰州黄河段湿地位于黄河兰州段省级湿地自然保护区，属于省拟建的自然保护区，保护区总面积 7225.91 公顷，由兰州市人民政府管理。

10.2   湿地资源

湿地主要分布在黄河及其沿岸，共有 34 个湿地斑块，湿地面积 7029.27 公顷，主要有以下几种湿地类型：永久性河流 14 个斑块，面积 5007.62 公顷；季节性和间歇性河流 1 个斑块，面积 1372.77 公顷；洪泛平原 12 个斑块，面积 293.56 公顷；库塘 3 个斑块，面积 164.61 公顷；水产养殖场 4 个斑块，面积 190.71 公顷。

10.3　动物资源

结合研究资料和调查结果发现，黄河兰州段湿地有湿地脊椎动物 13 目 20 科 73 种，占甘肃湿地脊椎动物总数的 28.85%。其中鱼类 3 目 5 科 24 种，分别是黄河高原鳅、似鲶高原鳅、草鱼、赤眼鳟、鲌、鲢鱼、团头鲂、鳊、刺鮈、麦穗鱼、黄河鮈、北方铜鱼、圆筒吻鮈、大鼻吻鮈、棒花鱼、平鳍鳅鮀、厚唇裸重唇鱼、极边扁咽齿鱼、花斑裸鲤、鲤、鲫、鲶、青鳉、波氏栉鰕虎鱼，其中北方铜鱼为省级保护物种；两栖类 2 目 3 科 3 种，分别为中国林蛙、中华蟾蜍和花背蟾蜍，其中花背蟾蜍为省级保护动物；鸟类 8 目 12 科 46 种，分别为小䴙䴘、黑颈䴙䴘、凤头䴙䴘、普通鸬鹚、苍鹭、草鹭、绿鹭、池鹭、大白鹭、白鹭、中白鹭、黄苇鳽、大麻鳽、豆雁、斑头雁、大天鹅、赤麻鸭、翘鼻麻鸭、针尾鸭、绿翅鸭、绿头鸭、斑嘴鸭、赤膀鸭、赤颈鸭、白眉鸭、红头潜鸭、白眼潜鸭、凤头潜鸭、鸳鸯、棉凫、鹊鸭、灰鹤、普通秧鸡、黑水鸡、白骨顶、凤头麦鸡、金眶鸻、蒙古沙鸻、红脚鹬、黑翅长脚鹬、渔鸥、红嘴鸥、普通燕鸥、普通翠鸟、蓝翡翠。无脊椎动物 3 门 10 纲 62 个分类单元，其中环节动物门有 1 纲 2 类 12 属；软体动物门有 2 纲 2 类 3 属；节肢动物门有 7 纲 47 类（包含科和属）。

鱼类区系组成以鲤科裂腹鱼亚科和鳅科高原鳅属鱼类为主体，属于古代第三纪区系复合体的种类有鲤、鲫、鲶、鳅；裂腹鱼亚科鱼类属于中亚高原区系复合体。两栖类区系有季风型，以中华蟾蜍为代表；东北—华北型，以花背蟾蜍和中国林蛙为代表，分布广，除广泛分布于东北和华北外，其分布区更延伸到青藏区东部，东南部边缘及蒙新区甘肃、宁夏和内蒙古的干旱区、半干旱区的湿地。鸟类区系较为复杂，有两界 4 个区系型：①全北型，以针尾鸭、绿头鸭、赤麻鸭为代表。②古北型，以苍鹭、黑鹳、豆雁、翘鼻麻鸭、凤头潜鸭为代表。③东洋型，以小䴙䴘、斑嘴鸭为代表。④高地型，以红脚鹬为代表。其中赤麻鸭为青藏高原的代表鸟类。还有一些欧洲西伯利亚沼泽草地种类，绿头鸭、金眶鸻、红脚鹬、矶鹬、普通燕鸥等。

10.4　植物资源

黄河兰州段湿地植被有 4 个植被型组 9 个植被型 28 个群系，主要以沿河岸栽培的旱柳群系、垂柳群系、加杨群系、榆树群系分布较多，其次还有甘蒙柽柳群系、水莎草群系、水毛花群系、长苞香蒲群系、芦苇群系、假苇拂子茅群系分布面积较大。旱柳群系、垂柳群系分布面积约 250 公顷；芦苇群系分布面积约 80 公顷；长苞香蒲群系分布面积约 50 公顷；假苇拂子茅群系分布面积约 30 公顷；甘蒙柽柳等群系有零星分布。

调查采集湿地植物 145 种，并查阅相关资料，初步统计黄河兰州段共有湿地高等植物 163 种，隶属于 45 科 116 属，其中蕨类植物 1 科 1 属 1 种，被子植物 44 科 115 属 162 种，（双子叶植物 35 科 89 属 125 种，单子叶植物 9 科 26 属 37 种）。其中世界分布科占有主要成分，有 33 科，占种子植物总种数的 75.00%；北温带分布科有 4 科，占种子植物总科数的 36.36%（世界分布科除外），加上温带分布科及以温带性质分布的科共有 7 科，占种子植物总科数的 63.64%，体现了较为明显的温带性质。

优势植物：主要有为沿河岸栽培的旱柳、垂柳、榆树、槐树、刺槐、青杨、新疆杨、加杨等乔木，以及芦苇、假苇拂子茅、柽柳、甘蒙柽柳、枸杞、三春水柏枝、骆驼蓬、碱蓬、针茅、灰绿藜、酸模叶蓼、鹅绒委陵菜、节节草、甘青蒿、马蔺、长苞香蒲、水烛、水葱、莲、水莎草、蘸草、水芹、浮叶眼子菜等。

湿地内无重点保护及珍稀濒危植物。

11   黄河靖远段湿地

11.1   基本情况

湿地区编码为620421。黄河靖远段湿地位于黄河靖远段省级湿地自然保护区，属于省拟建的自然保护区，主要保护湿地及其生物多样性，保护区总面积6000公顷，由靖远县人民政府管理。

11.2   湿地资源

湿地主要分布在黄河及其沿岸，黄河靖远段湿地共37个湿地斑块，湿地总面积5945.23公顷，主要有以下几种湿地类型：永久性河流3个斑块，面积4514.72公顷；洪泛平原22个斑块，面积1041.29公顷；永久性咸水湖1个斑块，面积126.92公顷；草本沼泽1个斑块，面积55.04公顷；库塘1个斑块，面积41.21公顷；水产养殖场9个斑块，面积166.05公顷。

11.3   动物资源

根据研究资料和调查结果发现，黄河靖远段湿地有脊椎动物10目16科61种，占全省湿地脊椎动物总数的24%；其中鱼类1目2科13种，分别是黄河高原鳅、草鱼、鳙、鲢鱼、刺鮈、麦穗鱼、黄河鮈、北方铜鱼、圆筒吻鮈、棒花鱼、鲤、鲫、鲶。其中北方铜鱼为省级保护物种；两栖类1目2科2种，分别为中国林蛙和花背蟾蜍；鸟类8目12科46种，分别为小䴙䴘、黑颈䴙䴘、凤头䴙䴘、普通鸬鹚、苍鹭、草鹭、绿鹭、池鹭、大白鹭、白鹭、中白鹭、黄苇鳽、大麻鳽、豆雁、斑头雁、大天鹅、赤麻鸭、翘鼻麻鸭、针尾鸭、绿翅鸭、绿头鸭、斑嘴鸭、赤膀鸭、赤颈鸭、白眉鸭、红头潜鸭、白眼潜鸭、凤头潜鸭、鸳鸯、棉凫、鹊鸭、灰鹤、普通秧鸡、黑水鸡、白骨顶、凤头麦鸡、金眶鸻、蒙古沙鸻、红脚鹬、黑翅长脚鹬、渔鸥、红嘴鸥、普通燕鸥、普通翠鸟、蓝翡翠。其中国家Ⅱ级保护动物3种，占该区湿地鸟类总数的6.5%；省级保护动物6种，占该区湿地鸟类总数的13%。

鱼类区系组成以鲤科和鳅科鱼类为主体，属第三纪区系复合体的种类有鲤、鲫、鲶、鳅；属中亚高原区系复合体裂腹鱼亚科鱼类。两栖类区系为东北—华北型，花背蟾蜍和中国林蛙均为本地理型的典型物种，其分布区已经延伸到青藏区及蒙新区的干旱区、半干旱区的湿地。鸟类区系包括两界3个区系型：全北型、古北型、高地型。还有一些欧洲西伯利亚沼泽草地种类，绿头鸭、金眶鸻、红脚鹬、矶鹬、普通燕鸥等。

11.4   植物资源

黄河靖远段湿地植被可划分为4个植被型组8个植被型18个群系，主要以盐生灌丛湿地植被型、禾草型湿地植被型和杂类草湿地植被型为主。盐生灌丛湿地植被型主要为甘蒙柽柳群系，分布面积约150公顷；禾草型湿地植被型主要包括芦苇群系、假苇拂子茅群系和芦苇＋长苞香蒲群系，此植被类型的分布面积约 250 公顷；杂类草湿地植被类型主要包括长苞香蒲群系、水烛群系、小香蒲群系，此植被类型的分布面积约 100 公顷；其次还有莎草型湿地植被型，主要包括蔗草群系、水莎草群系，分布面积较小；阔叶林湿地植被型主要包括旱柳群系和刺槐群系，分布面积较小。

调查中见到 115 种湿地植物，并根据文献资料记载，初步统计有湿地高等植物 144 种，隶属于 42 科 99 属，其中蕨类植物 1 科 1 属 1 种，被子植物 41 科 98 属 143 种（双子叶植物 33 科 76 属 107 种，单子叶植物 8 科 22 属 36 种）。从科的分布可知，世界分布科有 30 科，占种子植物总科数的 73.17%，这就充分体现了湿地植物隐域性的特征。科的大小排序中，10 科以上的有 2 个，分别是菊科（18 种）、禾本科（15 种）；北温带及其变形有 5 科，占种子植物总科数的 45.45%（世界广布科除外），加上以温带分布以及温带性质分布为主的科，共有 7 科，占种子植物总科数的 63.64%（世界广布科除外），体现了较为明显的温带性质。

优势植物：优势植物中乔木主要为河岸防护林，代表种为钻天杨、箭杆杨、毛白杨、旱柳、刺槐、榆等；灌木有甘蒙柽柳、枸杞等；草本有芦苇、长苞香蒲、水烛、小香蒲、水莎草、蔗草、扁秆蔗草、鹅绒藤、浮萍、穿叶眼子菜、甘青铁线莲、苦豆子、假苇拂子茅、旋覆花、甘草、阿尔泰狗娃花。同时常见的一些田间杂草植物也渗入其中。

重点保护及珍稀濒危植物：分布有国家Ⅱ级保护野生药材甘草，甘草是临床最常应用的药品。生甘草能清热解毒，润肺止咳，调和诸药性；食品上也大量用甘草做糕点添加剂。

12　洮河临洮段湿地

12.1　基本情况

湿地区编码为 621124。洮河临洮段湿地位于洮河临洮段省级湿地自然保护区，属于省上拟建的湿地类型自然保护区。主要保护对象是水域、滩涂地、林地、珍稀野生动植物及其湿地自然生态系统，系统内各成分之间相互依存，相互依赖，各发挥着重要作用。保护区总面积 3321.57 公顷，由临洮县政府管理。

12.2　湿地资源

洮河临洮段湿地共 18 个湿地斑块，湿地总面积 2917.64 公顷，主要有以下几种湿地类型：永久性河流 3 个斑块，面积 2262.51 公顷；泛洪平原湿地 13 个斑块，面积 613.01 公顷；水产养殖场 2 个斑块，面积 42.12 公顷。

12.3　动物资源

根据研究资料和调查结果显示，洮河临洮湿地有湿地脊椎动物 11 目 14 科 44 种，占甘肃湿地脊椎动物总数的 16.98%。其中鱼类 3 目 3 科 14 种，分别是鳙、鲢鱼、刺鲃、麦穗鱼、黄河鮈、北方铜鱼、棒花鱼、平鳍鳅鮀、花斑裸鲤、嘉陵裸裂尻鱼、鲤、鲫、鲶、波氏栉鰕虎鱼。其中北方铜鱼为省级保护物种；两栖类 2 目 3 科 3 种，分别为中国林蛙、中华蟾蜍和花背蟾蜍；鸟类 6 目 8 科 27 种，分别为小鸊鷉、普通鸬鹚、苍鹭、池鹭、草鹭、大白鹭、中白鹭、豆雁、大天鹅、赤麻鸭、绿翅鸭、绿头鸭、斑嘴鸭、赤膀鸭、赤颈鸭、红头潜鸭、凤头潜鸭、灰鹤、普通秧鸡、黑水鸡、白骨顶、凤头麦鸡、金眶鸻、红脚鹬、红嘴鸥、普通燕鸥。其中国家Ⅱ级保护动物 3 种，占该区湿地鸟类总数的 6.5%；省级保护动物 6 种，占该区湿地鸟类总数的 13%。无脊椎动物 3 门 10 纲 62 个分类单元，其中环节动物门有 1 纲 2 类 12 属；软体动物门有 2 纲 2 类 3 属；节肢动物门有 7 纲 47 类。

鱼类区系以鲤科的裂腹鱼亚科为主，区系组成简单，属于古代第三纪区系复合体。两栖类区系有季风型，以中华蟾蜍为代表；东北—华北型，以花背蟾蜍和中国林蛙为代表。古北界鸟类 13 种，东洋界鸟类 6 种，其余为两界兼有型。湿地物种多样性比较丰富，作为河流湿地为鱼类和鸟类提供了重要的繁殖地和栖息地。

12.4 植物资源

洮河临洮段湿地植被有 4 个植被型组 6 个植被型 10 个群系，主要以栽培于沿河岸的旱柳群系、中国沙棘群系、甘蒙柽柳群系。草本主要为水毛花群系、长苞香蒲群系、假苇拂子茅群系为主，分布面积较大。

调查中见到 95 种湿地植物，同时依据植物志等记载，初步统计保护区共有湿地高等植物 140 种，其中蕨类植物 1 科 1 属 3 种，被子植物 38 科 94 属 137 种（其中双子叶植物 34 科 73 属 109 种，单子叶植物 5 科 21 属 28 种）。区系分析可知，世界分布科有 29 科，占种子植物总科数的 74.36%，泛热带及其变形有 4 科，占种子植物总科数的 10.26%，北温带及其变形有 4 科，占总科数的 10.26%。属的分布型中，世界分布属有 33 属，占总属数的 35.11%，温带分布属及其变形有 28 属，占总属数的 45.90%（世界分布属除外），旧世界温带及其变形有 18 属，占总属数的 29.51%（世界分布属除外）。含有 5 种以上的属有 1 属，为蒿属（9 种），含有 2~5 种的属有 25 属，共有 62 种，占总属数 26.31%，含有 1 种的属有 69 属，占总属数的 68.42%，一种属是保护区区系的主要组成部分。

优势植物：湿地植物主要有旱柳、假苇拂子茅、甘蒙柽柳、中国沙棘、珠芽蓼、水蓼、短尾铁线莲、贝加尔唐松草、菊叶香藜、驼绒藜、甘草、赖草、小花火烧兰、绶草、眼子菜、长苞香蒲、水烛、拂子茅、芦苇、薹草、中间型莎草、水毛花、水葱等。

重点保护及珍稀濒危植物：湿地植物中有国家Ⅱ级保护野生药材甘草，是重要的中药材。

13 岷县狼渡滩湿地

13.1 基本情况

湿地区编码为 621126。狼渡滩湿地位于岷县狼渡滩省级湿地自然保护区，属于省上拟建的自然保护区，属湿地类型自然保护区，主要保护对象是湿地及其区内珍稀濒危野生动植物资源。保护区总面积 34205.51 公顷，由岷县人民政府管理。

13.2 湿地资源

狼渡滩湿地共 13 个湿地斑块，湿地总面积 2460.14 公顷，主要有以下几种湿地类型：永久性河流1个斑块，面积7.54公顷；季节性河流4个斑块，面积69.43公顷；沼泽化草甸8个斑块，面积2383.17公顷。

13.3 动物资源

依据研究资料和调查结果发现，岷县狼渡滩湿地有湿地脊椎动物12目18科43种，占甘肃湿地脊椎动物总数的17%。其中鱼类2目3科20种，其中鲑形目1种，即：秦岭细鳞鲑，为国家Ⅰ级保护动物，占保护区鱼类的5%；鲤形目19种，占95%，分别是北方花鳅、岷县高原鳅、背斑高原鳅、达里湖高原鳅、东方高原鳅、硬刺高原鳅、拉氏鲅、鳙、鲢鱼、刺鮈、棒花鱼、平鳍鳅鮀、多鳞铲颌鱼、厚唇裸重唇鱼、渭河裸重唇鱼、黄河裸裂尻鱼、嘉陵裸裂尻鱼、鲤、鲫；两栖类2目3科6种，其中有尾目1种，即西藏山溪鲵，其余5种均为无尾目种类，分别是中国林蛙、北方齿突蟾、花背蟾蜍、岷山蟾蜍、华西蟾蜍；鸟类8目12科17种，分别是小䴙䴘、苍鹭、黑鹳、豆雁、大天鹅、赤麻鸭、绿翅鸭、绿头鸭、斑嘴鸭、赤膀鸭、凤头潜鸭、灰鹤、凤头麦鸡、金眶鸻、红脚鹬、乌脚滨鹬、普通燕鸥，其中东洋界6种，占6.19%；古北界8种，占46.39%；两界兼有动物3种，占47.42%。

13.4 植物资源

狼渡滩湿地植被有4个植被型组6个植被型18个群系，主要以莎草型湿地植被型和禾草型湿地植被型为主要湿地植被型，分布面积较大的还有落叶阔叶灌丛湿地植被型。莎草型湿地植被型主要包括华扁穗草群系、大花嵩草群系、线叶嵩草群系、矮藨草群系等。莎草型湿地植被型的面积约1500公顷；禾草型湿地植被型主要包括光稃早熟禾群系、垂穗披碱草群系等，此类型的湿地植被面积约900公顷；落叶灌丛湿地植被型主要包括沼柳群系和中国沙棘群系、小叶金露梅群系，分布面积约200公顷。

根据调查见到的165种湿地植物，并查阅植物志、调查报告等资料，初步统计共有湿地高等植物242种，隶属于45科134属，其中蕨类1科1属2种，被子植物44科133属240种（其中双子叶植物40科113属199种，单子叶植物4科20属41种）。世界分布科是保护区植物科的主要组成，共有31科，占总科数的68.89%。含10种以上的科有9科，依次是菊科（34种）、禾本科（20种）、毛茛科（18种）、莎草科（16种）、蝶形花科（15种）、龙胆科（15种）、蔷薇科（14种）、蓼科（12种）、玄参科（10种），所含种占总种数的63.64%。北温带及其变形有56科，含有1种的属有80属，占总属数的59.70%，因此仅含1种属植物占有很大的比例。

优势植物：湿地植物资源丰富，主要的灌木优势种有沼柳、小叶金露梅、金露梅、中国沙棘；草本优势种有华扁穗草、线叶嵩草、禾叶嵩草、具刚毛荸荠、矮藨草、大花嵩草、垂穗披碱草、光稃早熟禾、梯牧草、茵草、溪木贼、鹅绒委陵菜、车前、蒲公英、珠芽蓼、钝叶眼子菜等。

湿地内无重点保护及珍稀濒危植物。

14   兰州市银滩湿地公园湿地

14.1   基本情况

湿地区编码为 620105。兰州市国家湿地公园属于拟建的国家湿地公园。公园位于兰州市安宁区北滨河路银滩大桥北端东西两侧，银滩大桥从公园上空跨过，公园的功能定位是"保护生态、回归自然、科普教育、体闲游览"。公园北接北滨河路，南临黄河，东西端均与自然过渡的黄河河滩为界，总长度约 3 公里，最大宽处约 420 米，最窄处约 10 米。场地地形变化较大，最大高差约 11 米，呈北高南低之势。公园总面积 42.50 公顷，由兰州市人民政府管理。

14.2   湿地资源

湿地公园只有 1 个湿地斑块，为洪泛平原湿地型，面积 42.50 公顷。

14.3   动物资源

根据研究资料和调查结果发现，兰州湿地公园有湿地脊椎动物 13 目 20 科 73 种，占甘肃湿地脊椎动物总数的 28.3%。其中鱼类 3 目 5 科 24 种，占该区湿地动物总种数的 32%，分别是黄河高原鳅、似鲶高原鳅、草鱼、赤眼鳟、鳙、鲢鱼、团头鲂、鳊、刺鮈、麦穗鱼、黄河鮈、北方铜鱼、圆筒吻鮈、大鼻吻鮈、棒花鱼、平鳍鳅鮀、厚唇裸重唇鱼、极边扁咽齿鱼、花斑裸鲤、鲤、鲫、鲶、青鳉、波氏栉鰕虎鱼。其中北方铜鱼为省级保护物种；两栖类 2 目 3 科 3 种，占该地区动物总种数的 4%，分别为中国林蛙、中华蟾蜍和花背蟾蜍；湿地鸟类 8 目 12 科 46 种，占该地区陆生脊椎动物总数的 61.3%，分别为小䴙䴘、黑颈䴙䴘、凤头䴙䴘、普通鸬鹚、苍鹭、草鹭、绿鹭、池鹭、大白鹭、白鹭、中白鹭、黄苇鳽、大麻鳽、豆雁、斑头雁、大天鹅、赤麻鸭、翘鼻麻鸭、针尾鸭、绿翅鸭、绿头鸭、斑嘴鸭、赤膀鸭、赤颈鸭、白眉鸭、红头潜鸭、白眼潜鸭、凤头潜鸭、鸳鸯、棉凫、鹊鸭、灰鹤、普通秧鸡、黑水鸡、白骨顶、凤头麦鸡、金眶鸻、蒙古沙鸻、红脚鹬、黑翅长脚鹬、渔鸥、红嘴鸥、普通燕鸥、普通翠鸟、蓝翡翠。其中国家Ⅱ级保护动物 3 种，占该区湿地鸟类总数的 6.5%；省级保护动物 6 种，占该区湿地鸟类总数的 13%。

14.4   植物资源

兰州银滩湿地公园的湿地植被可划分为 3 个植被型组 6 个植被型 13 个群系。主要以芦苇群系和长苞香蒲群系为主要的群系，另外，分布较多的为人工栽培的垂柳群系。芦苇群系约 7 公顷；长苞香蒲群系约 3 公顷；垂柳群系约 1 公顷；另外，还有一些景观植物，分布面积较小。

在公园内调查采集到湿地高等植物 94 种，隶属于 31 科 74 属，其中蕨类植物 1 科 1 属 1 种，裸子植物 1 科 1 属 1 种，被子植物 30 科 73 属 92 种(其中双子叶植物 25 科 59 属 74 种，单子叶植物 5 科 14 属 18 种)。科的统计可知，含有 5 种以上的科有 5 个，分别是菊科(20 种)、禾本科(9 种)、蝶形花科(9 种)、蓼科(9 种)、藜科(9 种)，5 种以上科所含的种数占种子植物总种数的51.63%。含有 2～4 种的科有 14 科，所含种数占总种数的 36.56%；单种科有 11 科，占总科数的35.48%，所含种占种子植物总种数的 11.83%；世界分布科有 22 科，占总科数的 70.97%，世界分布科占有绝对优势，这也是湿地植物的一个普遍特性。

优势植物：在公园内主要的优势植物有垂柳、柽柳、醉鱼草、芦苇、长苞香蒲、小香蒲、水烛、红豆草、小冠花、千屈菜、水葱。另外，公园内主要的引种观赏植物有天人菊、矢车菊、大波斯菊、万寿菊、老芒麦、红蓼、紫叶李、槐树、雪松、白皮松、紫丁香、榆叶梅、北京丁香、金叶莸、红叶碧桃、黄花鸢尾、泽泻等。

湿地内无重点保护及珍稀濒危植物。

15 张掖国家湿地公园湿地

15.1 基本情况

湿地区编码为6240001。张掖湿地公园是2009年3月1日开工建设、同年9月3日通过国家评审，2010年7月12日正式揭牌成立，是甘肃省第一个国家级湿地公园，也是全国唯一与中心城市建设紧密结合的生态保护工程，对维护城市生态平衡、改善生态环境，提升城市品位、扩充城市承载力、实现人与自然和谐、促进经济社会可持续发展、具有十分重要的意义。公园地处黑河流域中游，与青藏高原和蒙古高原相连。公园内多样化的湿地类型，是张掖市生态系统的重要组成部分，发挥着水源涵养和水资源调蓄、净化水质、维护湿地生物多样性、防止沙漠化和改善区域内外气候等重要的生态功能。作为区域关键生态支撑体系，对于维护张掖市区生态安全具有重要意义。张掖市国家湿地公园主体位于城区北郊地下水溢出地带，与市区紧密相连。公园内生物多样性丰富，是我国候鸟三大迁徙的西部线路之一，也是全球八条候鸟迁徙通道之一的东亚—印度通道的中转站。公园总面积4107公顷，由张掖市人民政府管理。

甘肃张掖黑河湿地(张掖黑河国家级自然保护区提供)

甘肃张掖黑河人工湿地(张掖黑河国家级自然保护区提供)

15.2 湿地资源

张掖国家湿地公园只有1个沼泽湿地斑块，面积962.35公顷，全部是草本沼泽。

15.3 动物资源

结合研究资料和调查结果表明，张掖国家湿地公园的湿地脊椎动物有5纲26目61科190种；

其中鱼类1目2科15种，两栖类有1目2科2种，鸟类15目39科142种，无脊椎动物3门10纲46个分类单元，环节动物门1纲2类6属，软体动物门有2纲2类3属，节肢动物门有7纲37类。

国家重点保护物种：国家Ⅰ级保护鸟类有2种，黑鹳、遗鸥；国家Ⅱ级保护鸟类有灰鹤、蓑羽鹤、小天鹅、大天鹅、鹗等5种。列入《中日候鸟保护协定》有黑颈䴙䴘、豆雁、大天鹅、赤麻鸭、绿头鸭、赤膀鸭、针尾鸭、翘鼻麻鸭、绿翅鸭、赤嘴潜鸭、凤头潜鸭、金斑鸻、蒙古沙鸻、黑尾塍鹬、红脚鹬、红胸滨鹬、乌脚滨鹬、弯嘴滨鹬、黑翅长脚鹬、普通燕鸥等21种。

甘肃张掖黑河(魏向华摄)

甘肃张掖黑河湿地水禽(朱民摄)

15.4 植物资源

湿地公园中的湿地植被可划分为4个植被型组6个植被型14个群系。主要以禾草型湿地植被型和杂类草湿地植被型为主要植被类型。禾草型湿地植被型分布面积较大的有假苇拂子茅群系、芦苇群系、披碱草群系，此植被类型的分布面积约150公顷；杂类草湿地植被型主要以长苞香蒲群系、小香蒲群系为主，此植被类型的分布面积约100公顷。另外，还有落叶林湿地植被型，主要为沙枣群系；浮水植被型，主要为浮叶眼子菜群系；还有沉水植被型，主要为狐尾藻群系。这些群系分布面积较小。

湿地公园内植物资源丰富，调查中见到的湿地植物132种，并根据文献记载，初步统计公园内共有湿地高等植物45科103属160种。其中蕨类植物2科2属2种，被子植物43科101属158种(其中双子叶植物33科78属126种，单子叶植物10科23属34种)。科的分布型中以世界分布科为最多，有30科，占种子植物总科数的69.77%；北温带分布及其变型有6科，占种子植物总科数的46.15%(世界广布科除外)，体现了较为明显的温带性质。以木贼科、蓼科、藜科、毛茛科、蝶形花科、禾本科、十字花科、蔷薇科、柳叶菜科、菊科、眼子菜科、灯芯草科植物为主。

优势植物：主要的优势植物有沙枣、二白杨、新疆杨、垂柳、多枝柽柳、芦苇、长苞香蒲、水烛、小香蒲、假苇拂子茅、披碱草、芨芨草、三裂碱毛茛、水葱、酸模叶蓼、稗、穿叶眼子菜、小眼子菜、黑三棱、藨草、狐尾藻、水葫芦苗、小花棘豆、旋覆花、蒲公英、碱蓬、扁秆藨草、苦苣菜、多茎委陵菜、菖蒲和圆囊薹草等。

16　祁连山国家级自然保护区湿地

16.1　基本情况

湿地区编码为 620321、620623、620721、620722、620725、620923。祁连山湿地位于祁连山国家级自然保护区，该保护区是 1987 年 1 月省政府以甘政发〔1987〕154 号文件批准建立的省级自然保护区，1988 年 10 月 2 日国务院以国函〔1988〕30 号文件批准晋升为国家级自然保护区。保护区位于甘肃、青海两省交界处的甘肃一侧，地跨武威、张掖、酒泉三市，主要保护对象为水源涵养林及珍稀动物。祁连山保护区是我国最大的森林和野生动物类型自然保护

甘肃祁连山国家级自然保护区高山草甸(汪杰摄)

区之一，保护区具有独特而典型的自然生境和动植物区系，是我国西北现存较大的动植物种质资源库和遗传基因库，具有极为重要的生态价值和科学研究价值，对国际、国内动植物、生态、地质、冰川等学科领域的专家具有极大的吸引力，也是甘肃乃至全国一些大专院校重要的实习基地。保护区面积 2653023 公顷，核心区面积 802261.6 公顷，缓冲区面积 470625.2 公顷，实验区面积 1380136.2 公顷，由甘肃省林业厅管理。

16.2　湿地资源

祁连山湿地共 414 个湿地斑块，湿地总面积 196038.29 公顷，主要有以下几种湿地类型：永久性河流 142 个斑块，面积 10882.98 公顷；季节性河流 125 个斑块，面积 7919.8 公顷；洪泛平原 16 个斑块，面积 34745.4 公顷；永久性淡水湖 6 个斑块，面积 481.58 公顷；季节性淡水湖 1 个斑块，面积 24.25 公顷；草本沼泽 18 个斑块，面积 19327.01 公顷；灌丛沼泽 23 个斑块，面积 32314.59 公顷；内陆盐沼 2 个斑块，面积 5069.6 公顷；沼泽化草甸 65 个斑块，面积 83570.56 公顷；库塘 13 个斑块，面积 1547.06 公顷；输水渠 3 个斑块，面积 128.46 公顷。

16.3　动物资源

结合研究资料和调查结果表明，祁连山湿地共有湿地脊椎动物 3 纲 12 目 21 科 71 种；其中鱼类 2 目 3 科 16 种，占该区湿地动物总数的 21.6%；两栖类有 1 目 2 科 2 种，占该区湿地动物总数的 2.8%；湿地鸟类 9 目 16 科 53 种，占该区湿地动物总数的 71.6%；无脊椎动物 3 门 10 纲 46 个分类单元，环节动物门 1 纲 2 类 6 属；软体动物门有 2 纲 2 类 3 属；节肢动物门有 7 纲 37 类。

国家重点保护物种：国家I级保护鸟类有 2 种，黑鹳、遗鸥；国家II级保护鸟类有灰鹤、蓑羽鹤、小天鹅、大天鹅、鹗等 5 种。列入《中日候鸟保护协定》有黑颈䴙䴘、豆雁、大天鹅、赤麻鸭、绿头鸭、赤膀鸭、针尾鸭、翘鼻麻鸭、绿翅鸭、赤嘴潜鸭、凤头潜鸭、金斑鸻、蒙古沙鸻、

黑尾塍鹬、红脚鹬、红胸滨鹬、乌脚滨鹬、弯嘴滨鹬、黑翅长脚鹬、普通燕鸥等 21 种。

16.4　植物资源

保护区内湿地植被可分为 5 个植被型组 8 个植被型 17 个群系，以落叶阔叶林湿地植被型、盐生灌丛湿地植被型、莎草型湿地植被型、禾草型湿地植被型为主。落叶灌丛湿地植被型主要包括金露梅群系、小叶金露梅群系、中国沙棘群系、肋果沙棘群系、山生柳群系，此植被类型的分布面积约 2.5 万公顷；莎草型湿地植被型主要包括矮生嵩草群系、矮蘆草群系、红棕薹草群系、圆囊薹草群系、黑褐薹草群系，此植被类型的分布面积约 7 万公顷；禾草型湿地植被型以垂穗披碱草群系为多，分布面积约 1 万公顷；杂类草湿地植被型主要有问荆群系、珠芽蓼群系、鹅绒委陵菜群系、马蔺群系，分布面积约 1.5 万公顷；另外还有寒温性针叶林湿地植被型，为青海云杉群系，零星分布于保护区河滩。

在保护区内有河流湿地、沼泽湿地、湖泊湿地以及人工湿地。湿地植物资源丰富多样，调查中共见到湿地植物 315 种，并根据保护区科考报告，初步统计共有湿地高等植物 538 种（包括亚种和变种），隶属于 79 科 260 属。其中苔藓植物 2 科 2 属 2 种，蕨类植物 2 科 2 属 4 种，裸子植物 2 科 3 属 4 种，被子植物 76 科 265 属 528 种（其中双子叶植物 56 科 196 属 402 种，单子叶植物 17 科 56 属 126 种）。含有 20 种以上的科有 10 科，依次为菊科、禾本科、毛茛科、蝶形花科、蔷薇科、莎草科、杨柳科、藜科、龙胆科、唇形科，所含种数占种子植物总种数的 58.57%；含有 10～20 种的科有 5 科，所含种数占种子植物总种数的 12.01%；含有 3～9 种的科有 24 科，占种子植物总科数的 26.97%；含有 1 种的科有 32 科，占种子植物总科数的 35.96%，所含种数占总种数的 5.26%；世界分布科较多，有 40 科，占种子植物总科数的 53.33%；北温带及其变型科占总科数的 21.35%，加上以温带性质和以温带分布为主的分布科共有 25 科，占种子植物总科数的 33.33%，说明保护区内植物的温带性质较为明显。

优势植物：保护区内湿地植物主要的乔木优势植物有青海云杉、小叶杨；灌丛主要有小叶金露梅、金露梅、中国沙棘、山丹柳、山生柳、肋果沙棘、西藏沙棘、多枝柽柳；草本主要有珠芽蓼、问荆、矮生嵩草、红棕薹草、圆囊薹草、垂穗披碱草、黑褐薹草、鹅绒委陵菜、马蔺、星状风毛菊、条叶垂头菊、斑唇马先蒿、天山报春、矮泽芹、繁缕、葱状灯芯草、水麦冬、水葫芦苗等。

重点保护及珍稀濒危植物：保护区内湿地植物资源丰富，共有珍稀濒危及重点保护植物 3 种，分别是国家Ⅱ级保护野生植物羽叶点地梅、红花绿绒蒿，国家Ⅱ级保护野生药材甘草。

第三章
湿地生物资源

第一节
湿地植物和植被

关于湿地植物的种类组成不同的学者有不同的看法，赵魁义等（1995）认为湿地植物应包括湿生、沼生和水生植物。但我们在甘肃湿地资源调查过程中发现，除典型的水生、沼生和湿生植物外，有些植物并非湿地植物，如红砂为典型的荒漠植物，但在本次重点调查区域的靖远黄河河滩、疏勒河河床、干海子保护区湖岸边及河西一些季节性河床、河岸边均有分布，而且形成了以红砂为建群种的优势群落；再如花花柴亦为典型旱生植物，但在临泽黑河流域的库塘水边亦有分布；在陇南山区河岸边、洪泛平原、季节性积水滩涂等处分布的部分植物并非典型湿地植物，但因生长在湿地斑块范围内，且生长繁育良好，故也收录在湿地植物组成中；其次，在本次重点调查的张掖市国家湿地公园和兰州市湿地公园内大量栽培的一些园艺植物，如连翘、矢车菊、天人菊、秋英等，因长期栽培，已成为湿地公园植物的重要组成部分，因而也收录在湿地植物组成中。因此，本书所称湿地植物是指在甘肃省湿地区内有分布的高等植物。依据植物与水和基质的关系，根据植物在湿地区域的实际分布状况，将湿地植物划分为湿生、沼生、挺水、漂浮、浮叶、沉水、盐沼和湿地边缘 8 种类型。

1 湿地植物

1.1 湿地植物区系组成

甘肃省第二次全国湿地资源调查中共调查、采集到湿地植物 796 种（隶属于 113 科 385 属），同时查阅《中国湿地植物初录》（1995）、《中国常见湿地植物》（2009）、《中国湿地及其植物与植被》（2011）等文献资料中记载甘肃有分布而在调查中未见到的湿地植物，并结合甘肃省各保护区科考报告记载，以及在一般调查区域内出现但未在重点调查区中见到的植物，甘肃湿地区内共有高等植物 1270 种（包括 10 亚种和 77 变种），隶属于 182 科 540 属（详见附录 1，湿地植物名录中苔藓植物按陈邦杰系统，蕨类植物按秦仁昌系统，裸子植物按郑万钧系统，被子植物按恩格勒系统排列）。全省高等植物共有 243 科 1216 属 5207 种（包括亚种和变种），甘肃湿地植物分别占全省高等植物科的 74.90%、属的 44.41%、种的 24.39%。其中苔藓植物有 22 科 25 属 31 种;湿地蕨类植物有 16 科 19 属 24 种 1 亚种 1 变种,分别占全省蕨类植物科的 41.03%、属的 22.89%、种的 8.20%;湿地裸子植物有 5 科 7 属 11 种,分别占全省裸子植物科的 71.43%、属的 38.89%、种的 20.75%;湿地被子植物有 139 科 489 属 1117 种 9 亚种 76 变种(含湿地双子叶植物 109 科 371 属 818 种 7 亚种 58 变种,分别占全省双子叶植物科的 72.67%、属的 41.55%、种的 21.88%;湿地单子叶植物 30 科 118 属 299 种 2 亚种 18 变种,分别占全省单子叶植物科的 63.83%、属的 53.15%、种的 39.83%),见表 3-1。

甘肃湿地维管束植物共有 1239 种,占甘肃维管束植物总种数的 23.79%,因此,甘肃湿地植物丰富度较高。同时与东北地区、福建、云南、安徽、湖北等地湿地维管束植物组成相比较,见表 3-2。甘肃湿地植物除比云南 1402 种湿地维管束植物少外,比福建、安徽、东北地区、湖北等地的湿地维管束植物组成都要丰富,从而也进一步证明了甘肃湿地维管束植物组成的多样性较为丰富。

表 3-1   甘肃湿地高等植物与甘肃省高等植物物种多样性的比较

类别	全省湿地科数	全省科数	湿地占全省科数(%)	全省湿地属数	全省属数	湿地占全省属数(%)	全省湿地种数	全省种数	湿地占全省种数(%)
苔藓植物	22			25			31		
蕨类植物	16	39	41.03	19	83	22.89	26	317	8.20
裸子植物	5	7	71.43	7	18	38.89	11	53	20.75
双子叶植物	109	150	72.67	371	893	41.55	883	4036	21.88
单子叶植物	30	47	63.83	118	222	53.15	319	801	40.07
合计	182	243	74.90	540	1216	44.41	1270	5207	24.39

表 3-2   甘肃湿地维管束植物与其他省(地区)湿地维管束植物区系组成的比较

	科	属	种(含亚种、变种)
甘肃省	160	515	1239
福建省	128	357	728
安徽省	69	174	304
东北地区	78	257	757
云南省	123	479	1402
湖北省	82	255	671

1.1.1   科级统计分析

在甘肃湿地植物组成中,按科所含有的种数统计,含有 30 种及 30 种以上的科有 11 个,分别是菊科 144 种、莎草科 100 种、禾本科 97 种、蔷薇科 47 种、毛茛科 46 种、蝶形花科 45 种、杨柳科 44 种、蓼科 38 种、藜科 36 种、玄参科 34 种和龙胆科 32 种,占总科数的 6.04%。这 11 个科共包含 663 种,隶属 218 属,分别占总属数的 40.37%,总种数的 52.20%,由此可以看出,含 30

种以上的科是甘肃湿地植物的主要组成部分，在甘肃湿地高等植物区系组成中占主导地位。含10～29种的科有12个，共238种，隶属97属，分别占总属数的17.96%，占总种数的18.74%；含2～9种的科有75个，共288种，隶属143属，分别占总属数的26.48%，占总种数的22.68%，含1种的科计84个，占总科数的46.15%，见表3-3。从表3-3可以看出，含2～9种及仅含1种的科在科的组成中占有较大的比例。

　　含10属以上科共计13个，分别是菊科55属、禾本科52属、蝶形花科22属、唇形科19属、蔷薇科18属、藜科15属、玄参科15属、伞形科14属、兰科14属、莎草科13属、毛茛科13属、十字花科11属和石竹科10属，见表3-4。含10属以上的科，占总科数的7.14%，有271属，占总属数的50.19%，因而这些优势科在湿地植物区系组成中占有比较重要的位置。

表3-3　甘肃湿地植物科的数量统计

	科数	占总科数(%)	属数	占总属数(%)	种数	占总种数(%)
≥30种	11	6.04	218	40.37	663	52.20
10～29种	12	6.52	97	17.96	238	18.74
2～9种	75	41.21	143	26.48	288	22.68
1种	84	46.15	84	15.56	84	6.61
合　计	182		540		1270	

表3-4　甘肃湿地植物科的大小排序（种数5种以上）

科名	属数	占总属数(%)	种数	占总种数%)
菊科	55	10.19	144	11.34
莎草科	13	2.41	100	7.87
禾本科	52	9.63	97	7.64
蔷薇科	18	3.33	47	3.70
毛茛科	13	2.41	46	3.62
蝶形花科	22	4.07	45	3.54
杨柳科	2	0.37	44	3.46
蓼科	6	1.11	38	2.99
藜科	15	2.78	36	2.83
玄参科	15	2.78	34	2.68
龙胆科	7	1.30	32	2.52
十字花科	11	2.04	29	2.28
唇形科	19	3.52	28	2.20
荨麻科	9	1.67	26	2.05
伞形科	14	2.59	23	1.81

（续）

科名	属数	占总属数(%)	种数	占总种数%)
柳叶菜科	4	0.74	22	1.73
灯芯草科	2	0.37	21	1.65
石竹科	10	1.85	20	1.57
柽柳科	3	0.56	20	1.57
兰科	14	2.59	16	1.26
眼子菜科	1	0.19	12	0.94
铃兰科	5	0.93	11	0.87
报春花科	5	0.93	10	0.79
虎耳草科	3	0.56	9	0.71
大戟科	5	0.93	9	0.71
茜草科	3	0.56	9	0.71
茄科	4	0.74	8	0.63
忍冬科	2	0.37	8	0.63
小檗科	2	0.37	7	0.55
罂粟科	4	0.74	7	0.55
牻牛儿苗科	2	0.37	7	0.55
凤仙花科	1	0.19	7	0.55
紫草科	6	1.11	7	0.55
松科	3	0.56	6	0.47
桦木科	4	0.74	6	0.47
胡颓子科	2	0.37	6	0.47
旋花科	2	0.37	6	0.47
败酱科	3	0.56	6	0.47
香蒲科	1	0.19	6	0.47
葱科	1	0.19	6	0.47
胡桃科	2	0.37	5	0.39
堇菜科	1	0.19	5	0.39
醉鱼草科	1	0.19	5	0.39
车前科	1	0.19	5	0.39
泽泻科	2	0.37	5	0.39
鸢尾科	2	0.37	5	0.39

1.1.2　属级统计分析

含 20 种以上的属少，共有 4 个属，分别为薹草属 51 种、柳属 31 种、蓼属 27 种、蒿属 21 种，占总属数的 0.74%、总种数的 10.24%；含 10~20 种的属 13 个，分别为柳叶菜属 18 种、灯心草属 18 种、龙胆属 18 种、委陵菜属 15 种、柽柳属 15 种、橐吾属 14 种、马先蒿属 14 种、杨属 13 种、眼子菜属 12 种、薦草属 12 种、嵩草属 11 种、风毛菊属 10 种、莎草属 10 种，占总属数的 2.41%，占总种数的 14.17%；含 2~9 种的属有 189 个，占总属数的 35.00%，占总种数的 49.29%；仅含 1 种的属有 334 属，占总属数的 61.85%，占总种数的 26.30%，见表 3-5、表 3-6。因此，甘肃湿地植物以 10 种以下属为主，占总属数的 96.85%，所含种数占总种数的 75.59%。

表 3-5　甘肃湿地植物属的数量排序（种数 5 种以上）

属名	种数	比例(%)	属名	种数	比例(%)
薹草属	51	4.02	小檗属	6	0.47
柳属	31	2.44	老鹳草属	6	0.47
蓼属	27	2.13	拉拉藤属	6	0.47
蒿属	21	1.65	蓟属	6	0.47
柳叶菜属	18	1.42	香蒲属	6	0.47
灯芯草属	18	1.42	披碱草属	6	0.47
龙胆属	18	1.42	葱属	6	0.47
委陵菜属	15	1.18	紫菀属	6	0.47
柽柳属	15	1.18	藜属	5	0.39
橐吾属	14	1.10	铁线莲属	5	0.39
马先蒿属	14	1.10	翠雀花属	5	0.39
杨属	13	1.02	唐松草属	5	0.39
眼子菜属	12	0.94	葶苈属	5	0.39
薦草属	12	0.94	枸子属	5	0.39
嵩草属	11	0.87	绣线菊属	5	0.39
风毛菊属	10	0.79	黄耆属	5	0.39
莎草属	10	0.79	棘豆属	5	0.39
毛茛属	9	0.71	大戟属	5	0.39
碎米荠属	9	0.71	堇菜属	5	0.39
冷水花属	8	0.63	变豆菜属	5	0.39
火绒草属	7	0.55	醉鱼草属	5	0.39
酸模属	7	0.55	婆婆纳属	5	0.39
碱蓬属	7	0.55	车前属	5	0.39
虎耳草属	7	0.55	鬼针草属	5	0.39

（续）

属名	种数	比例（%）	属名	种数	比例（%）
凤仙花属	7	0.55	天名精属	5	0.39
忍冬属	7	0.55	剪股颖属	5	0.39
繁缕属	6	0.47	早熟禾属	5	0.39
楼梯草属	6	0.47	碱茅属	5	0.39
银莲花属	6	0.47	荸荠属	5	0.39

表 3-6　甘肃湿地植物属的数量统计

	属数	占总属数（%）	种数	占总种数（%）
>20 种	4	0.74	130	10.24
10~20 种	13	2.41	180	14.17
2~9 种	189	35.00	626	49.29
1 种	334	61.85	334	26.30
合　计	540		1270	

1.2　湿地种子植物区系成分

根据吴征镒（2006）的种子植物分布区类型及其起源和分化的划分系统，将甘肃湿地种子植物 144 科划分为 9 个分布区类型（表 3-7）。将甘肃湿地种子植物 496 属划为 15 个分布区类型，属的分布型齐全，见表 3-8。

表 3-7　甘肃湿地种子植物科的分布型统计表

分布型及其变型	所含科数	占总科数（%）
1. 世界分布	55	38.19
2. 泛热带及其变型	29	20.14
3. 热带亚洲和热带美洲间断分布	7	4.86
4. 旧世界热带	4	2.78
8. 北温带及其变型	29	20.14
9. 东亚和北美洲间断分布及其变型	7	4.86
10. 旧世界温带及其变型	6	4.17
12. 地中海区、西亚至中亚及其变型	2	1.39
14. 东亚（东喜马拉雅—日本）及其变型	5	3.47
总　计	144	

由表 3-7 可知，甘肃湿地植物科的分布以世界分布型、泛热带及其变型和北温带及其变型为

主，世界分布科最多，达 55 科，占种子植物总科数的 38.19%，这也是湿地植物尤其是水生植物区系的普遍特征，其次是泛热带及其变型与北温带及其变型，均有 29 科，占总科数的 20.14%，这从科级水平体现了甘肃湿地种子植物的热带亲缘。北温带及其变型以及以温带性质分布的科共有 49 科，占 34.03%，充分显示了甘肃湿地植物区系的温带性质。

由表 3-8 可以看出，甘肃湿地种子植物属的分布区类型齐全，其中以北温带及其变型最多，达 161 属，占总属数的 32.46%，加上旧世界温带分布类型、温带亚洲分布型等温带分布类型和以温带分布为主的属共有 328 属，占总属数的 64.13%，体现了甘肃湿地植物的典型温带性质。热带分布及以热带分布为主的属共计 89 属，占总属数的 17.94%，这也从属级水平体现了甘肃湿地种子植物区系的热带亲缘性。而中国特有分布的属只有 8 属，仅占总属数的 1.61%，这些属所含种数也仅占到甘肃省湿地植物总种数的 0.63%，可见甘肃湿地植物区系的特有性较低。

表 3-8　甘肃湿地种子植物属的分布类型统计表

分布型及其变型	属数	占总属数（%）
1. 世界分布	79	15.93
2. 泛热带分布	55	11.09
3. 热带亚洲和热带美洲间断分布	6	1.21
4. 旧世界热带分布	7	1.41
5. 热带亚洲至热带大洋洲分布	8	1.61
6. 热带亚洲至热带非洲分布	4	0.81
7. 热带亚洲（印度、马来西亚）分布	9	1.81
8. 北温带分布	161	32.46
9. 东亚和北美洲间断分布	27	5.44
10. 旧世界温带分布	59	11.90
11. 温带亚洲分布	11	2.22
12. 地中海、西亚至中亚及其变型	16	3.23
13. 中亚分布	5	1.01
14. 东亚分布	41	8.27
15. 中国特有分布	8	1.61
总　计	496	

1.3　湿地植物区系特点

1.3.1　区系成分多样，温带性质明显

在中国种子植物属的 15 个分布区类型里，甘肃湿地种子植物 15 个分布区类型齐全，这与甘肃南北跨度大、地理成分复杂的事实相一致。以属的区系成分来看，北温带分布类型最多，达 161 属，占种子植物总属数的 32.46%，加上旧世界温带分布类型、温带亚洲分布型等温带分布类

型和以温带分布为主的属就有 328 属，占总属数的 66.13%，这充分体现了甘肃湿地植物区系的温带性质；热带分布及以热带分布为主的属共计 89 属，占总属数的 17.94%，这从另一方面体现了甘肃湿地种子植物区系的热带亲缘性。

1.3.2   交汇性是甘肃湿地植物区系的显著特征

甘肃地处中国—日本、中国—喜马拉雅和亚洲荒漠、青藏高原植物亚区的交汇处，如猕猴桃属、鱼腥草属是东亚分布型的代表属，在武都一带则为它的分布北缘地区；中国—喜马拉雅变型包括水青树属、甘松属等，它的东北边缘止于天水、兰州以及祁连山一带。盐爪爪属、花花柴属、盐节木属等为地中海、西亚至中亚分布型的代表，甘肃中部为这些属分布的东南边缘。所以，甘肃是中国湿地植物区系交汇的一大中心，在中国湿地植物区系研究中占有重要的地位和作用。

1.3.3   单型、寡型科和单型、寡型属众多，世界广布型植物较多

仅含 1 种的科有 84 科，占总科数的 46.15%。仅含 1 属的科有香蒲科、黑三棱科、金鱼藻科、透骨草科、卷柏科等。含 1 种的属有 292 属，占总属数的 54.07%。世界广布属较多，达 79 属，占总属数的 14.63%，这也是湿地植物，尤其是水生植物区系的一个共性，大多数挺水植物、漂浮植物、沉水植物都属于世界分布型，如芦苇属、香蒲属、蔗草属、眼子菜属、金鱼藻属、狐尾藻属、浮萍属等。

1.3.4   多数湿地植物群落盖度大、优势种明显

在湿地环境下，植物群落均有较为明显的优势种，有时往往形成单优势种群落，且具有分布范围广，盖度大的特点。尤其以单子叶植物最为典型，如芦苇、长苞香蒲、水烛等，不仅分布范围广，而且其植被盖度多在 70% 以上，有时可达 100%。其次，沼泽湿地里的各种薹草群系、嵩草群系、华扁穗草群系盖度也大多在 70% ~100%。

1.3.5   草本植物占绝对优势，双子叶植物丰富度较高

在甘肃湿地种子植物物种组成中，双子叶植物共有 883 种，占种子植物总种数的 72.79%，其中菊科最多，有 144 种，占双子叶植物总数的 16.31%。总体上，双子叶植物种类的特点是科数、属数及种数均较多。对比而言，单子叶植物物种数相对较少，共有 319 种，占种子植物总种数的 26.30%，且集中分布于禾本科与莎草科，两科分别有 97 种和 100 种，分别占单子叶植物总数的 30.41% 和 31.35%，所以双子叶植物的丰富度明显较高，单子叶植物中种数集中于少数几个科。湿地木本植物中栽培种较多，且木本植物主要集中在蔷薇科、杨柳科、胡桃科、松科等少数几个科中，因此，草本植物在甘肃湿地植物物种组成中占有绝对优势。

1.3.6   特有科、属较少

甘肃省湿地植物中无中国特有科，分布的中国特有属共有 7 属，只占总属数的 1.30%，分别为水杉属、喜树属、荞麦属、羽叶点地梅属、细穗玄参属、华蟹甲草属和以礼草属。这些属所含种数仅占甘肃省湿地植物总种数的 0.71%。

1.4   湿地植物生活型及生态型分析

1.4.1   生活型分析

按照植物生活型类型(图 3-1)，湿地苔藓植物有 2 种叶状体苔藓和 29 种茎叶体苔藓，两者仅

占湿地高等植物总种数的 2.44%。湿地维管束植物中，乔木 75 种，占总种数的 5.91%；灌木 143 种，占总种数的 11.26%；木质藤本 3 种，占 0.24%；木本类型主要集中在蔷薇科、蝶形花科、杨柳科、柽柳科等科中。多年生草本 757 种，占 59.61%；一年生草本 261 种，占 20.55%；草本植物合计有 1018 种，占总种数的 80.16%，在甘肃湿地植物组成中占绝对优势。

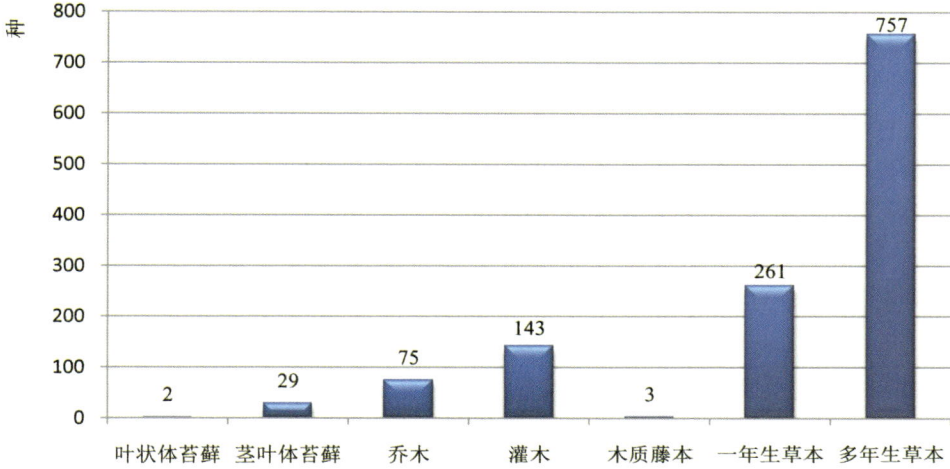

图 3-1 甘肃湿地植物生活型组成

1.4.2 生态型分析

依据植物与水和基质的关系，以及植物在湿地区域的实际分布状况，将甘肃湿地植物分为湿生植物、沼生植物、挺水植物漂浮植物、浮叶植物、沉水植物、盐沼植物和湿地边缘植物共 8 类生态型，见表 3-9，其中湿生植物有 704 种，占总种数的 55.43%；沼生植物 287 种，占 22.60%；湿生和沼生植物是甘肃湿地植物的主要组成部分，共有 991 种，占 78.03%；沼生植物包括一些薹草属、虎耳草属、柳叶菜属植物等；挺水植物包括香蒲属植物、水葱、藨草等；漂浮植物主要为浮萍、槐叶萍、紫萍等；浮叶植物为浮叶眼子菜、睡莲等；沉水植物主要为眼子菜属植物、狐尾藻、狸藻、大茨藻等；盐沼植物为柽柳属植物以及藜科的细枝盐爪爪、黄毛头、盐穗木、盐节木、盐角草等；湿地边缘植物包括一些常被认为是旱生或中生的植物，但在湿地及湿地边缘等处常见生长的植物，如红砂、花花柴等，共有 130 种，占 10.24%，远大于典型水生、盐沼植物所占的比例。

表 3-9 甘肃湿地植物生态型组成（种）

植物类型		湿生	沼生	挺水	漂浮	浮叶	沉水	盐沼	湿地边缘
苔藓植物		20	11						
蕨类植物		20	3		3				
裸子植物		1							10
被子植物	单子叶植物	528	180	5		3	7	60	116
	双子叶植物	135	93	42	3	5	11	10	4
合　计		704	287	47	6	8	18	70	130

1.5　珍稀濒危湿地植物

根据《国家重点保护野生植物名录》《中国稀有濒危植物名录》《国家重点保护野生药材物种名录》等资料显示，甘肃省共有重点保护及珍稀濒危湿地高等植物 15 种，见表3-10，占湿地植物总种数的 1.89%。其中 4 种为栽培种，分别为水杉、水曲柳、喜树、胡桃。

这些国家重点保护和珍稀濒危植物中，列入《国家重点保护野生植物名录》的有Ⅰ级保护的有水杉、国家Ⅱ级保护的有野大豆、水青树、喜树、水曲柳、红花绿绒蒿、羽叶点地梅、香果树；列入《中国稀有濒危植物名录》中稀有等级的有连香树和香果树，渐危等级的有野大豆、水青树、水曲柳、胡桃、胡杨、领春木。

由于珍稀濒危及国家和国家重点保护植物多为木本植物，而甘肃湿地植物中草本植物占优势，木本植物较少，所以湿地植物中国家重点保护植物较少，这也与甘肃湿地植物区系草本植物占有绝对优势的特征相一致。

表 3-10　甘肃分布的重点保护及珍稀濒危湿地植物

植物名称	国家重点保护野生植物名录（第一批）	中国稀有濒危植物名录（第一批）	国家重点保护野生药材物种名录	分布区	备注
水杉	Ⅰ			天水、小陇山林区	栽培
连香树	Ⅱ	稀有		康县、迭部、天水	野生
野大豆	Ⅱ	渐危		文县、康县、武都、舟曲、小陇山林区	野生
水青树	Ⅱ	渐危		文县、武都、康县、徽县、成县、宕昌、迭部、舟曲、天水	野生
喜树	Ⅱ			文县（碧口）	栽培
水曲柳	Ⅱ	渐危		迭部、舟曲、天水	栽培
红花绿绒蒿	Ⅱ			漳县、碌曲、夏河 、舟曲、祁连山	野生
羽叶点地梅	Ⅱ			卓尼、榆中、肃南	野生
香果树	Ⅱ	稀有		文县、武都	野生
胡桃		渐危		甘肃大部分地区	栽培
胡杨		渐危		武威、民勤、景泰、张掖、肃南、高台、临泽、酒泉、金塔、玉门、肃北、阿克塞、安西、敦煌和嘉峪关	野生
领春木		渐危		文县、康县、武都、迭部、舟曲、天水	野生
甘草			Ⅱ	甘肃大部分地区	野生
胀果甘草			Ⅱ	玉门、安西、金塔等地	野生
秦艽			Ⅲ	小陇山林区的河滩，阿克塞等地	野生

2　湿地植被

2.1　湿地植被类型概述

甘肃省第二次湿地植物群落调查中，根据《甘肃省湿地资源调查实施细则》的要求，在条件允许的情况下，均采用均匀布设样方的方法，对每个群系的抽样强度原则上不少于 10 个样方，共完成 22 个重点调查湿地植物调查样方 1722 个。

根据《中国植被》的植被分类原则与系统，并参照《中国湿地植被》确定的湿地植被分类原则和依据，同时参考《甘肃植被》《青海植被》等相关植被分类专著，结合甘肃湿地植被的形成、发育、分布特点及 1722 个湿地样方调查数据，将甘肃省湿地植被划分为 5 个植被型组、13 个植被型、136 个主要的群系，见表 3-11。其中草丛湿地植被型组所含群系数最多，为 62 个，占总群系数的 45.59%，在甘肃湿地植被中占有比较重要的地位。其次是灌丛湿地植被型组，有 31 个群系，占 22.79%。接下来是阔叶林湿地植被型组，含 21 个群系，占 15.44%。而浅水植物湿地植被型组只含 16 个群系，仅占 11.76%，如图 3-2。

表 3-11　甘肃湿地植被类型统计表

植被型组	植被型	群系数
针叶林湿地植被型组	寒温性针叶林湿地植被型	3
	暖性针叶林湿地植被型	3
阔叶林湿地植被型组	落叶阔叶林湿地植被型	20
	竹林湿地植被型	1
灌丛湿地植被型组	落叶阔叶灌丛湿地植被型	19
	常绿阔叶灌丛湿地植被型	1
	盐生灌丛湿地植被型	11
草丛湿地植被型组	莎草型湿地植被型	22
	禾草型湿地植被型	17
	杂类草湿地植被型	23
浅水植物湿地植被型组	浮水植被型	4
	挺水植被型	2
	沉水植被型	10

在甘肃湿地植被中，以分布于沼泽化草甸和草本沼泽的禾草型湿地植被型和莎草型湿地植被面积最大，主要以芦苇属、嵩草属、薹草属、拂子茅属以及披碱草属植物分布面积最大；其次灌丛湿地植被型分布面积较大，主要以各种柳树、生于盐沼中的柽柳属植物、以及生于草甸中的金露梅、小叶金露梅为主，其余类型的湿地植被分布较零星，且面积较小。

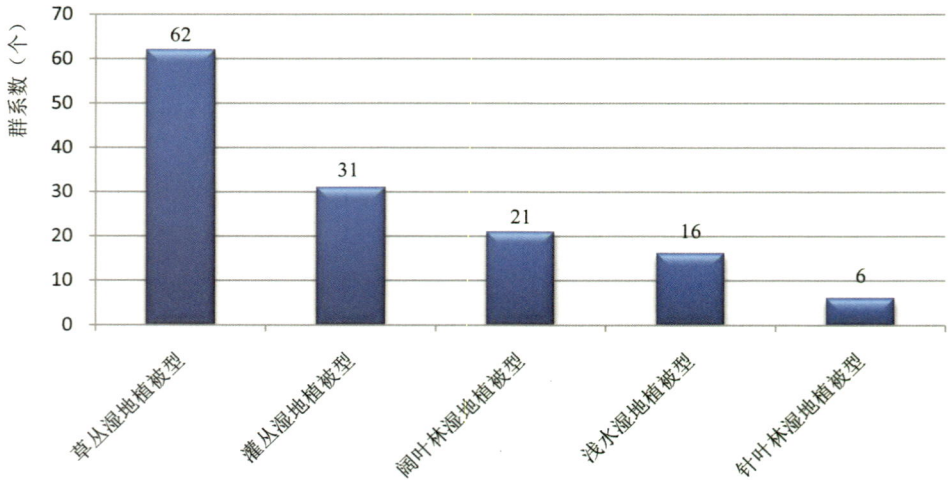

图 **3-2**   甘肃湿地植物植被型组所含群系数

2.2   湿地植被类型及其分布

甘肃省湿地植被各个植被型组、植被型、群系的分布、组成、面积分别描述如下,其编号采用《中国植被》编号规则。

2.2.1   针叶林湿地植被型组

I. 寒温性针叶林湿地植被型

(1)青海云杉群系:祁连山一带河滩(大河口海潮坝河)有分布,高度13米,冠幅350厘米×300厘米,平均胸径20厘米,灌木层主要为金露梅、银露梅,草本层主要为干生薹草、小花草玉梅、掌叶多裂委陵菜、双花堇菜、蛇果黄堇、长毛风毛菊、火绒草、珠芽蓼等;零星分布。

(2)紫果云杉群系:分布于碌曲则岔沟的河滩,高度10米以上,冠幅600厘米×550厘米,胸径30厘米,伴生有祁连圆柏、乌柳、毛药忍冬、卵果蔷薇、掌叶橐吾、大花金挖耳、川赤芍、轮叶黄精、粗齿铁线莲等;分布面积很小。

(3)祁连圆柏群系:分布面积很小,主要见于碌曲(则岔)河滩,高8米以上,冠幅500厘米×450厘米,胸径20厘米,伴生有川滇柳、窄叶鲜卑花、小叶金露梅、草本层主要为垂穗披碱草、早熟禾等。

II. 暖性针叶林湿地植被型

(1)水杉群系:在天水、小陇山各林场引种栽培,可以作为速生丰产林。

(2)日本落叶松群系:在舟曲(沙滩林场)的河滩有栽培。生长较密,胸径15厘米左右,冠幅160厘米×150厘米,高度约9米,常伴生有羽裂蟹甲草、龙牙草、小花草玉梅、大花金挖耳、野草莓等;分布面积较小。

(3)华山松群系:分布于文县(邱家坝)等地河滩,高度8米。冠幅400厘米×380厘米,胸径20厘米,伴生有油松,草本层主要为蛇莓、小花草玉梅、水杨梅、尼泊尔蓼、西固凤仙花等。

2.2.2   阔叶林湿地植被型组

III. 落叶阔叶林湿地植被型

(1)刺槐群系：全省广泛栽培，在庆阳、平凉、裕河、天水、靖远、兰州、红古、永登等地的河岸边以及河滩有分布，高度大于 6 米，胸径 20 厘米，冠幅 320 厘米×310 厘米，常伴生有旱柳、榆树、加杨、朝天委陵菜、艾蒿等；在湿地中分布面积约 400 公顷。

(2)胡杨群系：调查中在临泽县黑河河岸、敦煌(西湖保护区)见到、在河西分布较多，高度 3.5 米，胸径 20 厘米，冠幅 350 厘米×300 厘米，分布较稀疏；草本层主要为芦苇、骆驼刺等，芦苇高度 1 米，盖度 10%，常组成胡杨—芦苇群系；分布面积约 5400 公顷。

(3)旱柳群系：栽培于兰州、靖远、永靖、临洮以及天水、平凉、庆阳等地的河岸，全省分布较广，高度 6 米，胸径大于 15 厘米，冠幅 350 厘米×300 厘米，伴生有刺槐、二白杨、榆树等；分布面积约 150 公顷。

(4)垂柳群系：全省广泛栽培，主要见于黄河河滩、湿地公园等地，为很好的绿化固堤树种，高度一般大于 6 米，冠幅 450 厘米×400 厘米，胸径大于 15 厘米，有时伴生有刺槐、沙枣、旱柳等；分布面积约 130 公顷。

(5)秦柳群系：分布于文县(丹堡河)、康县等地河滩，高度大于 7 米，冠幅 420 厘米×400 厘米。胸径 30 厘米，伴生有柿树；零星分布。

(6)二白杨群系：在张掖一带的河岸引种栽培，全省栽培较广，为良好的栽培树种，胸径大于 15 厘米，冠幅 250 厘米×230 厘米，高度在 10 米以上，伴生有中国沙棘、北沙柳、榆树等；分布面积约 180 公顷。

(7)加杨群系：靖远、张掖等地的河岸滩有栽培，高度大于 10 米，胸径达 30 厘米，冠幅 300 厘米×300 厘米，常伴生有旱柳、榆树、腺柳、甘蒙柽柳等；分布面积较小。

(8)新疆杨群系：栽培于两当、兰州以及河西地区的河滩，高度 10 米以上，冠幅 250 厘米×230 厘米，平均胸径 15 厘米，伴生有白刺花、荆条、节节草等。

(9)毛白杨群系：文县、康县、两当、徽县、武都、舟曲、临夏等地河滩有分布，高度大于 7 米，冠幅 150 厘米×130 厘米，胸径一般大于 10 厘米；分布面积约 10 公顷。

(10)小叶杨群系：生于武都、卓尼、临潭、迭部、舟曲(天干沟)、红古、肃南(隆畅河)等地的河岸边，高度 9 米，冠幅 300 厘米×300 厘米，胸径 25 厘米，伴生有锥花小檗、疏花剪股颖、拂子茅、大车前、垂穗披碱草、节节草、披针叶黄华、鼠麴草等。

(11)陇南杨群系：生于陇南、天水、临夏、舟曲等地的河滩，此次调查在舟曲拱坝河上游见到，高度约 9 米，冠幅 300 厘米×300 厘米，胸径 20 厘米，常伴生有甘肃枫杨、三春水柏枝、刺槐、旱柳等；零星分布。

(12)青甘杨群系：生于舟曲、和政、永靖、康乐、合作、天祝、肃南等地的河滩，高 6 米以上，冠幅 300 厘米×300 厘米，胸径 15 厘米，伴生有乌柳、牛奶子、三春水柏枝等；零星分布。

(13)榆树群系：在兰州(西固)等地栽培于河岸两侧，为较好的绿化护堤树种，高度大于 7 米，冠幅约 500 厘米×500 厘米，胸径 30 厘米，常伴生有垂柳、旱柳、河北杨等，分布面积较小。

(14)枫杨群系：徽县、康县、武都、文县(碧口)等地的河岸有分布，高度大于 6 米，冠幅 250 厘米×250 厘米，胸径 15 厘米，常伴生有藏刺榛、毛泡桐、水麻、透茎冷水花、马唐、铁苋菜、白草、小花鬼针草等。

(15)甘肃枫杨群系：文县、武都(裕河)、徽县、礼县、康县、舟曲、天水(小陇山)等地的河谷有分布，高度近10米，冠幅250厘米×250厘米，胸径20厘米，在舟曲等地一带伴生有陇南杨、野核桃、川陕金莲花、大花金挖耳、血满草、蛇莓、野棉花等。

（16）桤木群系：文县（碧口）的河滩有分布，常为高大乔木，高度在10米以上，冠幅400厘米×400厘米，胸径20厘米，伴生有枫杨、野核桃、酸模叶蓼、射干、短毛金线草等。

（17）枫香群系：文县（碧口）、武都（两岔河）等地的河滩有分布，一般高度大于10米，冠幅350厘米×350厘米，胸径大于20厘米，伴生种有甘肃枫杨、箭竹、水麻、短毛金线草等。

（18）藏刺榛群系：分布于文县（邱家坝）的河滩林缘，高度10米，冠幅180厘米×170厘米，胸径10厘米，伴生有红桦、陕甘花楸、华山松等。

（19）野核桃群系：生于文县等地的河滩，为灌木状或小乔木，高度6米，冠幅300厘米×300厘米，胸径8厘米，伴生有枫杨，草本层主要为丛枝蓼、水蓼、砖子苗等；分布面积约6.7公顷。

（20）喜树群系：在文县（碧口）等地河滩栽培，高度10米以上，冠幅300厘米×300厘米，胸径18厘米，伴生有枫香、草本层主要为锐果鸢尾、糙叶败酱、钝尖冷水花等。

Ⅳ. 竹林湿地植被型

（1）慈竹群系：文县（丹堡河、碧口）人工栽培于河岸边，高度在10米以上，常成簇生长，胸径6厘米，群落边缘伴生有胡桃、柿树等，草本层有荆条、野棉花、豨莶草、文县楼梯草、鱼腥草等。

2.2.3 灌丛湿地植被型组

Ⅴ. 落叶阔叶灌丛湿地植被型

（1）中国沙棘群系：全省分布较广，生于林缘谷地、河岸或干涸河床，此次调查在张掖黑河河滩、洮河河岸、舟曲（贡巴河）、岷县狼渡滩草甸以及碌曲则岔沟河滩发现较大群落，高度约1.5~3米，冠幅150厘米×120厘米，盖度60%以上。在黄河首曲湿地常组成中国沙棘—川滇柳群系，常见伴生种有皂柳、红花岩生忍冬、三春水柏枝、牛奶子、羽裂蟹甲草等；分布面积约145公顷。

（2）肋果沙棘群系：祁连山（天祝、肃南、山丹）海拔2800~3300米河谷滩地有分布，高度2米以上，盖度45%，冠幅150厘米×100厘米，常伴生有山丹柳等、金露梅、西藏沙棘等，草本层有红棕薹草、珠芽蓼、肉果草、葛缕子、长毛风毛菊、湿生扁蕾、短腺小米草等。

（3）川滇柳群系：生于夏河、玛曲、迭部、舟曲、文县、武都、康县、岷县，在玛曲黄河河滩以及夏河河滩形成较大的群落，川滇柳在玛曲黄河河滩呈灌木或小乔木，高度3米以上，冠幅260厘米×250厘米，盖度70%；中国沙棘高3.5米，冠幅260厘米×250厘米，盖度30%，常形成川滇柳—中国沙棘群系，常见伴生种有康定柳、具鳞水柏枝、红花岩生忍冬，草本层主要为垂穗披碱草、大花花锚、水杨梅、沼生柳叶菜、西藏早熟禾、云生毛茛、乳白香青、侧茎橐吾、鹅绒委陵菜、葛缕子、湿地繁缕、毛连菜、女菱菜等；分布面积约5300公顷。

（4）金露梅群系：在玛曲、碌曲、岷县、张掖、肃南、民乐、山丹等地有分布，此次调查在祁连山（大野口河河滩）、山丹县牙黄沟、岷县狼渡滩以及玛曲、碌曲等沼泽化草甸形成群系，高度1.2米，盖度55%，冠幅60厘米×50厘米，常见伴生种有银露梅、乌柳、肋果沙棘、三春水柏枝、西藏沙棘、红花忍冬等；分布面积约6000公顷。

（5）小叶金露梅群系：碌曲（则岔）、玛曲、岷县（狼渡滩）的沼泽化草甸有分布，高度1.4米，冠幅80厘米×60厘米，盖度大于50%，常伴生有窄叶鲜卑花，常见草本伴生种有垂穗鹅观草、发草、草地早熟禾、长毛风毛菊、肋柱花、线叶龙胆、嵩草、黄花棘豆等，分布面积约8000公顷。

（6）水麻群系：文县、舟曲一带的河滩有分布，平均高度2米，盖度在70%以上，冠幅80厘米×60厘米以上，伴生种有密蒙花、节节草、射干、短毛金线草、竹叶子、千里光等。

（7）小舌紫菀群系：分布于两当等地的河滩，高度0.8米，冠幅25厘米×20厘米，生长较密，盖度80%以上，伴生有密蒙花、千里光、款冬、珠光香青等。

（8）枸杞群系：在徽县（嘉陵江）、兰州（城关区）的河滩有较零星分布，高度1.5米，冠幅110厘米×100厘米，盖度85%以上，常伴生有鹅绒藤等。

（9）白刺花群系：在小陇山地区的河滩分布较广泛，高度1.5米，冠幅100厘米×100厘米，盖度60%，伴生有小果博落回等。

（10）荆条群系：分布于嘉陵江一带的河滩岸边，高度大于1.5米，冠幅110厘米×90厘米，盖度60%以上，常伴生有假多苞叶、密蒙花、小果博落回、白刺花、茅莓、马桑、红叶、节节草、甘青蒿、荩草等。

（11）腺柳群系：生于文县、徽县、兰州及祁连山等地的河滩，高度3.5米，冠幅300厘米×280厘米，盖度35%，伴生有乌柳、具鳞水柏枝、苦苣菜、旋覆花、阿尔泰狗娃花、车前等；分布面积较小。

（12）红皮柳群系：生于舟曲（拱坝河）及小陇山地区的河滩，高度2.5米，冠幅约180厘米×170厘米，盖度大于85%，伴生有中国沙棘、牛奶子、川柳、羽裂蟹甲草、牛尾蒿、黄腺香青等。

（13）康定柳群系：生于碌曲则岔河滩，高度2米，盖度55%，冠幅110厘米×100厘米，常伴生有窄叶鲜卑花、小叶金露梅，草本层主要为垂穗披碱草与草地早熟禾，分布面积较小。

（14）牛奶子群系：生于舟曲（拱坝河）等地的河滩，高度2.2米，冠幅180厘米×170厘米，盖度大于90%，常伴生有红皮柳、乌柳、三春水柏枝、小叶鼠李等。

（15）乌柳群系：生于碌曲、舟曲以及肃南等地的河滩，高度近4米，冠幅220厘米×200厘米，盖度80%，伴生有中国沙棘、三春水柏枝、腺柳，草本层主要为野棉花、小花草玉梅等。

（16）鸡骨柴群系：生于文县、徽县、舟曲等地的河滩，高度2.7米，冠幅150厘米×140厘米，盖度大于60%。

（17）雀舌黄杨群系：生于舟曲的河滩，高1米，冠幅60厘米×60厘米，盖度90%以上，伴生有小舌紫菀、黄腺香青、蛇莓、香薷等。

（18）锥花小檗群系：生于舟曲（沙滩天干沟）河滩，高度0.8米，冠幅70厘米×70厘米，盖度80%以上，伴生有鸡骨柴、毛叶水栒子、细梗蔷薇等。

（19）海州常山群系：生于徽县（三滩东沟），高度50厘米，冠幅35厘米×30厘米，盖度90%以上，伴生有楤木、天名精、小果博落回、一年蓬等；分布面积很小。

Ⅵ. 常绿阔叶灌丛湿地植被型

（1）川钓樟群系：主要见于徽县、两当等地的河滩，灌木或小乔木，高度1.8米左右，冠幅160厘米×150厘米，盖度在65%以上，伴生有扁刺蔷薇、箭竹、锐果鸢尾、竹叶椒等。

Ⅶ. 盐生灌丛湿地植被型

（1）多枝柽柳群系：河西地区广布，在张掖、高台、敦煌（墩子湾、干海子）等地的河滩或盐化滩地分布较多，高度一般大于 2.5 米，冠幅 220 厘米×200 厘米，盖度 50% 左右，在张掖地区伴生有黑果枸杞、芦苇、披碱草、碱蓬、蒙古雅葱等，在祁连山伴生有金露梅、腺柳，在疏勒河地区伴生有胀果甘草、大花白麻等；分布面积约 6600 公顷。

（2）刚毛柽柳群系：河西地区分布较多，此次调查在张掖、敦煌（天桥敦、小马迷兔）、玉门，为河西地区常见的绿洲植物，高度 2.5 米左右，冠幅 200 厘米×190 厘米，盖度 60%，常伴生有多枝柽柳、盐角草、盐穗木等，在敦煌伴生有芦苇、甘草、骆驼刺等；分布面积约 6000 公顷。

（3）甘蒙柽柳群系：主要分布于临洮、兰州、永登、靖远、张掖等地盐化滩地或河滩，高度大于 2 米，盖度超过 60%，冠幅 180 厘米×170 厘米，伴生有鹅绒藤、枸杞等，在靖远伴生有狗尾草、蒲公英、苦苣菜等；分布面积约 250 公顷。

（4）柽柳群系：栽培于兰州、靖远、白银等地的黄河沿岸，高度 2 米以上，冠幅 150 厘米×150 厘米，盖度 60% 以上，伴生有枸杞、芦苇、鹅绒藤等。

（5）唐古特白刺群系：瓜州、玉门、靖远等地有分布，常在盐碱化滩地形成"白刺包"，高度 0.4 米，冠幅 50 厘米×50 厘米，盖度 60%，有时伴生有碱蓬等。

（6）黑果枸杞群系：兰州、永登、玉门（昌马河、干海子）、敦煌等地区盐化滩地及荒地或沙地有分布，高度 55 厘米，盖度约 50%，冠幅 50 厘米×50 厘米，有时伴生有旱生型芦苇、骆驼刺、胀果甘草、盐地碱蓬、中亚滨藜等。

（7）盐穗木群系：敦煌（干海子）、瓜州等地的盐碱化沼泽、盐湖边生长，高度 0.75 米，盖度 20%，冠幅 50 厘米×50 厘米，有时伴生有多枝柽柳等。

（8）蒿叶猪毛菜群系：此次调查在在肃北（盐池湾）见到，分布于沟谷漫滩，高度 0.4 米，冠幅 50 厘米×40 厘米，盖度 50%。

（9）宽苞水柏枝群系：在玉门（月亮湾）的沼泽、甘海子湖岸等处分布，高度 1.6 米，盖度 80% 以上，冠幅 130 厘米×130 厘米，常伴生种有假苇拂子茅、刺儿菜、木贼、蒲公英、小花棘豆等。

（10）三春水柏枝群系：生于舟曲、永登以及张掖等地的河滩，高度 2.2 米，冠幅 70 厘米×60 厘米，盖度 80%，伴生有中国沙棘、乌柳、红皮柳、铁秆蒿、烟锅头草、东方草莓等。

（11）红砂群系：在靖远、玉门（干海子和疏勒河）等地零星分布，生于盐化滩地和干涸河床，高度 0.5 米，盖度 70%，冠幅 50 厘米×50 厘米。

2.2.4 草丛湿地植被型组

Ⅷ. 莎草型湿地植被型

（1）华扁穗草群系：玛曲、碌曲、岷县、祁连山、肃北盐池湾等地的河谷阶地、低洼地和沼泽地等处有分布，高度 0.15 米，盖度大于 65%，伴生有鹅绒委陵菜、海乳草、碱地风毛菊、星状风毛菊、侧茎囊吾、粗壮嵩草、水麦冬等；分布面积约 4.2 万公顷。

（2）木里薹草群系：在玛曲（也力乔儿干）的沼泽湿地分布，高度 0.5 米，盖度大于 80%，伴生有溪木贼、三裂碱毛茛等；分布面积约 1.2 万公顷。

（3）疏穗薹草群系：生于小陇山地区的高山沼泽，在小陇山保护区的山顶"锅坑"的"锅底"下部，伴生有羊茅、龙牙草、线叶韭、天蓝韭、节节草、紫苞风毛菊、返顾马先蒿等。

(4)青藏薹草群系：生于采日玛等地的沼泽化草甸，高度 0.3 米，盖度大于 80%，常见伴生种有矮蒿草、具刚毛荸荠、长柱灯心草、鹅绒委陵菜、矮地榆、矮泽芹等。

(5)藏嵩草群系：碌曲、玛曲、祁连山(山丹、民乐)及肃北等沼泽化草甸有分布，高度大于 0.15 米，盖度大于 70%，常伴生有线叶嵩草、鹅绒委陵菜、大花肋柱花等；分布面积约 4000 公顷。

(6)尖苞薹草群系：分布于玛曲、碌曲等地，高度大于 0.25 米，盖度约 60%，常伴生有侧茎囊吾、嵩草、华扁穗草、鹅绒委陵菜等；分布面积约 500 公顷。

(7)红棕薹草群系：在祁连山(大野口河)、碌曲沼泽化草甸形成较大群落，高度大于 0.1 米，盖度 60% 以上，常伴生有西伯利亚蓼、垂穗披碱草、葛缕子、侧茎囊吾、鹅绒委陵菜、珠芽蓼等；分布面积约 1200 公顷。

(8)线叶嵩草群系：分布于玛曲(采日玛)、岷县等地的草本沼泽或沼泽化草甸中，高度 0.15 米，盖度大于 60%，有时与裸果嵩草形成线叶嵩草—裸果嵩草群系，常伴生有葛缕子、鹅绒委陵菜、侧茎囊吾、光稃早熟禾、条叶垂头菊、星状风毛菊、贴苞灯心草等；分布面积约 4500 公顷。

(9)裸果嵩草群系：在玛曲、碌曲、夏河、岷县等地的沼泽地分布较多，高度 0.15 米，盖度大于 70%，伴生种有线叶嵩草、大花肋柱花、椭圆叶花锚、沼生柳叶菜、矮泽芹、水杨梅、垂穗披碱草、矮金莲花等；分布面积约 1.5 万公顷。

(10)黑褐薹草群系：玛曲、碌曲等县的沼泽地分布较多，高度大于 0.1 米，盖度 70% 以上，伴生有嵩草、肋柱花、鹅绒委陵菜、侧茎囊吾等；分布面积约 1.1 万公顷。

(11)禾叶嵩草群系：生于岷县的沼泽化草甸，高 0.1 米以上，盖度 80%，伴生有华扁穗草、鹅绒委陵菜、群落边缘植物有溪木贼、发草、侧茎囊吾、葱状灯心草、车前、浮毛茛等；分布面积约 100 公顷。

(12)水葱群系：兰州、白银、张掖、高台、临泽等地的水塘等地有发现，高度大于 1 米，盖度 50%，伴生种有黑三棱、水莎草、藨草等，在兰州湿地公园群落边缘常见种有菖草、黄花鸢尾等。

(13)具刚毛荸荠群系：玛曲(曼日玛)、碌曲、岷县等地分布较多，高度 0.4 米，盖度 50%，常伴生有酸模叶蓼、菖草等，群落边缘常见种有浮叶眼子菜、线叶眼子菜、两栖蓼、牛毛毡等。

(14)中间型荸荠群系：在河西一带分布较多，此次调查在张掖、肃北、阿克塞等地见到，高度 0.3 米以上，盖度 50%，有时伴生有杉叶藻、水麦冬。

(15)水莎草群系：在皋兰县的沟谷漫滩形成较大群落，高度 0.4 米，盖度 80%，常伴生有水芹、狼把草、水毛花、酸模叶蓼、芦苇等，还可以与水芹形成水芹—水莎草群系。

(16)扁秆藨草群系：分布于兰州、永靖、靖远及河西地区等地的河滩积水处，高度 0.55 米以上，盖度大于 60%，伴生有芦苇、稗、水莎草、多椰菊等，在玉门双塔等地形成芦苇—扁秆藨草群系。

(17)藨草群系：生于兰州、靖远、张掖等地的河滩积水洼地或池塘，高度 0.8 米，盖度 30%，群落边缘常见种有稗、狼把草、酸模叶蓼、水毛花、水芹、水蓼、水莎草等，在兰州(城关)偶见沉水层伴生有狐尾藻。

(18)水毛花群系：分布于兰州、永靖、及河西等地的河滩积水洼地，高度 0.65 米，盖度

80%，伴生有水芹、酸模叶蓼、菵草等、薄荷、水莎草等。

（19）矮蔍草群系：在玛曲、碌曲、夏河、岷县、山丹等地的沼泽化草甸分布较广，植株高0.08米，盖度约70%，伴生有圆囊薹草、云生毛茛、小灯心草、大花肋柱花等，分布面积约1万公顷。

（20）大花嵩草群系：玛曲、碌曲、岷县等地的沼泽湿地分布多，高度大于0.1米，盖度80%，伴生裸果嵩草、水杨梅、矮泽芹、鹅绒委陵菜、珠芽蓼等；分布面积约1.5万公顷。

（21）矮生嵩草群系：分布于祁连山及肃北等地的高山草甸或草本沼泽，高度0.13米，盖度50%，伴生种有早熟禾、珠芽蓼、圆穗蓼、斑唇马先蒿、西藏嵩草、缉茸火绒草、小花棘豆等，分布面积约2.5万公顷。

（22）圆囊薹草群系：在祁连山、张掖等地分布较广，高度0.1米以上，盖度80%，伴生有葛缕子、珠芽蓼、黄花棘豆、垂穗披碱草、甘肃马先蒿，分布面积约8000公顷。

Ⅸ. 禾草型湿地植被型

（1）芦苇群系：全省分布较广，文县、小陇山林区、张掖、高台、临泽、敦煌以及河西地区分布，生于永靖、兰州等河滩的芦苇，高度较高，一般在2.5米以上，盖度接近100%，伴生有长苞香蒲、水烛、小香蒲等；另外，还有分布于敦煌（西湖）、玉门疏勒河等地旱生型的芦苇，生于盐化滩地，高1米左右，盖度较小，一般为50%左右，常伴生有骆驼刺、大花白麻、甘草等；群系分布面积约8.5万公顷。

甘肃盐池湾国家级保护区芦苇（索义拉摄）

（2）狗牙根群系：陇南（嘉陵江河滩）、天水等地河谷泛滥地有分布，高度0.1米以上，盖度70%，伴生有刺儿菜、苦苣菜、小蓬草等。

（3）披碱草群系：河西地区的河滩、祁连山地区的草甸有分布，高度0.5米，盖度50%~70%，伴生有苦苣菜、赖草、刺儿菜、灰绿藜、旋覆花等。

（4）垂穗披碱草群系：玛曲、碌曲、岷县、祁连山地区的沼泽化草甸有分布，高度0.6米，盖度50%~70%，为优良的饲用植物，常见伴生种有草地早熟禾、大花肋柱花、线叶龙胆、条叶银莲花、矮金莲花、矮地榆、小车前、鹅绒委陵菜、小花草玉梅、美花圆叶筋骨草等；分布面积约7.9万公顷。

（5）大颖草群系：生于肃北等地的草甸，高度0.7米，盖度85%以上，伴生有碱地风毛菊、芦苇、乳苣等；分布面积约5000公顷。

（6）短颖披碱草群系：生于玛曲、碌曲、岷县及祁连山等地的沼泽化草甸，高度0.5米，盖度90%，伴生有珠芽蓼、鹅绒委陵菜、蓬子菜、嵩草、葛缕子、裂叶独活、长毛风毛菊、乳白香青、黄帚橐吾、小花草玉梅、肋柱花等；分布面积大约4500公顷。

（7）芨芨草群系：河西地区分布较广泛，此次调查在张掖黑河流域、张掖国家湿地公园、瓜州等地的盐沼分布，高度1.5米以上，盖度70%，有时伴生有乳苣等，在张掖国家湿地公园伴生有披碱草、芦苇、西伯利亚蓼等。

(8)假苇拂子茅群系：在兰州黄河河滩、张掖黑河流域河畔以及敦煌、玉门等地分布，生于河谷滩地，群落边缘常见种有节节草、线叶旋覆花、刺儿菜等，兰州黄河河滩、敦煌西湖、黑河河滩分布面积较大，高度 1.5 米，盖度 80%，在没有人为干扰的条件下会形成物种比较单一的群落；分布面积约 3100 公顷。

(9)拂子茅群系：在兰州、祁连山等地的河滩有分布，高度 1.5 米，盖度 50% ~80%，伴生有碱蓬、海乳草、刺儿菜等；分布面积约 500 公顷。

(10)赖草群系：张掖、临泽、肃北、阿克塞等地的河滩谷地有分布，高度 0.6 米，盖度约 60%，常见伴生种刺儿菜、旋覆花、车前等，在临泽水塘边伴生有蓼子朴、花花柴、大花白麻等；分布面积约 1 万公顷。

(11)发草群系：生于尕海湖岸滩地，高度 0.4 米，盖度大于 60%，伴生有青藏薹草、具槽秆薹草、鹅绒委陵菜、草地早熟禾，常与青藏薹草形成发草—青藏薹草群系。

(12)菌草群系：生于玛曲、碌曲(尕海湖岸滩地)、岷县等地的积水沼泽，高度 0.7 米，盖度大于 90%，伴生有西伯利亚蓼、鹅绒委陵菜、具刚毛薹草等，在玛曲采日玛伴生有浮叶眼子菜，常组成浮叶眼子菜—菌草群系；分布面积较小。

(13)沿沟草群系：生于尕海(郭茂滩)草本沼泽，高度 0.4 米，盖度接近 100%，伴生有西伯利亚蓼、鹅绒委陵菜等；分布面积较小。

(14)硬秆以礼草群系：在肃北(盐池湾)的盐碱化滩地分布，高度 0.6 米，盖度 55%，伴生有碱地风毛菊、洽草、微药碱茅、蒲公英、披针叶黄华、西伯利亚蓼等。

(15)茇草群系：生于裕河河滩阴湿处，高度 0.4 米，盖度 80% 以上，伴生有溪黄草、红鳞扁莎、弯曲碎米荠等。

(16)西藏早熟禾群系：生于玛曲河滩沼泽，高度 0.6 米，盖度 50%，伴生有珠芽蓼、天蓝韭、鹅绒委陵菜、小花棘豆、小花草玉梅；零星分布。

(17)隐花草群系：分布于永靖(炳灵水库)季节性积水的漫滩上，高度 3 厘米，盖度 35%，伴生有苍耳、旋覆花、车前、稗、萹蓄、狼把草、问荆、天蓝苜蓿等，分布面积小。

Ⅹ. 杂类草湿地植被型

(1)长苞香蒲群系：兰州、皋兰、永登、永靖以及张掖、高台等地形成较大的群落，高度 2 米以上，盖度大于 80%，常伴生有小香蒲、芦苇、水莎草、水烛等；分布面积约 400 公顷。

(2)水烛群系：兰州、永靖、张掖、高台等地分布较多，高度 1.5 米，盖度 70%，常伴生有草泽泻、酸模叶蓼、群落边缘常见种有芦苇、水葱、水莎草、沼生薹草、稗、节节草等；分布面积约 150 公顷。

甘肃盐池湾国家级保护区小香蒲(索义拉摄)

（3）小香蒲群系：分布于舟曲、兰州（红古）、靖远、张掖国家湿地公园、高台等处，高度在0.6米左右，盖度接近100%，常伴生有芦苇、薦草、狐尾藻等。

（4）溪木贼群系：玛曲（也力乔尔干）、碌曲、岷县低洼积水处或较平缓河流滩地中分布，高度0.4米，盖度50%，有时伴生有三裂碱毛茛、薦草、木里薹草等。

（5）黑三棱群系：张掖等地的沼泽地、河流浅水处，高度0.6米，盖度60%，伴生有水莎草、水葱等。

（6）杉叶藻群系：玛曲、碌曲、民勤、张掖、高台、肃北及阿克塞等地的浅水湖泊、河流浅水处、洼地分布，高度0.25米，盖度20%，伴生有泽泻、水莎草，沉水层分布有穿叶眼子菜、大茨藻等，在大苏干湖水流较慢的河流中分布有沉水型的杉叶藻。

甘肃盐池湾国家级自然保护区杉叶藻（张玉斌摄）

（7）马蔺群系：分布于肃南（大野口河）河滩草甸，高度0.5米，盖度60%以上，伴生有葛缕子、密花香薷、鹅绒委陵菜、小车前、乳白香青、小花草玉梅、湿生扁蕾等。

（8）小花灯心草群系：此次调查在玉门（月亮湾）的草本沼泽地见到，高度0.5米，盖度近100%，伴生有小香蒲、东方泽泻等。

（9）碱地风毛菊群系：在阿克塞（大苏干湖）、肃北（盐池湾）等地见到，多生于盐沼之中，高度0.2米，盖度80%，常伴生有海乳草、海韭菜等。

（10）骆驼刺群系：瓜州、敦煌（西湖）盐碱化沼泽里或半干旱的荒滩有分布，高度0.6米，盖度大于50%，伴生种有旱生型芦苇、大花白麻、乳苣等；分布面积约5000公顷。

（11）小果博落回群系：在徽县、两当等地的河滩分布，高度1.5米，盖度60%，伴生有鹤虱、蛇莓、小舌紫菀、沼生柳叶菜、野棉花、天名精、小白酒草等。

（12）珠光香青群系：分布于小陇山等地的河滩，高度0.6米，盖度80%以上，伴生有小舌紫菀、杠柳等，群落边缘伴生有款冬、小花草玉梅、直立黄耆、牛蒡等。

（13）菖蒲群系：生于黑河流域积水滩和污水沟两侧，植被高达0.4~0.8米，盖度30%~50%；水葱生长较弱，高0.5~0.6米，盖度仅35%左右，伴生种水葱、黑三棱等。

（14）花花柴群系：分布于张掖库塘或河岸、敦煌、瓜州等地的盐化滩地，高度0.45米，盖度40%，常见的伴生种有大花白麻、芦苇、骆驼刺等。

（15）乳苣群系：分布于肃北（大苏干湖、小苏干湖岸滩地），高度0.5米以上，盖度60%以上，伴生有芦苇、碱地风毛菊、大颖草等。

（16）盐角草群系：兰州、靖远、张掖、高台一带盐碱化积水洼地有分布，高度大于0.2米，盖度相差较大，平均50%，在靖远伴生种有高0.2米左右的芦苇，在西固（达川）等地形成较单一的群落，生于河岸积水滩地。

（17）大花白麻群系：分布于玉门（常乐村）等地的盐化草甸，高度1米以上，盖度40%，常与芦苇构成芦苇—大花白麻群系。

(18)米蒿群系：在阿克塞(大苏干湖)湖畔盐化滩地形成较大的群落，高度大于 10 厘米，盖度 40%，伴生有苦苣菜、西伯利亚蓼、灰蓬等；分布面积约 300 公顷。

(19)胀果甘草群系：生于敦煌等地的盐化草甸，高度 0.5 米，盖度 30%~50%。伴生有骆驼刺、芦苇、假苇拂子茅等。

(20)萹蓄群系：生于昌马河干旱河滩，高度 0.08 米，盖度 20%，常伴生有灰绿藜等杂草。

(21)西伯利亚蓼群系：在碌曲(尕海湖)、肃北(盐池湾)浅水处分布，高度 0.3 米，盖度 90%，伴生有杉叶藻、菵草等；零星分布。

(22)三裂碱毛茛群系：在玛曲(也力乔儿干)等地的积水沼泽与沼泽化草甸的过渡处零星分布，高度 0.05 米，盖度大于 60%，常伴生有藨草、木里薹草等。

(23)小蓬草群系：生于炳灵寺附近的季节性积水滩地，高度 0.55 米，盖度 50%，伴生有稗、大车前、狗尾草、天蓝苜蓿、狼把草、苨草、问荆。

2.2.5 浅水植物湿地植被型组

XI. 浮水植被型

(1)浮叶眼子菜群系：在玛曲、临洮、榆中、张掖国家湿地公园、高台、临泽等地的积水池塘形成较小的群落，盖度 50% 以上。

(2)睡莲群系：在张掖(张掖国家湿地公园)等地栽培，常伴生有苹。

(3)眼子菜群系：徽县、两当、张掖、临泽等地有分布，生于水塘及稻田内。

(4)浮萍群系：在靖远等地的积水池塘或稻田分布较多，为小型的浮水植物。

XII. 挺水植被型

(1)莲群系：多为栽培观赏或食用，榆中青城镇栽培较多，在张掖、白银、天水、陇南、临洮等地的池塘、公园中也有栽培，群落边缘伴生有藨草、杉叶藻、芦苇，沉水植物有狸藻等。

(2)慈姑群系：陇南等地的池塘、浅水湾等有分布。

XIII. 沉水植被型

(1)菹草群系：两当、徽县、河西地区的积水洼地、池塘有分布，盖度约 30%，有时伴生有小眼子菜、狐尾藻等。

(2)线叶眼子菜群系：在甘州、临泽、高台的积水洼地或水塘分布较多，盖度约 35%，常伴生有狐尾藻等。

(3)水毛茛群系：分布于碌曲(尕海湖)、卓尼、夏河以及河西地区的水塘中，常伴生有轮叶狐尾藻等。

(4)金鱼藻群系：文县、武都、徽县等池塘洼地有分布，盖度 30% 左右。

(5)篦齿眼子菜群系：小陇山地区、天水、张掖、祁连山、肃北等地有分布，生于积水洼地池塘，盖度约 50%。

(6)铺散眼子菜群系：碌曲(郭茂滩)、肃北(盐池湾)形成较大的群落，在郭茂滩的平缓河流中分布，常生于积水洼地，盖度约 50%，伴生有轮藻等。

(7)穗状狐尾藻群系：分布于天水、两当、徽县、张掖、临泽等地池塘及泉水沟中，盖度 60% 以上，常与狐尾藻混生。

(8)大茨藻群系：榆中(青城)、永靖、嘉峪关等地的鱼塘、积水池塘分布较多。

(9)穿叶眼子菜群系:张掖、高台等地的水库、积水池塘分布较多,盖度约有60%,常伴生有小眼子菜等。

(10)川蔓藻群系:在兰州(西固)见到,生于积水洼地,盖度30%,分布面积很少。

2.3   常见的湿地植被类型及其分布规律

2.3.1   典型植被类型

甘肃湿地典型植被类型有13个,落叶阔叶林湿地植被型主要是一些杨柳科和蝶形花科植物,如旱柳、垂柳、二白杨、新疆杨、刺槐等,这些植物适应性强,除玛曲等高海拔地区外全省普遍分布,是很好的绿化固堤树种,也是重要的木材资源,并在水土保持等方面具有重要作用。此外,还有分布于半干旱地区或盐沼中的胡杨群系,在河西地区分布较广。

竹林湿地植被型主要指分布于文县、武都地区的慈竹群系,为常绿人工栽培植物,生长迅速,为重要的观赏植物,也可作为建筑材料。

落叶阔叶灌丛湿地植被型主要是一些柳树、金露梅、小叶金露梅和沙棘属植物等,常分布于海拔较高的甘南高原和祁连山等地的河滩沟谷。

常绿阔叶灌丛湿地型能形成较大群落的是川钓樟群落,分布于甘肃南部的徽县、康县、文县的河滩沟谷。

盐生灌丛湿地植被型,主要是一些耐盐性的柽柳以及盐节木、盐穗木、黑果枸杞等,大多分布于河西盐沼及甘肃中部的盐碱化积水滩地。

莎草型湿地植被型中的扁穗草属、薹草属、嵩草属为沼泽湿地、沼泽化草甸的优势物种,主要分布于甘南高原以及祁连山地区高海拔地区,常见的为华扁穗草、大花嵩草、裸果嵩草、黑褐薹草、木里薹草等。

禾草型湿地植物型一般分布较广,主要分布于沼泽化草甸和河滩,常见的有垂穗披碱草、草地早熟禾、假苇拂子茅、赖草等,在甘肃南部、河西地区以及祁连山各地都有分布。

杂类草湿地植物型、浮水型湿地植物型、挺水型湿地植物型以及沉水型湿地植物型大多为广布型湿地植物,全省广布,这也体现了水生植物的隐域性特征。

2.3.2   分布规律

2.3.2.1   水平地带性

甘肃南北纬度跨度大,致使湿地植物随纬度地带分布的差异较大。在甘肃南部的亚热带地区,一般分布有枫杨、甘肃枫杨、桤木、喜树、枫香群系等落叶阔叶湿地植被型以及川钓樟群系等常绿灌丛湿地植被型;在中纬度地区的天水、定西等地以及陇东地区则分布有刺槐、旱柳、甘蒙柽柳群系等;而在甘肃河西等地的高纬度荒漠地带,一般分布有沙枣、胡杨、多枝柽柳、刚毛柽柳、盐穗木、盐节木、黑果枸杞、盐角草等盐生湿地植被类型。

从甘肃南部亚热带地区到中部黄土高原地区,再到河西荒漠地区,体现了湿地植被分布的纬度地带性特征。同时,甘肃从东到西经度跨度达15°,在东经94°~100°范围内分布有胡杨、黑果枸杞、嵩叶猪毛菜群系等湿地植被,在东经101°~104°范围内分布有甘肃枫杨、枫杨、桤木、喜树群系等湿地植被,而在东经104°~108°范围内分布有刺槐群系等湿地植被,体现了甘肃湿地植被分布的经度地带性特征。

2.3.2.2　垂直地带性

由于甘肃境内青藏高原东缘山地和祁连山的海拔较高，甘肃湿地植被随海拔高度的增加亦呈现出明显的垂直分布的特点，在海拔 3600 米以上的甘南等地分布较广的有华扁穗草、裸果嵩草、木里薹草、嵩草、短颖披碱草、发草群系等高寒草甸植被，在海拔 1500 米左右的兰州等中海拔地区分布有旱柳、垂柳、甘蒙柽柳群系等湿地植被，而在海拔 1000 米以下的地区则分布有桤木、枫香、油桐、水麻群系等湿地植被，体现出甘肃湿地植被分布的垂直地带性特征。

除此之外，由于湿地植物对水环境条件依赖性大，尤其是水生植物、沼生植物，如常见的芦苇、香蒲科植物、眼子菜科植物以及狐尾藻等，水生植物广布性较高，所以甘肃湿地植被分布还有明显的隐域性特征。

第二节
湿地动物资源

甘肃省地处青藏高原、蒙古高原和黄土高原的交汇地带，省内有黄河、长江和内陆河等诸多水系形成的湿地生态系统，湿地动物门类齐全，根据研究资料和调查研究发现，甘肃省湿地动物有 6 门，包括原生动物门、担轮动物门、环节动物门、软体动物门、节肢动物门、脊索动物门。其中原生动物门 7 纲 72 种，占总种数 71.3%；担轮动物门 2 纲 12 种，占总种数 11.9%；环节动物门 2 纲 5 目 11 科 21 属 22 种；软体动物门物种 2 纲 3 目 9 科 11 属 13 种；节肢动物门 7 纲 23 目 68 科 98 属 102 种，其中螯肢亚门 4 纲 14 目 54 科 78 属 82 种，占节肢动物门总数的 80.4%；脊索动物门 1 亚门（脊椎动物亚门）5 纲 20 目 45 科 253 种，其中：鱼类 6 目 12 科 110 种，占湿地动物的 43.48%；鸟类 10 目 19 科 109 种，占湿地动物的 43.08%；两栖类 2 目 11 科 31 种，占湿地动物的 12.25%；爬行类 1 目 2 科 2 种，占湿地动物的 0.8%；哺乳类 1 目 1 科 1 种，占湿地动物的 0.4%。

1　浮游动物资源

浮游生物（plankton）一词由德国生物学家 Viktor Hensen 于 1887 年首先提出。包括那些在敞水区自由悬浮但不能自主游动的所有有机体，它们依赖于水的运动以维持自身位置和被动运动。随着对浮游生物研究的深入，Hensen 对浮游生物的定义又进行了以下两点变动：①浮游生物实质上并不悬浮，只有极少数种类是持续上浮的，多数种类的比重比水大。②许多浮游生物并非绝对地局限于敞水区（pelagic），它们生活周期的一部分或大部分时间生活在底部或其他区域。Reynolds（1984）给浮游生物作了以下定义：在海水或淡水中能够适应悬浮生活的动植物群落（community），易于在风和水流的作用下作被动运动。浮游生物是一群具有功能的水生生物群落，一般将其划分为浮游动物（zooplankton）和浮游植物（phytoplankton）两大类。

浮游动物主要有原生动物、轮虫类、枝角类、桡足类 4 大类群，主要以细菌、浮游植物和其他浮游动物为食。原生动物为单细胞动物，是浮游动物中种类最多的一大类，有 5 个纲——鞭毛纲、孢子纲、肉足纲、纤毛纲和吸管纲，其中淡水生活的只有肉足纲、纤毛纲和吸管纲。轮虫类是后生动物，属担轮动物门，有假体腔，绝大多数生活在淡水中。枝角类属节枝动物门甲壳纲，绝大多数生活在淡水中，春夏时节生殖力极强，一般淡水水体均为常见。桡足类也属节枝动物门甲壳纲，淡水中种类不多，但数量很大，是鱼类的重要天然饵料。

　　浮游动物作为浮游生物和水生生物的重要组成部分，是一个动物生态类群，在自然界中浮游动物是湿地生态系统的食物链中具有重要地位，为湿地动物提供充足的食物资源，浮游动物是淡水鱼类重要的天然饵料，如鲢鱼，终生以浮游动物为食，大多数湿地无脊椎动物也以浮游动物为食，同时有些种类还是重要的经济水产资源。浮游动物在古生物化石的形成和地质石油方面也有重要的价值。甘肃省浮游动物研究（曾强等，1992；宋玉珍等，1997；谢宗平等，1999；孙胜利等，2000；李鹏等，2000；郝媛媛等，2014），统计种类有 2 门 9 纲 84 种（属），其中原生动物门 7 纲 72 种，占总种数 85.7%；担轮动物门轮虫类 2 纲 12 种，占总种数 14.3%，见表 3-12。

表 3-12　甘肃浮游动物

原生动物门		担轮动物门	
Ⅰ 植鞭毛纲			21. 球波豆虫
	1. 梨屋滴虫		22. 可变波豆虫
	2. 聚屋滴虫		23. 易变波豆虫
	3. 球状滴虫		24. 卵形波豆虫
	4. 聚滴虫	Ⅲ 根足纲	
	5. 变形滴虫		25. 蛞蝓囊变形虫
	6. 卵形隐滴虫		26. 蛞蝓变形虫
	7. 回转滴虫	Ⅳ 辐足纲	
	8. 草履唇滴虫		27. 放射太阳虫
	9. 平截杯滴虫	Ⅴ 动基片纲	
	10. 压缩木盾滴虫		28. 毛板壳虫
	11. 中纵沟滴虫		29. 回缩瓶口虫
	12. 斜沟鞭虫		30. 卑怯管叶虫
	13. 沟内管虫		31. 智利管叶虫
	14. 绿眼虫		32. 卵圆口虫
	15. 光明眼虫		33. 直半眉虫
	16. 带形眼虫		34. 肋半眉虫
	17. 近轴眼虫		35. 纺锤半眉虫
	18. 粗袋鞭虫米		36. 圆形半眉虫
Ⅱ 动鞭毛纲			37. 龙骨温游虫
	19. 尾波豆虫		38. 僧帽斜管虫
	20. 梨波豆虫		39. 钩刺斜管虫

（续）

40. 非游斜管虫	62. 大弹跳虫
41. 小轮毛虫	63. 粗圆纤虫
42. 固着足吸管虫	64. 念珠角膜虫
Ⅵ 寡毛纲	65. 纺锤全列虫
43. 梨形四膜虫	56. 绿全列虫
44. 尾草履虫	67. 赫奕尖毛虫
45. 多小核草履虫	68. 贪食后毛虫
46. 绿草履虫	69. 膜状急纤虫
47. 纺锤康纤虫	70. 贻贝棘尾虫
48. 椭圆斜头虫	71. 有肋木盾纤虫
49. 珍珠映毛虫	72. 粘游仆虫
50. 瓜形膜袋虫	轮虫纲
51. 长圆膜袋虫	73. 红眼旋轮虫
52. 沟钟虫	74. 尖刺间盘轮虫
53. 领钟虫	75. 尾猪吻轮虫
54. 小口钟虫	76. 钩状狭甲轮虫
55. 螅状独缩虫	77. 萼花臂尾轮虫
56. 树状聚缩虫	78. 螺形龟甲轮虫
57. 斜短柱虫	79. 矩形龟甲轮虫
58. 浮游累枝虫	80. 椎尾水轮虫
59. 褶累枝虫	81. 月形腔轮虫
60. 小盖虫	82. 晶囊轮虫
Ⅶ 多膜纲	83. 高跷轮虫
61. 多态喇叭虫	84. 梳状疣毛轮虫

2 湿地无脊椎动物资源

无脊椎动物包含动物界种除脊椎动物亚门外的全部后生动物，根据新的分类系统共计有 34 门（宋大祥，2004），是动物界种物质多样性最丰富的类群，据统计已被描述的种类约 1325 万种，占全世界已知动物种类数 137 万种的 96.71%。甘肃省淡水无脊椎动物的门类比较多，相关研究基础薄弱，故选择具有代表性的无脊椎动物类群，以环节动物门、软体动物门和节肢动物门为代表类群，其中环节动物门 2 纲 5 目 11 科 21 属 22 种；软体动物门物种 2 纲 3 目 9 科 11 属 13 种；节肢动物门 7 纲 23 目 68 科 98 属 102 种，其中螯肢亚门 4 纲 14 目 54 科 78 属 82 种，占节肢动物门总数的 80.4%。

2.1　环节动物门

环节动物门全球已报道种类数约为 17000 种，在我国分布的约有 1470 种，分为多毛纲、寡毛纲和蛭纲。多毛纲多数种类生活于海水中，约有 10000 多种。寡毛纲常见种类有蚯蚓、颤蚓等，约有 6700 多种。蛭纲俗称蛭或蚂蟥，营暂时性外寄生生活。大部分种类栖于淡水中，约有 500 种，我国已报道 5 科 25 属 62 种。甘肃省共发现环节动物门物种 2 纲（寡毛纲和蛭纲）5 目 11 科 21 属 22 种，见表 3-13，其中寡毛纲 19 种，占总数的 86.4%，蛭纲 3 种，占总数的 13.6%，在寡毛纲动物中以颤蚓目最多（17 种），约占所有环节动物的 77.3%。

表 3-13　环节动物门组成及群落结构统计表

纲	目	科	属	种
寡毛纲	单向蚓目	单向蚓科	1	1
	带丝蚓目	带丝蚓科	1	1
	颤蚓目	线蚓科	2	2
		仙女虫科	2	2
寡毛纲	颤蚓目	颤蚓科	4	4
		链胃蚓科	1	1
		棘蚓科	1	1
		正蚓科	4	4
		巨蚓科	3	3
蛭纲	无吻蛭目	山蛭科	1	2
		沙蛭科	1	1
2	5	11	21	22

2.2　软体动物门

软体动物门生活范围极广，海水、淡水和陆地均有分布，已记载全世界约有 130000 多种，可分为 7 个纲：单板纲、多板纲、无板纲、腹足纲、瓣鳃纲、掘足纲、头足纲。其中腹足纲和瓣鳃纲约占软体动物总数的 95% 以上，有淡水生活的种类。甘肃共发现软体动物门物种 2 纲 3 目 9 科 11 属 12 种，见表 3-14，其中腹足纲 11 种，占总数的 91.7%，瓣鳃纲 1 种，占总数的 8.3%，在腹足纲动物中以柄眼目种类最多（10 种），约占所有软体动物的 83.3%，为甘肃软体动物门常见和优势门。

表 3-14 甘肃省软体动物门物种组成及多样性统计表

纲	目	科	属	种
腹足纲	基眼目	果瓣螺科	1	1
	柄眼目	琥珀螺科	1	1
		艾纳螺科	1	1
		足壁蛞蝓科	1	1
		蛞蝓科	2	2
		嗜粘蛞蝓科	1	2
		拟阿勇蛞蝓科	2	2
		巴蜗牛科	1	1
瓣鳃纲	真瓣鳃目	蚬科	1	1
2	3	9	11	12

2.3 节肢动物门

节肢动物门是动物界最大的一门，生活环境极其广泛。甘肃省常见的有单肢亚门、甲壳亚门和螯肢亚门，共计 7 纲 23 目 68 科 98 属 102 种，见表 3-15。

螯肢亚门：4 纲 14 目 54 科 78 属 82 种，占节肢动物门总数的 80.4%，其中昆虫纲有 10 目 43 科 66 属 70 种，占节肢动物门总数的 68.6%。

单肢亚门：1 纲 6 目 8 科 8 种，以带马陆目为优势目，有 2 科 4 属 4 种，其中陇马陆属 *Kronoplites* 在所有调查地区均有分布。

甲壳亚门：2 纲 4 目 8 科 12 属 12 种，以等足目种类最多(6 种)，占甲壳亚门总种数的 50%。

螯肢亚门：14 目 54 科 78 属 82 种，占节肢动物门总数的 80.4%，其中昆虫纲有 10 目 43 科 66 属 70 种，占节肢动物门总数的 68.6%，在昆虫纲中以蜻蜓目最多，有 27 种，双翅目次之，有 14 种。

表 3-15 甘肃节肢动物门物种多样性统计表

亚门	纲	目	科	属	种
单肢亚门	倍足纲	球马陆目	1	1	1
		山蛩目	1	1	1
		扁带马陆	1	1	1
		泡马陆目	1	1	1
		带马陆目	2	4	4

（续）

亚门	纲	目	科	属	种
甲壳亚门	软甲纲	等足目	4	6	6
		端足目	2	3	3
	桡足纲	猛水蚤目	1	2	2
		十足目	1	1	1
螯肢亚门	原尾纲	蚖目	3	3	3
		古蚖目	1	1	1
	弹尾纲	弹尾目	5	6	6
	双尾纲	双尾目	2	2	2
	昆虫纲	蜉蝣目	2	2	2
		蜻蜓目	11	23	27
		襀翅目	1	2	2
		半翅目	2	2	2
		毛翅目	2	2	2
		双翅目	12	14	14
		鞘翅目	6	6	6
		同翅目	1	9	9
		半翅目	6	6	6
3	7	23	68	98	102

　　由于湿地无脊椎动物多样性丰富，分布范围十分广泛，几乎所有生物能够生存的的环境中都会找到无脊椎动物，在自然界的生态系统种具有很重要的地位和价值。许多湿地类型的无脊椎动物是鱼类、两栖类、爬行类以及鸟类等脊椎动物的重要食物来源，如沙蚕、蚯蚓、虾、蟹、螺和多种昆虫，对维持自然生态系统的平衡起着重要作用。许多湿地无脊椎动物与人类的生产、生活有着密切关系，可以给人类带来直接的经济效益，如食用价值、药用价值、科研价值、观赏和装饰价值。无脊椎动物给人类提供了丰富的食品资源，对改善人民生活水平和带动地方经济发展方面有着重要作用。与此同时，基于无脊椎动物资源的工艺品开发，品种繁多，市场前景广阔，可以大大地丰富人们的精神文化需求，而且可以创造很大的经济利润。除此以外，许多无脊椎动物可以依赖现代生物技术开发大量药物、保健品。

3   湿地脊椎动物资源

3.1   湿地脊椎动物组成

　　甘肃湿地脊椎动物有 5 纲 20 目 45 科 253 种，见表 3-16，其中：鱼纲 6 目 12 科 110 种，占湿地动物的43.48%；鸟纲10目19科109种，占湿地动物的43.08%；两栖纲2目11科31种，占湿地动物的12.25%；爬行纲1目2科2种，占湿地动物的0.8%；哺乳纲1目1科1种，占湿地动物的0.4%。

表3-16　甘肃湿地脊椎动物种类组成

类　　别	甘肃湿地脊椎动物种类			甘肃脊椎动物种类			占甘肃同类物种比例(%)		
	目	科	种	目	科	种	目	科	种
鱼　纲	6	12	110	6	12	110	100.00	100.00	100.00
两栖纲	2	11	31	2	11	31	100.00	100.00	100.00
爬行纲	1	2	2	3	6	58	33.33	33.33	3.45
鸟　纲	10	19	109	17	54	574	58.82	35.19	18.99
哺乳纲	1	1	1	8	27	175	12.50	3.70	0.57
合　计	20	45	253	36	110	948	55.56	40.91	26.69

3.2　湿地脊椎动物特点

湿地生态系统的特殊性决定了湿地动物群落组成的特殊性，加之甘肃省在动物区系、所处地理位置和境内湿地特征性，甘肃省湿地野生动物具有以下特点。

（1）物种多样性丰富：甘肃省已知脊椎动物5纲36目110科948种和亚种，其中哺乳纲8目27科175种，鸟纲17目54科574种，爬行纲有3目6科58种，两栖纲2目11科31种，鱼纲6目12科110种（王香亭1991，杨友桃等，1995，1997；张立勋等，2006；李飞等，2007）。湿地脊椎动物应该是哪些密切依赖于湿地，在湿地中才能生存和繁殖的种类，即生活史的全部或者一部分必须依靠湿地环境才能完成的脊椎动物物质。因此，湿地脊椎动物应该包括鱼类和两栖类的全部；爬行类中的龟鳖类；鸟类中的游禽（鹈鹕目、䴙䴘目、雁形目、鸥形目），涉禽（鹳形目、鹤形目、鸻形目）以及主要生活在湿地内依赖鱼类和水生昆虫为食的佛法僧目的翠鸟科等鸟类；哺乳类的水獭。

特有种或土著种丰富：由于受地理隔离和气候等因素的作用，物种在进化的长河中，形成某一区域的特有种，即某一物种因历史、生态或生理因素等原因，造成其分布仅局限于某一特定的地理区域，而在其他区域中未出现。有些特有种本身就起源于该地区，因此又可以将其称为该地区的固有种或土著种。甘肃鱼类特有种达55种，占鱼类总数的51%，是鱼类多样性和区系特征的重要组成部分。两栖动物中，大蟾蜍岷山亚种、秦岭雨蛙为甘肃特有种，西藏山溪鲵、大鲵、中华大蟾蜍、中国林蛙、隆肛蛙、倭蛙、宁陕齿突蟾等7种为我国特有种，占甘肃省两栖类的22.58%，占我国特有两栖类总数的3%。爬行类和哺乳类中麝鼹、甘肃鼹、秦岭滑蜥、黄纹石龙子、斜鳞蛇等为我国特有种。

重点保护湿地动物物种丰富：253种湿地脊椎动物中国家I级保护动物3种，分别是黑鹳、黑颈鹤、遗鸥，占甘肃湿地物种总数的1%。国家II级保护动物13种，占甘肃湿地物种总数的5%，分别为秦岭细鳞鲑、大鲵、细痣疣螈、赤颈䴙䴘、白鹈鹕、白琵、大天鹅、小天鹅、鸳鸯、鹗、灰鹤、蓑羽鹤、水獭等。省级重点保护物种有 25 种，分别是北方铜鱼、渭河裸重唇鱼、西藏山溪鲵、秦岭雨蛙、棘腹蛙、中国林蛙、日本林蛙、泽蛙、黑斑蛙、隆肛蛙、绿臭蛙、花臭蛙、倭蛙、崇安湍蛙、四川湍蛙、北方狭口蛙、饰纹姬蛙、花姬蛙、大白鹭、白鹭、灰雁、斑头雁、赤嘴潜鸭、红胸秋沙鸭、渔鸥。

湿地动物地理分布不均衡：由于受湿地分布区域的限制，湿地野生动物的地理分布也非常不均衡。甘肃湿地主要为长江水系、黄河水系和内陆水系所形成的河流湿地、湖泊湿地、沼泽湿地和人工湿地，由于甘肃湿地分布的不均衡，导致湿地野生动物的地理分布呈现一定的地域性和不均一性。如甘肃淡水鱼类 110 种，其中长江水系分布 46 种，与黄河水系共有种类 13 种，与内陆水系共有种类 10 种；黄河水系分布 49 种，与长江水系共有种类 13 种，与内陆水系共有种类 10 种；内陆水系分布 25 种，与黄河水系共有种类 9 种，与长江水系共有种类 2 种。湿地鸟类更加明显，夏季繁殖鸟类主要集中于甘南高原、祁连山地和河西走廊的湿地区域，而两栖类则主要分布于长江水系。

3.3　湿地脊椎动物区系特征

甘肃分布的鱼类均属淡水鱼类，隶属 6 目 12 科 110 种，其中古北界种类有 66 种，占甘肃鱼类总数的 64%；东洋界的有 9 种；占甘肃鱼类总数的 7%；其余 32 种为两届兼有型，占甘肃鱼类总数的 29%。从分布水系可以看出，不同水系鱼类存在明显差异，嘉陵江水系(属长江)有鱼类 45 种，占甘肃鱼类总数的 43%，黄河水系有鱼类 49 种，占甘肃鱼类总数的 47%；内陆水系有鱼类 25 种，占甘肃鱼类总数的 24%，不同水系间存在种类重叠分布。

两栖类动物共有 31 种，其中古北界的有 5 种，占总数的 21%，东洋界的有 14 种，占总数的 58%，其余 5 种为两届兼有型，占 21%。可以看出两栖类动物的多样性组成中，东洋界种类占用绝对优势。甘肃两栖类动物可分为 5 个动物地理型：①南中国型，以隆肛蛙为代表，分布区较宽，向北分布于秦岭周边地区、大别山、华北地区南缘，其分布区北部边缘基本与甘肃分布区在同一纬度。②横断山脉型，以西藏山溪鲵为代表，山溪鲵属我国有 4 种，集中分布于横断山区及其附近，其中西藏山溪鲵分布最广，见于西藏、青海、四川西北部，分布海拔高度 2000 ~ 4000 米，甘肃是其分布范围的北界。③季风型，以大鲵、中华蟾蜍和黑斑蛙为代表，主要分布于我国的季风区。其中，中华蟾蜍向西延伸到半干旱区，见于甘肃兴隆山(王香亭，1995)。黑斑蛙广泛分布于中国亚热带至寒温带的季风区，也见于甘肃、宁夏干旱区的一些湿地，可能是人工引入鱼苗时携带而来，从而定居、繁衍建立了种群。④东洋型，以秦岭雨蛙和宁陕齿突蟾为代表，前者分布于陕西秦岭、四川盆地东部和北部，即秦巴山区，在安徽大别山区也有发现(陈壁辉，1991)。后者属齿突蟾属，我国有 15 种，集中分布于横断山区，只有西藏齿突蟾分布区延伸到甘肃兴隆山(王香亭，1995)，另一种六盘山齿突蟾见于宁夏六盘山，而宁陕齿突蟾只见于陕西秦岭和长江水系，分布区位于东洋界的北部，将其放入东洋型。⑤东北—华北型，以花背蟾蜍和中国林蛙为代表。两者分布都很广，除广泛分布于东北和华北外，其分布区更延伸到青藏区东部，东南部边缘及蒙新区甘肃、宁夏和内蒙古的干旱区、半干旱区的湿地。

湿地爬行类动物 2 种，占甘肃爬行类动物总数的 3%；同时调查发现 19 种湿地依赖型爬行类动物，共计有 21 种，以蛇目游蛇科种类最多，且大多数种类分布于陇南地区，属古北界种类 3 种，占 15%，16 种为东洋界种类，占 76%；其余 2 种为两界兼有型种类。很显然，东洋界种类占绝对优势。湿地爬行类动物地理型较为复杂，有两界 4 个区系型：①古北型，以黄脊游蛇为代表，它们主要分布于东北、华北和西北地区。②华北型，以黄纹石龙子为代表，主要分布于华北地区，向南见于湖北。③南中国型，以乌龟、黑脊蛇、颈槽蛇、烙铁头、菜花烙铁头为代表，这些种类主要分布于中国南部，乌龟向北更可远达河北。④季风型，以鳖、虎斑游蛇为代表，这些种类主要分布于东洋区，但随东部季风向北分布很远，鳖更向北沿季风伸入到黑龙江，形成跨两界分布的格局。

湿地鸟类 109 种，有 43 种在甘肃繁殖，占湿地鸟类总数的 40%。鸟类动物地理型较为复杂，有两界 4 个区系型：①全北型，以大天鹅、针尾鸭、绿头鸭、赤麻鸭、琵嘴鸭、红头潜鸭、雀鸭、鹗为代表。②古北型，以鸬鹚、大白鹭、苍鹭、黑鹳、豆雁、翘鼻麻鸭、凤头潜鸭为代表。③东洋型，以小䴙䴘、斑嘴鸭、四声杜鹃为代表。④高地型，以鹮嘴鹬、红脚鹬为代表。其中赤麻鸭、黑颈鹤为青藏高原的代表性的鸟类。还有一些欧洲西伯利亚沼泽草地种类，绿头鸭、金眶鸻、凤头麦鸡、黑翅长脚鹬、红脚鹬、矶鹬、普通燕鸥等。

湿地哺乳类 1 种，即水獭为古北型的代表种类。

3.4 湿地脊椎动物的经济价值

食用价值：甘肃湿地野生经济动物资源丰富，其中鱼类是湿地经济种类最多，经济价值最高的湿地动物。甘肃最重要的经济鱼类还有厚唇裸重唇鱼、极边扁咽齿鱼、花斑裸鲤、黄河裸裂尻鱼、嘉陵裸裂尻鱼、重口裂腹鱼和似鲇高原鳅等土著种，作为黄河源冷水鱼重点开发的鱼种，其肉质细嫩鲜美，具有很高的开发前景。其他类群脊椎动物的食用价值也各不相同，如龟鳖类具有很高的滋补营养价值，人工饲养也很成功；湿地鸟类和哺乳类的食用价值非常丰富，但是这些种类绝大多数为保护动物。

药用价值：鱼类入药已有悠久的历史，如鲫鱼治疗胃弱而补中等多种疾病；鲤鱼治疗妇人怀孕身肿；鱼胆为眼科良药；鳝鱼添精益髓、壮筋骨；乌鳢大补气血等。两栖类中的蛙类有滋补作用，蟾蜍可以提供"蟾酥"，山溪鲵是名贵藏药等。爬行类中的龟、鳖都是传统的药用动物，多为浸泡药酒。湿地鸟类和哺乳类中，如鹰骨可治疗跌打损伤；雁、鸭胃可以治疗消化不良，治疗胃病；水獭全身都是宝，各部位的药用价值有所不同，獭肝具有养阴、除热、宁嗽、止血等功能；獭四足可用于手足皮皲裂和食鱼骨鲠的治疗；獭肉主治虚劳骨蒸、水肿胀满、二便秘涩、妇女经闭等疾病；獭骨主治呕吐不止和食鱼骨鲠；獭皮毛能治疗水阴病；獭胆可用于眼花、视物不明、结核瘰疬等疾病的治疗。

观赏价值：湿地脊椎动物的观赏价值主要体现在湿地动物的原地观赏、湿地动物的饲养和动物园的参观。原地观赏非常流行，湿地作为旅游的理想圣地，旅游者除了领略大自然的秀美风光外，湿地动物为旅游者展现了灵动的生机，鱼类在水中漫游，鸟儿在天空、水面飞翔，蛙类的鸣叫等都是自然界和谐的乐章。一些种类被驯化家养，如观赏鱼、宠物等都为忙碌的人们提供休闲时的一丝惬意。动物园更是人们最喜欢去的场所，为人们提供了一个了解动物、认知动物、接触动物的乐园，同时也是野生动物保护的理想科普基地。

3.5   重点保护湿地动物

鱼类：甘肃分布国家重点保护鱼类仅有秦岭细鳞鲑，为国家Ⅱ级保护动物，主要分布于中部黄土高原省的渭河南岸较大支流中，如渭源、岷县、漳县、武山、康县、甘谷等地。

两栖类：国家重点保护有大鲵和细痣疣螈，均为国家Ⅱ级保护动物，大鲵属主要分布于陇南山地省的武都县、康县、徽县、两当县，栖息在水质清新、水流湍急的山溪或江河岸边的岩洞；细痣疣螈仅见于文县，生活在海拔600~2500米之间的山峪溪流。

鸟类：国家Ⅰ级保护动物3种，分别是黑鹳、黑颈鹤、遗鸥。国家Ⅱ级保护动物9种，分别为赤颈鹛鹧、白鹈鹕、白琵鹭、大天鹅、小天鹅、鸳鸯、鹗、灰鹤、蓑羽鹤。

哺乳类：水獭，属国家Ⅱ级保护动物，主要分布在嘉陵江流域水面较开阔的河流湿地。

4   湿地鸟类

湿地鸟类又称水鸟，指在生态上依赖于地球上的淡水、咸水或半咸水等各种类型的湿地环境而繁殖、栖息和越冬的鸟类。在湿地中能够见到见到的鸟类大致有4种类型：①栖息和觅食完全依赖于湿地，其活动范围仅限于湿地及其周边地区的种类。②栖息和觅食主要依赖湿地，但也到非湿地生境活动的种类。③栖息和觅食主要不依赖湿地，但湿地存在时也可以利用湿地的种类。④偶尔到湿地中活动的种类。因此，湿地鸟类的范畴很难从生态学和分类学上简单界定。《湿地公约》采用了"水鸟"的定义，指从生态学角度看以湿地为生存条件的鸟类。包括鸻鹬类、雁鸭类、鹭类、鹤类、鹳类等。中国鸟类学会水鸟组(1994)年提供的中国水鸟名录基本按照这一原则确定的。而国家林业局(2000)的《中国主要水鸟名录》包括鹱形目、鹈形目等主要栖息于海洋的鸟类，同时还收录了隼形目的鹗、鸮形目的鱼鸮、佛法僧目的冠鱼狗、斑鱼狗、普通翠鸟、赤翡翠、白胸翡翠和蓝翡翠等，但未收录雀形目的鸟类。杨晓君、杨岚(2006)认为："湿地鸟类应该是那些密切依赖湿地，其生活史的全部或大部分必须依靠湿地环境才能生存和繁衍后代的鸟类。"由此可见，不同研究人员对湿地鸟类有不同的定义。本书以2000年国家林业局编制的《中国主要水鸟名录》为依据。

4.1   湿地鸟类的组成和特点

甘肃湿地鸟类有10目19科109种，包括涉禽有3目10科61种，占湿地鸟类种数的55.96%；游禽有4目6科46种，占湿地鸟类种数的42.2%；猛禽有2目2科2种，占湿地鸟类种数的1.83%；攀禽有1目1科2种，占湿地鸟类种数的1.83%。由此可见，涉禽和游禽是甘肃湿地鸟类的两大主要成分。按照分类系统归类发现，鸻形目物种多样性最高，占湿地鸟类种数的33%；其次为雁形目，占26%；鹳形目，占14%；其他所有种类所占比例较少，见表3-17。属国家重点保护湿地鸟类12种，其中国家Ⅰ级重点保护种类3种，国家Ⅱ级重点保护种类9种。

表 3-17 甘肃湿地鸟类物种多样性组成

目 名	科 数	物种数	所占比例
1 䴙䴘目	1	4	3.67%
2 鹈形目	2	2	1.83%
3 鹳形目	3	15	13.76%
4 雁形目	1	28	25.69%
5 鹤形目	2	9	8.26%
6 鸻形目	5	37	33.03%
7 鸥形目	2	10	9.17%
8 鹗形目	1	1	0.92%
9 佛法僧目	1	2	1.83%
10 隼形目	1	1	0.92%
合 计	19	109	100.0%

4.2 湿地鸟类种类与分布

根据甘肃省湿地地理分布、资源状况和空间分布特点，湿地鸟类的分布格局也有明显的时间和空间变化，调查发现湖泊和地表水的分布状况对湿地鸟类有明显的限制性；湿地水环境的差异，导致湿地鸟类在不同类型湿地中的种类和数量差异明显；海拔差异也是影响湿地鸟类分布的重要因素。

䴙䴘目 1 科 4 种，有小䴙䴘、黑颈䴙䴘、赤颈䴙䴘与凤头䴙䴘均为省内分布广泛，特别是凤头䴙䴘在各个湿地可见，而且繁殖非常成功，9 月均有雏鸟相伴。

鹈形目有 2 科 2 种。鹈鹕科有白鹈鹕，仅见于大小苏干湖，且为迁徙鸟类。鸬鹚科有普通鸬鹚为常见种类，省内主要分布于尕海湖、大苏干湖、小苏干湖、刘家峡、黑河、干海子等地。

甘肃张掖黑河湿地黑鹳(张掖黑河国家级
自然保护区提供)

甘肃盐池湾国家级保护区党河湿地黑颈鹤
（索义拉摄）

鹳形目有 3 科 15 种。鹭科有 13 种，其中苍鹭、池鹭、大白鹭、白鹭、中白鹭、夜鹭、黄斑苇鳽、大麻鳽较为常见，分布几遍全省。鹳科有 1 种，黑鹳主要分布黄河首曲湿地、尕海湖、张掖湿地。鹮科有白琵鹭，多见于内陆水系的各大水库。

雁形目仅 1 科 28 种。其中雁属有 3 种，豆雁多分布于嘉陵江流域和内陆河流域，为冬候鸟或旅鸟；灰雁和斑头雁的分布比较广泛，主要分布于甘南高原和河西走廊的各大水域，在黄河首曲湿地、尕海湖黑河流域、疏勒河上游、大苏干湖、小苏干湖、盐池湾湿地均为繁殖鸟。天鹅属有 2 种，大天鹅多见于尕海湖和黄河首曲，为冬候鸟；小天鹅多见于黑河流域，为迁徙鸟。麻鸭属有 2 种，赤麻鸭与翘鼻麻鸭分布几遍及全省。鸭属有 8 种，其中以针尾鸭、绿翅鸭、斑嘴鸭、绿头鸭较常见，全省各地广泛分布。潜鸭属有 4 种，其中红头潜鸭主要分布文县，其他各地为旅鸟；凤头潜鸭、白眼潜鸭和青头潜鸭为广布种。鸳鸯属的鸳鸯在省内仅见于文县碧口水库。棉凫属棉凫在甘肃偶见，为旅鸟。鹊鸭属鹊鸭主要分布文县、尕海、敦煌、盐池湾、大苏干湖、小苏干湖等地，为迁徙鸟。秋沙鸭属省内有 3 种，普通秋沙鸭和红胸秋沙鸭多分布于甘南、河西走廊和陇东等地，为繁殖鸟；斑头秋沙鸭偶见于黄河兰州段，为冬候鸟，中华秋沙鸭 2009 年曾在尕海湖有报道，但不能确定。

甘肃盐池湾国家级保护区党河湿地灰雁
（索义拉摄）

鹤形目 2 科 9 种。鹤科 3 种，其中以黑颈鹤较为常见，分布遍及甘南高原和河西走廊；蓑羽鹤迁徙过路种类，河西走廊内陆河湿地、盐池湾党河湿地是其重要的停歇地。秧鸡科种类较多，有 6 种。其中以白胸苦恶鸟、黑水鸡和骨顶鸡较为常见，分布几遍及全省。

甘肃张掖黑河湿地红脚鹬(张掖
黑河国家级自然保护区提供)

鸻形目省内湿地见有 5 科 37 种，主要分布于省内各湿地，也是湿地鸟类的重要组成部分。其中鸻科 8 种：以凤头麦鸡、灰头麦鸡和环颈鸻较为常见，遍布于河西内陆水系的各大湿地；鹬科 19 种，白腰杓鹬、白腰草鹬、扇尾沙锥和红脚鹬等常见种类分布于河西走廊内陆水系、黄河水系的各大湿地。反嘴鹬科3种，以黑翅长脚鹬分布最广，几乎遍布省内各重要湿地；燕鸻科1种，普通燕鸻在河西走廊内陆湿地较为常见，为夏候鸟，兰州偶见。

鸥形目省内湿地分布有2科10种。其中鸥科以普通燕鸥和红嘴鸥较为常见，分布几遍及全省；贼鸥科1种，中贼鸥见于天祝县十八里铺水库，为旅鸟或迷鸟。

鹗形目省内湿地见有1科1种，毛脚鱼鸮常见于陇南地区的查岗梁保护区和白水江保护区。

佛法僧目省内湿地见有1科3种。翠鸟科有2种，普通翠鸟、蓝翡翠分布广泛。鱼狗科1种，冠鱼狗内见于陇东和陇南各湿地。

隼形目1科1种，鹗，见于河西走廊各湿地。

4.3 湿地鸟类的数量

甘肃湿地鸟类中夏候鸟以鸻形目和鹭科种群数量占优势，冬候鸟以鸭科鸟类占优势。在它们的迁徙过程中将在甘南黄河湿地和河西走廊内陆河湿地停息觅食，以补充迁飞中所需的能量。湿地常见鸟类数量：白骨顶2453只、白眼潜鸭1371只、斑头雁1280只、斑嘴鸭3074只、苍鹭160只、赤麻鸭8601只、凤头鸊鷉452只、红脚鹬1389只、灰雁1153只、绿翅鸭6169只、普通燕鸥407只、青脚鹬381只、小鸊鷉140只、夜鹭364只、黑水鸡320只、斑尾塍鹬3360只、鱼鸥148只、针尾鸭626只、红嘴鸥374只、白鹭528只、白腰杓鹬1200只、黑尾塍鹬3000只、环颈鸻6350只、池鹭250只。这些种类的种群数量均在100只以上。

湿地重点保护鸟类：3种国家Ⅰ级重点保护鸟类，分别为黑鹳、黑颈鹤和遗鸥。2010年湿地调查共记录黑颈鹤数量为325只，其中盐池湾党河湿地112只，苏干湖29只，黄河首曲湿地145只，尕海湖39只。黑鹳共记录21只，分别见于张掖湿地、苏干湖和疏勒河。

4.4 栖息地及其保护状况

甘肃湿地鸟类主要栖息地分布于甘南高原的黄河首曲湿地和尕海湖；陇南山地的文县、成县、康县、武都；河西走廊的黑河流域、疏勒河上游的盐池湾保护区、大小苏干湖；以及中部黄河兰州段、白银段和靖远段等淡水湖泊以及河流湿地区。

甘肃盐池湾保护区党河湿地(索义拉摄)

甘肃盐池湾平草湖(索义拉摄)

甘肃盐池湾国家级保护区沼泽(索义拉摄)

甘肃盐池湾国家级保护区党河湿地(索义拉摄)

甘肃尕海国际重要湿地尕海湖(张勇摄)

甘肃尕海国际重要湿地大天鹅(张勇摄)

甘肃尕海则岔国家级保护区铺散眼子菜(王春霞摄)

甘肃花城湖国家湿地公园(赵勤摄)

　　根据调查，湿地鸟类栖息地主要有以下几种类型：

4.4.1 河　流

　　河流是湿地鸟类的重要栖息地之一。甘肃省3大水系的河流，甘南高原和祁连山多为河流的发源地，具有海拔高差大、水温低、水流急、饵料少等特点，加之河流水库和电站的建设，因此在大多数河流的上游和峡谷地带分别的湿地鸟类较少。在河西走廊和水系中游的开阔河谷和平原区，水流平稳、河岸开阔，这里栖息着大量的湿地鸟类，常见种类有鸬鹚、小䴙䴘、凤头䴙䴘、黄嘴白鹭、苍鹭、雁鸭类和鸻鹬类等。这些区域多为河谷开阔地芩，河岸比较平坦，沿岸为农耕区，人口稠密，人类活动频繁，对湿地鸟类的影响比较大。

4.4.2　湖　泊

湖泊也是鸟类分布最多、最集中的栖息地，开阔的水面和丰富的水生生物资源为湿地鸟类提供了良好的栖息环境和觅食场所，如尕海湖、大小苏干湖海拔均在 2500 米以上，水面开阔、食物丰沛是大量湿地鸟类集中分布的繁殖地。但由于各个湖泊的历史和现状不同，湖泊周围的牧场和村庄不尽相同，人为干扰程度也各不相同，人为干扰大的湖泊湿地鸟类的数量就少，如干海子；人为干扰小的湖泊分布的湿地鸟类就相对比较多，如尕海湖和苏干湖。有一些湖泊受到当地经济发展的影响，一度变成季节性湖泊，建议当地政府应该高度重视湿地保护，建立生态用水的补偿机制，对湖泊湿地及周边环境加以保护，为湿地鸟类提供良好的栖息地。

4.4.3　沼泽和沼泽化草甸

甘肃省境内一般在海拔 3000 米左右的亚高山地带，发育着较大面积的沼泽化草甸。甘肃沼泽主要集中分布于黄河首曲湿地，几乎所用水禽都可能出现在沼泽中觅食和繁殖，这里发育着宝贵的泥炭沼泽，是黑颈鹤主要的繁殖地之一。沼泽面积的大小、积水深度、植物丰富度和人为干扰程度等对湿地鸟类的种类和数量起着决定性作用。目前，沼泽湿地面临的问题是没有专门的保护措施，修建围栏、排干沼泽等危害沼泽的现象无法得到有效控制，尤其是旅游设施的建设比较严重。

4.4.4　水库及农田耕作地

水库是人工修建的湖泊型湿地，与自然湖泊一样，为湿地鸟类提供了开阔的水面和丰沛的食物等栖息条件。但是水库的大小和深浅、人为干扰、水生生物的丰富度和周边环境条件等，直接影响湿地鸟类的分布。农田耕作地主要指水稻田，该区域人口密度高，农业发达。主要分布着大量的涉禽类，这些地区虽然人类活动频繁，但由于人们受传统观念和当年爱鸟护鸟教育宣传的影响，对鸟类的猎杀和扑捉相对较少。只是农耕区的农药和化肥等有机污染，对湿地鸟类造成一定的威胁。

5　鱼　类

5.1　鱼类资源

甘肃共有鱼类 6 目 12 科 110 种，约占全国淡水鱼类总数的 10.6%，见表 3-18。从分布水系上也可以看出，不同水系鱼类多样性也存在明显差异，嘉陵江水系(属长江)有鱼类 45 种，占甘肃鱼类总数的 43%，黄河水系有鱼类 49 种，占甘肃鱼类总数的 47%；内陆水系有鱼类 25 种，占甘肃鱼类总数的 24%，不同水系间存在种类重叠分布。由于受地理隔离和气候等因素的作用，物种在进化的长河中，形成某一区域的特有种。甘肃地理环境复杂，形成中国特产鱼类极多，达 55 种，占总数的 50%，构成鱼类资源的重要组成部分。

表3-18 甘肃鱼类组成

科	属	种
鳅科	花鳅属	中华花鳅
		北方花鳅
	泥鳅属	泥鳅
	副泥鳅属	大鳞副泥鳅
	沙鳅属	中华沙鳅
	薄鳅属	长薄鳅
		红唇薄鳅
	副鳅属	斑纹副鳅
		短体副鳅
	高原鳅属	岷县高原鳅
		背斑高原鳅
		壮体高原鳅
		达里湖高原鳅
		黄河高原鳅
		似鲶高原鳅
		东方高原鳅
		硬刺高原鳅
		小眼高原鳅
		石羊河高原鳅
		短尾高原鳅
		武威高原鳅
		黑体高原鳅
		重穗唇高原鳅
		梭形高原鳅
		酒泉高原鳅
		新疆高原鳅
	鼓鳔鳅属	大鳍鼓鳔鳅
鲤科	细鲫属	中华细鲫

（续）

科	属	种
鲤科	马口鱼属	马口鱼
	鱲属	宽鳍鱲
	鲅属	拉氏鲅
	雅罗鱼属	东北雅罗鱼
	鳡属	鳡鱼
	草鱼属	草鱼
	圆吻鲴属	圆吻鲴
	赤眼鳟属	赤眼鳟
	鳙属	鳙
	鲢属	鲢
	鲂属	团头鲂
	鳊属	鳊鱼
	鱼骨属	唇鱼骨
		花鱼骨
	刺鉤属	刺鉤
	似鱼骨属	似鱼骨
	麦穗鱼属	麦穗鱼
	颌须鉤属	点纹颌须鉤
		短须颌须鉤
	鉤属	黄河鉤
		似铜鉤
	棒花鱼属	棒花鱼
	鳅蛇属	异鳔鳅蛇
		宜昌鳅蛇
		平鳍鳅蛇
	四须鲃属	刺鲃
		中华倒刺鲃
	光唇鱼属	宽口光唇鱼
	突吻鱼属	多鳞铲颌鱼
		白甲鱼
		四川白甲鱼
	裸重唇鱼属	渭河裸重唇鱼
		厚唇裸重唇鱼

(续)

科	属	种
鲤科	扁咽齿鱼属	极边扁咽齿鱼
	裸鲤属	花斑裸鲤
	裸裂尻鱼属	黄河裸裂尻鱼
		嘉陵裸裂尻鱼属
	裂腹鱼属	重口裂腹鱼
		齐口裂腹鱼
		中华裂腹鱼
	黄河鱼属	骨唇黄河鱼
	鲤属	鲤
	鲫属	鲫
平鳍鳅科	犁头鳅属	犁头鳅
	间吸鳅属	短身间吸鳅
	华吸鳅属	四川华吸鳅
	后平鳅属米	峨嵋后平鳅
鲶科	鲶属	鲶
鲿科	黄颡鱼属	黄颡鱼
		瓦氏黄颡鱼
	鮠属	粗唇鮠
		叉尾鮠
	拟鲿属	短尾拟鲿
		中臀拟鲿
		乌苏拟鲿
	鳠属	大鳍鳠
钝头鮠科	鰊属	白缘鰊
鮡科	纹胸鮡属	中华纹胸鮡
	鮡属	中华鮡
		前臀鮡
合鳃鱼科	黄鳝属	黄鳝
塘鳢科	黄鱼幼鱼属	黄鱼幼鱼
鰕虎鱼科	栉鰕虎鱼属	波氏栉鰕虎鱼

5.2 鱼类区系特征

甘肃鱼类区系组成十分复杂，属古北界的有64种，占甘肃总数的63%，东洋界种类7种，占6%，其余36种为两界兼有型，约占31%。在低一级区系复合体组成中，可以分为7个复合体组成。

江河平原鱼类区系复合体：为第三纪由南热带迁入我国长江、黄河平原区，并逐渐演化为许多我国特有的地区性鱼类。包括鲤科的鱼丹亚科、雅罗鱼亚科、鲌亚科、鲴亚科、鲢亚科、鮈亚科、鳅鮀亚科和鳤亚科、鳅科的沙鳅亚科和鲿科鱼类。

南方热带区系复合体：为原产于南岭以南的热带、亚热带平原区各水系的鱼类。包括鲶科、胡鲇科、鳉形目、合鳃鱼目、塘鳢科2种(乌塘鳢、黄黝鱼)、鰕虎鱼科和刺鳅鱼类。

古代第三纪区系复合体：为第三纪早期北半球温热带地区形成的种类。包括鲤科中的雅罗鱼亚科、鲤亚科、鮈亚科中的麦穗鱼属、鳅科的泥鳅属、副泥鳅属和钻科鱼类。

中亚高原山区区系复合体：该复合体的代表种类仅分布于甘肃省长江水系和黄河水系的上游及其支流，主要有裂腹鱼亚科和鳅亚科中的高原鳅属，部分辐射到河西走廊内陆水系。

中印山区区系复合体：该复合体在甘肃省分布的种类仅平鳍鳅科、鳅科，为陇南山地亚热带气候区急流中生活的鱼类，身体多特化，适应水流湍急的环境。

北方平原鱼类区系复合体：原为北半球寒带平原地区形成的种类。甘肃仅有鳅科的中华花鳅。

北方山区鱼类区系复合体：为北方山区冷温性种类。仅雅罗鱼亚科鲹属。

5.3 特有种和土著种丰富

甘肃共有鱼类特有种55种，见表3-19，分布于长江水系的有28种，分布于黄河水系的有23种，分布于内陆水系的有9种。其中斑纹副鳅和中华裂腹鱼为长江水系和黄河水系所共享的特有种，中华花鳅、团头鲂、花斑裸鲤为黄河水系和内陆水系所共同特有种。

表3-19 甘肃鱼类特有种物种多样性及分布特征

物　种	长江水系	黄河水系	内陆水系
中华花鳅		—	—
大鳞副泥鳅	—		
长薄鳅	—		
红唇薄鳅	—		
斑纹副鳅	—	—	
短体副鳅	—		
岷县高原鳅		—	
壮体高原鳅		—	
达里湖高原鳅		—	
黄河高原鳅		—	

（续）

物　　种	长江水系	黄河水系	内陆水系
似鲶高原鳅		—	
石羊河高原鳅			—
武威高原鳅			—
重穗唇高原鳅			—
梭形高原鳅			—
酒泉高原鳅			—
大鳍鼓鳔鳅			—
圆吻鲴		—	
团头鲂		—	—
刺鮈		—	
似鳡	—		
短须颌须鮈	—		
黄河鮈		—	
似铜鮈		—	
北方铜鱼		—	
圆筒吻鮈		—	
裸腹片唇鮈	—		
清徐胡鮈	—		
宜昌鳅鮀	—		
平鳍鳅鮀	—		
宽口光唇鱼	—		
多鳞铲颌鱼	—		
四川白甲鱼	—		
华鲮	—		
厚唇裸重唇鱼		—	
渭河裸重唇鱼		—	
极边扁咽齿鱼		—	
花斑裸鲤		—	—
黄河裸裂尻鱼		—	
嘉陵裸裂尻鱼属	—		
重口裂腹鱼	—		
齐口裂腹鱼	—		

（续）

物　　种	长江水系	黄河水系	内陆水系
中华裂腹鱼	—	—	
骨唇黄河鱼		—	
峨嵋后平鳅	—		
瓦氏黄颡鱼	—		
粗唇鮡	—		
叉尾鮡	—		
短尾拟鲿	—		
中臀拟鲿	—		
大鳍鳠	—		
白缘鰊	—		
中华纹胸鮡	—		
中华鮡	—		
波氏栉鰕虎鱼		—	

5.4 鱼类资源保护和利用

鱼类作为典型的湿地脊椎动物，在维持湿地生态平衡方面扮演着重要角色，为评价湿地生态系统具有重要的指示作用和价值，甘肃省鱼类资源比较丰富，不同水系鱼类组成也有显著差异，嘉陵江水系属长江流域，主要河流有嘉陵江上游的支流白龙江和西汉水。主要鱼类有：中华花鳅、中华沙鳅、长薄鳅、红唇薄鳅、宽鳍鱼、鳡鱼、圆吻鲴、唇骨、花骨、宜昌鳅鮀、刺鲃、中华倒刺鲃、铲颌鱼、白甲鱼、四川白甲鱼、花鲮、齐口裂腹鱼、四川华吸鳅、黄颡鱼、中华鮡等58种、占甘肃鱼类的55%。与黄河水系共有的有18种，与内陆河共有鲤鱼、鲫鱼、棒花鱼、东方高原鳅等4种广布种，同时嘉陵江上游的白龙江杂有少量黄河上游广布的高原鳅属鱼类。黄河水系的主要鱼类有：秦岭细鳞鲑、北方花鳅、岷县高原鳅、背斑高原鳅、达里湖高原鳅、硬刺高原鳅、东北雅罗鱼、鳘鲦、刺鮈、似铜鮈、北方铜鱼、平鳍鳅鮀、渭河裸重唇鱼、黄河裸裂尻鱼、鲇鱼等54种，占全省鱼类的51%，其中26种为中国特有种。该区鱼类其特点是条鳅亚科高原鳅属和裂腹鱼亚科的种类和数量极多，反映出这里鱼类区系和青藏高原的鱼类区系较为密切。内陆河水系主要包括疏勒河、黑河和石羊河流域，主要鱼类有26种，占甘肃鱼类总数的26%，其中土著鱼类有石羊河高原鳅、短尾高原鳅、武威高原鳅、重穗唇高原鳅、酒泉高原鳅、大鳍鼓鳔鳅、中华细鲫、棒花鱼、花斑裸鲤、鲫鱼等，其中特产鱼有10种。其特点是以高原鳅属和裸鲤属构成本地区鱼类区系的主体，高原鳅属多达9种。裸鲤属虽只有花斑裸鲤一种，但各河均有分布，是这里的优势种。

经济价值种类比较多，个体较大的种类有草鱼、鲢鱼、鳙鱼、鲤鱼、鲫鱼、黄颡鱼、鳡鱼、虹鳟等。草鱼以水草为主食的中层鱼类，是主要的淡水养殖种类。其产量分别约占淡水养殖总产量的20%左右。草鱼通常与鲫鱼，团头鲂同时作为主养鱼类，在池塘中与鲢、鳙等配养鱼类混养。鲢鱼、鳙鱼是分别以浮游植物和浮游动物为主要饵料的滤食性鱼类，在能量金字塔中等级较低，因此，能量转换效率较高，同为淡水养殖的主体种类。鲤鱼、鲫鱼为杂食性底层鱼类，鲤、鲫在湖泊鱼类资源中所占比例很大。随着野生鲤、鲫资源的减少，现已大部分靠人工放养。其他野生鱼类资源利用。随着近些年来水产品种更新工程的实施，野生鱼类引种驯化养殖步伐加快，常见的种类有：厚唇裸重唇鱼、极边扁咽齿鱼、花斑裸鲤、黄河裸裂尻鱼、嘉陵裸裂尻鱼属、重口裂腹鱼、齐口裂腹鱼、中华裂腹鱼、骨唇黄河鱼、鳊鱼、黄颡鱼和似鲶高原鳅，其中厚唇裸重唇鱼、极边扁咽齿鱼、花斑裸鲤、黄河裸裂尻鱼、似鲶高原鳅作为黄河源冷水鱼重点开发的鱼种，其肉质细嫩鲜美，具有很高的开发前景。

6   两栖类

6.1   两栖动物资源

甘肃湿地自然分布的两栖动物共31种，分属2目11科，见表3-20。其中有尾目有3科3种，占湿地两栖动物种数总数的9.7%；无尾目种类8科18种，占湿地两栖动物种数总数的90.3%。其中古北界种类7种，占甘肃两栖类动物总数的21%，东洋界种类17种，占甘肃两栖类动物总数的58%，其余7种为两届兼有型，占甘肃两栖类动物总数21%。可以看出两栖类的多样性组成中，东洋界种类占用绝对优势。

表 3-20   甘肃两栖类物种组成

目	科	种
有尾目	小鲵科	西藏山溪鲵
	隐鳃鲵科	大鲵
	蝾螈科	细痣疣螈
无尾目	锄足蟾科	北方齿突蟾
		宁陕齿突蟾
		胸腺猫眼蟾
		川北齿蟾
		凉北齿蟾
		大齿蟾
	蟾蜍科	华西蟾蜍
		中华蟾蜍
		花背蟾蜍
		岷山蟾蜍
	角蟾科	角蟾
	盘舌蟾科	峨山掌突蟾

（续）

目	科	种
无尾目	雨蛙科	秦岭雨蛙
	蛙科	棘腹蛙
		中国林蛙
		日本林蛙
		泽蛙
		黑斑蛙
		隆肛蛙
		绿臭蛙
		花臭蛙
		倭蛙
		崇安湍蛙
		四川湍蛙
	树蛙科	斑腿树蛙
	姬蛙科	北方狭口蛙
		饰纹姬蛙
		花姬蛙

6.2 两栖动物的分布

有尾目主要分布于北温带。无尾目锄足蟾科只有北方齿突蟾1种，分布在祁连山地内陆河上游。蟾蜍科有4种，花背蟾蜍在全省广泛分布，中华大蟾蜍在省内分布于河西地区内陆河湿地和陇东地区各湿地。雨蛙科的秦岭雨蛙主要分布于陇南地区嘉陵江流域。蛙科中的泽蛙、日本林蛙、棘腹蛙、花臭蛙、绿臭蛙、四川湍蛙、崇安湍蛙等7种仅分布在陇南山地嘉陵江流域；中国林蛙；黑斑蛙、隆肛蛙在省内主要见于陇南嘉陵江流域和中部黄土高原各水系；树蛙科的斑腿树蛙只分布在陇南嘉陵江流域。姬蛙科有饰纹姬蛙、花姬蛙和北方狭口蛙3种，均分布于陇南嘉陵江流域。

6.3 两栖类动物保护与经济意义

甘肃两栖类物种比较少，而且分布区主要集中嘉陵江流域，由于自然栖息地减少、退化或过度捕捉，两栖动物的自然种群数量不断下降，应加强保护措施，适度开发利用。

湿地两栖动物对人类极其有益，应大力保护，除防止乱捕滥杀外，最重要的是保护它们的湿地生境，特别是在繁殖季节，对其繁殖场地的保护尤为重要。水体污染是导致蝌蚪大批死亡的重要原因，尤其是临近变态的蝌蚪对外界不良环境刺激极其敏感，最易死亡。因此，控制环境污染是保护湿地两栖类的重要措施。

另一方面，需要严格控制牛蛙等外来入侵种在湿地生态系统的扩散，大量研究表明，牛蛙的入侵可能是近年全球两栖类族群下降的原因之一。该物种虽然不能在野外自然越冬，但由于市场原因或养殖管理不当，弃养或逃逸至野外时有发生，导致局部地区土著两栖类被大量捕食，形成阶段性的资源空白。因此，为保护本土两栖类的生物多样性有必要加强牛蛙贸易和养殖过程的管理，并将其列入野外优先清除的对象。

7 湿地爬行类

7.1 湿地爬行动物资源与分布

甘肃爬行动物共 58 种，其中属湿地类型的有 2 种，占省内爬行动物种数的 3.45%，隶属于龟鳖目 2 科，分别为龟科的乌龟和鳖科的中华鳖。均分布于陇南山地嘉陵江水系，属偶见，省内各地有人工饲养。

7.2 湿地爬行类的保护与利用

甘肃野生乌龟和中华鳖数量已经很少，而且分布范围很窄，对野生种群需要加强保护，湿地调查期间野外未发现野生个体和种群，相反在各地的人工鱼塘或饲养地，可见大批人工繁殖种群。中华鳖很久以来就被誉为滋补佳品，营养丰富、肉味鲜美，其肌肉富含蛋白质、钙、铁和维生素等，因此，一直是人工养殖的首选品种。

8 湿地哺乳类

8.1 湿地哺乳动物种类

甘肃省湿地哺乳动物仅 1 种，水獭，属国家Ⅱ级保护动物。典型的半水栖哺乳类动物，体重 5~14 公斤，体长 55~82 厘米，尾长 30~55 厘米，雌性较小。头部宽而略扁，吻短，下颚有须，眼略突出，耳短小而圆，体背灰褐，胸腹部灰褐色，喉部、颈部灰白色，毛色随季节性变化。水獭喜欢独居，栖息在湖泊、河湾、沼泽等淡水区。营洞穴生活，多居于水岸石缝底下或水边灌木丛中的自然洞穴。水獭的洞穴有多个出入口，洞道向上倾斜，以防水进入洞穴，但其中有一个洞口通到水下，开口于水下 1~3 米处，使水陆连通，不仅进出方便，可以直接潜入水中觅食和躲避食肉哺乳类的袭击。白天隐匿在洞中休息，夜间出来活动，洞内以草做铺垫物。除了交配期以外，平时都单独生活。为了寻找更多的食物，除了繁殖季节外，也经常迁移，从一条河到另一条河，或从上游到下游。水性娴熟，善于游泳和潜水，游动的速度很快，每分钟可以游 50 多米，在水下潜游可达 4~5 分钟，潜行距离相当远。听觉、视觉、嗅觉都很敏锐，在水中能自行关闭鼻孔和耳孔的瓣膜，防止水流入。肉食性，食物以是鱼类为主，也捕捉小鸟、小兽、青蛙、虾、蟹及甲壳类动物。

8.2 水獭保护与利用

水獭属被列入《国家Ⅱ级保护野生动物名录》；《华盛顿公约》(CITES) I级保护动物目录；列

入《世界自然保护联盟》（IUCN）2012 年濒危物种红色名录 ver 3.1——近危（NT）。由于水獭栖息地环境遭到严重破坏，生活环境水质污染，食物资源匮乏。同时人类活动加剧，水獭的皮毛、肉质等利用价值，人类无度狩猎，甚至有些地方水源污染严重，人类下毒等极端方式导致水獭种群大面积灭绝。在污染较低的地方，出现繁殖力低下，对疾病的抵抗力弱的现象。

因此，水獭种群面临极大的威胁，应加强人工种群复壮工作，开展大量的科学研究，尽快恢复水獭野生种群，同时应加大保护力度和执法强度，减少开发利用。

第四章
湿地资源利用

第一节
湿地资源利用现状

1 湿地资源利用方式、范围、程度

甘肃省湿地资源利用方式、范围、程度见表4-1。

表 4-1　甘肃湿地资源利用状况

经济效益			生态效益		
项目	数量	效益(亿元)	项目	数量	效益(亿元)
1. 提供淡水(亿立方米)	120.626	120.626	1. 生态功能	43.828	29.364
2. 泥炭(万吨)	250000.000		1.1 湖泊	4.618	3.094
3. 休闲/旅游	850.000	47.000	1.2 水库	14.538	9.740
4. 体育运动		0.200	1.3 沼泽	24.672	16.530
5. 水力发电(亿千瓦时)	250.200	40.032	2. 调节功能		290.500
6. 农业		71.811	2.1 蒸发水	173.000	173.000
6.1 水浇地增产	317872.000	63.574	2.2 释放氧气	386.000	96.500
6.2 水稻	6839.280	2.736	2.3 储存碳汇	350000.000	21.000
6.3 畜牧业(万羊单位)	104.213	4.892			
6.4 水产养殖及捕捞	1.170	0.609			
7. 航运(万人)		1.000			
8. 盐硝产品	100.000	1.5			
9. 药材	0.200	0.500			
10. 工业原料	2.000	0.100			
11. 蔬菜、水果	0.300	0.300			
合　计		283.069	合　计		319.864

1.1　土地资源

利用方式以畜牧业、养殖、种植、林业为主。

1.1.1　畜牧业用地

主要分布于草本沼泽、沼泽化草甸、内陆盐沼、季节性咸水沼泽湿地区。草本沼泽总面积222842.36公顷，多为牧业用地。较大的草本沼泽区分布在玉门市的北石河湿地；嘉峪关市的野麻湾、沙窝庄子湿地；肃北蒙古族自治县的大别盖湿地、平草湖湿地、野马河湿地、盐池湾湿地；阿克塞哈萨克族自治县的小苏干湖沼泽湿地；肃南裕固族自治县的红石嘴脑、纳木桥、大岔脑子湿地；临泽县的双泉湖沼泽、四平滩湿地；山丹县境内的中牧山丹马场一场湿地；甘州区的北郊湿地、黑河河滩湿地；高台县的四平滩、深沟滩湿地；天祝藏族自治县的红疙瘩湿地、东大滩湿地；玛曲县的曼日玛及采日玛湿地等。草本沼泽里生长的植物长年处于水湿条件下，主要优势植物为褐鳞薹草、裸果扁穗草、华扁穗草，伴生有藏嵩草、黑褐薹草、条叶垂头菊、华亭驴蹄草、灯心草、芦苇、水木贼、水葫芦苗等，盖度45%～70%。载畜量约为1.33～1.67公顷/1个羊单位。

沼泽化草甸总面积522415.5公顷，主要分布在甘南高原地区和祁连山高海拔缓坡。较大的沼泽化草甸斑块有玛曲县的河曲马场沼泽、采日玛沼泽、阿万仓沼泽、欧拉沼泽、齐哈玛沼泽、欧拉秀玛沼泽、也力乔尔干沼泽、朗曲乔尔干沼泽；碌曲县的曲那合湿地、阿尼库曲湿地、果忙塘湿地、隆乔台湿地、尕尔娘湿地、尕海湿地；夏河县的完洛合草甸甘加湿地、桑科草原、达久塘湿地；合作市的美武草甸；卓尼县的美仁大草甸；肃南裕固族自治县的大压地台子沼泽、正南沟脑沼泽；山丹县的黑林掌湿地、敖包沟湿地；永昌县的臭孟泉子湿地、水关台湿地；天祝藏族自治县古古拉湿地；岷县的狼渡滩湿地等。沼泽化草甸水肥条件优越，牧草生长良好，主要优势植物为黑褐薹草、扁穗薹草、嵩草、川甘蔗草、中华羊茅等，伴生有马先蒿、多裂委陵菜、水芹菜、黄花棘豆等，盖度80%～90%，载畜量约为0.47～0.67公顷/1个羊单位。

内陆盐沼总面积81995.62公顷。较大的内陆盐沼斑块有民勤县的丹湖、汤家海子、白土井海子盐池、碱槽子、白碱湖湿地；高台县的盐池乡湿地；山丹县的新开滩湿地；肃北蒙古族自治县的咸红井湿地；敦煌市的天桥墩、南园湖湿地、渥洼池湿地、西土沟湿地；景泰县的白墩子滩湿地；靖远县的大墩梁盐湖湿地等。盐沼上的植物种类比较单一，生产力不高，载畜量约为2.33～2.67公顷/1个羊单位。

季节性咸水沼泽总面积384415.13公顷。较大的季节性咸水沼泽斑块有瓜州县的塘墩湖—八棱墩湖湿地、干海子东部湿地；阿克塞哈萨克族自治县的小苏干湖沼泽、吉勒括孜湿地；敦煌市的敦煌西道泉湿地、西湖保护区东古河道、清水沟湿地；玉门市的北石河沼泽湿地、干海子湿地、柳条湖湿地、花海子；金塔县的干海子东部湿地；肃北蒙古族自治县的马鬃山盐沼；肃南裕固族自治县的凉冒泉、沙井子、小海子、月牙湖湿地；民勤县的邓马营湖、石羊沟林场东湿地、青土井等。季节性咸水沼泽上的植物种类也是比较单一的，植物生长较差，适生植物的营养价值都比较低，载畜量约为1.67～2.00公顷/1个羊单位。

1.1.2 林业用地

主要是灌丛沼泽区域。灌丛沼泽是指以灌丛植物为优势群落的淡水沼泽,全省灌丛沼泽总面积 33154.01 公顷。较大的灌丛沼泽斑块有民乐县的沙嘴口、石灰窑、南丰河、饿狼沟湿地;山丹县的娃娃山、脑儿墩、一棵树、黄狐拉湿地;天祝藏族自治县的西大岭、古古拉、大科什旦、玛雅雪山、四台沟湿地;肃南裕固族自治县的扎科、大珠峰沟、天桥湾、百花掌等湿地。柳等高大灌木多在洪泛地上,灌丛沼泽上生长的灌木大多低矮且覆盖度普遍不高,地被物常为禾本科、菊科、蓼科等草本植物,一般为林业用地。由于林下牧草营养价值比较高,载畜量约为 1.00～1.33 公顷/1 个羊单位。

1.1.3 农业用地

截至 2009 年,全省已建成万亩以上灌区 200 处,控制有效灌溉面积 946000 公顷。全省总灌溉面积 1417333.33 公顷,其中有效灌溉面积 1264000 公顷,农田实灌面积 1059573 公顷,林牧渔用水面积 159973.33 公顷。总灌溉面积中节水灌溉面积达 820666.67 公顷,占总灌溉面积的 58%。

内陆河流域耕地面积 862606.67 公顷,农田有效灌溉面积 648360 公顷,农田实灌面积 600960 公顷,林牧渔用水面积 109433.33 公顷。

黄河流域耕地面积 3009726.67 公顷,农田有效灌溉面积 540316.33 公顷,农田实灌面积 405113.33 公顷,林牧渔用水面积 48860 公顷。

长江流域耕地面积 601326.67 公顷,农田有效灌溉面积 75520 公顷,农田实灌面积 53500 公顷,林牧渔用水面积 1680 公顷。

水稻田是重要的人工湿地,也是主要的农业用地。受气候、地形、水利等条件的限制,甘肃的水田面积较小,仅 10853.00 公顷,主要分布在陇南市的江河阶地和张掖市绿州低地。由于推行节水型农业,种植规模在逐步减少,产量约 6300 公斤/公顷,总产量约为 6839.28 万吨。

1.1.4 盐 田

盐田是为获取盐业资源而修建的晒盐场所或盐池,包括盐池和盐水泉。全省盐田总面积 7701.05 公顷,主要分布在敦煌市和高台县。较大的盐田斑块有敦煌市的鸣沙山大盐场、崔家井子盐场、半个墩子盐池;肃州区的马家东庄南盐田;金塔县的北海子盐田;高台县的盐池乡盐田等。盐田的主要产品是盐硝,可以开发出科技含量和附加值较高的盐硝产品。盐田卤水可以提取加工盐藻胡萝卜素高级营养保健系列产品;原盐除加工转化为加碘食用精制盐外,还可以生产低纳盐、营养盐等系列产品。芒硝可以深加工为硫酸纳、白炭黑、硫酸钡等化工系列产品。

1.2 水资源

水是人类及一切生物赖以生存的必不可少的重要物质,是工农业生产、经济发展和环境改善不可替代的极为宝贵的自然资源。水资源开发利用,是改造自然、利用自然的一个方面,是发展国民经济不可缺少的重要自然资源。水资源的利用方式主要是提供水源、蓄水、灌溉、水产养殖、水电、航运、旅游等。

甘肃省干旱少雨,气候复杂多样,是全国水资源严重短缺的省份之一。2013 年水资源公报显示,全省平均降水量 296.6 毫米,折合水量 1347.946 亿立方米;自产地表水资源量 296.679 亿立方米，入境水资源量 293.311 亿立方米(扣除黄河干流在玛曲县的第一次入境水资源量)，出境水资源量 504.280 亿立方米(扣除黄河干流在玛曲县的第一次出境水资源量)，全省水资源量 299.609 亿立方米。省内大中型水库年末蓄水总量 38.717 亿立方米；全省供水总量 121.9817 亿立方米，用水总量 121.9817 亿立方米，废污水排放总量 7.25 亿吨。

供水量指各种水利工程为用户提供的水量。按供水系统分为水利供水工程和自备水源供水工程。自备水源包括工业和城乡供水的自备部分，按水资源性质分为地表水供水工程、地下水供水工程和其他水用供水(雨水利用及废污水回用)。

用水量指分配给各类用户包括输水损失在内的毛用水量。按生产(包括第一产业，即农业，含林牧渔畜业；第二产业，即工业及建筑业；第三产业，即服务业)、生活、生态环境三部分进行统计。

供水量：2013 年全省总供水量 121.9817 亿立方米，其中地表水工程供水 91.9149 亿立方米，占 75.4%；地下水工程供水 27.6974 亿立方米，占 22.7%；其他水源供水 2.3694 亿立方米，占 1.9%。

内陆河流域总供水量 79.5494 亿立方米，其中地表水工程供水 56.1262 亿立方米，占 70.6%；地下水工程供水 22.4882 亿立方米，占 28.3%；其他水源供水 0.9353 亿立方米，占 1.1%。

黄河流域总供水量 40.3946 亿立方米，其中地表水工程供水 34.3083 亿立方米，占 84.9%；地下水工程供水 4.7192 亿立方米，占 11.7%；其他水源供水 1.3671 亿立方米，占 3.4%。

长江流域总供水量 2.0374 亿立方米，其中地表水工程供水 1.184 亿立方米，占 72.7%；地下水工程供水 0.4900 亿立方米，占 24.1%；其他水源供水 0.0670 亿立方米，占 3.2%。

用水量：2013 年全省总用水量 121.9817 亿立方米。生产用水 114.8710 亿立方米(其中，第一产业用水 96.9932 亿立方米，第二产业用水 15.4281 亿立方米，第三产业用水 2.4497 亿立方米)，占 94.2%；生活用水 4.6441 亿立方米，占 3.8%；生态用水 2.4666 亿立方米，占 2.0%。

内陆河流域总用水量 79.5497 亿立方米，以农业灌溉用水为主。生产用水 76.6834 亿立方米(其中第一产业用水 70.1723 亿立方米，第二产业用水 5.9650 亿立方米，第三产业用水 0.5461 亿立方米)，占 96.4%；生活用水 1.1462 亿立方米，占 1.4%；生态用水 1.7201 亿立方米，占 2.2%。

黄河流域总用水量 40.3946 亿立方米，以农业灌溉用水为主。三产用水 36.6323 亿立方米(其中第一产业用水 25.6509 亿立方米，第二产业用水 9.1785 亿立方米，第三产业用水 0.1007 亿立方米)；生活用水 3.0210 亿立方米，占 7.5%；生态用水 0.4769 亿立方米，占 1.8%。

长江流域总用水量 2.0374 亿立方米。生产用水 1.5553 亿立方米，占 76.3%(其中第一产业用水 1.1700 亿立方米，第二产业用水 0.2846 亿立方米，第三产业用水 0.1007 亿立方米)；生活用水 0.4769 亿立方米，占 23.4%；生态用水 0.0052 亿立方米，占 0.3%。

1.2.1 降 水

甘肃省年降水量地区分布极不均匀，总体变化趋势是从西北部向东南部递增。全省多年平均年降水总量 1258.306 亿立方米。其中：内陆河流域多年平均年降水总量 352.147 亿立方米，黄河流域多年平均年降水量 675.495 亿立方米，长江流域多年平均年降水总量 230.664 亿立方米，见表 4-2。

表 4-2 2013 年流域分区降水量

流域 分区	降水量		多年平均降水总量
	（毫米）	（亿立方米）	（亿立方米）
内陆河	151.0	310.435	352.147
黄河	530.4	777.763	675.495
长江	685.3	263.748	230.664
全省	296.6	1347.946	1258.306

1.2.2 地表水

地表水资源量指河流、湖泊、冰川等地表水体的动态水量。其中：全省自产水资源量 296.679 亿立方米，折合径流深 65.3 毫米。其中：内陆河流域自产水资源量 57.610 亿立方米，折合径流深 23.1 毫米；黄河流域自产水资源量 122.065 亿立方米，折合径流深 83.7 毫米；长江流域自产水资源量 117.004 亿立方米，折合径流深 304.0 毫米。

全省入境水量 293.311 亿立方米（扣除黄河干流在玛曲县的第一次入境水资源量）。按流域分区：内陆河流域入境水量 17.524 亿立方米；黄河流域入境水量 244.640 亿立方米，其中大通河享堂以上 24.790 亿立方米，湟水 12.130 亿立方米，大夏河 1.353 亿立方米，洮河 1.139 亿立方米，龙羊峡至兰州干流区 201.111 亿立方米，兰州至下河沿 0.038 亿立方米，泾河张家山以上 2.974 亿立方米，渭河宝鸡峡以上 1.105 亿立方米；长江流域入境水量 31.147 亿立方米。

全省出境水量 504.280 亿立方米（扣除黄河干流在玛曲县的第一次出境水资源量），其中：内陆河流域出境水量 11.190 亿立方米；黄河流域出境水量 360.182 亿立方米，其中兰州至下河沿 321.005 亿立方米，清水河、苦水河 0.096 亿立方米，北洛河状头以上 0.985 亿立方米，泾河张家山以上 14.197 亿立方米，渭河宝鸡峡以上 23.899 亿立方米；长江流域出境水量 132.908 亿立方米，其中嘉陵江广元昭化以上 132.524 亿立方米，汉江丹江口以上 0.384 亿立方米。

1.2.3 地下水

地下水见表 4-3。

表 4-3 2012 年流域分区地下水资源量（亿立方米）

流域分区	山丘区	平原区	平原区与山丘区间重复计算量	分区地下水资源量	纯地下水资源量
内陆河	18.411	48.270	15.802	50.879	5.068
黄河	51.716	1.449	0.488	52.677	2.893
长江	35.578			35.578	
全省	105.705	49.719	16.290	139.134	7.961

1.2.4 河 流

1.2.4.1 永久性河流

甘肃永久性河流主要分布在黄河、长江、西北内陆河 3 个一级流域，9 个水系。全省河流年总径流量 603 亿立方米，其中 1 亿立方米以上的河流有 78 条。永久性河流主要是黑河、石羊河、疏勒河等三大内陆河及其主要支流；黄河及其一级、二级支流；长江一级支流嘉陵江、西汉水及其支流。永久性河流总面积 182378.82 公顷，在全省各地都有分布。较大的斑块有阿克塞蒙古族自治县的小哈勒腾河、大哈勒腾河；敦煌市的疏勒河敦煌段；金塔县的黑河金塔段；民勤县的石羊河民勤段；古浪县的古浪河；临泽县的黑河临泽段；玛曲县的黄河玛曲段；卓尼县的洮河卓尼段；礼县的西汉水礼县段；文县的白水江；景泰县的黄河景泰段；靖远县的黄河靖远段；岷县的洮河岷县段；临洮县的洮河临洮段；麦积区的渭河麦积段；永靖县的湟水河永靖段；天祝县的庄浪河等。甘肃地处江河上游和上中游，尤其甘南等高寒地区是国家重要的水源补给地，素有高原"水塔"之称。

苏干湖水系：以大、小哈勒腾河为干流，发源于党河南山的奥果吐乌兰和土尔根达坂山，平行的汇入苏干湖盆地。河长约 320 公里，流域面积 2.11 万平方公里。党河南山海拔多在 4000 米以上，最高峰 5327 米，有现代冰川发育。苏干湖盆地地面平坦，海拔 2800~3000 米。大哈勒腾河流量较大，小哈勒腾河流量较小，两河中下游河水全部转入戈壁之下成为潜流，最后再出露注入大、小苏干湖。苏干湖区年径流量 4.27 亿立方米，水质较好。

疏勒河：疏勒河古名籍端水，为河西走廊第二大内陆河。疏勒河发源于青海省祁连山脉西段疏勒南山和托来南山之间的疏勒脑，流经青海省天峻县、甘肃省肃北、玉门、瓜州、敦煌等地，向西流入罗布泊，干流全长 670 公里，流域面积 4.13 万平方公里，多年平均径流量 10.31 亿立方米，其中地表水总资源量为 10.82 亿立方米（含石油河多年平均径流量 0.51 亿立方米）。出昌马峡以前为上游，水丰流急；昌马峡至走廊平地为中游，向北分流于大坝冲积扇面，至扇缘接纳诸泉水河后分为东、西两支流，西支为主流，又称布隆吉河；安西双塔水库以下为下游，由于灌溉、蒸发、下渗而水量骤减；疏勒古河道穿哈拉诺尔至新疆罗布泊。昌马冲积扇以西主要支流有榆林河及党河，以东主要支流有石油河及白杨河，均源出祁连山西段。上游祁连山区降水较丰，冰川面积达 850 平方公里，多高山草地，为良好牧场；中下游地势低平，玉门镇、安西、敦煌和赤金—花海诸绿洲的灌溉农业发展迅速。疏勒河流域的农业灌溉历史可以追溯至汉唐时代，新中国成立后，加快了该流域的开发建设，先后建成昌马引水枢纽、双塔水库、赤金峡水库等水利设施，目前全流域已建成 100 万立方米以上水库 5 座，有力的促进了该流域的经济发展。流域内辖昌马、双塔、花海三大灌区，承担着玉门市、瓜州县 22 个乡镇、6 个国营农场 89613.33 公顷耕地的农业灌溉和甘肃矿区等单位的工业供水、辖区生态供水及水利发电供水等任务。

黑河：黑河流域是中国西北地区第二大内陆河，河西走廊第一大内陆河，发源于祁连山北麓中部，其流域南以祁连山为界，东与石羊河流域相邻，西与疏勒河流域相接，北至内蒙古自治区额济纳旗境内的居延海，与蒙古人民共和国相接壤。流域范围涉及青海、甘肃、内蒙古三省（自治区），流域面积 14.29 万平方公里，其中甘肃省 6.18 万平方公里。黑河流域有 35 条小支流。黑河干流全长 821 公里，出山口莺落峡以上为上游，河道长 303 公里，面积 1.0 万平方公里，是黑河流域的产流区。莺落峡至正义峡为中游，河道长 185 公里，面积 2.56 万平方公里。正义峡以下为下游，河道长 333 公里，面积 8.04 万平方公里。随着用水的不断增加，部分支流逐步与干流失去地表水联系，形成东、中、西 3 个独立的子水系。其中西部子水系包括讨赖河、洪水河等，归宿于金塔盆地，面积 2.1 万平方公里；中部子水系包括马营河、丰乐河等，归宿于高台盐池—明花盆地，面积0.6万平方公里；东部子水系即黑河干流水系，包括黑河干流、梨园河及20多条沿山小支流，面积11.6万平方公里。黑河出山口多年平均径流量为24.75亿立方米，其中黑河干流莺落峡站15.80亿立方米，梨园河梨园堡站2.37亿立方米，其他沿山支流6.58亿立方米。截至1999年，全流域有中小型水库58座(其中平原水库40座)，总库容2.55亿立方米；引水工程66处，引水能力268立方米/秒，其中张掖、临泽、高台的引水能力就达228立方米/秒；总灌溉面积26.13万公顷，其中，农田灌溉面积204333.33公顷，林草灌溉57066.67公顷，万亩以上的24处灌区灌溉面积200733.33公顷。

石羊河：石羊河流域位于甘肃河西走廊东端，河流起源于南部祁连山，消失于巴丹吉林和腾格里沙漠之间的民勤盆地北部。石羊河全长250公里，自东向西由大靖河、古浪河、黄羊河、杂木河、金塔河、西营河、东大河、西大河8条河流及多条小沟小河组成，产流面积1.11万平方公里。上游祁连山区降水丰沛，有64.8平方公里冰川，是河流的水源补给地，前山皇城滩是优良牧场；中游流经走廊平地，形成武威和永昌诸绿洲，灌溉农业发达；下游是民勤绿洲。石羊河多年平均自产水资源量为15.6亿立方米，净地下水资源量1.0亿立方米，全流域自产水资源总量为16.6亿立方米，加上景电二期延伸向民勤调水6100万立方米和"引硫济金"调水4000万立方米，流域内现可利用水资源量为17.6亿立方米。经过多年以来大规模的水利建设，流域内已初步形成了以蓄、引、提为主的供水体系。全流域建成100万立方米以上水库15座，其中以大靖峡、黄羊河、南营、西马湖、红崖山及金川峡等水库较大。全流域实际总用水量为28.4亿立方米，其中地表水13.45亿立方米，地下水14.78亿立方米，地下水年超采4.3亿立方米。现有水地面积303333.33公顷，农业总用水量24.34亿立方米，占总用水量的85.7%。

黄河甘肃段：黄河甘肃段干流全长913公里，占干流河道总长度的16.7%。黄河由青海省久治县门堂乡第一次进入甘肃省玛曲地，在玛曲县形成433公里的黄河首曲，之后又进入青海省，流域总面积10180平方公里，入境流量为38.91亿立方米，出境时达147亿立方米，黄河水量在玛曲段流量增加了108.1亿立方米。黄河从积石山保安族东乡族撒拉族自治县第二次进入甘肃以后，经临夏县、永靖县、西固区、安宁区、七里河区、城关区、皋兰县、榆中县、白银区、靖远县、平川区，从景泰县出甘肃，共流经480公里，兰州水文站监测的多年平均流量为312.6亿立方米。积石山—兰州段，包括银川河、大夏河、庄浪河，流域总面积166万平方公里；兰州至下河沿段流域总面积2.97万平方公里，支流有宛川河和祖厉河，包括兰州市城关区、榆中县及白银市；下河沿—石嘴山段流域总面积0.12万平方公里。

黑河(黄河支流)：黄河支流的黑河又称墨曲，因两岸多为沼泽泥炭，河水呈灰色而得名。黑河是黄河上游重要支流之一，发源于四川省红原县和松潘县交界岷山西麓的洞亚恰，由东南流向西北，经若尔盖县、碌曲县后，于甘肃玛曲县曲果果芒汇入黄河，河道长456公里，流域面积7608平方公里。多年平均径流量为18.3亿立方米(若尔盖县站)，径流模数为24.1万立方米/平方公里。

大夏河：大夏河发源于甘肃与青海交界的大不勒赫卡山南北麓，河流全长203公里，流域面积7152平方公里。主要支流有格河、铁龙沟、老鸦关河、大滩河、牛津河等。土门关以南为上游，多为石质山地，海拔在2100米以上，气候湿冷；土门关以北为下游，流经黄土高原，沟壑纵横，植被较差，暴雨、泥石流、滑坡严重，大夏河川台宽谷区农业发达，北塬、永乐等渠道灌田各在万亩以上。临夏折桥监测的多年平均流量为 9.247 亿立方米。

洮河：洮河位于甘肃省南部，是黄河上游的第二大支流。洮河发源于青海省河南蒙古族自治县西倾山东麓，流经甘肃省碌曲、合作、卓尼、临潭、岷县、渭源、康乐、临洮、广河、东乡等县，在永靖县境汇入黄河。临洮红旗站监测的多年平均流量为 47.01 亿立方米，平均径流模数为 25 万立方米/平方公里，高出黄河流域平均数的 2.3 倍。干流河道长 673 公里，流域面积 25527 平方公里。岷县西寨以上为上游，河道长 384 公里，平均比降为 4.9‰，河谷开阔，地势平缓，两岸草原广布，水流稳定，水清见底，切割侵蚀微弱，河道比较稳定；西寨至临洮县的海巅峡为中游，河道长 148 公里，平均比降 2.8‰，因受地质构造影响，褶皱严重，河道弯曲多峡谷，两岸分布森林、草原，植被良好，水源涵养能力强，洪水小，含沙量低，河道水流逐渐加大，水流湍急，水力资源丰富；海巅峡以下为下游，河道长 141 公里，平均比降 2.5‰，谷宽滩多，两岸为黄土丘陵，植被很差，水土流失较严重。洮河年输沙量 2880 万吨，年平均含沙量只有 5.5 公斤/立方米，仅为黄河流域平均数的 1/6。

湟水河：湟水河是黄河上游最大的一条支流，发源于青海省海晏县以北的噶尔藏岭，河源海拔 4200 米，向东流经湟源、西宁、乐都、民和等地，于甘肃省永靖县付子村汇入黄河，入黄海拔 1565 米。湟水河干流全长 374 公里，流域面积 32863 平方公里，年平均径流量为 46.3 亿立方米，年输沙量 1918 万吨，平均侵蚀模数 1250 吨/平方公里。

大通河为湟水河的主要支流，位于青海省东北部，发源于海西蒙古族藏族自治州木里祁连山脉东段托来南山和大通山之间的沙杲林那穆吉木岭。向东流经祁连、门源盆地及甘肃的连城、窑街，穿流于走廊南山—冷龙岭和大通山—达坂山两大山岭之间，于民和县的享堂入湟水河，总长 554 公里，是甘肃省黄河之外水电资源最丰富的河流之一。流域面积 1.5126 万平方公里，年均流量 88.7 立方米/秒。永登连城监测的多年平均流量为 27.15 亿立方米。

庄浪河：发源于天祝县的玛妿雪山，流经永登县，于兰州市河口汇入黄河，全长 180 公里，流域面积 0.4 万平方公里。天祝县内为上游，属高原草甸草原带；永登县内为下游，属黄土高原带，土壤从高山草甸土向黄土高原黑垆土过度。庄浪河流域多年降水量为 375.7 毫米，多年地表水资源量 2.36 亿立方米。武胜驿站河水矿化度 0.37 克/升，pH 值 7.5；红崖子站水质为 III 级。

渭河：渭河是黄河的最大支流，发源于甘肃省渭源县鸟鼠山，从陕西省潼关汇入黄河。渭河流域可分为黄土丘陵沟壑区和关中平原区。渭河全长 818 公里，流域面积 13.43 万平方公里。渭河流域降水集中在夏季，又多暴雨，水土流失严重。其中泾河年输沙 2.96 亿吨，在各支流中输沙量最大。天水北道监测的多年平均流量为 12.24 亿立方米。

葫芦河：发源于六盘山南麓，向南流经宁夏西吉县白城、玉桥等乡镇进入甘肃省静宁县北峡口，在甘肃天水三阳川与渭河交汇，是渭河的第一大支流。河源海拔 2570 米，属温带半湿润区，降水量 550 毫米。河流全长 296.3 公里，流域面积 1.07 万平方公里，年总径流量 4.7 亿立方米。葫芦河地处黄土峁沟壑区，地表覆盖较厚的黄土层，秦安站多年输沙量 7270 吨/年，侵蚀模数 7410 吨/平方公里。

漳河：发源于漳县的最西端木寨岭以北的石嘴沟，是渭河的一支重要支流。漳河自西南向东流经漳县境内大草滩、嗄虎桥、三岔、盐井、武阳五个乡镇，于孙家峡流入天水市武山县。河流全长为 83.7 公里，其中漳县境内 61 公里，河床比降 1%～5%，流域面积 1270.05 平方公里，多年平均流量 7.36 立方米/秒，枯水流量 0.29 立方米/秒。

泾河：其南源是宁夏泾源县老龙潭，北源是宁夏固原县大弯镇，两河在甘肃平凉市西郊汇合后折向东南，至陕西长武县亭口附近先后纳马莲河、蒲河、黑河等支流，形成辐射状水系，在陕西高陵县附近注入渭河。宁县杨家坪监测的多年平均流量为 7.31 亿立方米。

嘉陵江：嘉陵江是长江上游的重要支流，发源于秦岭，来自陕西省凤县的东源与甘肃天水的西汉水汇合后，向西南流经略阳，穿大巴山，至四川省广元市昭化纳白龙江，南流经南充到合川先后与涪江、渠江汇合，到重庆市注入长江。长 1119 公里，流域面积近 16 万平方公里，是长江支流中流域面积最大，长度仅次于汉水，流量仅次于岷江的大河。徽县嘉陵镇谈家庄监测的多年平均流量为 14.19 亿立方米。

白龙江：白龙江是长江重要支流嘉陵江的支流，也有观点认为是嘉陵江的正源，发源于甘肃、四川交界的岷山北麓郎木寺，海拔 4078 米，经甘肃省武都东南入四川，在广元市昭化汇入嘉陵江。白龙江全长 576 公里，流域面积 3.18 万平方公里。河道穿行于山区峡谷，平均比降 4.83%，天然落差 2783 米。年平均流量 389 立方米/秒。陇南武都监测的多年平均流量为 41.41 亿立方米。

白水江是白龙江最大的支流，发源于甘肃、四川交界岷山山脉南端的弓杆岭，自西北向东南流经四川省九寨沟县和甘肃省文县，于文县玉垒乡关头坝汇入白龙江碧口水库。流域面积 8316 平方公里，干流全长 296 公里，其中四川境内 189 公里，甘肃境内 107 公里，河道平均比降 10.1%，径流量为 23.45 亿立方米。

西汉水：西汉水是嘉陵江的支流，发源于天水市秦州区南部齐寿山，在秦州区流经齐寿乡、平南镇、天水镇，进入礼县流经盐关镇、祁山乡、永兴乡、城关镇后折转向南，流经石桥镇、江口乡、龙林乡，于雷坝乡急转向东，然后进入西和县、成县，在陕西省略阳县注入嘉陵江，全长 279 公里，流域面积 9569 平方公里。成县镡家坝监测的多年平均流量为 14.07 亿立方米。

1.2.4.2　季节性或间歇性河流

季节性河流多为江河的次级小支流，平时是干河滩。全省季节性河流总面积 93403.55 公顷，主要分布在张掖、酒泉、甘南等市（自治州），重要的季节性河流有黑河、疏勒河、石羊河的尾河及其部分支流，洮河、大夏河、白龙江的源头及部分次级支流，渭河、祖厉河的源头及其支流。较大的湿地斑块有临泽县的大沙河湿地；民乐县的苏油口河、洪水大河、小堵麻河；肃南裕固族自治县的野马大泉、陶莱河滩；高台县的摆浪河、石灰关河、水官河湿地；甘州区的火烧沟；山丹县的位奇镇河；敦煌市的多坝河；嘉峪关市的断山口河湿地；阿克塞哈萨克族自治县的九龙沟、七里沟、赛马沟；金塔县的黑河北沙门子湿地；玉门市的昌马河冲击扇、北石河、赤金河；肃北蒙古族自治县的石洞沟；玛曲县的当庆、曲合尔；碌曲县的滴集塘、西隆沟、压仓沟、阿尼库曲；夏河县的萨京沟、西清水沟、石头沟；卓尼县拉力沟、伊纳沟等。季节性河流多为裸地，有少量湿生植物生长，可进行放牧但利用价值低，生产力不高。

1.2.4.3　洪泛平原

洪泛平原是河床至河流年平均最高水位所淹没的区域，包括河滩、河心洲、河谷、季节性泛滥的草地以及保持了常年或季节性被水浸润的内陆三角洲。全省洪泛平原总面积 105895.96 公顷。较大的洪泛平原湿地斑块有肃南县的北大河红土湾河滩、古松林河湿地、西大河河坝、洪水坝、野马大泉河；山丹县的西大河河坝、古松林湿地；甘州区的山庄湿地；高台县的巷道乡河滩湿地；临泽县的小鸭河滩湿地；民乐县的西上坝泛洪、苏油口泛洪平原，敦煌市的党河（敦煌市南），金塔县的弱水河心洲、北大河洪泛地、北大河北滩；玉门市的蘑菇滩河、昌马河河心洲；肃北县的党河洪泛平原、野马大泉滩湿地、石油河湿地；瓜州县的双塔水库湿地、疏勒河洪泛区、七道河湿地、四道河湿地；阿克塞哈萨克自治县的大苏干湖湿地；天祝藏族自治县的古古拉、西大岭、旗子岭湿地；古浪县的荣家庄河滩；玛曲县的那热浩尔河东洪泛地、欧拉河滩、玛曲军马场河滩、玛曲南段河滩湿地；碌曲县的尕海湿地；卓尼县的洮砚河心洮河洲湿地等。洪泛平原大多为牧地，少量为灌木林地。由于积水时间短，水草难以正常生长而旱生类型的草本植物又不适应积水环境难以入侵，所以洪泛平原牧地的生产力一般不高。

1.2.5　运河/输水河

运河/输水河大多是以灌溉为主要目的，基本上都是 1970 年前后国家进行农田水利建设时建造的，全省运河/输水河总面积 5049.73 公顷。主要分布在酒泉、张掖、金昌、武威、白银、兰州等地。重要的运河/输水河有疏勒河灌区输水干支渠、黑河灌区输水干支渠、石羊河灌区输水干支渠、引大入秦干支渠、景泰川电力提灌干支渠等。甘肃河西走廊、陇中等干旱地区的农业基本上是灌溉农业，运河/输水河在这些地区发挥着极为重要的作用，是农业丰收的保障。

1.2.6　湖　泊

1.2.6.1　永久性淡水湖

永久性淡水湖是由淡水组成的永久性湖泊，全省总面积 6953.37 公顷，主要分布在酒泉市和甘南藏族自治州。较大的永久性淡水湖斑块有瓜州县的双塔水库；嘉峪关市的东沙湖、东湖；肃州区的钻洞湖、花城湖；天祝藏族自治县的天池；肃南裕固族自治县的观山海子；碌曲县的尕海湖；文县的羊汤天池；永靖县的太极岛湿地；永登县的芦井水等。

尕海湖：尕海湖位于甘南藏族自治州碌曲县境内，是甘肃最大的高原淡水湖。海拔 3480 米，湖水面积为 4732.34 公顷，平均水深为 1.5 米，蓄水 0.71 亿立方米，为青藏高原东部的一块重要湿地，被誉为高原上的一颗明珠。

小苏干湖：小苏干湖是一个具有出口的淡水湖。海拔 2807～2808 米，水域面积 1208.08 公顷，平均水深 0.1～0.6 米，最深 2 米，蓄水 0.24 亿立方米。小苏干湖水通过齐力克河流向大苏干湖。本区为高寒半干旱气候，年平均温度 −0.4℃，年平均降水量 77.6 毫米。

1.2.6.2　永久性咸水湖

永久性咸水湖是由微咸水、咸水或盐水组成的永久性湖泊，虽然不能提供可用水资源，但在调节气候等方面发挥着重要的生态功能。全省永久性咸水湖总面积 3201.35 公顷，主要分布在酒泉市。较大的永久性咸水湖斑块有阿克塞哈萨克族自治县的大苏干湖；肃北蒙古族自治县的德勒诺尔咸水湖；敦煌市的大月牙湖、小月牙湖；靖远县的天字壕湿地等。

大苏干湖：大苏干湖处于阿尔金山、党河南山与赛什腾山之间的花海子—苏干湖盆地的色勒屯（海子）草原西北端，为盆地最低处。海拔 2795～2808 米，水域面积 6512.75 公顷，平均水深 2.84 米，蓄水 1.72 亿立方米。该地属内陆高寒半干旱气候。

1.2.6.3　季节性淡水湖

季节性淡水湖是由淡水组成的季节性或间歇性淡水湖（泛滥平原湖）。全省季节性淡水湖总面积

299.38 公顷，主要分布在张掖市和甘南藏族自治州。较大的季节性淡水湖斑块有山丹县的东湾湖等。

1.2.6.4　季节性咸水湖

季节性咸水湖是由微咸水、咸水或盐水组成的季节性或间歇性湖泊。全省季节性咸水湖总面积 455.73 公顷，主要分布在酒泉市的玉门市及张掖市的肃南县，较大季节性咸水湖斑块有玉门市的干海子、肃南裕固族自治县的莲花海子等。

干海子位于玉门市东北 75 公里处，面积 353.22 公顷，湖面海拔 1203 米，是一个内河流域沙质平原上的小型季节性微咸水湖泊和河滩沼泽地，其水源主要是疏勒河流域等南部河流渗入的地下水，这些地下水向北运动，以泉水形式沿洪积扇前缘溢出地表，形成泉水河，由西向东汇入干海子。

1.2.6.5　库　塘

库塘是人工建造的蓄水设施，包括水库、农用池塘、城市公园景观水面、城市湿地公园、水产养殖场等，重要的库塘湿地有刘家峡水库等。全省库塘总面积 36747.71 公顷，主要分布在酒泉市、张掖市及临夏藏族自治州。

1.2.6.6　水　库

水库大多为蓄水发电和农业灌溉而修建，基本上都是国家投资的水利工程。较大的水库斑块有敦煌市的党河水库；高台县的芦湾墩水库、小海子水库；瓜州县的北桥子蓄水区；嘉峪关市的人工湖、大草滩水库；金川区的金水湖；金塔县的海湾水库、北大河水库、北河湾水库、解放村水库；静宁县的东峡水库；礼县的红河水库；临泽县的鲍家水库；民乐县的翟寨子水库、双树寺水库；山丹县的李桥水库；肃南裕固族自治县的瓦房城水库、梨园河水库、皇城水库、西大河水库；永昌县的金门峡水库；榆中县的青城荷花塘；民勤县的红崖山水库；肃州区的鸳鸯池水库；西峰区的巴家嘴水库；永靖县的刘家峡水库；玉门市的昌马河水库、孟家塘湾水库等。

全省大中型水库 29 座，2013 年年末蓄水总量 38.717 亿立方米，除刘家峡、碧口水库外，其余以供水为主的水库蓄水量 7.532 亿立方米，见表4-4。

表 4-4　2013 年年末大中型水库蓄水量表（亿立方米）

水库名称	蓄水量	水库名称	蓄水量	水库名称	蓄水量
党河	0.2887	双树寺	0.0508	西营河	0.0521
双塔	1.6990	翟寨子	0.0232	南营	0.0468
赤金峡	0.2265	李桥	0.0425	红崖山	1.6690
鸳鸯池	0.8161	祁家店	0.0256	黄羊	0.1488
解放村	0.1083	西大河	0.3010	大靖峡	0.0393
鹦鸽嘴	1.9333	金川峡	0.5080	刘家峡	26.9000
瓦房城	0.0499	皇城	0.4638	高崖	0.0479
昌马	1.1800	锦屏	0.0179	东峡	0.0340
崆峒	0.1978	巴家咀	0.0705	红河	0.0682
晚家峡	0.0390	碧口	1.6680		

内陆河流域的党河、西营河、双塔堡、赤金峡、红崖山、鸳鸯池、黄羊、西大河、金川峡、瓦房城和昌马等水库基本上以农业灌溉为主，而黄河流域的刘家峡和长江流域的碧口水库等基本上是以发电为主、兼有农业灌溉和蓄洪功能。

（1）灌溉水库：灌溉水库的主要目的，是蓄积雨季的自然降水或暖季的消冰水为旱季进行农业灌溉的水利设施，一般兼有发电功能。重要的灌溉水库如下。

双塔堡水库：位于酒泉市瓜州县，是甘肃省最大的农业灌溉水库，总库容2.4亿立方米。水库始建于1958年，1962年投入运行，1978～1983年进行了第一次除险加固，2002年6月～2005年8月又进行了第二次除险加固。其主要水源是疏勒河经昌马灌区引用后的尾水，多年平均径流量为2.97亿立方米，其中河水占57%，泉水占43%。水库灌区规划灌溉面积21333.33公顷。

党河水库：位于酒泉市敦煌市西南34公里的党河（内陆河）干流上，1970年1月～1975年1月修建，是以灌溉为主兼顾发电的一个中型水库，坝址以上集水面积16970平方公里，多年平均径流量2.93亿立方米，主要由融化冰雪补给，总库容4640万立方米，浇灌着全市近2.4万公顷耕地。

昌马水库：位于玉门市疏勒河的昌马峡峡谷内，1997年9月30日开工，1999年9月30日主体工程完工，2002年12月建成并投入运行。水库总库容1.94亿立方米，水面达15平方公里。昌马水库的建成，标志着疏勒河项目骨干水利工程基本完成，与下游的双塔水库、赤金峡水库联合调度运行，形成蓄水、发电、输水、提排、防洪、养殖等功能齐全的水利枢纽，河水的利用率提高到80%以上，灌区灌溉面积27680公顷。

瓦房城水库：位于民乐县城西南约37公里的大堵麻河上，流域面积211平方公里，是一座以灌溉为主，兼顾防洪、发电的水库。水库工程于1975年动工修建，1978年主体工程竣工，1979年开始蓄水发挥效益，2003年、2006年进行了两次除险加固。水库总库容2160万立方米，设计有效灌溉面积9578.67公顷。

鸳鸯池水库：位于酒泉市金塔县城西南约12公里处，黑河支流讨赖河流域的夹山峡谷，水库始建于1943年6月，1947年5月建成蓄水，自1958年以来先后进行了五次扩建加固除险。总库容1.1亿立方米，灌溉面积24240公顷。

解放村水库：位于酒泉市金塔县城，始建于1969年，1971年建成投入运行，后经三次加固维修，总库容3905万立方米，兴利库容3000万立方米，多年平均径流量3.48亿立方米，是一座以灌溉为主兼顾发电、防汛的中型水库，灌溉面积3533.33公顷。

南营水库：位于酒泉市金塔县城南20公里处的南营乡南营村金塔河出山口处。水库于1969年动工，1971年建成蓄水，是一座以灌溉为主，兼顾防洪、发电的中型水库。水库上游集水面积为852平方公里，总库容2000万立方米，有效灌溉面积9233.33公顷。

赤金峡水库：位于玉门市西北50公里处的石油河中游赤金峡，是一座以农业灌溉为主兼顾防洪的中型水库，始建于1958年，后经加高扩建，总库容达到3878万立方米，有效灌溉面积达10666.17公顷。

西大河水库：位于金昌市永昌县城西南60公里处永昌县西部草原的大河坝滩，水库建成于1974年，总库容量6800万立方米，有效灌溉面积2300公顷。是一座以农业灌溉为主，结合防洪、发电、养殖等综合利用的中型水库。

金川峡水库：位于金昌市永昌县，始建于 1964 年，库容 6300 万立方米，担负着镍都金昌市工矿企业和城市人民生产、生活及河西堡等 4 个乡（镇）农田灌溉、养鱼、发电等供水任务，总库容 6800 万立方米，有效灌溉面积 83600 公顷。

小海子水库：位于高台县城东南 15 公里处，是一座从黑河引水旁注式调节性洼地水库，始建于 1958 年，后经数次加固加高。一次性蓄水最大库容 1048.1 万立方米，有效灌溉面积 6666.67 公顷。

祁家店水库：位于山丹县马营河流域下游，距县城 8 公里，水库兴建于 1956 年，1957 年竣工，总库容为 2410 万立方米，年调节水量在 400 万～500 万立方米之间，承担着下游东乐乡 266.67 公顷耕地的农业灌溉、人畜饮水及下游西气东输管道工程、国道 312 线、西兰乌通讯光缆等重要设施的防洪安全。

李桥水库：位于山丹县城南 33 公里的马营河干流上，始建于 1958 年 7 月，是一座以灌溉为主，兼发电、防洪调蓄的中型水库。设计总库容 1540 万立方米，有效灌溉面积 6800 公顷，肩负着下游李桥、位奇、陈户、清泉四个乡镇部分灌区土地的灌溉任务。

红崖山水库：位于武威市民勤县，始建于 1958 年，是亚洲最大的沙漠水库，总库容量 1.27 亿立方米，设计灌溉面积 60000 公顷。水库建有输水洞、泄洪闸、西坝溢洪道等，以蓄水灌溉为主，兼具防洪、养渔、旅游等综合利用功能。水库落成后不久，位于民勤县北段的青土湖完全干涸。

黄羊水库：位于武威市凉州区中路乡夹台村黄羊河水峡口入口处，是凉州区最早建立的一座中型水库，总库容达到 5644 万立方米。是一座以灌溉为主，兼顾防汛、发电的中型水库。水库于 1960 年建成，后经 3 次除险加固，目前坝高 52 米，坝长 126 米，坝顶宽 12 米。

大靖峡水库：位于古浪县，始建于 1959 年，1960 年竣工，多次加固和改建。是古浪县唯一的一座中型水库，总库容 1226 万立方米。

巴家嘴水库：位于黄河二级支流蒲河中段镇原、西峰交界处，1959 年动工，1962 年 7 月竣工。属当时全国 12 座重点拦泥水库之一，被誉为黄土高原第一坝。巴家嘴水库是黄土高原上集防洪、蓄水、发电、灌溉、供水、旅游等为一体的大型综合性水利工程，总库容 5.11 亿立方米，有效库容为 1.78 亿立方米，控制流域面积 3522 平方公里。已建成二级电站，年发电 400 万千瓦时以上，灌溉面积达 9600 公顷，同时成为西峰城乡第二供水水源。

崆峒水库：位于泾河前峡出口平凉市以西约 12 公里的崆峒山下，工程于 1971 年 10 月动工，1980 年建成投入使用，水库控制集水面积 597 平方公里。坝址以上流域呈扇形，两岸高山耸立，阴湿多雨，乔、灌木等次生林茂盛，植被良好，水流含沙量较小，属轻度水土流失区。

九甸峡水利枢纽：位于卓尼县境内的九甸峡，为引洮工程的龙头工程，是集发电、灌溉、防洪、生态环境用水和工业用水的综合配套工程，枢纽主要建筑物包括钢筋混凝土面板堆石坝、左岸 1、2 溢流洞、右岸泄洪洞、右岸引水发电洞、供水工程总干渠进水口等。坝顶海拔 2206.5 米，正常蓄水位 2202 米，最大坝高 136.5 米，水库总库容 9.43 亿立方米。

牙塘水库：位于临夏市和政县广通河上游支流牙塘河柳梅滩附近，距和政县城约 25 公里，是东乡县南阳渠灌溉工程的水源工程，水库由挡水大坝、泄洪输水隧洞、溢洪道和有关附属建筑物组成，坝长 447 米，坝高 572 米，水库建设工程于 1996 年 9 月开工，2004 年 9 月竣工，水库总库容 1920 万立方米。

（2）发电水库：发电水库的主要目的，是通过抬高水位、蓄积水量，利用水位差（落差）的水能进行发电的水利设施，如黄河干流上建设的刘家峡、盐锅峡、八盘峡，这类水库大多兼有蓄水防洪、农田灌溉、水产养殖、维护生物多样性的功能和生态旅游的作用。重要的水电站如下。

刘家峡水库：位于甘肃省永靖县境内的黄河干流上，坝型为重力坝，最大坝高 147 米。水库正常高水位 1735 米，相应设计库容 57 亿立方米，有效库容 41.5 亿立方米，死水位 1694 米，相应死库容 15.5 亿立方米。

盐锅峡水库：位于甘肃省永靖县，是在黄河干流上最早建成的以发电为主，兼有灌溉效益的大型水利枢纽工程，水库坝顶海拔 1624.2 米，正常高水位 1619 米时，相应库容为 2.16 亿立方米，有效库容为 0.95 亿立方米，共 6 孔溢洪道，最大泄洪量为 5500 立方米/秒。

八盘峡水库：位于兰州市西固区境内，是黄河干流上的一座以发电为主、兼顾供水和灌溉的低水头水库。大坝为混凝土重力坝，坝高 33 米，坝长 396 米，水库总库容 0.49 亿立方米，为日调节水库，正常蓄水位 1578 米，最高洪水位 1578.5 米，调节库容 0.09 亿立方米。

黄河大峡水库：位于榆中县与白银区交界的大峡峡谷出口处，是黄河小三峡梯级、流域、滚动、综合开发建设的第一座发电水库。混凝土重力坝挡水前沿总长 257.88 米，最大坝高 72 米，正常蓄水位 1480 米，总库容 0.9 亿立方米。

黄河小峡水库：位于皋兰县小峡峡谷出口处，水库的主要任务是发电，兼有灌溉、旅游等效益，水库正常蓄水位 1499 米，最大坝高 50.7 米，总库容 4800 万立方米，为日调节水库，工程规模属三等中型工程。

黄河乌金峡水库：位于白银区四龙镇和靖远县平堡乡交界处，水库正常蓄水位 1436 米，总库容 2368 万立方米。

碧口水库：位于文县碧口镇嘉陵江支流白龙江上，是 1976 年建成的白龙江上第一座大型水库工程。碧口水库的设计库容 5.21 亿立方米，水库以发电为主，兼有防洪、航运、养殖和灌溉等综合效益。

皇城水库：位于肃南裕固族自治县，属金昌市永昌县修建和管理。水库于 1985 年修建，总库容 8000 万立方米。因为有了皇城水库，永昌县开始迈向小水电建设开发之路。

此外，尚有大夏河流域的电站水库、白龙江流域的电站水库、西汉水流域的电站水库，这些水库的面积都比较小。

1.2.6.7　湿地公园

张掖黑河国家湿地公园（试点），公园湿地面积 962.35 公顷；兰州秦王川国家湿地公园（试点），湿地面积 113 公顷；民勤石羊河国家湿地公园（试点），湿地面积 3233.0 公顷；文县黄林沟国家湿地公园（试点），湿地面积 83.2 公顷；嘉峪关草湖国家湿地公园（试点），湿地面积 711.5 公顷；康县梅园河国家湿地公园（试点），湿地面积 218 公顷；酒泉花城湖国家湿地公园（试点），湿地面积 487 公顷；榆中县青城省级湿地公园，湿地面积 54.5 公顷；兰州银滩城市湿地公园，湿地面积 42.50 公顷。

1.2.6.8　水产养殖场

甘肃省的水产养殖大多在现有水库、湖泊、河流或小的鱼塘中，专门的水产养殖场并不多见。较大的水产养殖场斑块有敦煌市的石盆水产养殖场；嘉峪关市的中营湖；肃州区的临水河水产养殖场；民勤县的莲泉鱼塘；临夏市的王家磨鱼塘，靖远县的小兵道农场水产养殖场、虎头嘴东南水产养殖场、李庄东水产养殖场；白银区的皮川渔场、许家滩水产养殖场等。水产养殖场的面积7701.34公顷。

1.2.7 重要水利工程

甘肃省先后建成了景电一、二期电力提灌、景电二期延伸向民勤调水、引大入秦、疏勒河农业综合开发、东乡南阳渠灌溉、黑河流域近期治理、盐环定扬黄甘肃专用工程等多项重点水利工程项目，全省水利工程年供水能力达143.26亿立方米，实际供水量123.16亿立方米。初步形成了以供水、灌溉、防洪、发电、生态保护为主的水利工程体系，在保障饮用水安全、粮食安全、防洪减灾、经济发展、生态建设等方面发挥了重要作用。

1.2.7.1 引流灌溉工程

昌马河灌区工程：位于河西走廊西部疏勒河中游冲积扇区域，是20世纪50年代兴建的一项大型自流灌溉工程，灌区水源为疏勒河，经花儿地出祁连山到玉门市昌马乡一带称昌马河，又纳小昌马河从鹰嘴山水峡口流出。以上河道流程约338公里，通过昌马峡的多年平均径流9.94亿立方米，昌马河灌区多年平均用水3亿立方米，每年向花海灌区调水0.38亿立方米，工业用水0.5亿立方米。1949年，灌溉面积已有13300公顷。1958年建成以渠首引水枢纽、总干渠、北干渠、东干渠、西干渠为主体的昌马河灌溉工程。随后30多年中又对原建骨干工程不断进行改建、扩建，以及田间工程全面规划配套，使灌区形成了较完整的灌溉渠系。灌溉面积发展到27680公顷。

引大入秦工程：引大入秦工程是为解决兰州市永登县秦王川地区干旱缺水问题，将流经青海、甘肃两省交界处的大通河水跨流域调至兰州市以北60公里处秦王川地区的大型水利工程，简称为"引大入秦工程"。1994年10月10日，号称"西北都江堰"的引大入秦工程总干渠全线通水。引大入秦工程每年引水量4.43亿立方米，规划灌溉面积57333.33公顷，年均农林牧业总产值可达3.84亿元。从根本上解决了永登、皋兰两县22个乡（镇）28.3万农民生产生活用水。

引大济西工程：是从大通河引水，解决西大河流域及其周围民勤县、山丹县缺水问题的跨流域调水工程。引大济西工程为蓄引提相结合的工程，水利枢纽设在大通河干流青海省境内纳子峡处，最大坝高125米，总库容5.4亿立方米，水电站装机容量50亿千瓦，年发电量2.6亿千瓦时。引大济西工程设计年调水量2.5亿立方米，其中金昌市1.5亿立方米，民勤1.0亿立方米。

引硫济金工程：为引大济西的一期工程，由引水枢纽和引水隧洞组成，输水入西大河水库上游。工程于1996年1月开工，2003年5月成功地从青海省门源县将黄河支流硫磺沟的水穿越祁连山冷龙岭引至金昌。引水渠首设在硫磺沟上，为闸堰结合型式，修建穿越冷龙岭隧洞一座，全长8866米，进口处海拔3436.5米，隧洞最大埋深660米，设计引水流量7.5立方米/秒，最大流量19.5立方米/秒，每年引水量为4000万立方米。

引洮工程：2006年11月22日，甘肃省水利建设史上最大的水利工程——引洮工程正式开工。工程规划灌溉面积80000公顷，覆盖5个县（区）140万人口的农村和城镇供水工程及11600公顷田间配套工程已全面开工建设。引洮工程是从根本上解决以定西为代表的中部干旱地区水资源极度短缺问题，实现区域经济社会可持续发展的大型跨流域调水工程。工程以洮河九甸峡水利枢纽工程为水源，总干渠设计引水流量32米/秒，加大引水流量36米/秒，年调水总量5.5亿立方米。供水总受益面积为1.97万平方公里。

东乡南阳渠引水灌溉工程：这是一项跨流域的以自流引水为主的中型工程，水源位于和政县南部的太子山下，经筑坝蓄水再穿山越岭，将广通河上游的支流——牙塘河水沿东北方向跨南阳山流入东乡境内，经关卜、百和直到东乡县城所在地锁南坝镇。引水工程于 1995 年 11 月开工，2004 年 6 月主体工程建成，总干渠全线试通水。工程设计引水流量 4 立方米/秒，年引水量 4439 万立方米，包括一座总库容为 1920 万立方米容量的牙塘水库和 300 多公里的总干渠、干渠、支渠以及相应的田间配套设施，发展灌溉面积 8000 公顷，从根本上改变东乡县缺水状况，解决工农业生产和生活用水，还将对改善和政县、临夏县和东乡县的生态环境起到至为关键的作用。

此外，较大的引流灌区还有：永昌东大河灌区，规划灌溉面积 20666.67 公顷；永昌西大河灌区，规划灌溉面积 23000 公顷；民乐洪水河灌区，规划灌溉面积 20000 公顷；凉州杂木河灌区，规划灌溉面积 20200 公顷。

1.2.7.2 水库蓄水灌溉工程

水库蓄水灌溉工程主要有凉州西营灌区，规划灌溉面积 25000 公顷；山丹马营河灌区，规划灌溉面积 20400 公顷；民乐大堵麻灌区，规划灌溉面积 21466.67 公顷；肃州洪临灌区，规划灌溉面积 21333.33 公顷；甘州大满灌区，规划灌溉面积 20133.33 公顷；甘州西浚灌区，规划灌溉面积 20000 公顷；甘州盈科灌区，规划灌溉面积 20933.33 公顷；临泽梨园河灌区，规划灌溉面积 20466.67 公顷；高台友联灌区，规划灌溉面积 22333.33 公顷。

1.2.7.3 电力提灌灌区

景泰川电力提灌工程：景泰县是甘肃中部 18 个干旱县之一，尽管黄河水从门前流过，可由于水低地高，景泰人却用不上水。1971 年 9 月 30 日景泰川电力提灌工程正式上马，1974 年 5 月景电一期工程的建成，开了沿黄高扬程电力提灌工程的先河。1984～1994 年建成景电二期工程。1995～2000 年又建成景电二期延伸向民勤调水工程，完成提水量 86.55 亿立方米，灌溉面积达到 66666.67 公顷。截至 2009 年 9 月，景电灌区已累计生产粮食 61.17 亿公斤、经济作物 19.73 亿公斤，产生直接经济效益 79.98 亿元，是工程投资的 7.9 倍，同时景电的百万亩灌区与三北防护林连成一片，有效抵御了腾格里沙漠的南侵，尤其是景电二期延伸工程使黄河水继续经过荒漠戈壁流向民勤，缓解了民勤水资源枯竭、生态恶化的状况。自 2001 年开始，景电工程已累计为民勤总调水 4 亿立方米，有效地缓解了民勤水资源危机、土地沙化、生态恶化等问题。

白银靖会电力提灌工程：是 20 世纪 70 年代初期在中部干旱地区兴建的一座大型高扬程引黄灌溉工程，工程于 1971 年 10 月动工，覆盖靖远、会宁两县的 8 个乡镇。干渠 178 公里，通过 17 级泵站，将黄河水提升总高度达到 529 米。规划灌溉面积 20266.67 公顷，有效灌溉面积达 15333.33 公顷。2005 年，靖会电灌工程把黄河水送到了会宁县城，这是白银境内黄河向南流出最远的地方。

白银堡子川电力提灌工程：工程位于白银与宁夏交界处，属于大型高扬程提水灌溉工程，于 1984 年建成，有效灌溉面积 21333.33 公顷。受益地区包括靖远、平川、海原、中卫（沙坡头）四个县（区）的 10 个乡镇，20 万人口，其中从干旱山区移民 7 万多人，解决了靖远北部地区 10 万多人吃粮和饮水困难。

巴家嘴电灌工程：位于庆阳市西峰区后官寨乡与镇原县太平镇接壤处，依托总库容 5.11 亿立方米、有效库容为 1.78 亿立方米的巴家嘴水库，通过装机容量 2.65 千瓦、设计流量 4.86 立方米/秒的 9 级电力提灌工程，设计灌溉面积 9.33 万公顷，已配套灌溉面积 6200 公顷。

1.2.7.4   人饮解困工程

近年来，甘肃省通过集雨水窖建设，有效解决了受益地区的长期人畜饮水困难。截至 2008 年，在 11 个地区 65 个县建成集雨节灌水窖 241 万眼，蓄水能力达到 9700 万立方米，发展集雨补灌面积 373333.33 公顷，有效改善了旱作农业生产条件和居民用水条件，全省农村自来水普及率达到 40%，比这些项目实施前提高了 15%。截至 2009 年，全省累计解决了 1396 万农村人口的饮水困难，总体上使 1025 万农村人口达到了饮水安全标准，其中集中供水工程解决了 913 万人，分散供水工程解决了 112 万人。其中，重要的人饮工程有 3 个。

广河县中南部农村饮水安全工程：广河县地处黄土高原丘陵沟壑地带，属于半干旱地区，总人口 21 万，吃水难一直是当地群众面临的问题。广河县最大的引水工程、民生工程——中南部农村饮水安全工程正式通水后，解决了广河县 21 万人及和政县、康乐县约 8000 多人的饮水问题。

陕甘宁盐环定扬黄工程：国家"八五"重点建设项目之一。工程分三省区共用工程和各省区专用工程。1996 年 9 月共用工程完工，共建成干渠 123.6 公里。2009 年 4 月，甘肃专用工程正式开工，建成后可解决环县县城和北部 10 个乡镇 18.9 万人、31 万头牲畜的饮水问题。甘肃专用工程隧洞工程全部建成贯通，管槽开挖、管基处理全部完成，管道安装 82.6%，基本完成水通环县县城的主体工程建设任务。

引党济红工程：为了满足阿克塞哈萨克族自治县新县城市民生活用水和城市绿化用水需求，从根本上解决新城严重缺水的局面，实施引党济红工程，引水管道长 56 公里，年引水量 500 万立方米，工程于 2001 年竣工。

1.2.8   重要水资源治理工程

疏勒河流域水库联合调度：疏勒河流域的灌区开发历史悠久，目前，已发展灌溉面积 70666.67 公顷，人均占有水地 0.31 公顷，是全河西乃至全省人均占有水地面积最多的灌溉区。疏勒河流域建设人为控制的调蓄水库后，实现了上游的昌马水库与下游的双塔水库、赤金峡水库联合调度，改变了流域空间的用水不平衡，水资源实现了统一配置，统一调度和统一管理，发挥了调节径流、拦洪调蓄、农业灌溉、工业和城镇供水、生态用水、水产养殖、观光旅游等水电产业的综合功能，结束了疏勒河灌区春夏抗旱的历史。

黑河水量统一调度和流域治理：世纪之交，党和国家做出了实施黑河水量统一调度和流域治理的重大决策。1999 年 1 月，国家正式批准成立黄河水利委员会黑河流域管理局。按照分步实施、逐步到位的原则，实现当黑河干流年来水量达到多年平均 15.8 亿立方米时，向正义峡以下输水 9.5 亿立方米的目标。2000 年 8 月 21 日上午，张掖地区沿黑河干流首次实施"全线闭口，集中下泄"，拉开了黑河跨省区调水的序幕，2002 年，首次将黑河水送进干涸 10 年之久的东居延海。2004 年大旱之年，2 次调水进入东居延海，形成水面 35.8 平方公里，为 1958 年以来最大水面。2005 年历史性地自 1992 年以来首次实现东居延海全年不干涸，创造了内陆河人工调水的奇迹。

黑河流域综合治理工程：主要任务是加强天然林保护和天然草场建设，建立国家级农业高效节水示范区，搞好防风固沙林更新改造，积极稳妥地调整农林牧结构，限制高耗水、重污染产业，建设内蒙古输水干渠，建立国家级生态保护示范区，搞好额济纳绿洲地区生态建设与环境保护等。主要建设内容是围栏封育 120000 公顷、黑土滩及沙化治理 23333.33 公顷、天然林封育

40000 公顷、人工造林 6666.67 公顷，渠系改造 1645 公里、高新节水 29000 公顷、田间配套 60000 公顷、退耕还林还草 21333.33 公顷，水闸改建、胡杨林封育 20000 公顷、饲草料基地建设、生态移民（1500 人）、水库补强加固、护岸工程、排污系统改造、供水及节水改造、水资源管理调度系统建设等。工程于 2001 年底陆续开工建设。

石羊河流域重点治理：据有关资料，在西汉时期青土湖面积达 4000 平方公里，隋朝时为 1300 平方公里，明清时期最大水域为 400 平方公里。民勤县境内的青土湖 1959 年彻底干涸，成为民勤北部最大的沙区，并且形成了长达 13 公里的风沙线。为了彻底改善石羊河流域的生态环境，避免使民勤成为"第二个罗布泊"，2007 年实施了石羊河流域重点治理工程。在三年的治理中，石羊河流域全面推行了水权水价制度改革，严格总量控制与定额管理，实现了配水到户和按定额、轮次配置水权，并且对灌区实施节水工程改造，关闭农业灌溉机井和减少农田灌溉配水面积，大力发展设施农业。2009 年武威市水资源配置总量削减为 18.36 亿立方米，比 2006 年减幅达 21%。流域治理以来，民勤蔡旗断面累计下泄水量 6.3 亿立方米，较 3 年前增加了 38%。2009 年累计改建干支渠 337 公里，配套节水灌溉面积 38666.67 公顷，关闭机井 660 眼，压减农田灌溉面积 10666.67 公顷，西营专用输水渠主体工程建成，民勤蔡旗水文站断面总过水量达 1.74 亿立方米，石羊河下游民勤盆地局地生态环境有了明显恢复和改善。2010 年全市水资源配置总量 16.12 亿立方米，比 2006 年用水量减少 7.14 亿立方米，减幅达 30.7%。从 2010 年 9 月份开始，就从红崖山水库给青土湖注水 1300 万立方米，入湖 860 万立方米，形成了 3 平方公里的湖面。

1.2.9　水产养殖

包括淡水养殖的鱼池、虾池和沿岸高位养殖场所提供的品种、产量和价值。2008 年甘肃省水产品产量 1.17 万吨。

陇南市：陇南市渔业起步于 1980 年，已形成拥有商品鱼生产基地、水产苗种繁育体系、水产技术推广和渔政管理体系、水产品营销体系的新型产业，养殖方式包括水库网箱养鱼、池塘养殖、塘坝养殖、莲藕栽植和藕鱼套作、高密度流水养殖等。养殖的主要种类有鲟鱼、虹鳟、金鳟、草鱼、团头鲂、鲢鱼、鳙鱼、建鲤、彭泽鲫、异育银鲫、湘云鲫、大口鲶、斑点叉尾鲴、黄颡鱼、大鲵。2009 年全市养殖水面 2200 公顷，其中池塘养殖面积达到 154.47 公顷，塘坝养殖面积 64 公顷，水库养殖面积 1946.67 公顷，莲藕栽植面积 33.47 公顷。网箱养殖总规模达到 1007 只，75825 立方米。全市出塘鲜活鱼总产量 1972 吨；莲藕总产量 1299.2 吨。

临夏市：素有"陇塬渔港"之称的永靖县，充分利用刘家峡、盐锅峡、八盘峡 3 座水库丰富的水资源，大力发展水产养殖业。目前，该县水产养殖面积已有 357.2 公顷，年产各类水产品达 1500 吨。从 2002 年开始，刘家峡库区开始尝试高密度网箱养殖，省渔业技术推广站率先养了 0.27 公顷水面，养殖成功后已带动发展到近 1 公顷，以养殖虹鳟鱼、西伯利亚鲟等冷水鱼为主，产量高，效益好，还有较大发展空间。据 2007 年统计，刘家峡水库的年捕捞量为 500 多吨，实现产值 900 多万元；出口量达 130 多吨，创汇 32.5 万美元。

白银市：靖远县有 165 个专业养鱼户，池塘总面积达到 204.13 公顷。该县积极提高鱼苗良种率，引进适宜本地养殖的草鱼、鲢鱼、鲫鱼、锦鲤、武昌鱼等 50 万尾优质鱼苗。共销售水产品 336.2 吨，取得了良好的经济效益。县上还开发了沿黄一带的 544 公顷盐碱地，进一步扩大了养鱼规模，同时带动全县观光农业和旅游业的发展。2010 年，靖远县还成立了天生源水产农业合作社，统一采购鱼类苗种、渔药、增氧机、投饲机等鱼类养殖机械设施，以及修整池塘等基础建设，从而提高水产养殖产量和经济效益。

定西市：全市境内有可用于养鱼的河流35条，流径长度达1002公里，其中洮河、渭河、漳河沿岸有荒滩和沼泽地约3000多公顷，已经开发利用的宜渔河滩地1666.67公顷。有可利用的中小型水库295.8公顷、塘坝130多公顷，还有两眼日出水量分别为600立方米和800立方米、地表水温分别为53℃和34℃的温泉，南部几县有冷水鱼生存的较为丰富的川道河谷和山涧溪流。近20年来，又引进了草鱼、鲢鱼、鳙鱼、团头鲂、鲤鱼、澎泽鲫、虹鳟鱼、金鳟鱼、罗非鱼、革胡子鲶、中华鲟、甲鱼、河蟹、南美白对虾、美蛙、虎纹蛙等十多个水产养殖新品种。全市现有养殖水面226.2公顷，其中池塘200.67公顷，水产品产量达到822.7吨。

天水市：麦积区现有养殖水面37.53公顷，健康养殖技术示范面积13.33公顷，平均亩产1154公斤，每公顷纯收入达32535元。

1.3 野生动物资源

1.3.1 生态功能

控制农林业有害生物：许多鸟类和蟾蜍、蛙、蛇都是很好的捕虫、捕鼠能手，对生物防治农田、森林和草地有害生物起到了重要作用。

气候指示：鸟类的迁徙、动物的休眠等物候往往是相对稳定的，如果动物的物候出现比较明显的变化可能会预示着气候的变化。

提供遗传多样性：遗传多样性是动物多样性的基础和核心，是动物在长期进化和发展过程中形成的自然属性，具有广泛性、特异性和适应性等特点。随着生命科学的不断发展，遗传多样性对动物资源的改良、可持续利用以及未来世界的食物供应和基因药物的生产，都有重要的意义。

1.3.2 经济利用

食物：许多非保护种鱼类、龟鳖类、鸟类和哺乳类的食用价值较高，即使是保护种也可以通过人工养殖进行经济利用。

药物：鲫鱼、鲤鱼、鳝鱼、乌鳢、蛙类、蟾蜍、山溪鲵、龟鳖类、蛇类、鹰、鸭、水獭、狗獾、猪獾等湿地动物都是重要的动物药材。

观赏价值：湿地动物展现了灵动的生机，鱼类在水中漫游，鸟儿在天空、水面飞翔，蛙类的鸣叫等都具有很好的观赏价值。湿地动物园还是野生动物保护的科普基地。

1.4 植物资源

1.4.1 生态功能

环境指示：芦苇、香蒲、水葱、莲等湿地植物具有指示水体污染情况的作用，根据湿地植物的生长、生存和繁殖等情况可以直接或间接地反映出某个水域水体相应的物理化学及其他环境情况，显示水质的变化、水体的受污染程度。

气候指示：植物的发芽、开花、结果等物候往往是相对稳定的，如果植物的物候出现比较明显的变化可能会预示着气候的变化。

净化水质：通过吸收利用、吸附和富集等作用，湿地植物可以消除水体中的污染物。植物湿地系统春夏季平均磷的去除率在60%以上，比无植物湿地系统高出32%。在水烛和灯心草的人工湿地中，氮、磷的含量分别比无植物的对照基质中的含量低18%~28%和20%~31%。植物根系释放中的酶等物质还可以直接降解污染物，吸附水体中营养物质，增加水体中的含氧量，抑制有害藻类的大量繁殖。

维护湿地动物多样性：湿地植物是湿地野生动物的重要食物，也是湿地食物链的基础，湿地中植物种类丰富，为鱼类、鸟类等湿地动物提供了很好的觅食、栖息、越冬以及繁殖的场所，为维护湿地野生动物多样性发挥了重要作用。

提供遗传多样性：遗传多样性是植物多样性的基础和核心，是植物在长期进化和发展过程中形成的自然属性，具有广泛性、特异性和适应性等特点。水稻杂交优势的利用，就是发现和利用了矮秆基因和不育基因的结果。

1.4.2　经济利用

饲草料：以黑褐薹草、扁穗薹草、嵩草、川甘蔗草、中华羊茅等为优势植物的沼泽化草甸是经济价值高的优良草场；以褐鳞薹草、裸果扁穗草、华扁穗草、藏嵩草、黑褐薹草、条叶垂头菊、华亭驴蹄草、灯心草、芦苇、水木贼、水葫芦苗等为优势植物的草本沼泽长年处于水湿条件下，利用价值稍低，但可以在冬季封冻后进行放牧。

工业原料：慈姑球茎含有大量淀粉，可供使用或者制作淀粉；芦苇是造纸、建材等工业原料。黄河三峡湿地每年提供香蒲、芦苇纤维2000吨。张掖市区"半城芦苇半城庙""一城山光，半城塔影，连片苇溪，遍地古刹"以及"四面芦苇三面水"等民谚俗语说明张掖市的芦苇资源十分丰富。全省每年的香蒲、芦苇等纤维产量估计在20000吨左右，如按500元/吨计其价值约为1000万元。

蔬菜：可食用的湿地植物包括莲、慈姑、菱、芡实、水芹、宽叶香蒲、蕨菜、蕨麻、珠芽蓼、播娘嵩、草莓等。莲是人们喜爱的蔬菜；蕨菜的营养丰富，是上好的蔬菜；蕨麻营养价值高，即是可口的健康美食，又是馈赠亲友的上乘佳品；珠芽蓼、播娘嵩、草莓等基本上没有形成商品生产。全省每年蕨菜、蕨麻的产量约为2000吨左右，如按20000元/吨计其价值约为2000万元。如果加上其他湿地植物蔬菜的价值，全省每年湿地植物蔬菜的总产值应在3000万元以上。

药材：湿地植物在具有食用价值的同时，有些还兼有药用滋补作用，如菱可以治疗胃癌、乳腺癌、宫颈癌等。芦苇根部可入药，有利尿、解毒、清凉、镇呕、防脑炎等功能。另外，虫草、秦艽、甘松、独一味、蕨麻、筋骨草、马先蒿、车前、蒲公英、甘草、锁阳等也是很好的中药材。全省每年秦艽、独一味、锁阳等大宗药材的产量约为2000吨左右，如按20000元/吨计其价值约为4000万元。随着我们对中医药、藏医药的不断重视和挖掘，中、藏药材的采集量也在不断加大，特别是受药材价格的不断上涨，虫草等名贵药材的产量逐年增加。全省每年虫草的产量约为1500公斤左右，如按10万元/公斤计其价值约为1.5亿元。

1.5　景观资源

1.5.1　湖(水库)

敦煌月牙泉景区：位于鸣沙山环抱之中，其形酷似一弯新月而得名。月牙泉面积0.88公顷，平均水深4.2米。水质甘冽，澄清如镜。流沙与泉水之间仅数十米，虽遇烈风而泉不被流沙所掩没，地处戈壁而泉水不浊不涸。这种沙泉共生，泉沙共存的独特地貌，为"天下奇观"。

敦煌南湖景区：位于敦煌市西南 70 公里的南湖乡境内，面积 1106 公顷。景区位于塔克拉玛干沙漠的东部边缘，有 4 处小水库，库容 294 万立方米，养育着一片绿洲，也为候鸟栖息繁衍提供了理想的自然环境，主要保护对象为鸟类及湿地生态系统。

安西双塔湖景区：又名百鸟湖，位于县城 50 公里，是甘肃省最大的农业灌溉水库，312 国道由湖北侧穿过，是通往敦煌、嘉峪关、酒泉这条旅游热线上的必经之地。

苏干湖景区：苏干湖距阿克赛哈萨克族自治县 80 公里，是甘肃省最大的高原湖泊，夏季平均气温 15℃左右。夏季湖畔绿茵连天、牧草丰美，大天鹅、黑颈鹤、斑头雁等上万只候鸟在湖面上翻飞，美景如画。

渥洼池景区：渥洼池位于敦煌市西南 70 公里处的南湖乡政府东南，是由众多泉水汇集而成的。天鹅在这里驻足，赤麻鸭在这里栖息，鱼翔浅底，鸟映湖中。站在湖堤上放眼望去，湛蓝晶莹的湖水，花红草绿的草原，金碧辉煌的沙山，银光闪烁的雪峰使你心旷神怡。

七一冰川景区：位于嘉峪关市西南 116 公里处的祁连山腹地，冰层平均厚度 78 米，最厚处达 120 米，冰峰海拔 5150 米，冰舌前沿海拔 4300 米。七一冰川旅游区域约 4 平方公里，每到夏秋季节，冰峰在蓝天丽日下分外晶莹耀眼，与潺潺的溪流以及绿草如茵、鲜花盛开的高山牧场，共同构成一幅恬静而又充满生机的迷人画卷。由于冰川海拔较高，游客登临时常常会遇到阴、晴、雨、雪等天气，在一日之内经历四季，堪称一生中难忘的体验。七一冰川气候独特，景色迷人，是开展登山探险、避暑休闲、科考研究等旅游活动的好去处，也是嘉峪关市旅游资源体系的重要组成部分。

东湖生态旅游景区：位于嘉峪关市南市区新区，总面积 165 公顷，建有人工湖 56 公顷，飘带河 640 米，中心广场 3 公顷，有瀑布通廊、景观凉亭、绿色游廊、拱桥、码头、铁人三项赛纪念雕塑和赛事转换区等景点设施。景区集休闲娱乐、观光游览、改善生态、承办赛事、调蓄用水等功能于一体，被誉为"戈壁明珠"。

月牙湖公园：位于高台县城西郊 1 公里处，占地 37.20 公顷，其中水域面积 12.40 公顷。自 1992 年开发建设以来，先后建成中华湖、仿古四合院、老干部活动中心、天宝度假村；完成儿童乐园地基铺垫，扩建修复了游泳池等。经过多年的开发建设，公园配套设施日趋完善，年接待游客能力达到 10 多万人(次)。

大湖湾风景区：位于高台县城西 7 公里处，总面积 750 公顷，是黑鹳、天鹅等多种珍禽繁衍栖息地。风景区 2004 年被水利部评定为"国家水利风景区"，2006 年被评定为国家 AAA 级旅游风景区。

临泽县双泉湖景区：景区距临泽县城 5 公里，总面积 336 公顷。有水上公园、垂钓园、游泳区、餐饮娱乐区、千亩鱼池等五个小区，在草坪和水库大坝顶部设有蒙古包、音乐茶座和各类摊点，另在千亩鱼池内放养各类鱼种，不仅可供游玩、观赏，而且还可以供应市场。景区环境优美、设施齐全、功能完善、服务优良。

邓马营湖景区：位于腾格里沙漠，北部属民勤县，南部属凉州区，东部与宁夏接壤，为沙漠之中天然的绿洲。以地下水为主要供给，邓马营湖绿洲达 13.33 万公顷，这里牧草丰富，生长着大量的野生动植物，是沙漠腹地探险游的休闲胜地。

昌马水库景区：雄伟的大坝耸立在祁连山峡谷，拦截汹涌的河水，形成高山峡谷 10 多平方公里的人工湖泊，在宽阔清澈的湖光波影中倒映出壮美的祁连雪峰，又似一幅美丽的油画。"高峡出平湖，明珠悬玉关"的美景已展现在疏勒河畔。千载寂寞过洪荒，而今着意谱华章。古老的疏勒河，从此改变了千万年自然流淌的方式，用科技的力量，按照人的意志，谱写时代的华章。

皇城水库景区：位于肃南裕固族自治县皇城镇，这里是著名的祁连山草原（皇城草原）的重要组成部分，发源于祁连山冰川的东大河流入该水库，有浓郁迷人的草原风光和裕固族生活风情，水库上遗存元代永昌王窝阔端所建皇城与避暑宫故址，距永昌县城 48 公里，永昌县开辟有直达皇城水库的公路。

赤金峡水库景区：位于玉门市以北 50 公里的石油河中游赤峡峡谷中，区内有玉门油城、四〇四核工业基地、干海子保护区、酒泉航天城、长城第一关嘉峪关、敦煌莫高窟、鸣沙山、月牙泉、雅丹地貌等著名景观和遗迹。景区依山傍水，气候宜人，旅游资源十分丰富。有雄伟壮观的水库大坝和气势辉宏的坝后水电站；有不同类型 8 个水池和贯穿景区的 3 条小溪；有红柳湾、月季坛、玫瑰园；有神奇传说的黑石仙山、妖魔山及窟窿山三山环抱景区；有公元前 121 年最早的玉门关遗址和赤金断水碑记，有林则徐等名人途经赤金峡留下的传说和千古绝句。

红崖山水库景区：位于河西走廊东北部石羊河下游，处于腾格里和巴丹吉林两大沙漠的包围之中，距民勤县城 30 公里，是一座沙漠洼地蓄水工程，也是亚洲最大的沙漠水库，有"沙海明珠"的美称。景区的大漠、青山、碧波、绿荫、蓝天、彩霞、丽日相互映衬，构成了一幅幅美丽壮阔的大漠奇观图，是理想的避暑旅游胜地。

金川峡水库景区：位于永昌县城北 12 公里的金川河峡谷中，沿水库上游西行，汉、明长城从御山峡穿越，过古金昌城所在地毛卜喇；这里长城保存完整，形制规整，女儿墙、墩院、旗墩俱存。圣容寺塔座落于金川西村的一山岗上，其形与西安小雁塔相仿，是河西现存的最早的古塔建筑。御山峡谷还有西夏六体文石刻，花大门石刻，北山岩画，高昌王墓等旅游景点。开辟有旅游公路、度假村、水上飞人、牦牛渡海等旅游项目。

西大河水库景区：位于军马一场附近，是一个天然盆地，水库东北缘有一个天然峡口，叫两半个峡（两个半峡），峡口处筑起了一座长 294 米，高 37 米的水库大坝，看上去犹如一道雄伟的屏障，拦截住咆哮的西大河水，在这里形成了一个绿色的高原湖泊。水库东面的娃娃山草原、西面的黑土槽草原、南面的脑儿墩草原，形成一望无际的碧波绿浪包围着一颗高原明珠；水库四周的马群、牛群、羊群像珍珠一样撒落在绿色的绒毯上。水库南面的脑儿墩、平羌口、鸢鸟口的群山异峰，层峦叠翠。峡谷间，松柏林木郁郁葱葱，珍禽异兽多不胜数。湛蓝的湖面上，禽飞鱼跃，波光岚影，云水森森，构成了雪山、湖泊、草原、牛羊、俊马相映成趣的壮美风光。

鸳鸯湖景区：位于金塔县西南 12 公里处的夹山峡谷中，鸳鸯湖依山傍水，景色怡人，工程建设规模宏大，气势雄伟，自然条件得天独厚，素有"大漠瑰宝""塞上明珠"的美称。金塔鸳鸯湖水库堰顶高程 1318 米，在汛期泄洪时，波涛汹涌，水声轰鸣，浪花飞溅，飞瀑流彩，恰似银河落九天，景色壮观。在鸳鸯湖坐船绕过夹山峡谷就能领略到"高峡平湖"之美景。鸳鸯湖青山寺是历史名胜古八景之一，这里峰峦起伏，重岩叠翠，以四周青山环抱、风光秀丽而得名。

刘家峡水库景区：位于永靖县境内的黄河干流，水库地处高原峡谷，被誉为"高原明珠"。主要景点是我国自行设计建设的刘家峡水电站，它是陇上最大的人工湖，像一块巨大的蓝宝石镶嵌在万山之中，沿岸旅游景点有黄河和洮河汇流处、藏传佛教圣地白塔寺、吧咪山原始森林、水上度假村、沙滩浴场、龙汇世界等，还有水上飞伞，水上摩托等娱乐项目。游人乘游艇溯黄河而上奇峰对峙，千岩壁立，景色变化多端；出峡湖水荡漾，衬以蓝天白云，水天一色，黄土清波，别有一番湖光山色。

尕海湖景区：位于甘南藏族自治州碌曲县尕海乡，距县城49公里，湖面海拔3475米，是甘肃最大的高原淡水湖。尕海湿地是青藏高原东部的一块重要湿地，尕海湖被誉为高原上的一颗明珠。夏日的尕海湖，野花铺盖着一望无际的辽阔草原，烟波浩淼的神湖万鸟聚会，这里是雪域高原真正的香巴拉。

冶海景区：位于临潭县冶力关白石山与八角乡庙花山峡谷中，是个高峡平湖，因湖边建有明将常遇春庙，所以也称常爷池。冶海海拔2700米，水深11米左右，呈翠绿色。春暖花开之时，碧波荡漾，涟漪绰绰。冬季湖水结冰，冰面呈现千奇百怪的图案。由于晶体纷繁，造型多样，站立冰面，仿佛身临水晶迷宫，珍宝展馆，有撒满苍穹的繁星，有射向宇宙的光束，有玉盘托宝、华灯点缀、凌花镜、珍珠塔、夜光杯，形形色色，惟妙惟肖，被誉为"冶海冰图"，为古洮州八景之一。当地群众视冶海为圣湖，怀着敬畏的心情朝拜煨桑，并向湖水中投铜钱银币，并以此测试心诚与否。

欧拉克琼湖景区：位于玛曲县城以西约50公里的欧拉乡政府附近的克琼河西侧，湖面形似"L"型，湖底泥质，水深2~3米；湖的东、南、西三面为丘陵草原，北与黄河隔滩相望，湖西山坳有年图寺。湖水自东、南、西环绕北流注入黄河。湖旁灌木丛生，柳树葱郁，湖水清澈碧蓝，黑颈鹤等许多珍贵鸟类和高原鱼类栖息其中，形成奇异的自然景观。

曲合尔湖景区：又称曲合尔龙措，位于玛曲县城以西70公里处，曲合尔沟与哇合尔沟顶交界的山坳里。湖面海拔在4500米以上，呈椭圆形。湖水清澈透明，冰凉异常，蓝天、白云、雪山倒影其中，清晰可见。湖南、西、北三面裸露岩峰，植被因海拔增高而渐次稀疏。湖水从东面溢流而下，注入哇合尔河谷，形成湖畔水草茵茵、山峰白雪皑皑的壮丽景色。曲合尔湖是玛曲最大的高山湖泊，也是欧拉部落的圣湖之一，当地居民三年一祭，已形成惯例。这里是研究民俗、观光、探险的理想去处。

当庆湖景区：意为"大海螺山湖"，位于玛曲县城以西100多公里处，西柯河风景区的当日山下。湖呈"V"字型。湖水清澈见底，其中栖息着大量的高原黄鱼和珍贵鸟类。当庆湖久雨不溢、久旱不涸。传说湖底藏有许多异石珍宝。湖四面皆山，巍峨峭拔，锋芒毕露。湖畔灌木丛生，高山柳郁郁葱葱，倒映在碧波如镜的湖面上，湖光山色，交相辉映，美不胜收，给人以置身仙境之感。当庆湖是欧拉部落的圣湖之一，湖边山岩上有僧侣修行的岩洞、遗迹和宗教石雕。方圆数百里的佛教徒，常常不畏风雨，不辞山高路远，前往朝拜。

达尔藏湖(达宗湖)景区：位于夏河县王格尔塘乡达尔藏沟内，距县城约30公里，湖面海拔约3000米，南北长约300米，东西最宽处百余米，呈不规则葫芦形。北边山沟中一条小溪穿过草地灌丛，蜿蜒曲折，流入湖中，恰似一个葫芦系藤，湖水清澈永凉，湖面常有赤麻鸭逐水嬉戏。无风时湖面平静如画，水天一色，起风时则波光粼粼，涟漪绰绰，充满生气和活力。东部边缘上6座插箭台和刻有佛经佛像的"嘛呢"堆、煨桑台错落排列。

文县天池：位于陇南市文县县城以北约100公里的天魏山上，由9道大弯103曲汇成。周围俱是连绵的崇山峻岭，风光无比的秀美。天池之水，清可见底，水面风平浪静，波澜不惊。山映水中，池映翠碧，湖光山色，好一幅绝妙的山水风景图。

崆峒水库景区：位于平凉市崆峒区，景区以山水风光旅游为主，可乘水上游艇，沿库区观赏两岸自然风光，远眺群山秀峰，陡壁悬崖，飞流瀑布，沿岸花草芳香宜人。其次是丹霞地貌地质景观和人文景观的游览，主要路线有水路游艇路线，山边公路和泾河步行路线，公路交通和水上交通都十分方便。

1.5.2　河流景观

天下黄河第一湾：黄河进入甘肃、青海、四川交界的广阔草原后，被隆起的松潘高原和巍峨的西倾山阻挡，绕了个 180 度的大转弯，在玛曲大地上留下了 433 公里的壮美景观——"天下黄河第一弯"。传说这是黄河女儿出嫁时发愿朝拜东方海螺峰，希望能为家乡民众求得万事如意，六畜兴旺。因此，黄河一路翻山越岭，不舍昼夜，长途跋涉来到玛曲采日玛万延滩，终于望见梦寐以求的"螺峰祥云"，深情祈祷后，想起生她养她的青藏母亲，便眷恋地回首西流，向着家乡的方向而去。正是她这一回首，使黄河首曲形成了"玛曲乔科"这一举世闻名的沼泽湿地，涵养着天下黄河第一弯和中华民族的母亲河。

黄河首曲第一桥：位于玛曲县城南 4 公里处。黄河首曲第一桥建成于 1978 年，是黄河上游建成的第一座黄河大桥。这里风景宜人，黄河两岸多为绿草茵茵的沼泽湿地，牛羊成群。首曲第一桥有两大美妙绝伦的景观，一是"拱桥托日"。清晨日出时，立于大桥西侧，但见东方红日冉冉升起，升至拱面时，恰似拱桥托起了红日，颇为壮观；二是"长河落日"。黄昏时分，在黄河桥边远望长河之水，夕阳渐渐西沉，恰似落入长河之中。在桥以西 4 公里处的玛麦哲木道，欣赏黄河之水从天而降，更是赏心悦目，壮丽景致令人叹为观止。大桥南岸不远处即为著名的阿米欧拉神山。

小首曲：位于玛曲县城东南方黄河主河道。在距县城东北方 10 余公里处，可观小首曲全貌。"黄河首曲"流程长，距离远，跨度大，在地面上无法欣赏到首曲全貌。天公作美，造化绝伦，大自然在玛曲县城不远处形成了与首曲全貌颇为相似的"小首曲"景观，供游人观赏，而不至于使慕名而来的游客失望。游人可以方便地领略到黄河首曲的神韵。

黄河三峡景区：这里黄河三峡位于永靖县中部，景区面积 195 平方公里，海拔在 1563～2300 米之间。黄河流经永靖县 107 公里，穿山过岭，形成了炳灵峡、刘家峡、盐锅峡——黄河三峡。随着梯级电站的相继建设，形成了炳灵湖、太极湖、毛公湖三个水面浩淼的高峡平湖。沿河两岸，巍峨峻奇的炳灵石林，层峦叠嶂的丹霞地貌，鸟语花香的太极岛湿地等胜景美不胜收，勾勒出了西北高原独有的旅游画卷。黄河三峡已被列为国家重点风景名胜区，刘家峡水电站被评选为全国首批旅游工业园区。

洮河流珠：洮河流经临洮县时水流湍急，水质冰凉，清澈碧绿。冬季观赏洮河水，洮河流珠令人流连忘返，堪称天下一绝。由于洮河上游山岩险峻，落差大，三九严寒，溅起的水珠冻结为冰珠落入水中浮在河面而形成流珠。每到严冬季节，洮水奔腾不息，一泻千里，河面上一簇簇的流珠滚圆晶亮、玲珑剔透，浩浩荡荡随波而下，特别是冬日的早晨，旭日东升，给洮河流珠镀上了一层金色的霞光，显得更加美丽、壮观。

1.5.3　沼泽大草原

河曲马场景区：是典型的草原湿地生态游览区，位于玛曲县城东南20公里处的乔科草原东北部，有"河曲水浒"之称。黄河在这里遇上隆起的松潘高原阻隔，形成黄河首曲最大的一块生态湿地。这里是河曲马的故乡，也是珍禽异兽的乐园。草原湿地空明幽邃，一望无际，马场拦河大坝内水天一色，碧波荡漾，形成了极富河曲特色的草原景致。在一望无际的沼泽水浒之中，鹰飞鹤鸣，羚奔鹿叫，沼泽边缘草原上牛哞羊咩，马嘶犬吠，与天际的牧歌，构成一幅绝妙的草原游牧图。

曼日玛湿地生态游览区：位于玛曲县东南部的曼日玛乡境内，是著名的黄河湿地生态游览区。景区由著名的黄河由南北流段风光、乔科大沼泽、参智合寺院、曼尔玛夏秀寺院等景点组成。这里是河曲马的中心产地之一，也是黑颈鹤、大天鹅等珍稀动物栖息的乐园。

桑科湿地：位于夏河县城15公里处的桑科草原西端，夏季的桑科草原绿草如茵，似一块天然地毯铺展于天际，绿茵中各种野花争奇斗妍，绚丽悦目。这里水草丰茂，风景优雅，蓝天白云下牛羊成群，一派自然田园风光。大夏河从草原上蜿蜒流过，似一条哈达飘落于绿毯。在桑科水电站水库区，水波荡漾，清澈见底，蓝天、白云映入水中，充满诗情画意。

山丹马场景区：位于山丹县南55公里处的祁连山下的大马营草原，马场地势平坦、气候凉爽、水草丰茂，夏季绿草如茵，冬季一片金黄，是生态旅游的理想场所。美丽富饶的草原牧场，壮丽俊美的湖光山色，气势雄浑的万马奔腾，富有诗意的成群牛羊，神奇美妙的草原风光，优雅清新的自然环境，使这里成为中外游人钟情的胜地。3000多年前这里就已开始养马，自西汉以来，以当地蒙古马与各种西域良马杂交培育出的山丹马驰名天下，这里遂成为历代皇家军马养殖基地，经久不衰。马场风光旖旎，是理想的塞上影视场地，自从《牧马人》《蒙根花》《文成公主》《王昭君》等30多部影视片在此拍摄并播出后，山丹马和马场都名声大振，成为重要的影视旅游胜地。

1.5.4　输水渠

引大入秦工程景区：引大入秦工程是目前中国规模最大的跨流域自流灌溉工程，被称为中国的地下运河，工程规模宏大，气势雄伟，成为沿线重要的旅游景点。主要旅游资源有引大渠首枢纽、渠首天堂寺、吐鲁沟隧洞、水磨沟倒虹吸管道、大沙沟渡槽、盘道岭隧洞、总分水闸、庄浪河渡槽、西槽玫瑰园等景点。

景电工程景区：景泰川电力提灌工程是中国最大的高扬程、大流量电力提灌工程，谓"中华之最"，景泰人民称之为"救命工程"。1994年12月景电工程被确定为甘肃省爱国主义教育基地。重要景点有景电一期工程、二期工程一泵站等。

1.6　矿产品及工业原料

1.6.1　泥炭

全省湿地中的泥炭储量约在25亿吨以上，其中储量较大的玛曲15亿吨、碌曲2亿吨、夏河县约3亿吨、岷县1.5亿吨。甘肃的泥炭地大多地处高原地带，基本属于富营养型的嵩草—薹草泥炭和嵩草泥炭，其有机碳含量51.09%、腐殖酸36.39%、全氮1.64%、P_2O_5 0.083%，发热量2500～3500/吨。在国家大力实施生态保护工程以来，泥炭作为一种重要的生态资源特别是其碳汇功能，越来越受到重视，国家把泥炭资源的保护和退化泥炭地的恢复作为应对气候变化的重要手段之一。以尹善春、吕实国等关于典型泥炭中碳的含量 23.55% ~52.55% 的研究成果，取 38.22% 计算，全省泥炭的碳储量达 9.555 亿吨。如以碳的价值 400 元/吨计，则泥炭中碳的总价值达 3820 亿元。

1.6.2 石油

经过近百年的开发，石油资源已基本上枯竭。

1.6.3 盐硝

全省湿地区特别是内陆盐沼的盐硝储量很大，仅定西市漳县盐井乡及周边区域 5 平方公里的盐矿储量就达 3 亿吨。开发的盐田也比较多，估计盐硝产品年产量在 100 万吨左右，主要产品成本有芒硝、硫化碱、元明粉、原盐、粉精盐、盐藻胡萝卜素干粉等，产值约为 1.5 亿元左右。

高台盐硝：距高台县城 78 公里的盐池滩是甘肃最大的盐硝矿区，芒硝矿床探明储量 2997.5 万吨，占全省芒硝储量的一半以上；原盐储量 320 吨，为全省最大产盐区。已建成高台盐化公司硝盐矿、亚盛集团硫化碱厂、盐藻基地生物制品厂、金碧化工有限公司、双丰化工厂等各类矿产品开采加工企业 12 家，形成 40 万吨芒硝、3.7 万吨硫化碱、8 万吨元明粉、4 万吨原盐、4 万吨粉精盐、50 吨盐藻胡萝卜素干粉的生产加工能力，产品远销 10 多个国家和 23 个省、市，其产品广泛应用于纺织、皮革加工、造纸和食品、医药保健等行业。高台县乡属盐硝生产企业年生产风化硝 1.87 万吨，生产硫化碱 2900 吨，实现工业产值 830 万元，实现利润 50 多万元。

漳县 30 万吨盐硝联产项目：项目总投资 9600 万元，年产 10 万吨精制盐，年实现销售收入 8512 万元，利润 1528 万元，税金 892.85 万元，新增就业岗位 140 多个。不仅可以提高当地财政收入，加快脱贫步伐，带动当地运输、加工、包装等行业的发展，标志着漳县在立足资源转化，加快工业发展上迈出了坚实的步伐。

1.7 航运

目前，甘肃的航运以轮渡及游船为主，如临夏莲花码头—永靖向阳码头之间的轮渡、景泰—靖远之间的小型渡船，刘家峡水库游船等。仅 2010 年"五一"期间，就有 2 万多人乘船进入景泰石林园区，收入达 70 多万元。黄河在甘肃省境内航运潜力很大，兰州市黄河大桥已抬升，兰州市区航运、兰州—银川航运已逐步进行，航运价值十分巨大。甘肃省已完成五级航道建设 220 公里，建设 100 吨级客运码头 28 泊位，建设渡口码头 117 个泊位，水路通航里程达 927 公里，拥有兰州、白银、临夏、陇南 4 大港口，开通了 27 条营运航线、有营运船舶 528 艘、50 家航运企业。年收入约为 10000 万元。

1.8 休闲/旅游

2010 年甘肃省共接待游客总人数 4291 万人次，旅游总收入 237 亿元。湖泊(水库)游、高原湿地风光游、湿地公园游为代表的湿地旅游在甘肃旅游经济中发挥了一定的作用，如以湿地风光游占全省旅游总收入的 20% 的计，则湿地旅游的人数为 850 万人、年收入约为 47 亿元。湿地旅游除湿地观光、餐饮、游乐等项目外，还有垂钓、漂流、探险等活动。天水市麦积区现有养殖水面 37.53 公顷，其中以垂钓、餐饮、游乐为一体的休闲渔业面积达到了 28.33 公顷，年接待游客 2 万人次。

1.9   体育运动

位于永靖县刘家峡水库祁家渡，是甘肃省体育局建设的全国海拔最高的高原水上训练基地，其海拔高度为 1800 米，为亚高原水上运动项目提供了理想的训练场地，基地占地 2 公顷多，水域训练面积 1.33 公顷。全部按正规化水上训练基地的设计要求实施基础设施及配套设施建设，包括水上航道、综合训练馆、田径场、对外接待楼、荡桨池、健身房、会议室、多功能厅、娱乐室等生活、训练辅助设施。其中宽 81 米、长 2700 米的 4 条专用训练、比赛水上航道，是目前西部地区唯一的水上训练场和全国海拔最高的高原水上训练基地，能承接 300 人以上的全国大型综合性水上赛事。此外，这里还可以开展自行车、登山、滑翔、航模、水上飞机、摩托艇、无线电测向、定向越野、乒乓球、羽毛球、篮球及棋牌等多种运动。年收入约 2000 万元。

1.10   调蓄

1.10.1   湖泊

甘肃省湖泊湿地总面积 15909.83 公顷，以防洪水位的最大变幅 1.5 米计，则湖泊调蓄河川径流和滞洪的能力达 2.39 亿立方米。如以 1990 年不变价格 0.67 元/立方米水库工程造价替代湖泊调蓄洪水的生态经济价值，则全省湖泊每年调蓄洪水的生态经济价值达 1.6 亿元。

1.10.2   水库

甘肃省水库总面积 36747.71 公顷，以防洪水位的最大变幅 4 米计，则水库调蓄河川径流和滞洪的能力达 14.7 亿立方米。如以 1990 年不变价格 0.67 元/立方米水库工程造价替代水库调蓄洪水的生态经济价值，则全省水库每年调蓄洪水的生态经济价值达 9.85 亿元。

1.10.3   沼泽

甘肃省沼泽湿地总面积 1244822.62 公顷，以年内水位的最大变幅 0.2 米计，则沼泽湿地调蓄河川径流和滞洪的能力达 24.9 亿立方米。如以 1990 年不变价格 0.67 元/立方米水库工程造价替代水库调蓄洪水的生态经济价值，则全省水库每年调蓄洪水的生态经济价值达 16.68 亿元。

全省湖泊、水库和沼泽每年的调蓄的生态经济总价值约为 28.13 亿元。

1.11   水力发电

截至 2009 年，甘肃省在黄河、长江、内陆河三个流域的 9 个水系及其支流上已建成大中型水电站 29 座，其中黄河上游的刘家峡、盐锅峡、八盘峡水电站和白龙江的碧口水电站，总装机容量 212.5 万千瓦，全省水电总装机容量已经超过 300 万千瓦，年发电量 250.20 亿千瓦时，占全省发电总量 696.65 亿千瓦时的 35.92%。截至 2009 年，全省共建成农村小型水电站 712 座，总装机容量 155 万千瓦。

刘家峡水电站：位于永靖县境内的黄河干流上，是中国首座百万千瓦级水电站。电站于 1958 年 9 月开工兴建，1961 年停工，1964 年复工，1974 年 12 月全部建成。安装 5 台机组，总容量 122.5 万千瓦，年发电量 55.8 亿千瓦时。第一台机组 22.5 万千瓦机组于 1969 年 3 月投入运行，1974 年 12 月所有 5 台机组全部发电。截至 2010 年，刘家峡水电厂发电 41 年来，累计发电量超过 1855.95 亿千瓦时，工业总产值达 132.87 亿元，其中 2010 年发电 60.74 亿千瓦时。

盐锅峡水电站：位于永靖县境内的黄河干流上，距兰州市 70 公里，是发电兼灌溉等多重效益的大型水利枢纽工程，也是中国在黄河上建设的第一座水电站，被誉为"黄河上的第一颗明珠"。工程于 1958 年 9 月开工，1961 年 11 月第一台机组发电，1970 年全部建成。总装机容量 44 万千瓦，年均发电量 20.8 亿千瓦时。

八盘峡水电站：位于兰州市黄河上游 52 公里处，工程始建于 1969 年 10 月，1975 年 8 月建成二台机组发电，1980 年 2 月电站全部建成投入运行。电站为河床泾流式电站，由大坝厂房、四孔溢流坝、三孔深孔泄洪闸和左右岸副坝组成。1998 年在八盘峡左岸开工兴建扩机一期工程（一台 40 兆瓦机组），2001 年 4 月份并网发电，目前，电站总装机容量 220 兆瓦，年平均发电 11 亿千瓦时。

黄河大峡水电站：是黄河小三峡梯级、流域、滚动、综合开发建设的第一座水电站。电站安装 4 台 7.5 万千瓦的轴流转桨式水轮发电机组，多年平均发电量 14.65 亿千瓦时。

黄河小峡水电站：位于小峡峡谷出口处，是黄河小三峡"小峡、大峡、乌金峡"最上一级电站，电站装机总装机容量 4×5.75 万千瓦，年发电量 9.56 亿千瓦时。

黄河乌金峡水电站：位于白银区四龙镇和靖远县平堡乡境内，电站安装 4 台 3.5 万千瓦灯泡贯流式水轮发电机组，总装机容量 14 万千瓦，年均发电量 6.83 亿千瓦时。

皇城水电站：位于肃南裕固族自治县，属金昌市永昌县修建和管理，倚皇城水库大坝而建的坝后式水电站装机容量 3750 千瓦，设计年发电量 1720 万千瓦时，于 1986 年 9 月建成并网发电。

头坝一号水电站：位于永昌县东大河峡谷末端，是一座引水式水电站，设计水头 43 米，引水流量 14.5 立方米/秒，总装机容量 4800 千瓦，设计年发电量 2596 万千瓦时，于 1993 年 5 月建成并网发电。

头坝二号水电站：位于永昌县城南 18 公里的头坝村马湾地，是一座引水式水电站，设计水头 23.45 米，引水流量 18 立方米/秒，装机容量 3200 千瓦，设计年发电量 1256 万千瓦时，于 2000 年 5 月建成并网发电。

二坝渠梯级水电站：位于永昌县东大河东河灌区总干渠下游至金川峡水库之间长约 18 公里的渠道上，距永昌县城不到 10 公里。水电站共有 8 级，每级装二台机组，总装机容量 1.22 万千瓦，设计发电量 5414.72 万千瓦时，年利用小时数 4106.75 小时。

东河湾梯级水电站：位于甘肃省肃南裕固族自治县境内东大河中上游，距永昌县城 35 公里。东河湾梯级水电站共有四级，每级装三台机组，总装机容量 2.93 万千瓦，多年平均发电量为 1.2863 亿千瓦时。

大干沟水电站：位于皇城水库下游 20 公里处，水电站装机容量 9000 千瓦，设计水头 57 米，年设计发电量 3826 万千瓦时。

先明峡水电站：位于武威市天祝藏族自治县大通河上，为河床径流式电站，装机容量 8000 千瓦，年平均发电量 4050 万千瓦时，年利用小时数 5063 小时。

天王沟水电站：位于兰州市永登县境内大通河天王沟口，为径流引水式电站，电站设计水头 50 米，设计引用流量 115.50 立方米/秒。电站装机容量 5.1 万千瓦，安装 3 台单机容量为 1.7 万千瓦的水轮车组，年平均发电量 2.38 亿千瓦时，年利用小时数 4658 小时，于 2008 年 5 月底并网发电。

连城一级水电站：位于兰州市永登县连城镇的大通河干流上，为低坝无调节引水式电站，共装有四台轴流定浆式水轮发电机，电站总装机容量为 10 兆瓦，单机容量为 2.5 兆瓦，年平均发电量 4500 万千瓦时，2006 年 5 月建成发电。

铁城沟水电站：位于甘肃省永登县境内的大通河下游，电站 4 台机组总装机容量 51.5 兆瓦，年平均年发电量 1.74 亿千瓦时，2007 年底首台机组发电。

连城二级水电站：位于兰州市永登县境内，安装 3 台 4 兆瓦的轴流转浆式水轮发电机组，总装机容量 12 兆瓦，近期年均发电量 5716 万千瓦时，远期年均发电量 4931 万千瓦时。

享堂峡电站：位于兰州市红古享堂峡，为低坝引水式电站，总装机容量 1 万千瓦，电站原装机容量为 4 台 2500 千瓦的混流式水轮发电机组，后来又扩建了一台混流式水轮发电机组，电站于 2003 年 10 月建成发电。

陇南市境内的水电站：陇南市大力发展水电开发，截至 2008 年，全市共建成水电站 237 座，发电量达到 7.9 亿千瓦时。重要的水电站有橙子沟水电站，电站采用径流引水式一级开发长引水方案，装机容量 11.1 万千瓦，年平均发电量 4.68 亿千瓦时；武都石门水电站，装机容量 12600 千瓦，年发电量 7000 万千瓦时；高桥水电站，装机容量 2000 千瓦，年发电量 1300 万千瓦时。

碧口水电站：位于文县碧口镇嘉陵江支流白龙江上，是 1976 年建成的、白龙江梯级开发的第一座大型工程，以发电为主，兼有防洪、航运、养殖和灌溉等综合效益，电站总装机容量 30 万千瓦，年发电量 14.63 亿千瓦时。

甘南境内的水电站：甘南藏族自治州境内丰富的降水、广阔茂密的湿地、森林和草原孕育了黄河、洮河、大夏河、白龙江"一江三河"及 120 余条支流，使甘南成为全省水能资源的富集区。据统计，甘南藏族自治州水能资源理论蕴藏量 361 万千瓦，其中可开发量 215 万千瓦，约占甘肃省水能资源的 1/4。甘南藏族自治州已经修建的 148 座水电站总装机容量 52.89 万千瓦，目前在建的 48 座水电站总装机容量 120.7 万千瓦，在建的水电站也将在 2011 年全部建成。

九甸峡水电站：电站总装机容量 30 万千瓦，多年平均发电量 9.94 亿千瓦时。2008 年 7 月电站首台机组投产发电，第二台、第三台机组分别于 9 月、12 月投产发电。

2　湿地利用中存在的主要问题及原因分析

2.1　主要问题

2.1.1　水资源过度开发

小水电开发：小电站太多而效益普遍较差，冲击了生态底线。小河沟里随处可见的小水电建设，将本来植被茂密的山坡变成了光秃秃的沙石坡，使本来静静流淌的小河改道、干涸。由于早期建设的水电站在设计时没有考虑生态流量，新建成的一些水电站只考虑经济效益又不按设计向坝下下泄生态流量，导致坝下河槽裸露，河床干涸，山区河流水生态系统受到毁灭性破坏。

地下水超采：过度从湿地取水或开采地下水，导致下游缺水，大量植被死亡，沙进人退；截水灌溉，导致湖泊萎缩，水质咸化；一些水利工程隔断了湿地水体之间的天然联系；挖沟排水使湿地不断疏干；在湿地打机井导致湿地萎缩，强烈地蒸发使土壤中的盐分向地表集聚，导致土地盐渍化；湿地干涸后基底裸出，沉积的泥沙经燥成为沙漠，从而加速了荒漠化。

2.1.2 草原退化

受短期经济利益的驱动，牧区普遍存在草场超载过牧的现象。甘南草原的理论载畜量为619万个羊单位，实际放牧的家畜是882万个羊单位，超载率高达47.0%，严重的超载过牧必然要造成草原退化。甘南藏族自治州约90%的草地表现出退化趋势，其中重度以上退化的草地面积79.3万公顷，占退化草地面积的29.10%；中度退化面积135.3万公顷，占地49.7%；1980年以来有4.03万公顷的草地因严重退化、沙化和盐渍化而成为裸地。

牧草生产能力下降：过去一些非常好的草地，由于超载过牧而严重退化，盖度由95%减少为75%，优良牧草密度降低了25%，牧草高度由75厘米降低为15厘米，不可食草和毒害草增加了15%~30%。1982年天然草地的鲜草产量为5610公斤/公顷，随着草地持续超载过牧，1999年下降为4050公斤/公顷，下降了27.81%，1个羊单位所需草地，1980年为0.34公顷，1999年上升为0.51公顷。

草原秃斑化或成"黑土滩"：高寒草甸是优势草原类型，在遭受过度的放牧和鼠害后，形成大面积的次生裸地或岛状裸地，草原呈现秃斑化或成"黑土滩"；"黑土滩"牧草稀疏，毒草杂草孳生，鼠洞遍布，水土流失严重，治理难度大，是最具代表的退化草原。

草原沙化：过度放牧，草皮被破坏后，土壤基质较粗，含沙量较大的地方就会沙化。黄河在玛曲境内两岸平坦的河漫滩和阶地，原本是极好的草场，由于严重的超载过牧，一些地方已经出现了严重的沙化现象。

鼠虫灾害严重：对天然草地来说，长期超载过牧、牲畜过度啃食是最普遍、最根本的退化原因，也是鼠虫害大量发生的原因之一。资料表明，甘南鼠害面积已经占到全州可利用草地面积的13.92%，虫害面积占全州可利用面积的5.67%，年损失牧草110万吨，可供53.46万个羊单位采食一年。

草地经济效益差：草地退化影响到家畜品种的退化，个体生产性能降低。据调查，1970年以前，牦牛平均胴体重约105公斤，藏羊胴体重约28公斤；1980年牦牛96公斤左右，藏羊25公斤左右；1990年牦牛86公斤，藏羊23公斤左右。

2.1.3 工程建设占用湿地

（1）道路建设，主要是修公路，其次是修铁路。西部大开发以来，国家投资建设了许多公路和铁路，其中难以避免地有从湿地中通过的路段，这种大的工程一般都有严格的环境恢复措施，所以对湿地资源造成的破坏并不是很大，有影响的主要是一些建设资金少、没有生态恢复措施的通乡通村道路。

（2）修水电站，征占的主要是附近的湿地，影响的主要是水生野生动物。

（3）修建旅游设施，包括栈道、观鸟亭及宾馆等，这类设施对湿地的影响不大，对鸟类等野生动物的栖息有一定的影响。

（4）采石挖沙，主要发生在河流的滩涂和季节性河流区域，导致滩涂湿地环境的改变，影响动植物生长、河流改道，严重的会影响泄洪。

2.1.4 盲目垦荒，导致湿地萎缩

湿地的盲目开发导致湿地面积持续萎缩。20世纪50年代张掖人口不足50万，耕地面积仅有68666.67公顷，60年代以来湿地垦荒约在20000公顷左右，原先连片的湿地呈片状分布，湿地大

面积萎缩、生态功能退化。甘州区乌江镇东大湖、西大湖曾经是广袤的平原沼泽，目前，天然沼泽只剩 1000 公顷。

此外，基建和城市化、土地盐碱化、外来物种入侵等对湿地也构成潜在的威胁。

2.1.5 自然因素

主要包括气候变化、物种生态环境变化、河流淤积等。

2.2 原因分析

湿地保护管理与利用不协调：在湿地保护和利用上缺乏监督机制，各级政府还没有将湿地保护纳入当地国民经济和社会发展计划中，湿地资源保护尚未成为地方政府政绩考核的指标。一方面中央政府投资保护和建设湿地，另一方面地方政府盲目开发利用湿地资源。

湿地保护区建设不完善：甘肃省湿地资源丰富，但湿地保护区的数量和布局还不够完善。保护区的管理水平还有待提高，保护和监测的人才、设备、资金都显不足。

湿地保护的执法力度不够：国家还没有湿地保护方面的法律，各湿地保护区的保护条例也还没有颁布，使湿地保护工作无法可依。同时执法人员不足，也影响了正常的执法工作。

监测体系不够健全：甘肃在湿地资源监测方面的工作仅限于水利部门的水文监测，从而导致了对湿地生态、生物多样性的系统监测与动态分析不足，同时缺少部门、单位之间的监测数据共享。

湿地环评机制不健全：由于湿地研究、监测、保护、利用工作缺乏统一的湿地效益评价和环境影响评价指标，对湿地效益的评价缺乏系统、定量的研究，对湿地开发利用和改变土地用途缺乏评价机制，影响了对湿地资源的保护、管理和合理利用。

基础研究和技术支撑薄弱：湿地科学是跨学科、多领域的新兴科学，而甘肃从事湿地研究的人员很少，湿地保护的基础研究还很薄弱，特别是对湿地的结构、功能、演替规律、价值和作用等方面缺乏系统、深入的研究，湿地保护、管理的技术手段也比较落后。

3 湿地资源合理利用应采取的措施

3.1 建立和完善湿地保护的法制和政策体系

完善的政策和法制体系是有效保护湿地和实现湿地资源可持续发展利用的关键。通过建立对威胁湿地生态系统活动的限制性政策和有利于湿地资源保护活动的鼓励性政策，协调湿地保护与区域经济发展，并通过建立和完善法制体系，依法对湿地及其资源进行保护和可持续利用。2003年 11 月 28 日甘肃省十届人大常委会第七次会议通过的《甘肃省湿地保护条例》（以下简称《条例》），是甘肃省继黑龙江省之后第二个针对湿地保护管理立法的地方性法规，《条例》的出台在甘肃省湿地保护工作中发挥了积极作用。一是要继续加大对《条例》的贯彻执行力度。逐步建立、完善鼓励保护与合理利用湿地、限制破坏湿地的经济政策体系；将水资源与湿地保护有效结合的经济政策；提高占用天然湿地的成本；制定天然湿地开发的经济限制政策和人工湿地管理、开发的经济扶持政策；建立鼓励社会与个人集资捐款以及社会参与保护湿地的机制等。二是加强执法人员培训，提高执法人员的素质。对执法的技术、手段加强研究；三是加强执法力度。严格执法，通过法律和经济手段，处置过度和不合理地利用湿地资源的行为，打击破坏湿地资源的违法、犯罪活动。

3.2 规范湿地保护管理体制，加强对湿地保护、利用的管理

湿地资源保护和合理利用管理涉及着多个政府部门和行业，关系多方的利益。一是要根据《甘肃省湿地保护条例》，建立和完善以县级以上林业行政主管部门为主体的湿地保护管理机构，落实人员编制，明确职能职责，加强对湿地保护工作的管理、指导和协调水利、农牧、国土资源、环保等行政主管部门，按照各自的职责，依法做好湿地保护工作。二是要建立、健全各种管理制度。建立对天然湿地开发以及用途变更的生态影响评估、审批管理程序，实施湿地开发环境影响评价制度，在涉及湿地开发利用的重大问题方面，通过部门间的联合行动，采取协调一致的保护行动，严格依法论证、审批并监督实施。三是开展管理能力建设。要通过各种途径加强对管理人员和专业技术人员的培训，提高湿地工作人员综合素质。积极争取项目资金和财政投资，改善办公条件，配备相应设备，为全面高效开展湿地管理工作创造良好环境。

3.3 加强对湿地的综合保护利用，减缓湿地退化

根据甘肃省湿地资源保护的现状，多方采取有效措施，尽可能地恢复已退化的湿地，减缓降低人为因素对湿地的负面影响，开展一批重点湿地的恢复治理工程，有计划地恢复如尕海、小苏干湖等淡水湖泊面积，湿地点污染源基本得到控制，开展治山与治水结合进行的综合治理，促进湿地的综合保护与治理，有效地减缓湿地的退化，遏制人为活动导致的天然湿地数量下降趋势。

(1)将湿地保护与合理利用纳入省、市州的土地利用、生态治理、资源恢复、水资源管理、河流流域管理以及相关的管理规划中。

(2)加快对河流湿地的综合治理，制止、取缔非法无序采石挖沙、乱建水电站、随意开发利用水资源的行为，严格保护，科学利用，使河流流域管理与湿地保护协调一致。

(3)加大退耕还林、还草、还湿力度，强化地方政府的责任感。切实解决生态补偿的落实兑现，解决好湿地保护与当地生产生活及群众切身利益的关系，确保湿地保护与社会稳定的统一。

(4)大力营造生态保护林和水源涵养林，防止水土流失，减少河湖淤积。对部分河流、湖泊、水库进行清淤工作。改变易造成水土流失的土地利用方式。

(5)实施重点恢复工程与项目。有重点地选择一些有代表性的退化湿地，开展退化湿地恢复、重建的示范区建设。

(6)制定与湿地保护相联系的水资源管理战略，加强水资源开发对湿地生态环境及与之相关的生物多样性影响预测、监测；建立最优的河流水量分配方式，以维护河流流域的重要湿地自然状态和其他重要生态功能，研究并推广科学的水资源利用方式。把水开发项目对湿地的影响降到最低程度。加强对其基础设施的工程建设与生态环境保护关系的研究、监测，尽可能地减少工程建设引起下游湿地退化造成的社会和经济损失。对于已受到水利工程建设负面影响的重要的天然湿地，要建立天然湿地补水以及鱼类保护的保障机制和补救措施。

(7)调查湿地周围污染源的类型、污染物的数量、排污途径及其最大排污量，对排污种类、时间、范围、总量进行规定和限制。有计划治理已受污染的湖泊、河流，并限期达到国家规定的

治理标准。对排污超标的部门、企业和单位予以约束和处罚，并限期整改。

推行"清洁生产"工艺，对因开发利用造成的湿地环境破坏问题，要建立由开发利用部门采取补救措施积极加以解决的机制。

3.4　加强湿地自然保护区和湿地公园的建设管理，保护湿地野生动植物资源

采取有效措施，提高现有湿地自然保护区湿地公园的保护功能。建立起完善的湿地自然保护区网络体系和管理机制，使国家级湿地自然保护区具备完善的保护和管理设施，有效保护湿地生物多样性，通过对湿地保护区资源和管理现状的评估，编制湿地自然保护区的管理规划，确定目标，长期实施。稳步提高保护区规范化、科学化管理水平。同时加快符合条件的国家、省级湿地公园的申报，并加强现有湿地公园（试点）建设，确保建设质量和进度。开展保护区和湿地公园管理人员能力建设，提高人员的监测、野外保护、社区教育、科研和执法等方面技能；逐步开展以主要保护对象为中心的栖息地改造工程，进行湿地保护与其周边经济协调发展关系的研究，探讨区域发展对湿地资源的压力以及湿地自然保护区对区域发展的支持作用等。

根据湿地生态系统特性和功能，特别考虑其原始性、物种丰富性等，确定本省的重要湿地，并采取相应的保护拯救措施依法进行管理、实行严格保护措施；对符合国际、国家重要湿地标准的湿地，积极争取列入相应重要湿地名录。

以保存湿地的生态类型多样和抢救湿地野生动植物种多样性为重点，新建一批湿地自然保护区，重点建设一批在有效管理方面有推广示范意义的湿地自然保护区和合理利用示范区。

开展湿地野生动植物种群及栖息地的长期监测。对受到严重破坏的湿地动、植物资源，采取生物和人工等措施，促进野外种群、数量的恢复。

3.5　加强宣传教育，提高对湿地保护的认识

开展经常性的公众宣传教育活动，大力宣传有关湿地和湿地保护与湿地资源可持续利用方面的知识，宣传湿地保护的有关法律法规和政策，提高公众对湿地和湿地保护重大意义的认识，增强保护湿地的法律意识。结合特定的活动，如"世界湿地日""爱鸟周""保护野生动物宣传月""禁渔期""禁猎区"等，集中开展有关湿地生态效益和经济价值方面的公众教育活动；充分发挥湿地自然保护区、湿地公园的科普宣教和教学实习功能，广泛深入地向各界人士、中小学生普及湿地常识，扩大宣传面，提高全社会对湿地的关心、关注、支持力度。

3.6　加强湿地的科学研究，开展湿地资源监测和评价

建立湿地资源信息数据管理系统和湿地资源监测体系，掌握湿地变化动态，为湿地的保护和利用提供科学依据。建立省级湿地监测中心，同时建立部门和市州级湿地资源监测站、湿地资源定位监测站、点构成的全省湿地资源监测网络。建立以地理信息系统、遥感系统和全球定位系统等技术为基础的湿地信息管理系统，以完善全省湿地资源信息数据库，为湿地的科学管理和合理利用提供科学决策的依据。编制湿地监测规范，制定湿地监测制度。采用统一的监测指标、技术和方法，合理布局监测网站，实行湿地监测站、点的规范化建设，为湿地监测以及相关管理工作人员编制湿地监测工作指南。在此基础上，充分发挥现有湿地监测站或生态站的作用，对湿地进

行监测和评价。同时完善湿地信息、数据的共享机制。

加强湿地的基础研究，包括湿地分类系统、分布、发生学及演化规律和湿地过程的研究，以及自然湿地和人工湿地生态系统结构与功能研究；加强应用技术研究，包括保护技术，湿地恢复重建模型，持续利用技术及管理技术研究、湿地效益评价指标体系和湿地与水旱灾害关系等的研究。加强湿地资源的保护与合理利用研究，注重湿地生物多样性保护以及区域湿地保护研究，特别要加强对已退化的湿地生态系统整治、恢复及重建技术的研究等；加强对湿地生物多样性影响的研究、湿地的环境调节功能与生物多样性价值和湿地对全球变化的影响研究等；广泛开展湿地外来物种引进安全性评价方面的研究等；开展湿地水生生物保护与可持续利用开展专项研究、保护；开展沼泽草甸湿地保护与可持续利用的专项研究。

3.7　实施湿地保护项目，多层次、多渠道筹措湿地保护资金

湿地是比较脆弱的生态系统，除了要采取一系列具有全局性影响的湿地保护行动外，还要根据湿地生态系统或物种的状况，采取一些紧急的、特殊的专项抢救性保护行动。主要包括：在省政府的领导下，实施好甘南藏族自治州湿地保护与恢复、石羊河流域防沙治沙及生态恢复规划、敦煌水资源合理利用与生态保护综合规划、祁连山黑河上游湿地保护与建设等重大项目中的湿地和水源、冰川雪山保护项目；实施好各湿地自然保护区正在实施和申报的项目；建立长效机制采取确保湿地生态系统及物种及时保护或救护的有效措施；采取紧急措施保护面临严重威胁的重要水鸟及其主要栖息地；开展湿地污染的专项治理。

各级政府要将湿地保护纳入国民经济与社会发展规划之中，确保湿地保护行动得以顺利实施。要广泛地争取国际援助，鼓励社会各类投资主体向湿地保护投资，规范地利用社会集资、个人捐助等方式广泛吸引社会资金，建立全社会参与湿地保护的投入机制。同时尽最大努力争取国际社会、国际组织、国际金融等机构对湿地保护行动的财政和技术援助。

3.8　积极开展国际合作与交流

通过双边、多边、政府、民间等合作形式，全方位引进先进技术、管理经验与资金，开展湿地优先保护项目合作；认真履行有关的国际公约，积极探索新的合作途径和方式；积极开展与有关非政府组织、学术机构和团体、基金组织及其友好人士的合作与交流；加强对列入国际重要湿地名录的湿地监管；实施并管理好现有的国际援助项目，同时积极争取新的湿地保护与合理利用项目等项工作尤为重要。

第二节
湿地资源可持续利用前景分析

1　湿地可持续利用的潜力、优势

甘肃湿地资源比较丰富，类型多样，可持续利用的潜力较大。尤其是在生态、畜牧业用地、

水资源、旅游、水产养殖、生物资源、泥炭等资源的合理利用方面优势明显。

1.1　生态价值

众所周知，湿地可持续利用的最大价值就是生态价值，这是第一位的。从国际国内对湿地的认识和重视程度看，湿地的重要性以及保护湿地的必要性毋庸置疑。千百年来的人类发展、文明史证明，湿地资源是历史最悠久、最可持续利用的自然资源之一，并且也是人类未来须臾不可或缺的、保证生存延续、必须长期依靠的最基本资源之一。甘肃湿地资源是全省乃至全国生态安全屏障的重要组成，祁连山的积雪、冰川是河西走廊地带人民的"生命线"，甘南高原尤其是玛曲湿地素有"高原水塔"的美誉，是黄河、长江的重要水源地，陇南山地和陇东黄土高原的每条河流、每座水库都是人们赖以生存的生命之源，中部干旱区的每一处湿地更是贵如珍宝。而且，正是由于湿地资源所发挥的生态功能和作用，才保障了生活在陇原大地上的人们的生存与繁衍。因此，湿地的生态价值是湿地可持续利用的最大潜力。

1.2　畜牧业用地

畜牧业用地主要包括草本沼泽、沼泽化草甸、内陆盐沼、季节性咸水盐沼，面积达124.5万公顷，占到了甘肃湿地面积的一半以上。这些区域主要分布在海拔较高，人为活动较少地区，开发强度小，工业化程度低，水源草场基本保持天然状态，清洁环保无污染，是甘肃草食畜牧产业发展的主要用地，也是甘肃传统畜牧养殖业的主要场所，是发展绿色环保畜牧业产品的理想基地。近年来，甘肃草食畜牧业发展迅速，有关资料显示，牛羊存栏在全国的位次排名分别为第11位和第5位，其中，上述湿地区的畜牧业在此占了很大比重。经过多年的营销、发展，这些区域已成为西北重要的牛羊肉生产供应基地，也是当地农牧民增收致富的主要依靠。牦牛（白牦牛）、藏羊、蕨麻猪（香猪）、燎原乳品等畜产品已形成全国乃至世界知名品牌。

随着社会和经济的快速发展，大量非传统、非自然发育生长形成的食材，甚至含有大量超标有害残留物的不安全食品出现在市场和人们的生活中，严重影响着人们的身体健康。出于健康因素，越来越多的人开始崇尚、追求天然食材及其制品，这就为湿地区畜牧业的发展提供了广阔的市场空间和发展前景。这种传统的基础性的产业的延续，由于其符合和遵循自然规律，具备可持续发展的条件优势，具有极强的生命力。然而，由于能够带来巨大的经济利益，导致这些区域过度、超载放牧，草场退化、沙化及人为干扰问题越来越突出。

1.3　水资源

从甘肃水资源的利用现状来看，甘肃的水资源在提供水源、蓄水、灌溉、水产养殖、水电、航运等方面都已有长足发展，但甘肃是一个水资源缺乏省份，且水资源分布很不平衡，为了保证全省居民生活用水、生态用水、工农业生产生活、国民经济发展用水，保障国民经济健康快速发展，加强水源地保护，节约并充分合理利用各类水资源，挖掘并发挥水资源的独特优势，不仅十分必要而且意义深远。

1.3.1　水　源

甘肃现有各类水资源中，除咸水湖泊及咸水沼泽的水之外，几乎所有的水资源都是生活用水的水源，包括降水、河流、湖泊（水库）、泉、井等。由于受自然条件和气候的影响，甘肃的河西走廊、陇中、陇东地区历史上就是干旱少雨、生活用水严重不足的地区，加之气候变化、人口增长、工农业生产规模扩大等的影响，除上述地区生产生活用水持续紧张外，省内陇南、甘南的部分小区域也出现了生活用水紧缺的情况，以前常年流淌的小河断流，泉水枯竭，井水干涸，有的因受污染而丧失饮用水功能。为保证全省居民生产生活用水的用量和质量，甘肃省已先后实施了引大入秦、引洮工程、南阳渠、陕甘宁盐环定扬黄、引党济红等人饮工程，极大的改善了部分地区的用水环境。但甘肃大部分地区用水紧张的局面仍未彻底改变，并且随着城镇化建设的加快，城市生活用水问题却愈加突出。2014 年兰州市自来水污染事件后，兰州市已在积极论证开辟第二水源地，目前已初步拟定将选择洮河在黄河的入口段作为取水口；随着兰州新区开发建设的加快，新区用水也将面临进一步扩大的考验。来自甘肃省水利厅的信息显示，2015 年前，要对引大入秦工程包括总干渠、中二干渠以及中一干渠进行改造，并新建一座调蓄水库，提高供水量，延长供水时间，以保障兰州新区供水需求；引洮工程一期已使定西、兰州、白银三个市辖的安定、陇西、渭源、临洮、榆中、会宁六个县区 39 个乡镇的 91.4 万人受益，并发展农业灌溉面积 1.27 万公顷。2014 年，据中国甘肃网报道，引洮二期工程项目建议书已获国家发改委批复，计划年引水量 3.1415 亿立方米，工程建成后，可解决定西、白银、平凉、天水 4 市所辖安定、陇西、通渭、会宁、静宁、秦安、甘谷、武山 8 县（区）81 个乡镇 268.6 万人、171 万头大小牲畜的饮水安全问题，从根本上解决甘肃中部通渭、秦安、静宁、会宁 4 个县城区供水问题；"十二五"时期，甘肃还将继续抓好石羊河流域重点治理、盐环定扬黄续建等重点水利工程建设，争取开工敦煌水资源合理利用与生态保护、黑河流域综合治理、渭河流域重点治理等水利工程项目，努力解决 890 万人口饮水问题；开展引哈济党、引洮济合、引洮入潭、靖远双永供水、会宁北部人饮、葫芦河引水等工程。全省各市县（区）、乡镇还在继续研究、论证、争取、实施城市和农村各类饮水工程项目，包括雨水集流、"母亲水窖"等工程项目。按照这种需求和发展，全省范围内各大小不等的河流、湖泊（水库）、泉、井及降水都是可能的潜在的水源地。所以，开发利用水源的价值巨大，前景广阔。

1.3.2　蓄水、灌溉

甘肃自然条件严酷，山大沟深，对水资源的直接利用率低，这是长期困扰甘肃经济社会发展的主要制约因素之一。蓄水可以有效拦截、积蓄地表水、降水及季节性、间歇性河流甚至永久性河流，从而人为控制、调配、节约、利用水资源，使有限的水资源的功能最大化。甘肃现有的沼泽、湖泊及各地大小水库等通过天然蓄水作用、引流、工程供水等方式为全省水源供给、农田灌溉、工农业生产、生态用水、水力发电等发挥了重要作用。但甘肃历来缺水，为了甘肃国民经济的快速发展，不断提高居民的生活水平，在保证基本生活用水的前题下，扩大农业灌溉面积，保障工农业生产用水，蓄水是一种极其有效的途径。尤其在为改善甘肃生态环境面貌，构筑生态安全屏障的浩大工程中，通过蓄水等方式，解决生态用水，不仅尤为紧迫，且需保持长远。"十二五"规划要求，继续推进大型跨区域、跨流域骨干水利工程建设，提高水资源配置能力；强化水资源管理保护，创新水利工程管理机制，积极推进城乡水资源和水务统一管理；加强小型农田水利工程、雨水集蓄利用工程建设；加快兴电二期扩建、引大济西、引黄济积（石山）、马莲河苦咸水综合利用和小盘河调蓄工程等前期工作；争取开工建设引洮济合、引洮入潭、靖远双永供水、庆阳葫芦河引水、磨坝峡水库、兔里坪水库、高桥头水库、石门河引水等工程。因此，以蓄水方式充分利用水资源，在甘肃这样一个缺水大省显得更加重要。

1.3.3 水 电

水力发电是利用江河水流从高处流到低处的落差所产生的位能做功，再利用发电装置而发电，虽然前期工程投资较大，建设投资期较长，但因其主要依靠水资源，具有运行成本低，机组启动快，调节容易，发电效率高，对环境冲击小，低碳环保等优点而被广泛应用；并且由于水力发电还是综合利用水资源的重要组成部分，往往与蓄水、灌溉、防洪、养殖、旅游、航运等水资源利用方式结合形成水资源综合利用体系。为保障居民生产生活用水、生态用水、工农业生产用水、控制洪水泛滥等发挥了巨大作用，具有明显的生态、经济、社会效益。甘肃地势起伏大，山大沟深，水资源分布区的落差大，且在河流的主河道上形成有无数峡谷断崖，水电开发淹没区范围小、损失小，开发建设的投资成本也就相应低。这些自然条件，为甘肃水电业的发展创造了天然的有利条件，也使得甘肃成为水电业投资的热点地区之一。正因如此，甘肃的黄河、长江水系及内陆河流域的干流、支流现均有大小不等的水电站分布。但甘肃地域辽阔，水能资源丰富，全省可供开发利用的水能资源1205万千瓦，而至2012年，已开发的水电总装机容量为558万千瓦，在三大流域的干流、支流仍有较大的水电开发潜力。而长江流域水多地少，水资源开发利用程度仅为3.4%；甘肃"十二五"规划提出"积极发展水电，进一步加强黄河、洮河、黑河、疏勒河等水资源配置和水电开发规划工作，积极推进黄河黑山峡河段、玛曲河段水电开发前期工作"。

1.3.4 航 运

水上航运在甘肃的作用不是十分明显，现有的也主要是以观光、旅游为主。主要分布在刘家峡库区、陇南地区和黄河兰州、白银段。甘肃"十二五"规划提出：重点加快内河航道和以兰州、临夏、陇南、白银四大港口为重点的码头服务体系建设步伐，基本实现通航航道等级化，满足重要航道区段通航要求，内河水运优势得到发挥。随着旅游业的快速发展，以水上游览为主的水上巴士、游轮、快艇、漂流船，甚至古老的"羊皮筏子"等交通、玩乘项目会有较大的发展空间。

1.4 旅 游

湿地景观既是湿地资源的重要组成部分，也是湿地的主要功能之一。其特点在于不论大小、远近，甚至某个独立的斑块，都可自成一体、独成一景。甘肃湿地景观资源的利用还有着巨大空间。因为，随着社会经济的发展，人们的生活水平在不断提高，人们的精神追求在不等上升，休憩、娱乐、消遣、回归自然、享受自然的欲望在不断增加，旅游成为人们生活中不可或缺的重要选择。而且，人们对旅游目的地的要求也开始向纯天然、自然而无人工雕琢的区域转移。湿地景观以其自然天成、山水相亲、水草相融、水天一色、鱼鸟共语等使人心旷神怡、神清气爽的意境而不断受到人们的亲睐。甘肃以湿地为旅游的景点贯穿全境，星罗棋布，景观类型多样，各类自然保护区、湿地公园等的生态旅游方兴未艾。从大漠敦煌的月儿泉到嘉峪关的草湖、酒泉的花城湖、张掖的黑河、武威的石羊河国家湿地公园以及大小不等、形状各异的湖泊、沼泽、水库，如苏干湖、金塔鸳鸯池水库、双塔水库、红崖山水库、盐池湾湿地、阳关湿地等，犹如散落在西北荒漠上的颗颗珍珠，在沙漠、戈壁之间郁郁葱葱、煜煜生辉，构成了一幅幅大漠绿洲、甘泉映月的独特风景；中东部的秦王川湿地、兰州银滩湿地公园、刘家峡水库、崆峒水库等也以其靓丽构成了西部风情线；冶海天池、文县天池、尕海湖以及梅园沟、狼渡滩湿地就像镶嵌在甘肃南部青山绿草中的明珠，为陇原大地的旅游增光添彩。这些已经在甘肃生态旅游业的发展中发挥重要作用的湿地资源，还有继续深化、合理利用的巨大空间，更有像金塔北海子、洮河、黄河、白龙江等流域及内陆河流域的更多湿地景观有待进一步科学规划、合理利用。湿地公园是湿地保护性利用的新方式，是生态旅游新载体。近年来，湿地公园的建立、建设异军突起，势头强劲。甘肃已建立和符合建立的国家、省级湿地公园遍布全省各地，贯穿包括丝绸之路和华夏文明传承基地在内的各条旅游精品线路。

甘肃"十二五"规划指出，要发展壮大旅游业，以建设西部旅游胜地和旅游目的地为目标，着力打造"321"精品旅游线路，做大做强丝绸之路、华夏文明黄河旅游线、大香格里拉三条国家精品线路，积极培育甘南—陇南—定西—白银—平凉—庆阳红色旅游、天水—陇南三国古迹成长型旅游线路，全力建设兰州、天水、平凉休闲度假旅游圈。加快旅游项目开发和重点景区景点建设，积极发展森林旅游、生态旅游、文化体育旅游、工业观光旅游、农业乡村旅游等新兴旅游业，丰富旅游文化内涵，把旅游业培育成现代服务业发展的龙头产业和战略性支柱产业。这些旅游项目开发的线路设计和确定的目标任务，为合理利用湿地资源，发展生态旅游创造了条件，提供了舞台。

1.5　水产养殖

提供水产食品，是湿地资源的功能之一。甘肃现有水产养殖业范围较小，规模有限。但作为水产食品，因其是人们的传统食材，且富含营养物质，尤其是在天然河流、湖泊、水库中繁衍生长的水产品，安全环保，其市场需求倍受人们的追捧。随着社会对生态环境保护理念的提升和力度的加大，传统无污染水产品的发展会进一步加快。

1.6　生物资源

生物资源是湿地资源的主要组成部分，动植物资源是其最主要、最突出、最典型也是最基础的资源。除维护区域生态平衡和生物多样性、提供遗传物质、环境指示作用外，最直接的利用就是提供野生动植物产品及其制品，发挥经济效益。在可持续利用方面，能够持续不断地提供鱼类、果品等食材，提供药用野生动物产品及制品，提供中药材以及蜂蜜、花粉等环保产品。并且因为这些产品属于天然环保，能保持旺盛的市场需求而具有可持续开发利用的潜力。

1.7　泥　炭

泥炭在农业上可以制作饲料添加剂、泥炭营养土、食用培养基、有机堆肥，工业上制作建筑材料、提取化工原料，能源上可作为燃料，医用上有药物、美容等作用，另外，还有消除核污染等新用途。但最重要的是它有蓄水、固碳等作用，是陆生生物圈中最大的碳库，其包含的碳数量是世界上所有森林系统所含碳数量总和的两倍。来自全球环境中心的统计显示，泥炭地退化导致二氧化碳年排放量高达 30 亿吨，大约是全球土地利用方式改变导致的排放量的 40%，其中 70%来自东南亚的热带泥炭森林。并且泥炭是一种不可再生的资源，因此，从泥炭具有的碳汇功能和可以应对气候变化的功能的角度来看，加强泥炭地的科学保护和恢复是对泥炭资源最好的利用。

2　保障湿地资源可持续利用的措施

虽然甘肃的湿地资源都有很大的利用潜力，但由于受甘肃地形地貌、气候、人口、经济社会发展状况等的综合影响，甘肃本就十分脆弱的湿地生态系统和湿地资源，承担着巨大的环境冲击和生态压力。而且随着社会经济的不断发展和人们对自然环境依赖程度的不断增大，湿地资源所面临的威胁更是与日俱增。要充分发挥湿地资源可持续利用的优势，保障湿地资源可持续利用，最主要的任务就是必须维护湿地生态系统平衡，保持湿地资源的持续稳定，保护现有湿地并通过保护不断扩大湿地范围和面积，使各类湿地资源处于良性互动状态，从而保证在湿地资源不遭受破坏的前提下，最大限度地达到永续利用的目的。

2.1　保障湿地资源可持续利用的制度

在甘肃这样一个自然条件严酷和生态环境脆弱的省份，要保障湿地资源可持续利用，必须遵循保护优先原则，建立和完善以保护为主的各类制度。

2.1.1　建立并完善法律法规

在已颁布实施的《中华人民共和国森林法》《中华人民共和国野生动物保护法》《中华人民共和国环境影响评估法》《中华人民共和国自然保护区条例》《中华人民共和国野生植物保护条例》等法律法规中，对涉及湿地资源的保护、管理、利用都作出了相关的规定，并明确了非法占用、利用以及破坏湿地资源，疏于管理造成破坏、损失等应承担的责任。国务院办公厅《关于加强湿地保护管理的通知》和《国家林业局湿地保护管理规定》、国家林业局《国家湿地公园管理办法（试行）》明确提出了"保护优先、科学恢复、合理利用、持续发展"的方针，奠定了保护的目的是为了利用，而要持续利用必须优先保护的基本思路，也为湿地资源的保护和可持续利用提供了的法律支撑。然而，截至目前，国家还没有出台专门的关于湿地保护的法律、法规，湿地保护的长效机制尚未建立。这与国际社会和我国生态文明建设对湿地保护的重视程度显得不相对应。甘肃省已于2003年经省人大审议颁布实施了《甘肃省湿地保护条例》，我们期望在各地方关于湿地立法的推动下，国家层面尽早出台关于湿地保护管理的法律或法规。

2.1.2　贯彻落实《甘肃省湿地保护条例》

2003年11月28日甘肃省第十届人民代表大会常务委员会第七次会议通过了《甘肃省湿地保护条例》（以下简称《条例》）。实践证明《条例》的颁布实施，为甘肃省的湿地资源保护发挥了巨大的作用，取得明显效果。但在贯彻执行上还有一些尚待解决的问题，为了更加有效的加强对湿地资源的保护，实现依法、科学、规范管理，达到保护优先，促进可持续利用。

依据《条例》第五条规定，拟根据全省第二次湿地资源调查成果开展湿地落界工作，在全省范围内将湿地调查数据与现地对接，明确范围、落实责任，建立完整的湿地资源档案和数据库。

依据《条例》第十五条规定，拟由省人民政府制定出台《甘肃省征用、占用湿地办法》。

依据《国家湿地公园管理办法（试行）》由省林业厅行政主管部门制定出台《甘肃省湿地公园管理办法》。

2.1.3　制订湿地资源保护规划

《甘肃省湿地保护条例》第三条和第十四条规定，开发利用湿地资源，须根据生态优先原则，制订湿地资源保护规划，并按规划进行。湿地的保护不能离开可持续利用，而可持续利用又必须以保护为基础。这就需要对湿地资源的开发利用制定科学的规划，实现在统一规划指导下的湿地资源保护与合理利用的分类管理。

2.1.4　建立湿地生态环境影响评价制度

开展有关湿地环境影响的评价理论和方法的研究，制定评价标准，实行湿地开发生态影响和环境效益的预评估。科学评估湿地资源的开发利用潜力，确定每类湿地可承受的最大开发利用限度，确定可优先利用的重要经济类型的湿地资源、划定利用类别、确定湿地合理利用开发强度及方法，对湿地资源的开发利用作出相应规划。使近期的湿地资源利用服从于湿地资源常期保护和功能稳定的需要。

2.1.5　推行天然湿地资源开发许可制度

对高寒沼泽湿地重点保护区域和重点水源补给区的开发与利用、拦河截流水利设施项目的设计和施工等要严格控制和审查，制止、限制破坏湿地、占用湿地、影响湿地水生生物和其他野生动植物繁衍生存的工程项目，要在环境影响评价基础上，履行项目审核或审批手续。要选择不同类型湿地，结合行业特点，因地制宜进行合理利用示范区建设，开展湿地保护与合理利用优化模式的试验示范，提供资源有效利用的途径、优化利用模式、应用技术和管理技术，为不同生态类型的湿地合理利用提供可资借鉴、推广的示范模式。如生态农业和生态渔业相结合，湿地多用途管理等示范区。

2.1.6　加强湿地保护与恢复

对因各种原因导致的湿地功能退化甚至可能消失的情况，湿地所在地政府和湿地保护管理机构应对照《甘肃省湿地保护条例》第八条，采取相应的保护和补救性措施。因缺水导致湿地功能退化的，应当建立湿地补水机制，定期或者根据恢复湿地功能需要有计划地补水；因过牧导致湿地功能退化的，应当轮牧、限牧，退化严重的实行禁牧；因开垦导致湿地功能退回的，应当限期退耕。

2.1.7　建立重点流域生态综合治理机制和环境污染综合防治机制

实施水资源合理利用与生态保护工程，促进流域生态恢复。实施主要污染物排放总量和入河污染物总量双控制，确保湿地区水质保持合格，主要指标不低于国家规定标准。

2.1.8　建立健全生态补偿机制

按照谁开发谁保护、谁受益谁补偿的原则，建立资源有偿使用制度和生态补偿机制。在按照批准的规划进行开发利用湿地资源时，不得改变湿地生态系统的基本功能，不得超出资源的再生能力或者给野生动植物物种造成永久性伤害，不得破坏野生动物栖息环境和野生植物生长环境。利用过程中，要采取及时有效措施，减轻或消除对生态环境产生的不利影响。一旦造成破坏或伤害，要按照谁破坏谁恢复，谁伤害谁补偿的原则，采取恢复湿地以及相应的补偿措施。

2.1.9　创新各项管理制度

各地、自然保护区、湿地公园要继续巩固、推广行之有效的各类制度，不断探索、建立、完善适应新形势、新发展阶段的保护管理制度，妥善处理保护与开发利用的关系。继续探索完善限牧、禁牧措施，巩固河西地区推行的关井压田、微管滴灌等节约利用水资源的成果。

2.2   保障湿地资源可持续利用的政策

2.2.1   加强组织领导

出台《甘肃省关于加强湿地保护管理的意见》，明确全省湿地保护管理工作的总体要求，从抓紧编制保护管理规划，开展湿地范围、面积确认，加快抢救性保护自然湿地进程，加快工程项目申请、实施，加大资金投入，加强组织领导，制止、查处、打击破坏湿地资源行为等方面，提出加强湿地保护管理的措施。

2.2.2   编制和落实相关规划

贯彻落实《全国湿地保护工程规划(2002～2030 年)》，制定和完善甘肃省湿地保护相关工程规划。编制《甘肃省"十三五"湿地规划》。

2.2.3   划定并落实甘肃省湿地红线

贯彻国家林业局《推进生态文明建设规划纲要》，依据第二次湿地资源调查成果，开展湿地落界工作，将每个斑块的湿地落实到所在辖区或保护区、湿地公园，明确分布范围、面积、类型以及相关资源状况，如主要的、重点的保护对象等。在此基础上确定省、市(州)、县及保护区、湿地公园等的湿地保护红线。确保全省湿地功能、面积的稳定。

2.2.4   加快落实"三屏四区"生态安全屏障工程

《甘肃省主体功能区规划》提出了"三屏四区"生态安全战略格局：即构建以甘南黄河重要水源补给生态功能区为重点的黄河上游生态安全屏障、以"两江一水"流域水土保持与生物多样性保护区为重点的长江上游生态安全屏障、以祁连山冰川与水源涵养生态保护区为重点的内陆河生态安全屏障，加快敦煌生态环境和文化遗产保护区、石羊河下游生态保护治理区、黄土高原丘陵沟壑水土流失防治区、北山荒漠自然保护区建设。重点内容是：

(1)甘南黄河重要水源补给生态功能区。加快传统畜牧业发展方式转变，加强草原综合治理和重点区段沙漠化防治，实施牧民定居工程，建设全国重要水源涵养区和黄河上游生态屏障。

(2)"两江一水"流域水土保持与生物多样性保护区。继续实施国家生态环境建设重点县综合治理工程、天然林资源保护工程、退耕还林工程、荒山荒地造林绿化工程、基本农田建设工程、小型水利水保工程、草地治理工程及农村能源工程等，构建长江上游生态屏障。

(3)祁连山冰川与水源涵养生态保护区。实施冰川、湿地、森林、草原抢救性保护，强化水源涵养。实施石羊河、黑河、疏勒河三大内陆河流域综合治理工程，构建内陆河流域生态屏障。

(4)敦煌生态环境和文化遗产保护区。加强生态环境治理和文化遗产保护，控制人工绿洲规模，发展旅游等特色产业，把敦煌建成为全省生态文明示范区。

(5)石羊河下游生态保护治理区。全面推进节水型社会建设，适度发展优势特色产业，加强防沙治沙、生态修复和环境保护。

(6)黄土高原丘陵沟壑水土流失防治区。加快以治沟骨干工程为主体的小流域沟道坝系建设，加强泾渭河流域生态环境保护与治理和子午岭自然保护区建设，加快林草植被恢复和生态系统改善，合理开发利用优势能源资源。

(7)北山荒漠自然保护区。依法保护荒漠植被和珍稀、濒危野生动植物资源及生物多样性，加强沙漠化和荒漠化治理，促进生态自然修复。

2.2.5 实行退耕还湿、限牧、禁牧措施，推进湿地生态效益补偿

近年来，随着经济社会的不断发展，经济发展与环境保护、开发与保护的矛盾加剧。为了增加经济收入湿地区毁湿开垦、基础设施建设占用是、乱采滥挖、过度放牧等占用、破坏湿地资源的行为屡有发生，且屡禁不止，导致部分湿地用途改变、面积缩减甚至功能丧失。然而，这些行为又与人们的生产、生活息息相关，与湿地区的经济发展和人们生活水平的提高直接关联。而且现有湿地区的地方经济和群众生活水平由于兼顾生态保护，不能充分利用资源优势，已经导致比其他地区偏低。一旦采取严格的保护、限制措施，势必严重制约当地经济社会的发展和群众增收致富，影响当地小康建设步伐。因此，参照其他生态保护补偿办法，实行以国家为主体，项目支持、地方财政和其他资金渠道为补充的湿地生态补偿政策，是促进湿地资源保存、恢复甚至扩大的有效途径，也是解决湿地区经济发展滞后，推动群众生活水平提高的可行措施。政策应明确补偿范围、标准，使为保护和恢复湿地生态环境及其功能而付出代价的单位和个人得到经济补偿，补助因采取退耕还湿、禁牧减畜、关井压田等保护措施而产生的损失，弥补因保护湿地资源导致的经济和生活水平偏低的差距。

2.2.6 扶持政策

要用足用好国务院批准的《甘肃省加快转型发展建设国家生态安全屏障综合试验区总体方案》中的财税政策、投资政策、产业政策、金融政策、国土资源政策、价格政策、对口帮扶政策。

2.3 保障湿地资源可持续利用的资金支持

2.3.1 积极申请中央财政资金

按照国家西部大开发、国务院办公厅《关于进一步支持甘肃经济社会发展的若干意见》《甘肃省加快转型发展建设国家生态安全屏障综合试验区总体方案》、国家"十二五"规划、国家"十三五"规划等规定的政策和内容，积极申请国家有关湿地生态保护、恢复等各类资金。国务院批准的《甘肃省加快转型发展建设国家生态安全屏障综合试验区总体方案》明确提出：逐步加大资金投入力度，提高国家各类专项建设资金投入比重。国家现有投资渠道支持黄河上游重要水源补给区与生态综合治理、祁连山生态保护与综合治理、长江上游"两江一水"流域生态保护与综合治理、片区区域发展与扶贫攻坚规划等建设。中央安排的公益性建设项目，取消县以下（含县）和集中连片特困地区市（州）级配套资金。支持符合条件的项目按程序申报国际金融组织和外国政府贷款。实行有利于试验区生态建设的投资政策，逐步提高水土流失治理、天然林保护、退耕还林、退牧还草、三北防护林、牧区水利、农村水利等重点生态建设工程投资标准。

2.3.2 加大地方财政投入力度

根据《甘肃省湿地保护条例》第三条"县级以上人民政府应当依法履行职责，… 将湿地保护项目、配水、经费等纳入当地国民经济和社会发展计划"的规定，加大对湿地保护管理的机构、能力建设及基础设施建设等方面的投入，同时大力支持保护、恢复、监测等项目建设。

2.3.3 加快湿地项目申报

依据《全国湿地保护工程规划（2002～2030 年）》及"十二五"规划、"十三五"规划，积极申请湿地保护恢复工程、综合治理工程、可持续示范工程、能力建设工程、科研监测等项目，申请退耕还湿、湿地奖励、保护补助及生态效益补偿等项目资金。

2.3.4   积极争取国际合作项目和社会集资

加强与湿地国际、世界自然基金会等国际组织的交流与合作，积极争取湿地国际合作项目和各类外援项目；广泛吸纳企业和社会捐赠及集资资金，在保护优先原则下，鼓励、支持以入股、合资等各种形式参与的湿地保护和合理利用项目。

2.3.5   充分利用资源优势，积极创收

充分发挥湿地科普宣教、生态旅游功能，通过提供休闲、游览、餐饮、住宿等有偿服务增加收入，本着取之于湿，用之于湿的原则，助推湿地保护项目。

第五章
湿地资源评价

第一节
湿地生态状况

1 水文水资源

甘肃省位于我国的西北部，地域狭长，地貌为山地型高原；海拔在 550~5808 米之间；分属黄河流域、长江流域及内流河流域；从东到西长 1655 公里。水资源分布极不均匀，自东南向西北依次递减。人均水资源占有量低于全国平均水平。黄河自本省西南部的玛曲县流入，从东北部的景泰县流出，长 913 公里，占黄河干流河道总长度的 16.7%，支流众多。长江流域纵横交错的山脉及贯穿河西走廊的祁连山为众多河流的源头及汇集区，形成了广泛的湿地，地处青藏高原东北部的甘南地区地质地貌，孕育了丰富的泥炭资源。甘肃省地表水系复杂多样，境内河流分为内陆河、黄河、长江三大流域，共 12 个水系，较大河流 450 多条。本省多年平均自产水量 282 亿立方米，分布极不均匀，由东南向西北递减。按 2009 年末人口计算，人均水资源占有量约为 1100 立方米，约为全国平均数的 1/2，是水资源贫乏省份之一。省境内中南部分属长江、黄河两大水系。长江水系在省境内主要支流有嘉陵江及其支流白龙江等；黄河干流横贯省境中部，主要支流有大夏河、洮河、渭河、泾河、祖历河等，其中泾、渭两河流出省境汇入黄河。乌鞘岭以西为内陆水系，大都源出祁连，流入荒漠，或经一段潜流后汇流于尾闾湖。较大的内陆河有石羊河、黑河和疏勒河。较大的尾闾湖有阿克塞的大小苏干湖。天然湖泊有甘南的尕海湖等。

1.1 水文水资源概况

2009 年度统计结果显示，全省年均降水量 237.20 毫米，折合水量 1077.95 亿立方米；自产地表水资源量 236.90 亿立方米，地下水资源量 123.59 亿立方米，扣除与地表水重复的地下水计算量 116.36 亿立方米，水资源总量为 244.14 亿立方米；全省入境水资源量 311.32 亿立方米，出境水资源量 415.54 亿立方米。省内大中型水库年末蓄水总量 40.74 亿立方米；省内平原区浅层地下水位年末比年初平均下降 0.03 米。全省供水总量 120.63 亿立方米，用水总量 120.63 亿立方米，耗水总量 79.69 亿立方米，耗水率 66%，废污水排放总量 8.89 亿吨。2009 年评价河长 4968.60 公里，其中I～III类水质的河长占55.3%，IV～超V类水质的河长占44.7%；评价了15座水库的水质，其中I～III类水库13座，IV～超V类水库2座。2009年度甘肃水资源及开发利用概况见表5-1。

表5-1 2009年度甘肃水资源及开发利用概况表

项目			单位	数量
降水	降水量		毫米	237.20
	降水总量		亿立方米	1077.95
地表水资源量	自产水	自产水量	亿立方米	236.90
		径流深	毫米	52.10
入境水量			亿立方米	311.32
出境水量				415.54
地下水资源量				123.59
水资源总量				244.14
供水量	地表水源	蓄水工程	亿立方米	35.21
		引水工程		41.54
		提水工程		16.98
		跨流域调水		0.98
	地下水源	浅层水		23.98
	其他水源	污水处理回用		0.28
		雨水利用		1.65
	合计			120.63
用水量	地表水	农业		77.96
		工业		10.67
		生活		6.08
		生态		1.94
	地下水	农业		17.60
		工业		2.39
		生活		2.93
		生态		1.06
	总用水量			120.63
耗水量	农业			68.15
	工业			4.27
	生活			5.83
	生态			1.44
	合计			79.69

（续）

项目		单位	数量
废污水排放量	城镇居民生活	万吨	23926.00
	第二产业		61073.00
	第三产业		3917.00
	合计		88916.00

1.2　省内各流域降水量的地区分布

甘肃省年降水量地区分布极不均匀，总体变化趋势是从西北部向东南部递增。全省实测最大年降水量1084.7毫米，实测最小年降水量3.0毫米。全省平均降水量237.2毫米，折合水量1077.95亿立方米，比多年平均值1258.31亿立方米减少14.3%，比上年值减少4.2%。

1.2.1　内陆河流域

平均降水量103.4毫米，折合水量279.24亿立方米，比多年平均值352.15亿立方米减少20.7%，比上年值增加3.6%，属枯水年分。与多年平均值比较，疏勒河流域减少48.8%，黑河流域增加3.5%，石羊河流域增加3.5%。与上年值比较，疏勒河流域增加6.5%，黑河流域增加8.1%，石羊河流域减少3.5%。

1.2.2　黄河流域

平均降水量397.5毫米，折合水量579.97亿立方米，比多年平均值675.50亿立方米，减少14.1%，比上年值减少10.9%，属偏枯水年分。与多年平均值比较，除河源至玛曲、玛曲至龙羊峡分别增加6.9%、5.8%以外，其余分区均有所减少，减幅最小的是北洛河状头以上区域为2.4%，其余分区减少10.8%~30.3%。与上年值比较，河源至玛曲、玛曲至龙羊峡、清水河与苦水河增加7.9%~18.1%，北洛河状头以上、泾河张家山以上区域比上年值略有增加，其余分区均减少14.1%~23.5%。

1.2.3　长江流域

平均降水量568.4毫米，折合水量218.73亿立方米，比多年平均值230.67亿立方米，减少5.2%，比上年值增加6.7%，属平水年。与多年平均值比较，嘉陵江广元昭化以上区域减少5.2%，汉江丹江口以上区域减少5.4%。与上年值比较，嘉陵江广元昭化以上区域增加6.5%，汉江丹江口以上区域增加49.6%。2009年流域降水量统计情况见表5-2。

表5-2　2009年流域降水量统计表

流域分区	降水量		多年平均降水总量（亿立方米）	与上年比较（±%）	与多年平均比较（±%）
	（毫米）	（亿立方米）			
内陆河	103.40	279.24	352.15	3.60	-20.70
黄河	397.50	579.99	675.50	-10.90	-14.10
长江	568.40	218.73	230.67	6.70	-5.20
全省	237.20	1077.95	1258.31	-4.20	-14.30

1.3   各行政分区年降水量分布情况

调查上一年度与多年平均值比较，有嘉峪关市、张掖市、金昌市增加，分别增加了22.5%、3.0%、61.1%，其余市（州）均减少。减少较大的为酒泉市和白银市，分别减少44.1%、32.7%；较小的为临夏藏族自治州、甘南藏族自治州、陇南市，分别减少9.7%、5.9%、2.1%；武威市、兰州市、定西市、天水市、平凉市、庆阳市减少10.0%～25.1%；酒泉市、嘉峪关市、张掖市、金昌市、陇南市均有所增加，增加了6.7%～28.9%，庆阳市比上年值略有增加，其余市（州）均减少，减少的范围在3.4%～23.9%之间。

1.4   自产水量

2009年全省自产水量236.90亿立方米，比多年平均自产水量282.14亿立方米减少16.0%，比上年值增加12.5%。2009年各流域自产地表水资源量统计情况见表5-3。从各市州自产地表水资源量分布情况看，与多年平均值比较，酒泉市、嘉峪关市、张掖市3市有所增加，分别增加10.8%、20.0%、10.4%，其余11个市（州）均有所减少，减少5.7%～78.3%；与上年值比较，酒泉市、张掖市、白银市、天水市、庆阳市、甘南藏族自治州、陇南市有所增加，增加了2.3%～38.4%，嘉峪关市、金昌市2市与上年持平，其余5市（州）均有所减少，减少了9.6%～38.0%。

1.4.1   内陆河流域

自产水量61.25亿立方米，比多年平均自产水量56.62亿立方米增加8.2%，比上年值增加7.2%。与多年平均值比较，疏勒河流域增加11.1%，黑河流域增加16.7%，石羊河流域减少7.7%。与上年值比较，疏勒河流域增加4.4%，黑河流域增加13.7%，石羊河流域增加1.8%。

1.4.2   黄河流域

自产水量92.00亿立方米，比多年平均自产水量125.16亿立方米减少26.5%，比上年值增加3.1%。与多年平均值比较，除河源至玛曲、玛曲至龙羊峡增加3.8%以外，其余区域均减少，大通河享堂以上区域减少87.5%，湟水区域减少88.6%，其次是龙羊峡至兰州干流区，减少67.4%。与上年值比较，除河源至玛曲、玛曲至龙羊峡、洮河、兰州至下河沿、北洛河状头以上五个区域增加1.2%～38.1%以外，其余区域均减少，减少量较大的是大通河享堂以上及湟水，分别减少72.1%、72.9%，其次是龙羊峡至兰州干流区，减少24.9%。

1.4.3   长江流域

自产水量83.64亿立方米，比多年平均自产水量100.36亿立方米减少16.7%，比上年值增加30.1%。与多年平均值比较，嘉陵江广元昭化以上区域减少16.8%，汉江丹江口以上区域增加9.5%。与上年值比较，嘉陵江广元昭化以上区域增加29.8%，汉江丹江口以上区域增加148.1%。

表 5-3　2009 年各流域自产地表水资源量统计表

流域分区	径流深（毫米）	当年值（亿立方米）	多年平均值（亿立方米）	与上年比较（±%）	与多年平均值比较（±%）
内陆河	22.70	61.25	56.62	7.20	8.20
黄　河	63.10	92.00	125.16	3.10	−26.50
长　江	217.30	83.64	100.36	30.10	−16.70
全　省	52.10	236.90	282.14	12.50	−16.00

1.5　全省入出境水量

1.5.1　全省入境水量

全省入境水量 311.32 亿立方米(扣除黄河干流从青海省入甘肃省玛曲县的第一次重复入境水量 164.77 亿立方米)。按流域分区：内陆河流域入境水量 18.42 亿立方米，占全省入境水量的 5.9%；黄河流域入境水量 262.62 亿立方米，占全省入境水量的 84.4%；长江流域入境水量 30.27 亿立方米，占全省入境水量的 9.7%。按行政分区：以临夏藏族自治州的积石山保安族东乡族撒拉族自治县入境水量最大，为 213.36 亿立方米。按邻省界划分：入境水量青海省为 444.89 亿立方米(包括第一次重复入境水量)，四川省为 26.87 亿立方米，陕西省为 3.75 亿立方米，宁夏回族自治区为 0.58 亿立方米。

1.5.2　全省出境水量

全省出境水量 415.54 亿立方米(扣除黄河干流在甘肃省玛曲县出青海省的第一次重复出境水)。正义峡水文站按照自然年下泄水量 11.77 亿立方米，扣除下游鼎新镇耗损水量，内陆河流域出境水量 9.49 亿立方米，占全省出境水量的 2.3%；黄河流域出境水量 295.16 亿立方米，占全省出境水量的 71.0%；长江流域出境水量 110.90 亿立方米，占全雀出境水量的 26.7%。按行政分区：以白银市的景泰县出境水量最大，为 283.76 亿立方米。

2　水　质

受工业生产极端落后的影响，全省水质普遍较好，多保持在优良等级，虽局部区域受工农业生产污染水质较差，但通过简单治理，仍可达到各类用水标准。

2.1　流域水质

内陆河流域的黑河干流水质良好，支流北大河水质优，山丹河重度污染；石羊河重度污染，支流金川河水质优；石油河水质重度污染。黑河张掖段各断面水质状况良好。石羊河高锰酸盐指数、化学需氧量、生化需氧量、氨氮、总磷等指标浓度值均有下降，但河段总体水质污染较重，仍为劣 V 类水质。黄河流域的黄河干流水质良好，支流洮河水质优，大夏河、湟水河、渭河水质良好，径河及其支流马莲河为重度污染。黄河甘肃段全流程 7 个断面水质均达标。兰州段水质为 Ⅲ类，白银段 3 个断面水质为Ⅱ类；渭河 6 个断面中除北道桥断面化学需氧量、氨氮超标为 Ⅳ 类水质外，其他断面水质均达标。径河平凉段八里桥断面水质为 Ⅳ 类。平镇桥、拦洪坝断面水质为劣V类，主要污染指标为高锰酸盐指数、化学需氧量和挥发酚。长江流域的白龙江水质优，全省 15 条河流的水质均为良好。黄河、渭河、白龙江、黑河出境断面水质达标。径河、马莲河出境断面水质为劣V类，主要污染指标为化学需氧量、氨氮等。

2.2　河流(段)水质

2008 年全省监测的 26 条河流(段)中，达到功能区水质标准的有 17 条，III类以上河流(段)有 18 条。大夏河甘南段、渭河陇西段和庆阳蒲河(姚新庄断面)水质污染减轻，玉门石油河、张掖山丹河水质污染加重，主要污染物为化学需氧量、生化需氧量、氨氮、总磷、挥发酚等。白龙江武都段(两水桥)水质I级、达标，黑河张掖段(鹰落峡)水质 I 级、达标；黄河兰州段(扶河桥、新城桥)水质 II 级、达标，洮河临洮段(玉井)水质 II 级、达标；金昌金川河(北海子)水质 II 级、达标；庆阳蒲河(姚新庄)水质III级、超标，主要污染物为化学需氧量、生化需氧量和氨氮；玉门石油河(豆腐台)水质 IV 级、超标，主要污染物为石油类；白龙江武都段(麻池桥、绸子坝)水质 I 级、达标；北大河嘉峪关段水质 I 级、达标；金昌金川河(迎山坡)水质 II 级、达标；黄河白银段水质II级、达标；大夏河甘南段水质 II 级、达标；洮河临洮段(桃园桥)水质 II 级、达标；黄河兰州段(包兰桥、什川桥)水质 III 级、达标；湟水河兰州段水质III级、达标；渭河陇西段水质 III 级、达标；渭河天水段水质 III 级、达标；北大河酒泉段水质III级、达标；黑河张掖段(高崖、蓉泉桥、六坝桥)水质III级、达标；大夏河临夏段水质 IV 级、超标，主要污染物为氨氮、总磷；庆阳蒲河(马头坡)水质V级、超标，主要污染物为化学需氧量；径河平凉段水质劣V级、超标，主要污染物为挥发酚；庆阳马莲河水质劣V级、超标，主要污染物为化学需氧量、氨氮；武威石羊河水质劣V级、超标，主要污染物为生化需氧量、氨氮；张掖山丹河水质劣V级、超标，主要污染物为溶解氧、高锰酸盐指数、化学需氧量、生化需氧量、氨氮、总磷、挥发酚、阴离子表面活性剂、硫化物；玉门石油河(西河坝桥)水质劣V级、超标，主要污染物为化学需氧量、氨氮、挥发酚、石油类。

2.3　水库水质

监测的 17 座水库中，达到功能区水质标准要求的 11 座，水质达III类以上水库有 15 座，占 88.2%。桑科、峻恫水库水质较好，红崖山水库生化需氧量浓度上升，水质污染有所加重。影响水库水质的主要污染指标为总磷。

2.4　饮用水源地水质

15 个城市的集中式饮用水源地水质状况总体良好，除白银市 1 月、6 月、8 月、9 月大肠菌群超标外，其他 14 个城市每个监测月水质均达到饮用标准。

3　湖泊富营养状况

甘肃湖泊分布较少，具代表性的湖泊位于甘南藏族自治州碌曲县境内的孕海湖、酒泉市阿克塞县的大、小苏干湖和酒泉市玉门市的干海子。这些湖泊富营养状况主要受制于农牧业生产和生活垃圾排放。境内的湖泊透明度均处在较高的分值上。矿化度(克/升)和 pH 值分别为 0.5、

31.83、31.8、40 和 6.7、9.1、9、8.4。尕海湖处于中营养阶段，其他属于富营养。

4 湿地功能和效益评价

4.1 供给功能

4.1.1 食物供给

由于湿地生态系统特殊的水、光、热等条件，其初级生产力高，能量积累快。据报道，湿地平均生产蛋白质 9 克/（平方米·年），是陆地生态系统的 3.5 倍，有的湿地植物生产量比小麦的平均生产量高 8 倍。湿地是地球上最富有生产力的生态系统之一。

水稻：全省水田面积 10853.00 公顷，产量以 6300 公斤/公顷，总产量为 6839.28 万吨，大米价格 4 元/公斤计，则全省稻田每年的产值约为 2.736 亿元。

水浇地：农田实际灌溉面积 1059573.33 公顷，以每公顷水浇地每年增产粮食 300 公斤计算，增产总量为 317872 万吨，粮食价格 2 元/公斤计，则全省实灌面积每年的增产价值约为 63.5744 亿元。

畜产品：全省草本沼泽总面积 222842.36 公顷，载畜量约为 1.33~1.67 公顷/1 个羊单位，其牧业平均价值 250 元/（公顷·年）计算，则全省草本沼泽每年的牧业总价值约为 5571 万元；全省沼泽化草甸总面积 522415.5 公顷，载畜量约为 0.47~1.33 公顷/1 个羊单位，其牧业平均价值 600 元/（公顷·年）计算，则全省沼泽化草甸每年的牧业总价值约为 31345 万元；全省内陆盐沼总面积 81995.62 公顷，载畜量约为 2.33~2.67 公顷/1 个羊单位，其牧业平均价值 150 元/（公顷·年）计算，则全省内陆盐沼每年的牧业总价值约为 1230 万元；全省季节性咸水沼泽总面积 384415.13 公顷，载畜量约为 1.67~2 公顷/1 个羊单位，其牧业平均价值 200 元/（公顷·年）计算，则全省季节性咸水沼泽每年的牧业总价值约为 7688 万元；全省灌丛沼泽总面积 33154.01 公顷，载畜量约为 1~1.33 公顷/1 个羊单位，其牧业平均价值 500 元/（公顷·年）计算，则全省灌丛沼泽每年的牧业总价值约为 1658 万元。全省沼泽湿地每年的牧业总价值约为 4.75 亿元。

鱼虾：2008 年甘肃省水产品产量 1.17 万吨，以 5000 元/吨计，全省每年的水产品值可达 5850 万元。

甘肃湿地每年提供食物的价值约 71.8111 亿元。

4.1.2 提供淡水

2009 年，全省淡水供水量为 120.626 亿立方米，以淡水价值 1 元/立方米计，全省每年提供淡水的总价值达 120.6260 亿元。

4.1.3 提供水能

在黄河、长江、内陆河三个流域的 12 个水系中，较大的河流 450 余条，其水能的理论储藏量是 1426.40 万千瓦，其中可开发 910.97 万千瓦。截至 2009 年，全省水电总装机容量已经超过 300 万千瓦，年发电量 250.20 亿千瓦时，以 2009 年底国家发改委制定的西北电网平均上网电价 0.16 元/千瓦时计，则全省每年的水电产值达 40.0320 亿元。

4.1.4 生物资源

湿地是地球上生物多样性最丰富、生产力最高的自然生态系统之一，被誉为"物种基因库"，对维护地球生物多样性具有重要意义。

高寒草地是世界唯一的高寒生物种质资源库。河曲马、甘南牦牛、欧拉羊、合作厥麻猪是适应青藏高原高寒草地特殊环境的独特种质资源。类群从基因、细胞、个体或生态系统各个层次，均能为人类提供有价值的野生、家养或栽培生物的种质、遗传基质特殊基因材料。

生物资源是人类生存和社会发展的物质基础，是可再生和可更新的资源，为了满足当代人类及子孙后代的需求，寻求持续利用生物资源的新途径和新方法已迫在眉睫。

湿地提供工业原料、食物、蔬菜、药材、淡水、航运、发电、旅游、供给功能每年的价值约为283.07亿元。

4.2　调节功能

4.2.1　调节气候和空气

调节气候：一方面，湿地的热容量大，异热性差，使湿地地区的气温变幅小；另一方面，湿地积水面积大，特殊的地热学性质使湿地源源不断地为大气提供充沛的水分，增加大气湿度，调节降水。甘肃湿地如果平均蒸发量以1000毫米计，则全省1693945.56公顷湿地一个生长季总蒸发量达169亿立方米水，其日平均相对湿度比附近提高10%以上。湿地增加空气湿度的功能还能有效提高降水量、降低周边气温。如果蒸发水价值以1元/立方米计，则全省湿地每年蒸发水的价值约为169亿元。

调节空气：湿地有机残体分解缓慢而且分解度低，分解耗氧量小，而湿地植物繁茂，释放氧气的量比较大。湿地向大气层释放氧气的功能不仅有利于人体健康，对应对气候变化也有积极的作用。据有关资料，地球上约5亿公顷沼泽植物每年就向大气层释放1.6亿吨氧气。平均为0.32吨/公顷，以此计算全省沼泽湿地每年可释放氧气39.8万吨，如以0.25万元/吨氧气计，则39.8万吨氧气的价值可达9.95亿元。

贮藏碳汇：泥炭被誉为地下森林，其功效是复合的，泥炭在数万年发育过程中，储存并净化了淡水水源，泥炭中的物种多样性也十分丰富。泥炭本身就是一种可燃资源。全省泥炭储量约25亿吨，以泥炭中碳的含量38.22%计，折合碳储量达9.555亿吨。如果这些泥炭地因保护不好而全部氧化的话，则会产生二氧化碳温室气体35亿吨。据有关资料，目前国内减排市场的二氧化碳交易价格是7~15美元/吨，以人民币60元/吨，保护这些泥炭地的价值达2100亿元，如不加保护按100年后消失殆尽推算，则每年的保护价值约为21亿元。

甘肃湿地调节空气每年的价值约为290.5亿元。

4.2.2　调蓄洪水、涵养水源

调蓄水量：湿地一般位于本地区的低凹处，含有大量持水性良好的泥炭土、植物及质地黏重的不透水层，使其具有巨大的蓄水能力。它能在短时间内蓄积洪水，然后用较长的时间将水排出。

涵养水源：也就是稳定地下水位。随着生产的发展，人们生活水平的提高及人口的急剧增加，地下水位呈下降趋势，特别是大城市的地下水位降得更为明显，而湿地水源充足，可源源不断地补给地下水。

全省15909.83公顷湖泊、36747.71公顷水库和1244822.62公顷沼泽湿地每年调蓄洪水、涵养水源的生态价值达 28.13 亿元。

4.2.3 降解污染物，净化水质

湿地生态系统处理污水是一个复杂的过程，是湿地的理化、生物作用的综合效应，包括了沉淀、吸附、离子交换、络合反应、硝化、反硝化、营养元素的生物转化和微生物分解过程。湿地中微生物多，其分解能力强，有利于污染物的降解。进入湿地的农药、工业污染物及有毒物质等，可以通过湿地的生物和化学过程使有毒物质降解和转化。健康湿地生态系统对 BOD_5、TSS 和 TN 的平均去除率效率可达 77.1%、82.5% 和 85.9%，使当地和下游区域受益。

4.2.4 保持水土

湿地地势低平，湿地中的植物和有机残体又有阻滞水流，从而降低流速，减少流水携沙能力，使泥沙沉积，或者减弱流水侵蚀作用。

4.2.5 抵御自然灾害

通过湿地的水源涵养、调蓄功能以达到抵御干旱、洪涝灾害，通过湿地平衡气温的功能防止霜冻，通过湿地固定"碳汇"的功能减缓温室效应，通过湿地保护水土的功能防止水土流失，通过湿地净化水质的功能防止水体污染。

不包括降解污染物，净化水质、保持水土、抵御自然灾害的调节功能约为每年 319.864 亿元。

4.3 文化功能

4.3.1 文化多样性

藏族文化：在湿地集中分布的甘南高原和天祝藏族自治县，聚居着信仰佛教的藏族。藏族的节日繁多，其中最为隆重、最具民族意义的要数藏历新年，还有转山会、采花节、藏历元旦、萨噶达瓦节、女儿节、望果节、雪顿节等。藏族的服饰多姿多彩、男装雄健豪放，女装典雅潇洒，尤以珠宝金玉做为佩饰，形成高原妇女特有的风格。藏民族医药科学相当发达，已有 2000 多年的历史。藏族人民创造了灿烂的民族文化，在文学、音乐、舞蹈、绘画、雕塑、建筑艺术等方面，都有丰富的文化遗产。藏族人民崇尚自然，对江河、湖泊等湿地及其湿地野生动物十分敬畏，他们都是湿地资源的保护者。斯巴鲁野生动物保护奖获得者、甘南藏族自治州碌曲县尕海乡秀哇村牧民西合道就是他们中的杰出代表。

哈萨克文化：哈萨克族分布于湿地资源比较丰富的阿克塞哈萨克族自治县。哈萨克族人民在生产生活实践中创造了丰富多彩的文化艺术，包括神话、传说、民间故事、叙事长诗、爱情长诗、民歌、谚语等。主要节日有古尔邦节、肉孜节和那吾热孜节。哈萨克常用药主要来自各种动物器官和各种草木等，如熊胆、麝香、鹿茸、脐肠、雪鸡脑及鸟皮等，还用牲畜的乳汁及各种奇果。哈萨克人热爱草原，热爱生活，勤劳朴实、逐水草而居，草原处处飘荡着他们的歌，在哈萨克族传统文化与风俗习惯中，就有注重环境保护的传统教育。为了保护周围的生态环境，控制破坏自然，保持生态平衡而想出种种办法、编造各种禁忌，并把这些办法和禁忌渗透到道德教育当中，形成了哈萨克族独特的传统道德教育。"不拔青草，否则你的青春会遭受你所拔青草的命运"。长辈们给孩子们解释之时把有些禁忌习俗与人类的生活相关起来，使哈萨克族青少年从小产生保护环境的意识，使孩子不敢去做破坏环境的事，达到教育孩子保护环境的目的。

裕固族文化：裕固族是甘肃独有的少数民族，绝大部分居住在肃南裕固族自治县境内的康

乐、大河、明花、皇城区及马蹄区的友爱乡，其余居住在酒泉市肃州区的黄泥堡裕固族乡，这些地方草原辽阔，草质优良，是湿地集中分布的地方。裕固族主要从事畜牧业，信奉喇嘛教，在风俗习惯上近似藏族。裕固族非物质文化遗产丰富多彩，民间文学主要有神话、传说、寓言、故事、民歌、叙事诗、格言、谚语、谜语等，尤其民歌独具风格，曲调独特，内容多是表达劳动和爱情。裕固族丰富多彩的民间歌舞、民间故事记载了裕固民族与大自然抗争，与其他民族共生存的珍贵历史画卷；民间习俗、宗教信仰体现了裕固族崇拜自然、保护生态环境的生活意识。

蒙古族文化：蒙古族分布于湿地资源比较丰富的肃北蒙古族自治县。蒙古族有自己的语言，信奉佛教。蒙古族的传统音乐诗配以乐，歌含有诗，诗歌并存，民歌内容丰富，题材广泛，数量浩瀚。在蒙古族传统文化中，蕴含着丰富的崇拜自然、敬重生命、珍惜资源、保护生态的生态伦理思想。随着社会的变迁以及与各民族文化的冲突融合，蒙古族传统文化虽然也发生了很大的变化，但是人与自然和谐相处理念却一直得以保存与传承。蒙古人懂得草场是他们最好的生产资料，因此特别爱惜草场上的一草一木，也特别地珍惜水资源，久而久之形成了许多保护草原水草的规定，如逐水草而迁徙、倒场轮牧、禁止破坏草场等。

4.3.2   精神和宗教价值

佛教：佛教是世界三大宗教之一，创立于公元前6世纪，广泛流传于亚洲的许多国家，西汉末年经丝绸之路传入我国，是甘肃湿地区汉族、藏族、蒙古族、裕固族等民族普遍信奉的宗教。佛教提倡简朴中道的生活方式，将节俭和知足作为最重要的美德。佛教教育人类将能够以无剥削、非侵略、温和的态度对待自然，利用自然资源满足自身最简单的生活需要，与自然和谐相处。佛教劝诫人们应像蜜蜂一样合理利用自然，蜜蜂从花朵中采集花粉，既不会污染花朵的美丽，也不会减少花朵的芳香，应该在生活中发现幸福和圆满，而不伤害自然界。佛教认为，如果自我的身心不和谐或者源自于我的关系不和谐，有多少财富和权力也不快乐、不幸福，如果人类与草原、河流、山川等大自然的关系不和谐，污染了空气、污染了水源、让耕地沙漠化，那么就会产生交互影响，佛教一直非常看重环境保护。

伊斯兰教：伊斯兰教也是世界三大宗教之一，在甘肃湿地区聚居的哈萨克族、回族、东乡族、保安族等民族都信奉伊斯兰教，信奉伊斯兰教的人统称为穆斯林。伊斯兰教崇尚绿色，是个全面和平的宗教，穆斯林要从实现个人和平、家庭和平到全社会、全人类和平，在和平的气氛中达到全世界融洽相处。伊斯兰教希望团结，要求穆斯林四海皆兄弟。伊斯兰教认为，自然界包括动物界、植物界等都是客观存在，人们要利用这种规律来规范自己的行为，进而改善自然环境，保护自然环境，以达到为自身谋福利的目的。在处理人类与自然环境的关系问题上，伊斯兰教坚决摈弃自我中心主义和狭隘的功利主义。在处理当代人利益和未来人长远利益的关系上，伊斯兰教坚决反对贪婪和短视，认为自然环境的优劣不是后代人能够决定的，更多的是前辈人遗留给他们或强加于他们的，提倡当代人必须为后代考虑，提高对待自然环境的道德素质，保证人类正常繁衍、生存。伊斯兰教认为，自然资源是有限的，应该珍惜人类的生存条件，并努力防止资源的衰竭，从另一侧面诠释了人类应当具有的自然环境道德观。

4.3.3   美学、教育、休闲娱乐价值

观光与旅游：湿地独特的环境条件和景观，为人类提供理想的旅游休闲场所。甘肃湿地大多

具有自然观光、旅游、娱乐等美学方面的功能，刘家峡、月牙泉、尕海湖、阿万仓等湿地都是重要的旅游资源，这些湿地以其壮观秀丽的自然景色而吸引人们向往，大多已经开辟为旅游景区。尕海等湿地栖息着近百种水禽，其中许多是国家重点保护对象，它们每年吸引着成千上万的游客。湿地除了通过旅游资源开发可以创造直接的经济效益外，还具有重要的文化价值，尤其是重要古代文化遗迹周围的水体，在美化环境、调节气候的同时，为文化的传承和保存发挥着不可替代的作用。

教育与科研价值：湿地生态学是生态学中的研究热点之一，许多地区成为环境教育和野外科研实践的基地。湿地生态系统、多样的动植物群落、濒危物种等，在科研中都有重要地位，它们为教育和科学研究提供了对象、材料和试验基地。一些湿地中保留着生物、地理等方面演化进程信息，在研究环境演化、古地理方面有着重要价值。

4.4 支持功能

4.4.1 生物多样性保护

湿地是地球生物多样性极为丰富和生产力很高的生态系统，湿地是天然蓄水库，又是众多野生动物特别是珍稀水禽的繁殖和越冬地。湿地物种十分丰富。调查发现湿地脊椎动物 268 种，湿地高等植物 1620 种，甘肃省的湿地具有极其重要的生物多样性，这些不仅是甘肃也是全人类的宝贵资源，对于促进甘肃社会经济发展、保障人民生活起着巨大的作用。

4.4.2 提供生境

湿地生态环境复杂，适于各类生物的生存、繁衍，在中国湿地中生活的鸟类占全国鸟类总数 1/3 左右，国家 I 级保护的珍稀鸟类约有一半在湿地生活。在甘肃湿地中栖息的野生动物种数约占全省的 28.4%；在甘肃湿地中分布的野生植物种数约占全省的 24.7%。

4.4.3 维持现存生态系统与自然过程、水循环、物质循环等功能

维护湿地生态系统：湿地生态系统是介于水、陆地生态系统之间的生态单元，其生物群落由水生和陆生种类组成，物质循环、能量流动和物种迁移与演变活跃，具有较高的生态多样性、物种多样性和生物生产力。只有保护好湿地资源，才能维护好湿地生态系统。

维护水循环：地球上的水连续不断地变换地理位置的运动过程就是水循环。湿地参与了陆地小循环，即从陆地表面蒸发的水汽，在内陆上空成云致雨，然后再降落到大陆表面上。小循环受抽取地下水、拦截河水、修建水库、引水灌溉等人为活动的干扰，改变了天然水分的运移途径和各水文要素之间的水量交换关系，而工业废气的排放可能产生的温室效应和酸雨，这些都会影响水文循环中化学物质的迁移过程。保护湿地就要减少人为的干扰，维护自然的水循环。

维护物质循环：在湿地特别是沼泽湿地中，水体—土壤—植物复杂体系中碳、氮、磷等元素的迁移与转化、累积与分解，以及与外环境的物质进行着交换与循环，湿地系统中碳、氮、磷生物地球化学过程，人类活动对湿地系统碳、氮、磷循环过程是有影响的，保护好湿地资源就要维持湿地系统的稳定和健康。

第二节
湿地受威胁状况

　　湿地是介于陆地和水生环境之间的过渡区域，是地球上水陆相互作用而形成的独特生态系统，是自然界最富生物多样性的生态系统和人类最为依赖的生存环境之一，与森林、海洋一起并列为地球的三大生态系统。湿地与人类的生存、繁衍、发展息息相关，它不仅可为人类的生产、生活提供多种资源，而且具有巨大的环境功能和效益，在抵御洪水、调节径流、蓄洪防旱、控制污染、调节气候、控制土壤侵蚀、促淤造陆、美化环境等方面有其不可替代的作用，被誉为"地球之肾"。在各类生态系统中，其服务价值居于首位。健康的湿地生态系统，是生态安全体系的重要组成部分，对实现经济与社会可持续发展至关重要。城市自创建到跨越式发展被视为人类的文明与进步，湿地则为这一活动提供了发展空间和核心资源。动物无一不依水而居，城市则罕见于背水而去，可见水源在人类社会发展中的先决作用。近现代，城市沿内陆河流一直推进到滨海湿地。湿地类型与格局影响城市的发展方向，形态结构制约着城市景观。在河流与河流、河流与滨海或湖泊与滨海等异质湿地结合部，城市因获得最优发展空间而具有高级的发展形态，成为开放性更高的现代国际都市。湿地还是城市生态环境的重要组成部分，蕴涵强大的综合功能，为城市实现可持续发展提供重要的水资源和生态环境保障。随着人类活动的加剧，对湿地的不合理开发利用导致湿地退化，环境功能与生物多样性下降甚至丧失的并不鲜见。日益突出的抢占改造、工农业污染、泥沙淤积等诸多环境问题，使湿地空间格局遭受挤压的同时，化学性状也在发生着较大的改变，应该说，湿地已处在各种威胁因子的胁迫之中。甘肃干旱缺水少雨，生态十分脆弱，有限的湿地资源弥足珍贵。保护湿地及其生物资源，对保障区域生态系统平衡，维护全球生物多样性和生态环境安全有着十分重要的现实意义和深远的历史意义。

1　湿地威胁因子

1.1　人为干扰因素

　　主要包括水资源过度开发、超载过牧、污染物排放、工程建设占用湿地、开垦湿地等。

1.2　污染物(废水)排放

　　全省废水排放总量4.74亿吨，其中工业废水排放量为1.64亿吨，占总排放量的34.6%，城镇生活污水排放量为3.10亿吨，占总排放量的65.4%。工业废水中，工业用水重复利用率为92.3%，化学需氧量排放4.78万吨，氨氮8754.67吨，石油类231.31吨；城镇生活污水中，化学需氧量排放12.27万吨，氨氮1.34万吨。

　　水体污染：据水利部门资料，2009年评价河长4968.6公里，其中Ⅰ~Ⅲ类水质的河长占55.3%，Ⅳ~超Ⅴ类水质的河长占44.7%；评价了15座水库的水质，其中Ⅰ~Ⅲ类水库13座，Ⅳ~超Ⅴ类水库2座，为红崖山水库与巴家嘴水库。

内陆河流域污染：比较严重的河流有甘肃石羊河武威市段（劣 V 类）、黑河流域的山丹河（劣 V 类）、疏勒河流域的石油河玉门市段（V 类），主要超标指标为 COD、BOD_5 和氨氮。内陆河流域污染比较严重的水库主要有黄羊水库（劣 V 类）、南营水库（劣 V 类）、西营水库（V 类），双塔水库（V 类）、赤金峡水库（IV 类）。湖泊水库的主要污染超标指标为总氮。

黄河干流水质污染：黄河干流进入甘肃后，兰州市和白银市的城市附近黄河河段水质恶化到 IV ~ V 类，经过较长距离的自净后，出境进入宁夏水质基本能够恢复到Ⅲ类。黄河干流兰州段石油污染严重，超标均在 7 倍以上。

1.3 气候变化

平均气温：近 50 年来，全省年平均气温升高了 1.1℃，河东平均升高了 0.9℃，河西平均升高了 1.4℃，幅度高于全国平均水平。2006 年全省年平均气温升高了 1.5℃，为近 50 年来最高。从季节来看，1997 年各季增温明显。1998 ~ 1999 年的冬季是历史上有气象观测记录以来最暖的冬季，全省大部分地方气温偏高都在 2.0℃以上，其中兰州、武威、西峰等地偏高 3.0℃以上。

降水量变化：近 50 年来，全省年平均降水量逐渐减少，平均每 10 年减少 5.7 毫米，下降的幅度高于全国每 10 年减少 2.9 毫米的平均水平；近 50 年来全省年平均降水量下降了 28 毫米，但区域降水变化波动大，其中河东平均下降了 51 毫米，河西平均上升了 12 毫米。降水的季节特征表现为冬季降水量和雨日大范围增加，春季降水量减少但雨日却在增加，表明春季降水强度在减弱；秋季表现出降水量和雨日大范围减少趋势，夏季降水量和雨日数表现为大范围的减少趋势。

气象灾害：50 多年来，全省平均每年因气象灾害造成的经济损失占 GDP 的 4% ~ 5%，高于全国平均水平。在气象灾害中，干旱灾害占气象灾害受灾面积的 56%，居首位。大风和冰雹造成的灾害占气象灾害受灾面积的 17%，位居第二。洪涝、霜冻、病虫害和其他灾害各占 6% ~ 9%。由于全球气候变暖，全省气象灾害目前仍呈加重趋势。

进入 20 世纪 90 年代以来，在全球气候变暖的背景下，降水量呈偏少趋势，干旱发生频率加快，尤其是大旱发生的次数更加频繁。1996 年以来全省暴洪灾害呈加重趋势，每年因霜冻灾害农作物受灾面积平均为 12.305 万公顷。气象引发的次生灾害主要是滑坡、泥石流、崩塌、水土流失等突发性地质灾害，仅近十余年，发生规模较大滑坡 1000 多次，死亡 2000 余人，近年来全省因气象原因引发的次生灾害造成的经济损失平均每年达 6 亿 ~ 8 亿元（不包括 2010 年舟曲特大泥石流灾害）。

气候变化对水资源的影响：一是影响了降水量，1960 年以来全省的降水量变化总体呈下降趋势（2000 年以来有所回升），尤其是 1990 ~ 2000 年间，下降情况最为明显；气候变化使地下水资源量剧减，如河西走廊地下水天然资源 20 世纪 90 年代比 50 年代减少 45%；气候变化严重影响了全省的径流量，近 40 多年来除黑河和疏勒河外大部分河流径流量呈减少的趋势；二是气候变化影响到冰川和雪线，随着全球气候升温，祁连山冰川大幅缩减，融水比 70 年代减少了大约 10 亿立方米。冰川局部地区的雪线正以年均 2 ~ 6.5 米的速度上升，有些地区的雪线年均上升竟达 12.5 ~ 22.5 米，且积雪面积明显减少。据中国科学院兰州冰川冻土研究所资料，冰川的平均退缩幅度远超过海洋性冰川的一般退缩幅度。据甘肃省水文局通过对七一冰川进行雷达测厚，发现近 23 年该冰川总体平均减薄了 19.6 米，而且在末端区域减薄程度最大超过了 50 米。

1.5 泥沙淤积

泥沙淤积是对湖泊和库塘湿地最大的威胁之一。每年从周边洮河、大夏河流入黄河三峡湿地的泥沙量约 1.5 万立方米，每年流入小苏干湖的泥沙多达 1 万立方米。

1.6 物种栖息地恶化

沼泽湿地大多属于牧区，湿地周边的家畜和人类活动干扰野生动物正常的栖息活动，特别是家畜的超载过牧，使野生动物食物短缺，食草野生动物减少，以致引起食肉野生动物数量减少的食物链效应；湿地区矿区及其毗邻矿区员工的活动，对野生动植物的生存造成不同程度地威胁；捡拾鸟蛋、破坏鸟巢的行为迫使一些鸟类在湿地外筑巢，许多幼鸟因此而中途死亡；长期承泄工农业废水和生活污水，导致一些湿地水污染，严重危及湿地生物的生存环境；湿地萎缩导致湿地植被干旱死亡，候鸟生存环境遭到破坏；大范围、网格化的草地围栏，致使野生动物特别是兽类的栖息地被人为分隔，造成栖息范围萎缩，动物间无法交往；农药草原鼠害，造成野生动物中毒死亡。

在高寒湿地，野生动植物生存环境严酷，由于乱捕滥猎和乱采滥樵，以及草地的不合理利用，使生物种质遭到严重破坏，优良牧草减少，毒杂草增加，一些特有种质资源已丧失而无法补救。

2 湿地面临的压力

2.1 天然湿地萎缩

受农业大量用水、大气持续干旱等因素的影响，河西内陆河流域湿地的自然补水量严重不足，天然湿地有萎缩现象，新的盐碱地和荒漠土地不断产生。致使湿地生态环境遭到破坏，湿地景观急剧减少。湖泊面积的萎缩与数量的减少最为突出，玉门市干海子近 700 公顷的天然湖泊已呈"季节性"，仅靠疏勒河工程注水勉强维持。瓜州县湿地面积由 20 世纪 70 年代末的 14.40 万公顷锐减至 10.01 万公顷，黄沙紧逼。

2.2 资源利用过度

湿地是众多动植物资源的生长繁育场所，是极具价值的物种基因库，对维持野生物种种群的存续意义重大，其潜在价值难以估量。由于湿地的过度开发，如临夏大夏河部分河段长期采石挖沙遭到的破坏，甘南部分地区的过度放牧等，导致湿地动植物生存环境的改变和破坏，使愈来愈多的生物物种，特别是珍稀生物失去生存空间而濒危和灭绝，物种多样性减少，生态系统趋向简化，削弱了生态系统自我调控能力，降低了生态系统的稳定性和有序性。近几十年来由于大型水利工程的建设、湿地内油田的开发等，致使区域内生物多样性不同程度受损。

2.3 污染加剧

省内各类湿地正面临着严重的污染问题。随着工农业的迅猛发展和城市化建设的不断扩张，大量的工业废水、废料、生活污水等有害物质源源不断排入湿地。湿地有限的降解功能不堪重负，致使水质变差，供求矛盾日益突出，尤其是依赖江河、湖泊供水的城市受到危害的程度更为突出。事实上，现在的部分湿地已成为工农业污水、生活废水、废弃物的承泄地。由于湿地景观严重丧失，生物多样性衰退及污染日益加剧，导致了湿地生态功能的急剧下降。

2.4 盐碱化进程加剧

近年来，河西内陆河水量干枯的趋势加剧，严重影响了下游工农业生产和人民生活。瓜州排水沟大量的碱水涌入双塔水库，一方面减少了湿地用水，导致生态环境遭到破坏。另一方面，加快了双塔水库下游灌区土地盐碱化进程。疏勒河移民水利工程的修建，部分解决了移民生计，但同时也隔断了自然河流与湖沼等湿地水体之间的天然联系，截流了下游水源，造成瓜州县地表水锐减，地下水位下降，湿地萎缩，沙化趋势加快。挖沟排水，使湿地不断疏干，加之高蒸发和渗漏等诸多因素导致湿地生态加速恶化，如不及时采取必要的措施，瓜州湿地将不复存在，瓜州县也将变成第二个民勤。

从全省重点调查湿地所反映的整体情况看，绝大部分湿地受威胁程度属于中度偏下，整体破坏程度较轻或无破坏，处于比较安全的等级内。省内大部地区湿地基本保持比较完整的状态，甚至比较原始，湿地的各种生态与服务功能比较健全。但其他湿地区尤其是河流湿地的情况并不十分乐观了。

第三节
湿地资源变化及其原因分析

对比两次调查成果，在可比条件下，湿地资源变化情况。与第一次全国湿地资源调查结果相比，在调查范围、调查方法、调查强度以及湿地动物种类方面均有显著差异，第一次调查范围主要是已划定的湿地类型的自然保护区，总调查面积11.5万公顷；调查方法主要采用历史资料汇总以及小量的现地调查相结合；调查强度没有做详细要求；得到的湿地动物种类只有脊椎动物亚门，其中鱼类2目3科36种；两栖类2目7科14种；爬行类2目2科17种；鸟类9目11科45种；哺乳类3目4科6种。两次调查结果的比较不需赘述，且第一次调查对湿地动物的界定不是十分清晰，许多物种不属于严格意义的湿地动物，而属湿地依赖型种类。

湿地动物调查结果显示，国家Ⅰ级保护动物有黑鹳、黑颈鹤、遗鸥3种，占甘肃湿地动物总数的1%；国家Ⅱ级重点保护动物有秦岭细鳞鲑、大鲵、细痣疣螈、赤颈鸊鷉、白鹈鹕、白琵鹭、大天鹅、小天鹅、鸳鸯、鹗、灰鹤、蓑羽鹤、水獭13种，占甘肃湿地动物总数的5%。

湿地植物种类组成与第一次湿地调查的结果相差较大。第一次湿地调查共收录湿地高等植物不足200种，主要包括典型的水生植物、沼生及湿生植物，此次调查共收录甘肃湿地高等植物1270种，更加系统全面地函盖了甘肃湿地植物资源。

湿地是人类最重要的环境资本之一，也是自然界富有生物多样性和较高生产力的生态系统，占全球自然资源总值的45%。根据国外科学家的研究，每公顷湿地生态系统每年创造的价值达

4000～14000 美元，是农田生态系统的 45～160 倍。湿地不仅为人类的生产、生活提供了多种资源，如食物、药材和水等，而且还有巨大的生态功能和效益，在抵御洪水、调节气候和保护生物多样性等方面发挥着其他生态系统无法替代的作用，因此湿地被誉为"自然之肾"。黄河首曲湿地被称为是"中华水塔"和"黄河蓄水池"，甘肃省要是没有盐池湾，就没有著名的旅游胜地—敦煌。在湿地生态功能的发挥方面，湿地植被起着至关重要的作用。

　　具体来讲，湿地植被的价值可分为四个方面，即湿地的供给服务价值、调解服务价值、文化服务价值、支持服务价值。

第四节
两次湿地资源调查结果的比对与分析

1　第一次湿地资源调查概述

1.1　调查基本情况

　　调查时间：1997～2000 年。

　　队伍组成：在林业部(国家林业局)的统一领导和组织下，甘肃省林业厅成立了由省自然保护野生动物管理局、兰州大学、西北师范大学、庆阳师专以及有关地县林业部门的领导和技术干部参加的全省湿地资源调查队伍，并成立了由西北师范大学、兰州大学、庆阳师专的专家组成的湿地调查专家组。

　　调查方法：采取以现地调查为主、卫片判读为辅，结合座谈访问及参考现有资料的方法。重点调查湿地以实地调查为主，一般调查区域主要以调查访问和查询资料为主。

　　技术标准：原林业部调查规划设计院制定的《全国湿地资源调查与监测技术规程》。

1.2　主要调查结果

1.2.1　湿地面积

　　各湿地类型：全省湿地总面积 125.81 万公顷，其中河流湿地(Ⅱ)58.51 万公顷、湖泊湿地(Ⅲ)4.43 万公顷、沼泽和沼泽化草甸湿地(Ⅳ)52.15 万公顷、库塘湿地(Ⅴ)10.72 万公顷。在河流湿地中，永久性河流(Ⅱ1)13.99 万公顷、泛洪平原(Ⅱ3)44.52 万公顷；在湖泊湿地中永久性淡水湖(Ⅲ1)3.44 万公顷、季节性淡水湖(Ⅲ2)0.03 万公顷、永久性咸水湖(Ⅲ3)0.96 万公顷；在沼泽和沼泽化草甸湿地中草本沼泽(Ⅳ2)40.95 万公顷、高山和冻原(Ⅳ3)8.85 万公顷、内陆盐沼(Ⅳ6)2.35 万公顷；在库塘湿地中人工水库(Ⅴ1)10.7 万公顷。

　　重点调查湿地：第一次调查确定的重点调查湿地为位于永靖县的黄河三峡、高台县的黑河保护区、玛曲县的黄河首曲河流湿地、玉门市的昌马河保护区、阿克塞哈萨克族自治县的小苏干湖、碌曲县的尕海湖、玉门市的干海子、阿克塞哈萨克族自治县的大苏干湖、碌曲县的尕海草甸湿地和玛曲县的黄河首曲沼泽草甸湿地等 10 块，重点调查湿地总面积 113660 公顷。

一般调查湿地：第一次调查确定的一般调查湿地主要有黄河玛曲段及支流、白水江流域、白龙江流域、嘉陵江流域、大夏河流域、洮河流域、庄浪河流域、渭河流域、泾河流域、黑河流域、石羊河流域、疏勒河流域、大哈勒腾河、小哈勒腾河、黄河兰州流域、黄河靖远流域、敦煌南湖、文县天池、甘南高山草甸湿地、祁连山地草甸湿地、河西走廊盐碱沼泽、锦屏水库库区、巴家嘴水库库区、碧口水库库区、鸳鸯池水库库区、黑山湖水库库区、双塔水库库区、党河水库库区、红崖山水库库区等 28 块，一般调查湿地总面积 1144436 公顷。

海拔 3000 米以上湿地：主要有黄河首曲河流湿地，黄河首曲沼泽草甸湿地，尕海湖，则岔草甸湿地，黄河玛曲段及支流，大夏河流域，大夏河夏河段，大哈勒腾河、小哈勒腾河，甘南高山草甸湿地等 9 块，海拔 3000 米以上湿地总面积 548000 公顷。

1.2.2　湿地植物

湿地植被类型：植被型主要有杂草沼泽、沉水植被、莎草沼泽、高寒草甸和温带灌丛等 5 个。群系主要有杂草沼泽的芦苇群系、香蒲群系，沉水植被的眼子菜群系，莎草沼泽的沼针蔺群系、薹草群系，高寒草甸的矮嵩草群系、小嵩草群系、珠芽蓼群系，温带灌丛的杞柳群系等 9 个。

湿地高等植物：湿地高等植物共 39 科、113 属 196 种，重要的有百合科的贝母，柏科的杜松，车前科的车前，柽柳科的柽柳、红砂、红柳，灯心草科的灯心草，豆科的花棒、骆驼刺、甘草、锦鸡儿、黄耆，禾本科的芦苇、冰草、赖草、针茅、芨芨草、冰草、紫羊茅、垂穗披碱草，胡颓子科的沙枣，桦木科的白桦，蒺藜科的沙拐枣、白刺，桔梗科的党参，菊科的盐生风毛菊、蒲公英、小黄菊、黄鼠草、阿尔泰紫菀、蒲公英、雪莲、橐吾、黄花蒿，狸藻科的狸藻，藜科的盐蒿、碱蓬，蓼科的大黄、圆穗蓼、珠芽蓼，柳叶菜科的柳兰、沼生柳叶菜，龙胆科的秦艽，麻黄科的麻黄，毛茛科的金戴戴、甘青乌头、花莛驴蹄草、三裂碱毛茛、云生毛茛、高原毛茛，蔷薇科的委陵菜、珍珠梅、蔷薇、二裂委陵菜，茄科的枸杞，忍冬科的忍冬，伞形科的羌活，莎草科矮蔍草、栗褐薹草、紫果蔺、嵩草、线叶嵩草、矮嵩草、藏嵩草、华扁穗草、细杆蔍草，杉叶藻科的杉叶藻，水马齿科的沼生水马齿，水麦冬科的水麦冬、海韭菜，松科的油松、云杉，五加科的红毛五加，小二仙草科的狐尾藻，小檗科的小檗，眼子菜科的篦齿眼子菜、小眼子菜，杨柳科的杨树、山杨、柳树，榆科的榆树。

1.2.3　湿地动物

湿地水鸟：共 12 科 46 种。即：鹳科的黑鹳、白鹳，䴙䴘科的小䴙䴘、凤头䴙䴘，鸬鹚科的普通鸬鹚，鹭科的苍鹭、池鹭、大白鹭、黄斑苇，鸭科的灰雁、斑头雁、大天鹅、疣鼻天鹅、小天鹅、赤麻鸭、针尾鸭、绿翅鸭、绿头鸭、斑嘴鸭、赤膀鸭、赤颈鸭、白眉鸭、琵嘴鸭、赤嘴潜鸭、红头潜鸭、白眼潜鸭、凤头潜鸭、红胸秋沙鸭、普通秋沙鸭，鸥科的渔鸥、遗鸥、红嘴鸥、棕头鸥、普通燕鸥，鹤科的灰鹤、黑颈鹤，秧鸡科的小田鸡、普通秧鸡、黑水鸡、白骨顶，雨燕科的楼燕、白腰雨燕，太平鸟科的太平鸟，河乌科的河乌、褐河乌。国家Ⅰ级保护动物为黑鹳、黑颈鹤国家，国家Ⅱ级保护动物为大天鹅、疣鼻天鹅、小天鹅、灰鹤，省级保护动物为大白鹭、灰雁、斑头雁、赤嘴潜鸭、红胸秋沙鸭、渔鸥等。

湿地兽类：共有 4 科 7 种，即鹿科的白唇鹿、马鹿，牛科的岩羊、黄羊，兔科的草兔，松鼠科的喜马拉雅旱獭、黄鼠。国家Ⅰ级保护动物为白唇鹿国家，国家Ⅱ级保护动物为马鹿、岩羊、黄羊。

两栖爬行类：共有 7 科 31 种，即两栖类无尾目蟾蜍科的花背蟾蜍、中华蟾蜍、华西蟾蜍、雨蛙科的秦岭雨蛙，蛙科的泽蛙、黑斑蛙、绿臭蛙、花臭蛙、中国林蛙，姬蛙科的北方狭口蛙、花姬蛙；两栖类有尾目大鲵科的大鲵，小鲵科的北方山溪鲵，疣螈科的文县疣螈；爬行类蜥蜴目蜥蜴科的密点麻蜥、丽斑麻蜥、敏麻蜥、荒漠麻蜥、虫纹麻蜥、快步麻蜥、黑龙江草蜥；爬行类蛇目游蛇科的黑脊蛇、黄脊游蛇、赤链蛇、双斑锦蛇、王锦蛇、白条锦蛇、玉斑锦蛇、双全白环蛇、黑背白环蛇、锈链腹链蛇。国家Ⅱ级保护动物为大鲵，省级保护动物为北方山溪鲵、花背蟾蜍、中华蟾蜍、华西蟾蜍。

鱼类：共有 3 科 36 种，即鲤科的赤眼鳟、鲫鱼、花斑裸鲤、极边扁咽齿鱼、黄河鮈、厚唇裸重唇鱼、刺鲃、鳌鲦、东北雅罗鱼、鲢鱼、鳙、草鱼、鲤、团头鲂，鳅科的北方花鳅、泥鳅、大鳞副泥鳅、中华沙鳅、长薄鳅、红唇薄鳅、斑纹副鳅、短体副鳅、岷县高原鳅、背斑高原鳅、壮体高原鳅、达里湖高原鳅、黄河高原鳅、似鲶高原鳅、硬刺高原鳅、小眼高原鳅、石羊河高原鳅、短尾高原鳅、武威高原鳅、黑体高原鳅、酒泉高原鳅，鲑科的秦岭细鳞鲑。国家Ⅱ级保护动物为秦岭细鳞鲑，省级保护动物为极边扁咽齿鱼、花斑裸鲤、厚唇裸重唇鱼、似鲶高原鳅、黄河高原鳅。

1.2.4 污染程度

调查结果表明，全省湿地污染日益加重，湿地生态功能下降。随着工农业生产的发展和城市建设的扩大，大量的工业废水、废渣、生活污水和化肥、农药等有害物质被排入湿地。这些有害污染物不仅对生物多样性造成严重危害，对地表水、地下水及土壤环境造成影响，使水质变坏，寄生虫滋生，造成供水短缺，尤其是依赖江河、湖泊供水的大中城镇受害更为严重。湿地实际上已成为工农业、生活废水、废渣的承泄区。由于湿地景观严重丧失，使生物多样性衰退及污染日益加剧，导致湿地生态功能下降与湿地资源受损。

由于湿地的大量开发，导致湿地动植物生存环境的改变，使越来越多的生物物种，特别是珍稀生物失去生存空间而濒危或灭绝，物种多样性减少而使生态系统趋向简化，使系统内能流和物流中断或不畅，削弱了生态系统自我调控能力，降低了生态系统的稳定性和有序性。江河和湖泊是甘肃湿地的重要类型，也是物种多样性富集区，但近几十年来生物多样性严重受损。据不完全的统计，近几十年来，全省的湿地物种几乎减少了一半。久负盛名的黄河鲤鱼已很难见上一面。

大型水利工程的建设、湿地油田的开发，高强度的水产捕捞和高密度、单一品种的水产养殖，在一定程度上也对湿地生物多样性带来破坏和威胁。不少地区多种影响共存，产生复合作用，对湿地生物多样性的危害更严重。

1.2.5 湿地保护区

第一次湿地资源调查时，全省建立各种类型的湿地自然保护区 8 个，湿地保护面积 113660 公顷，即尕海则岔保护区、黄河首曲保护区、干海子保护区、昌马河保护区、小苏干湖保护区、大苏干湖保护区、黑河流域保护区、黄河三峡保护区。

2　两次调查结果的比较

2.1　湿地面积有增有减，整体增加

第二次湿地资源调查与第一次调查结果的比较显示（表5-4），湿地总面积增加了435849.56公顷。

表5-4　甘肃省第一、二次湿地调查各类湿地比较

湿地类型		湿地面积（公顷）		
湿地类	湿地型	2010 年	2000 年	增减数
河流湿地	永久性河流	182378.82	139895.00	42483.82
	季节性河流	943403.55		943403.55
	洪泛平原	105895.96	445205.00	−339309.04
	小　计	381678.33	585100.00	−203421.67
湖泊湿地	永久性淡水湖	6953.37	34406.00	−27452.63
	永久性咸水湖	8201.35	9640.00	−1438.65
	季节性淡水湖	299.38	300.00	−0.62
	季节性咸水湖	455.73		455.73
	小　计	15909.83	44346.00	−28436.17
沼泽湿地	草本沼泽	222842.36	409500.00	−186657.64
	灌丛沼泽	33154.01		33154.01
	内陆盐沼	81995.62	23500.00	58495.62
	季节性咸水沼泽	384415.13		384415.13
	沼泽化草甸	522415.50		522415.50
	高山冻原		88500.00	−88500.00
	小　计	1244822.62	521500.00	723322.62
人工湿地	库塘	36747.71	107150.00	−70402.29
	输水渠	5049.73		5049.73
	盐田	7701.05		7701.05
	小　计	51534.78	107150.00	−55615.22
合　计		1693945.56	1258096.00	435849.56

注：第二次调查的稻田面积10853公顷，上次调查数为不足50000公顷，均未做统计。

2.2　湿地植物种类增加

第一次湿地资源调查，甘肃湿地高等植物共39科、113属196种。

第二次湿地资源调查，甘肃共有湿地高等植物1270种（包括15亚种和80变种），隶属于182科540属。其中苔藓植物有22科25属31种；湿地蕨类植物有16科19属24种1亚种1变种，分别占全省蕨类植物科的41.03%、属的22.89%、种的8.20%；湿地裸子植物有5科7属11种，分别占全省裸子植物科的23.79%、属的38.89%、种的20.75%；湿地被子植物有141科499属1127种14亚种79变种。

2.3　湿地动物种类增加

第一次湿地资源调查，甘肃湿地野生动物共26科120种，其中水鸟12科46种、兽类4科7种、两栖爬行类7科31种、鱼类3科36种。本次湿地资源调查，全省共有湿地脊椎动物268种，其中鱼纲110种，两栖纲31种，爬行纲2种，鸟纲109种，哺乳纲16种。

第二次调查共查清甘肃湿地面积169.39万公顷，其中34个重点调查区域的湿地面积为89.22万公顷，湿地动物调查面积12.21万公顷，总抽样强度达到14%，超过全国和甘肃规定的10%的抽样强度。根据《甘肃省湿地资源调查实施细则》之相关技术和方法，本次湿地动物调查严格按照《细则》要求，经过140天野外现地调查，甘肃湿地野生动物由浮游动物、无脊椎动物和脊椎动物组成。其中浮游动物3门8纲2类101种（属），分别是原生动物门72种，占总种数71.3%；担轮动物门轮虫类12种，占总种数11.9%；节枝动物门枝角类8种占7.9%、桡足类9种占8.9%。无脊椎动物3门11纲31目88科138种；脊椎动物5纲23目52科268种，分别是哺乳纲4目6科16种，占甘肃湿地动物总数的5.9%；鸟纲10目19科109种，占40.8%；爬行纲1目2科2种，占0.75%；两栖纲2目9科31种，占11.6%；鱼纲6目12科110种，占40.8%。与第一次全国湿地资源调查结果相比，在调查范围、调查方法、调查强度以及湿地动物种类方面均有显著差异，第一次调查范围主要是已划定的湿地类型的自然保护区，总调查面积11.5万公顷；调查方法主要采用历史资料汇总以及小量的现地调查相结合；调查强度没有做详细要求；得到的湿地动物种类只有脊椎动物亚门，其中鱼类2目3科36种；两栖类2目7科14种；爬行类2目2科17种；鸟类9目11科45种；哺乳类3目4科6种。两次调查结果的比较不需赘述，且第一次调查对湿地动物的界定不是十分清晰，许多物种不属于严格意义的湿地动物，而属湿地依赖型种类。

第二次调查湿地动物结果中，国家Ⅰ级保护鸟纲3种：黑鹳、黑颈鹤、遗鸥，占甘肃湿地物种总数的1%；国家Ⅱ级保护动物13种：分别为秦岭细鳞鲑、大鲵、细痣疣螈、赤颈䴙䴘、白鹈鹕、白琵鹭、大天鹅、小天鹅、鸳鸯、鹗、灰鹤、蓑羽鹤、水獭，占甘肃湿地物种总数的5%。

湿地水鸟：第二次调查共发现湿地鸟类10目19科109种，其中国家Ⅰ级保护动物3种，占甘肃湿地物种总数的1%，分别是黑鹳、黑颈鹤、遗鸥。国家Ⅱ级保护动物9种，占甘肃湿地物种总数的5%，分别为赤颈䴙䴘、白鹈鹕、白琵鹭、大天鹅、小天鹅、鸳鸯、鹗、灰鹤、蓑羽鹤等。共记录湿地水鸟白骨顶2453只、白眼潜鸭1371只、斑头雁1280只、斑嘴鸭3074只、苍鹭160只、赤麻鸭8601只、凤头䴙䴘452只、红脚鹬1389只、灰雁1153只、绿翅鸭6169只、普通燕鸥407只、青脚鹬381只、青头潜鸭60只、小䴙䴘140只、夜鹭364只、黑水鸡320只、斑尾塍鹬3360只、渔鸥148只、针尾鸭626只、红嘴鸥374只、白鹭528只、白腰杓鹬1200只、黑尾塍鹬3000只、环颈鸻6350只、池鹭250只。

鱼类：第二次调查主要是历史数据整理结果，6目12科110种，均为淡水鱼类，分布于甘肃的三大水系，其中以鲤形目鲤科种类最多（55 种），占甘肃鱼类总数的 52%；鳅科次之（27 种），占鱼类总数的 26%，鱼类特有种非常丰富，有 55 种甘肃特有种，占鱼类总数的 54%。不同水系存在较大差异，长江水系分布有鱼类 46 种，占甘肃鱼类总数的 43%，黄河水系有鱼类 49 种，占甘肃鱼类总数的 47%；内陆水系有鱼类 25 种，占甘肃鱼类总数的 24%，不同水系间存在种类重叠。

两栖类：第二次调查共发现两栖类 2 目 11 科 31 种，其中有尾目 3 科 3 种，占甘肃两栖类总数的 9.7%；无尾目 8 科 18 种，占甘肃两栖类总数的 90.3%，国家Ⅱ级保护种类 2 种：大鲵和细痣疣螈。常见种包括泽蛙、中华蟾蜍、中国林蛙、花背蟾蜍等。

爬行类：甘肃爬行动物共 3 目 6 科 58 种，其中湿地型仅 2 种，隶属于龟鳖目 2 科，占甘肃爬行类总数 3%；湿地依赖型种类约 19 种，这些物种经常光顾湿地，或饮水或觅食，栖息环境与湿地密切相关。中华鳖和乌龟两种湿地爬行类在甘肃并不常见，种群数量少，急需保护。常见种主要为湿地依赖型种类包括蜥蜴目鬣蜥科的草绿龙蜥和丽纹龙蜥；石龙子科蝘蜓、康定滑蜥、秦岭滑蜥；游蛇科黄脊游蛇、赤链蛇、王锦蛇、玉斑锦蛇、黑眉锦蛇、锈链腹链蛇、颈槽蛇、虎斑颈槽蛇、华游蛇、丽纹蛇、翠青蛇和蝰科烙铁头、菜花烙铁头、竹叶青等。

哺乳类：甘肃的哺乳动物已知的有 175 种，隶属于 8 个目 27 科，其中在湿地有分布的 16 种，隶属于 4 目 6 科。以食虫目鼩鼱科种类最多（7 种），其次为仓鼠科 4 种，其中国家重点保护动物有水獭，属国家Ⅱ级保护动物。

无脊椎动物：调查共发现 3 门 12 纲，其中环节动物门有 2 纲 3 类 21 属 22 种以湿生小蚓类为优势类群；软体动物门有 2 纲 3 类 13 属 14 种，均为常见类群；节肢动物门有 8 纲 97 类 102 种，其中昆虫纲的种类最丰富，以湿生类群为优势种类。结果显示：甘肃无脊椎动物多样性呈现一定的地理变异，由东南向西北物种多样性明显下降，群落结构明显简单化，调查发现白水江国家级自然保护区无脊椎动物物种丰富度最高，群落结构最复杂；祁连山国家级自然保护区无脊椎动物物种丰富度最低，群落结构较简单。

第二次湿地调查发现，甘肃省湿地动物的分布范围明显增大；物种多样性组成以及种群数量较十年前第一次调查明显增加，特别是在一些国家级保护区增加比较显著，如尕海湖湿地、黑河湿地、盐池湾湿地、敦煌西湖湿地、白水江等湿地，总体当然也存在湿地面积萎缩的情况，如干海子湿地和疏勒河湿地，这两个湿地均属于甘肃内陆水系疏勒河流域，由于受全球气温升高的影响，西祁连山冰川储量存在一定的减少，加之工农业生产的发展，特别是农业与湿地增水想象非常明显，即使在上游水源补给稳定的情况下，农业发展需水量在不断增加，也会影响湿地的面积。然而目前上游水源补给地（冰川）存在不同程度的缩减，所以下游的部分湿地在类型上发生了改变，现在基本成为季节性湿地，对湿地动物（特别是湿地水鸟）的栖息地和繁殖造成一定威胁。庆幸的是玉门市对干海子湿地的生态恢复工程非常重视，在水源非常紧张的情况下，每年为干海子湿地划拨 2000 万立方米的生态用水，在湿地动物繁殖季节和迁徙季节保证湿地水源，特别为湿地水鸟的繁殖、迁徙提供繁殖场所和中转停歇地。

湿地被誉为"地球之肾"，按照《湿地公约》对湿地的定义，湿地覆盖地球表面仅有 6%，却为地球上 20% 的已知物种提供了生存环境，具有不可替代的生态功能，是地球上具有多种独特功能的生态系统，它不仅为人类提供大量食物、原料和水资源，而且在维持生态平衡、保持生物多样性和珍稀物种资源以及涵养水源、蓄洪防旱、降解污染调节气候、补充地下水、控制土壤侵蚀等方面均起到重要作用。

2.4　面积变化分析

2.4.1　面积减少的主要因素

第二次湿地调查中河流面积变化最为显著的是洪泛平原，比上一次调查减少了 339309.04 公顷。主要是人类的频繁活动如工农业生产和城市化建设等所导致，牧业、农田耕种、建筑等侵占行为等致使大量洪泛平原区消失。

湖泊湿地中永久性淡水湖减少了 27452.63 公顷。原因之一是全省国土面积重新确定后，将阿克塞部分湖泊划归青海省管理，另一方面，气候变化致降雨减少、蒸发加剧和人类过度利用，如酒泉市瓜州县、武威市民勤县大量的地下水开采，地下水位急剧下降，导致湖泊水源补给不足，湿地大面积干涸。

沼泽湿地中草本沼泽减少了 186657.64 公顷，直接原因是过度放牧、鼠虫害、草场退化与沙化、管理不善等因素。第一次调查区划分类也是影响面积变化的重要原因之一。

此外，技术标准、起调面积、调查范围存在差异，这也都不同程度地影响了两次湿地调查的结果。

2.4.2　面积增加的主要因素

(1)起调面积不同，此次调查起始面积是 8 公顷，相对于第一次调查 100 公顷的起调面积，扩大了调查范围。

(2)方法不同，第二次调查面积上采用的是"3S"技术，采用最新的中巴资源卫星遥感数据，同时参考分辨率更高的 SPOT5 等遥感数据，比第一次调查方法更为先进、更为科学，以遥感数据为主的调查方式也解决实地勘察中不能到达高海拔、复杂地形地区的劣势，例如，相比于第一次调查，第二次调查海拔 3000 米以上湿地增加了 339936.96 公顷。

(3)湿地分类更加科学，第二次调查将季节性盐沼、沼泽化草甸、输水渠、盐田等作为调查范围，弥补了第一次调查中的缺失。

第六章
湿地保护与管理

第一节
湿地保护管理现状

1 湿地保护管理机构

甘肃省认真贯彻落实《甘肃省湿地保护条例》《湿地保护管理规定》，进一步明确林业部门在湿地保护管理工作中的职责，发挥各部门的职能作用，创建跨行业、跨部门的参与协作机制，健全湿地保护管理机构，积极保护湿地资源及其湿地生态系统，为全省经济社会的可持续发展发挥积极作用。

为强化湿地保护管理，甘肃省林业厅于2007年在甘肃省野生动植物管理局加挂了甘肃省湿地保护管理中心牌子，主要职能是：负责监督执行国家有关保护湿地的法律、法规和各项规章制度；负责编制全省湿地保护规划，并监督执行；负责全省保护湿地项目的论证、申报、评审等工作；负责对全省湿地资源进行调查和监测；负责组织全省湿地保护方面法规的调研、起草、申报等工作；督促、协助查处有关破坏湿地的违法行为。甘肃省湿地保护管理中心的成立为全省湿地资源保护与合理利用、项目申报与实施、科研与监测、监督与执法等发挥了重要作用。

2014年经省编制委员会批准，在省林业厅成立甘肃省湿地保护管理办公室，履行组织指导和监管全省湿地保护管理工作，组织实施与湿地保护和合理利用有关的工作，协调各部门的相关工作等职能。各市(州)、县(区)林业主管单位、各湿地类型自然保护区、国家和省级湿地公园等，也成立了相应的管理机构，有的为独立机构，有的与林业局合署办公。明确了湿地保护管理工作职责，配备了相应的管理人员，建立了湿地保护与合理利用协调管理机制，构成了全省湿地资源保护管理和监测网络。

近年来，甘肃省生态环境保护问题引起了党和国家领导人的关注，温家宝总理在任时多次就敦煌、民勤生态环境保护做出重要批示。2007年，省领导多次调研湿地生态保护工作，并在《甘肃日报》上发表《拯救湿地，保护绿洲——关于敦煌生态问题的思考》，文章指出：解决敦煌的生态问题，必须以科学发展观为指导，顺应全球大气候变化趋势，科学合理利用水资源，统筹湿地与绿洲的保护，努力做到人与自然和谐相处。提出了解决敦煌生态问题的思路和具体措施，将敦煌的生态保护与建设提到了事关全省发展大局，事关国家生态安全大局的高度。充分体现了省委、省政府对拯救湿地、保护敦煌绿洲工作的高度重视和对敦煌生态问题的热切关注。

黑河流域湿地资源保护，事关区域生态环境和社会经济的和谐发展。为此，张掖市委、市政府于2006年7月正式批准成立了张掖市黑河流域湿地管理局，副县级建制事业单位。其主要职能是宣传贯彻国家有关法律、法规和政策，开展湿地资源保护宣传教育；组织实施《黑河流域湿地保护与恢复规划》，保护和管理黑河流域湿地内的自然环境和自然资源，指导、督促、检查各县（区）对湿地资源的保护管理；组织开展黑河流域湿地资源的调查，健全资源档案，建立监测网络体系，掌握资源动态变化情况；进行植被、土壤、气象、水文、生态、野生动物等方面的科学考察和研究，探索湿地资源演变规律和合理利用的途径；开展珍稀动物、植物资源的引种、驯化、保护和发展，拯救濒危灭绝的物种；依法查处侵占、破坏湿地资源的违法行为。该局的建立，为全省市级湿地保护管理工作树立了典范。随后还专门成立了由公安、林业、土地、环保等部门领导组成的湿地管理委员会，各县（区）也相继成立了湿地保护领导小组和保护站，配置专业管理人员，为张掖市湿地的合理保护与有效管理提供了强有力的组织保障。从2004年开始，组织40多名林业技术人员，历时18个月，对全市的湿地资源状况进行了一次全面普查，初步掌握了湿地资源"家底"，编制完成了《张掖市湿地保护与恢复工程规划》。同时，为加强黑河流域湿地资源的保护和管理，张掖市政府于2013年3月29日出台了《张掖黑河湿地湖泊生态环境保护管理办法》、2014年4月10日第20号政府令颁布实施《张掖市黑河流域湿地管理办法》，为黑河流域湿地的依法管理提供了依据。张掖市抢抓机遇，超前谋划，积极申报《甘肃黑河流域湿地保护建设工程可行性研究报告》，2006年5月19日该项目得到了国家林业局的批复，项目通过工程围护、污染控制、有害植物清理、人工辅助恢复等手段，探索出黑河流域湿地保护与利用的最佳模式。张掖市黑河流域湿地管理局加强湿地资源的合理利用和管理力度，督促和指导各县（区）在加强湿地资源保护和合理开发利用等方面开展扎实有效地工作。目前，张掖市各县（区）建立湿地保护点7处、候鸟监测点1个；埋设湿地界桩4581个、界碑454块；在重点湿地区域建设工程围栏45公里，修建大型湿地保护标志牌3座。

河西的酒泉、张掖、武威、金昌、嘉峪关等地为有效保护湿地资源，普遍采取了关井压田、普及滴灌等节水措施。酒泉市为有效利用疏勒河水资源，遏制敦煌生态恶化趋势，更好地保护湿地，积极推广滴灌、管灌、微灌、垄膜沟灌等新的节水灌溉技术，引导农民发展葡萄、大枣、瓜果、蔬菜等低耗水、高效益的农业产业，在全市范围内努力打造节水型社会。同时，通过禁止新打机井和征收地下水资源费等措施，严格控制地下水开采，使地下水位持续下降的趋势得到了一定程度的遏制，湿地水源得到一定的补充，促进了湿地保护管理工作的不断发展。由于敦煌农业用水占全社会用水总量的85.4%，节水重点在农业，该市逐步压缩低效、高耗水的作物种植面积；与此同时，还积极推进水权水价制度改革，禁止移民、开荒、打井，并痛下决心，关井压田，已关闭机井318眼，压减耕地3666.7公顷，从而改善了敦煌区域生态环境。

甘南藏族自治州根据本区域内湿地资源的实际，确立了生态立州战略，明确了州、县各级林业主管部门保护管理湿地的责任，制定并实施了一系列限牧、禁牧及退牧还湿（湖、草）措施，取得了显著的湿地保护效果。陇南、兰州等市通过积极申报湿地公园等方式加大了对湿地的保护力度。

2　湿地保护立法建设

近年来，甘肃省积极通过立法的形式加强对湿地的保护和管理，相继颁布了一系列有关湿地生态环境保护的法律法规和地方性法规，使湿地保护逐步纳入法制建设的轨道。

2.1　省级湿地保护法规建设情况

(1)2003 年 11 月 28 日，省十届人大第七次会议通过了《甘肃省湿地保护条例》(以下简称《条例》)，并于 2004 年 2 月 2 日起施行。这是继黑龙江省之后，中国第二个制定湿地保护的地方性法规的省份。该《条例》将具备 4 类条件的湿地纳入保护：具有生物多样性或珍稀、濒危野生生物物种集中分布的湿地；国家和地方重点保护鸟类的主要繁殖地、栖息地以及迁徙路上主要的停歇地；代表不同类型和具有重大科研价值的天然湿地、具有国际国内重要影响的湿地。《条例》严格规范了人们对湿地的各种行为，禁止擅自对湿地进行开发，严禁各种有害化学物质和有害生物物种进入湿地，并要求湿地保护区所在地政府对已经破坏的湿地进行修复。《条例》还具体规定了对各种破坏湿地行为进行经济处罚的力度。《条例》的实施，使全省湿地保护工作步入了依法管理的轨道。

(2)2007 年 7 月 27 日，省十届人大常委会第三十次会议通过了《甘肃省石羊河流域水资源管理条例》，自 2007 年 9 月 1 日起正式施行，这是甘肃省第一部关于流域管理的地方性法规。《条例》的实施，将使石羊河流域水资源得到依法管理管理。《条例》规定，石羊河流域内地下水取水许可，须经取水口所在县、(区)水主管部门逐级审核批准，取水的总量不得超过流域管理机构下达的可供本行政区域取用的水量。流域内严禁任何单位和个人开垦荒地，禁止建设高耗水、高污染工业项目，已建的应限期改造，采用新技术、新工艺，提高水的重复利用率。流域内城镇居民生活用水应当安装符合标准的节水器具。

(3) 2012 年 8 月 10 日，省第十一届人民代表大会常务委员会第二十八次会议通过《甘肃省水土保持条例》，自 2012 年 10 月 1 日起施行。《条例》进一步明确了开发和利用水土资源实行谁开发谁保护、谁利用谁补偿、谁造成水土流失谁治理的原则；规定县级以上人民政府要将水土保持工作纳入本行政区域国民经济和社会发展规划，对水土保持规划确定的任务，安排专项资金，并组织实施，要建立水土保持目标责任制，对水土保持责任制落实情况进行考核奖惩；其他有关部门按照各自职责，做好有关水土流失预防和治理工作。

(4)2012 年 11 月 22 日，省人民政府第 96 号令发布了《甘肃省水文管理办法》，自 2013 年 1 月 1 日起施行。该《办法》是甘肃省水文管理的基本规章，是从事水文规划、建设、管理和保护的行为准则，明确了水文事业作为国民经济和社会发展的基础性公益事业的地位，理顺了水文管理体制，细化了水文站网管理，规范了特殊水文站的设立权限和水文测报、应急监测、洪水预警预报、水文监测资料使用等一系列重要制度，加强了对水文设施和水文监测环境的保护，规定了水文监督执法的处罚标准。《办法》的颁布实施，对促进各地水文工作的开展，充实各类水文站网，加大水文基础设施建设投入力度、强化水文基础设施保护等工作发挥了重要作用。

(5) 2013 年 10 月 30 日，《甘肃省甘南藏族自治州生态环境保护条例》经甘肃省第十二届人民代表大会常务委员会第五次会议批准，甘南藏族自治州第十五届人民代表大会常务委员会十四次会议通过并公布实施，这是甘肃省第一部关于生态环境保护地方性法规，标志着甘南藏族自治州生态环境保护步入了法制化、规范化新阶段。这部《条例》的制定，规范了甘南藏族自治州生态环境保护工作，促进了甘南藏族自治州"举生态牌、谋生态策、走生态路、吃生态饭"战略的实施，用生态文明战略思维和手段来谋划、解决全州突出环境问题，对于明确各级各部门工作责任，全面规范资源开发利用活动，依法保护生态环境，深入推进"生态立州"战略、努力建设"生态甘南"、构筑国家生态安全屏障具有重大而深远的现实意义，为湿地保护和改善生态环境，提高生态环境质量，促进人与自然和谐，推动经济社会跨越式发展，将起到重要的法制保障作用。

（6）2013年1月9日，省政府办公厅印发了《甘肃省加快实施最严格水资源管理制度试点方案》（甘政办发〔2013〕6号）。试点目标是到试点期末，确立用水总量、用水效率、水功能区限制纳污"三条红线"。建立覆盖省、市（州）、县（区）的用水总量控制、用水效率控制、水功能区限制纳污及管理责任和考核等四项制度。管理目标责任和考核制度得到确立，基础支撑体系与能力建设明显增强，全省实行最严格水资源管理制度框架基本建立。积极开展水资源配置、节约、保护等水资源管理领域的重大问题研究，逐步解决水资源过度开发、缺水与浪费并存、水环境污染问题，加强对水源、取水、用水、排水等水资源开发利用主要环节的严格管理。推进全省水资源监控体系建设，水资源监测、计量与统计等基础性工作得到强化，水资源管理能力明显提高。

（7）2014年1月6日，甘肃省人民政府第109号政府令发布了《甘肃省石羊河流域地下水资源管理办法》，自2014年3月1日起施行。该《办法》是规范和加强石羊河流域水资源管理的又一重要法规范性文件，它的颁布实施，完善了石羊河流域水资源管理法规体系，明确了石羊河流域地下水资源的管理原则，理顺了管理体制，细化了取水管理，规范了取用水审批办理流程，加强了流域内地下水资源的节约保护，对《水法》等上位法的处罚条款进一步明确细化，增强了可操作性。《办法》的出台，强化了石羊河地下水资源的管理，对保护石羊河流域生态环境，促进当地经济社会发展乃至西北地区内陆河流域生态安全屏障建设都具有重要意义。

（8）2014年6月21日，省政府修订发布了《甘肃省取水许可和水资源费征收管理办法》（省政府令第110号），自2014年8月1日起施行。该《办法》按照国家实行最严格的水资源管理制度和深化资源产权制度改革的要求，全面体现水资源管理控制指标，提出利用再生水、矿井排水、苦咸水和集蓄雨水等非常规水源利用不受用水总量控制指标限制，以政府令形式做此规定在全国尚属首次。《办法》适度提高了水资源费征收标准。按新标准，甘肃省地表水水资源费平均征收标准将达到0.371元/立方米，地下水平均征收标准将达到0.759元/立方米。平均征收标准虽高，但主要是由于用水量较小的特种行业和对地下水水资源破坏严重的采矿用水的标准较高，拉动了平均用水水平，占甘肃省总用水量超过90%的农业、一般工业和生活用水水资源费征收标准基本未变。《办法》的颁布实施将对进一步规范取水许可和水资源费征收管理行为，促进水资源的优化配置和节约保护，实行最严格水资源管理制度，为甘肃省经济社会发展提供水利支撑和保障具有重要意义。

2.2　市级湿地保护法规建设情况

2008年1月1日，酒泉市政府颁布了《酒泉市地下水资源管理办法》（酒政发〔2008〕1号），对地下水资源管理实行年度目标责任制考核，要求市、县两级水行政主管部门按照地下水资源分级管理权限，统一负责全市地下水开发、利用、保护、管理和监督工作，负责辖区内取水许可申请审批、发放取水许可证、下达取水限量指标、征收水资源费、取水许可监督等工作。

2013年3月29日，张掖市政府出台了《张掖黑河湿地湖泊生态环境保护管理办法》（张政发〔2013〕138号），按照因地制宜、统筹规划、城乡一体的原则，通过水资源合理配置等措施，构建河湖连通水网，实现湿地、水系连通，改善湖泊水生态系统。2014年5月8日，张掖市政府颁布了《张掖市黑河流域湿地管理办法》（张掖市政府20号令），确定张掖黑河湿地国家级自然保护区、张掖国家湿地公园、张掖城北国家城市湿地公园和其他区域分布的冰川湿地、高山草甸湿地、河流湿地、湖泊湿地、沼泽湿地、人工湿地等，加强张掖黑河流域湿地管理，促进湿地资源可持续利用，维护黑河中游湿地生态结构和生态服务功能，保护湿地生物多样性和湿地资源环境。

其他各市（州）、县，特别是湿地资源比较丰富和有湿地集中分布的甘南、武威、陇南、金昌、临夏等地，都程度不同地制定出台了市（州）、县、部门针对某个湿地区的保护管理制度、办法。一系列地方性湿地保护管理的法律法规制定与实施，促进了全省湿地保护工作步入依法保护和科学管理的轨道。

3 湿地保护建设投资

3.1 "十五"期间湿地保护建设项目情况

"十五"期间是甘肃省湿地保护建设的起步阶段。2000年7月，甘肃省开始与中国GEF湿地项目开展合作，启动和实施的全球环境基金（GEF）湿地保护与可持续利用若尔盖项目甘肃部分，项目实施着重解决项目区，尤其是示范区内湿地生物多样性面临的威胁，以促进湿地及周边地区的可持续开发，加强各级湿地保护和管理机构的能力建设，为甘肃省湿地保护工作培训了专门人才，配备了专业设备设施，掌握了湿地保护管理的先进经验。

3.2 "十一五"期间湿地保护建设投资情况

"十一五"期间是甘肃省湿地保护建设快速发展阶段。启动并实施了一批湿地保护重点建设项目。

（1）在湿地国际—中国办事处的帮助下，2007年作为合作伙伴成功申请并实施了中国欧盟山地泥炭地保护与可持续发展项目（ECBP），进一步提高了甘肃省湿地保护管理水平。

（2）2006年，实施《甘肃敦煌西湖国家级自然保护区湿地保护建设项目》，该项目由国家发改委批复立项，项目投资2254万元，主要建设内容包括湿地保护工程、湿地恢复工程、能力建设工程三大部分。建成湿地宣教中心用房2500平方米、保护管理站4个、野生动物救护中心1处、林业有害生物防治检疫站1处、野生动物野外观测站1处、防火瞭望塔2座、气象监测站3个、野生动物饮水点6个；建成防火、巡护道路136.74公里，围栏20公里；退牧还湿800公顷，湿地植被恢复1000公顷，林业有害生物防治2000公顷；设置各类宣传牌、警示牌、标志牌300块；购置了办公、科研、监测、宣教等仪器设备等。

（3）2007年3月，张掖市启动实施了《张掖市黑河流域湿地保护工程》，项目总投资698万元。

项目区总面积32000公顷，在张掖市所辖甘州、临泽、高台、肃南、民乐和山丹6县（区）实施。项目提出"坚持生态立市，恢复湿地功能，优化发展环境，提升城市品位，以湿地保护引领城市建设工作重点，全力打造生态张掖"，"顺应自然，建设生态张掖，塑造张掖新形象"，再现"半城芦苇半城塔"的目标，举全市之力实施"中国张掖黑河流域湿地保护工程"，并将这一工程列为市十大工程之首。

（4）2007年12月，《甘南黄河上游重要水源补给生态功能区保护与建设规划》被列入国家"十一五"规划，并获得国务院正式批复实施。《规划》估算总投资44.51亿元，分近、远期实施。2006～2010年，以草原、湿地为重点，尽快遏制生态环境急剧恶化趋势；2011～2020年，以水源涵养和补给区为重点，全面恢复和增强黄河水源补给综合功能，走经济发展与生态保护良性循环的路子。该项目是甘南有史以来规模最大的生态建设工程，在实施期内将开展生态保护与修复、农牧民生产生活基础设施建设和生态保护支撑体系3大类建设项目，以减少和转移生态负荷，恢复和提高生态容量，达到人与自然和谐发展。项目的实施，极大地改善了甘南藏族自治州生态环境，提高了黄河水源涵养能力，促进了甘南黄河重要水源补给生态功能区经济社会可持续发展。

（5）2009年5月，张掖市实施《甘肃黑河流域中游湿地恢复与治理工程项目》，该项目由国家发改委批复立项，总投资3669万元。项目主要实施内容有：在黑河流域中游重点湿地区开展湿地保护、恢复与治理、科研与监测、宣传教育培训等工程。建成了巡护站办公用房、动物救助站、有害生物防治检疫站、水文气象站、观鸟塔及科研监测中心等基础设施。通过项目的实施，有效的保护了典型的湿地生态系统、生物多样性和珍稀野生动物栖息地，遏制了对湿地过度利用、盲目造田的现象及黑河流域中游湿地生态系统退化的趋势，加快了湿地生态系统的恢复，提高了湿地的水源涵养能力，使黑河流域中游湿地环境得到改善，形成了水域、滩涂、草地、林地等多种生态环境和植物群落。

（6）2010年5月，《阿克塞大苏干湖湿地保护项目》由省发改委批复立项，总投资2875万元。项目建设完成湿地保护站、管护点、保护围栏建设，界桩、界碑、指示标志牌、宣传标牌埋设、鸟类投食点、瞭望塔、生态定位监测点、鸟类观测台、水文监测点、气象监测点等建设任务；完成供电、供暖、交通、通信、办公设施设备等购置；完成湿地封滩育草、草场改良、草原病虫鼠害防治任务。

（7）2010年甘肃省获中央财政湿地保护补助资金700万元，其中张掖国家湿地公园300万元，敦煌西湖国家级自然保护区400万元。

3.3　"十二五"期间湿地保护建设投资情况

"十二五"是甘肃贯彻落实科学发展观、推进发展方式转变的重要时期，是努力推动全省经济社会跨越式发展和全面建设小康社会的关键时期。"十二五"期间是甘肃省湿地保护建设加速发展阶段，实施的湿地保护重点建设项目有：

（1）2011年6月，国务院批准实施《敦煌水资源合理利用与生态保护综合规划（2011～2020年）》，项目总投资47.22亿元，其中：2011～2015年中央财政投资27.06亿元。项目在敦煌正式启动实施，主要建设内容包括建立健全流域水权制度、强化水资源管理、加强节水改造、协调推进相关治理工程建设等。强调统筹规划、多措并举、综合治理，坚持全面节水与适度调水相结合、生态保护与水资源合理利用相结合、流域治理同促进农业增效和农民增收相结合，通过采取水量分配、高效节水、适度调水等综合措施，恢复月牙泉和西湖自然保护区生态功能，推进敦煌地区经济、社会、环境协调发展。

（2）2011 年 11 月，《甘肃张掖黑河流域中游湿地修复与治理二期工程项目》获得国家立项，总投资 3970.8 万元，项目建设重点在黑河流域中游湿地区开展湿地保护、湿地修复与治理、湿地水源涵养、科研监测、湿地防火、宣传教育培训等工程。

（3）2014 年 2 月，《甘肃张掖黑河湿地国家级自然保护区总体规划(2012～2020 年)》获得国家林业局批复，总投资 4.5 亿元，总体规划在明确保护区功能分区的基础上对保护管理、科研监测、宣传教育、社区共管、基础设施建设等方面进行全面规划，主要建设内容包括管理局(站)建设、保护标识设施建设、退田还湿、湿地植被恢复、关键物种栖息地修复、生态河道控污治理、水系修复、科研监测体系建设、宣教设施及体系建设、湿地生态旅游基础设施建设、观鸟区建设、保护区相关社区设施农业扶持及农业节水工程等。

（4）2014 年 6 月，财政部、环境保护部下达《张掖黑河湿地湖泊生态环境保护》专项资金 3500 万元，主要用于黑河湿地湖泊污染源治理、生态修复与保护等，保障黑河流域水生态安全。该项目于 2013 年 12 月作为甘肃省唯一列入国家湖泊保护规划又符合参与竞争条件的项目，经甘肃省财政厅、省环保厅推荐参加了全国湖泊生态环境保护竞争立项，通过竞争，张掖黑河湿地湖泊从40 个湖泊中胜出进入前 20 个湖泊，争取到湿地湖泊生态环境保护项目专项资金。

（5）2011～2014 年，甘肃省获得中央财政湿地补助资金累计 10346 万元，其中：林业湿地自然保护区补助资金 8546 万元，湿地公园补助资金 2300 万元。按年度分：2011 年林业湿地自然保护区补助资金 350 万元；2012 年湿地补助资金 700 万元(湿地自然保护区 500 万元，湿地公园 200万元)；2013 年湿地自然保护区补助资金 6846 万元；2014 年湿地补助资金 2950 万元(湿地自然保护区 850 万元，湿地公园 2100 万元)。

4 湿地保护宣传教育

甘肃省在湿地保护宣传方面，每年结合"世界湿地日""保护野生动物宣传月""爱鸟周""植树节"等活动开展湿地宣传活动。省林业厅、省野生动植物管理局、省湿地保护管理中心分别在省城兰州、各市(州)开展湿地保护宣传活动，专门制作湿地大型图片和鸟兽动物标本进行展出，印制湿地科普宣传材料进行散发，充分利用新闻媒体进行广泛宣传，省、市多家电视台播放了"保护湿地就是保护我们人类自己""同在蓝天下，人鸟共家园"等内容的公益广告。一些报纸、电视台、广播电台等媒体还就尕海、首曲湿地和省 GEF 项目工作等方面做了专题报道，有的报纸、杂志还就首曲、尕海、黄河三峡湿地的作用、危机作了大篇幅探讨。通过宣传教育活动，增强了公众对湿地保护的意识。

2009 年 2 月 2 日，开展了湿地日宣传活动，这是甘肃省举次举行行的第 13 个湿地日宣传活动。新年伊始甘肃省野生动植物管理局、省湿地保护管理中心和兰州市水车园湿地小学共同进行了湿地日宣传活动。甘肃省野生动植物管理局及甘肃省湿地保护管理中心领导和全体人员、水车园湿地小学老师和同学们百余人参加了此次活动。活动共分两项内容，一是在兰州市东方红广场向市民宣传和散发湿地保护内容和宣传资料；二是向黄河越冬候鸟投食。通过此次活动，宣传了湿地保护的重要意义，也使同学们学到了许多鸟类识别和保护的知识。

2010年4月30日，甘肃省暨兰州地区第20届保护野生动物宣传月和第29届"爱鸟周"宣传活动在兰州市民广场隆重举行。本次活动的主题为"科学爱鸟护鸟，保护生物多样性"。甘肃省野生动植物管理局、甘肃省野生动植物保护协会、兰州市林业局及兰州大学、甘肃农业大学、西北师范大学、兰州商学院、甘肃理工大学等10多个单位的代表参加了此次活动。活动现场气氛热烈，人头攒动，锣鼓震天，彩旗飘扬，悬挂标语的气球随风摇逸。参加单位在现场布设展台，通过标本、彩页、照片、画报展示等形式，配以通俗易懂的讲解，向广大群众进行爱护野生动物的宣传，引导社会公众关注鸟类和生态环境保护，提高群众爱鸟护鸟意识。现场群众反应积极，不仅对宣传内容表现浓厚的兴趣，提出很多自己对爱鸟护鸟的意见和建议。

2011年4月25日，甘南藏族自治州开展了以"保护自然环境，倡导生态文明"为主题的甘南藏族自治州庆祝全国爱鸟周三十周年暨2011年湿地野生动植物保护宣传活动。甘南藏族自治州以保护鸟类、湿地和野生动植物资源为抓手，充分发挥湿地良好的生态、产业和文化功能，要求各有关部门要进一步加大执法监管力度，把打击破坏野生动物资源违法犯罪作为创建生态文明，构建社会主义和谐社会的一项重要举措，有针对性地组织开展专项行动，严厉打击破坏野生动植物资源的各种违法行为，维护甘南藏族自治州野生动物资源安全和公共卫生健康；各级林业部门要重点在野生动物栖息繁衍地及活动区域开展打击违法犯罪活动。各级公安部门要加强对非林区猎捕、贩卖野生动物违法犯罪活动的打击；各级工商部门要加强市场监管，强化对进入集贸市场的野生动物及其产品的监督检查力度，坚决查处出售、收购国家重点保护野生动物及其产品的违法行为。

2012年2月2日，甘肃省积极开展第十六个"世界湿地日"宣传活动。为了充分体现"湿地旅游"的主题，进一步增强社会公众对湿地重要作用的认识，科学合理利用湿地旅游资源，促进湿地保护与生态旅游可持续发展，省林业厅对湿地日活动早安排，早部署，于2012年1月就向全省各市(州)湿地管理部门发出了关于开展2012年"世界湿地日"宣传活动的通知，明确了宣传的主题、口号、形式及标语。此次宣传活动引起了各地政府的高度重视，受到了社会各界的广泛关注和支持，各地湿地管理部门紧密结合本地区特点，通过形式多样，内容丰富的宣传活动，充分展示了湿地资源保护与湿地生态旅游开发的成就及发展前景。特别是张掖湿地保护区管理局、永靖县林业局、尕海则岔国家级自然保护区管理局等单位，通过现场摆放湿地展板、悬挂条幅，领导、群众签名留言，组织人员散发湿地宣传单，现场讲解答疑及观鸟、喂鸟、拍鸟等形式，向群众宣传湿地保护的重要性及开展湿地旅游为当地经济发展带来的巨大变化，收到了良好的效果。张掖市、永靖县利用当地电视台对此次湿地日主题及活动进行了宣传报道。

2013年2月2日，省林业厅启动开展了以"湿地与水资源管理"为主题的第17个"世界湿地日"甘肃宣传周活动。本次宣传口号是"湿地守护水资源"，旨在强调湿地与水相互依存以及湿地在水资源管理中的重要作用，倡导正确处理湿地与水资源管理的关系，加强湿地资源恢复与治理工作，提高公众保护湿地意识，推动湿地保护事业健康发展。活动现场，发放保护湿地宣传资料近千份，呼吁全社会不断提高节水意识，自觉保护水质资源和湿地生物，重视和支持湿地保护，弘扬生态文明，形成"人人参与湿地保护"的社会氛围。启动仪式结束后，参加活动的领导和群众参观了湿地资源保护图片展。

2014 年 2 月 18 日，省林业厅在嘉峪关市举行 2014 年"世界湿地日"宣传活动，以调动公众关心、关注和参与保护湿地的积极性。本次宣传活动以"湿地与农业"为主题、"湿地与农业共同成长的伙伴"为口号。活动现场通过悬挂横幅、摆放湿地保护知识展板、发放宣传材料等形式，宣传湿地知识，增强群众保护湿地的意识。"世界湿地日"宣传活动的启动，将进一步激发全社会保护湿地的积极性，增强全社会保护湿地的责任感，为建设生态文明和幸福美好新甘肃营造良好的环境氛围。

5　湿地保护管理和监测体系

目前，甘肃在省、市（州）、县（区）三级林业主管部门成立了相应的湿地保护管理机构，建立国际和国家重要湿地 5 处，湿地类型自然保护区 10 处，湿地公园 8 处，为开展湿地保护管理工作提供了组织保障。

全省湿地保护分为国际和国家重要湿地、湿地类型自然保护区、湿地公园 3 种形式，受保护的湿地面积 878225.5 公顷，受保护湿地面积占湿地总面积 51.8%。

5.1　列入国际重要湿地和国家湿地重要名录的湿地

甘肃省列入国际和国家重要湿地名录湿地 5 处，湿地总面积 298754.6 公顷。

尕海被列入国际重要湿地名录，湿地面积 57705.04 公顷。尕海湿地由山间低地和盆地两大地形组成。山间低地海拔多在 3400 米以上，主要分布于晒银滩、野马滩和波海等地。盆地是山原间的平坦洼地，主要分布在尕海滩、郭茂滩和尕尔娘，由不同时期不同海拔高度的连续或者不连续的夷平面组成，表面平坦，高度接近，地表水流往往呈树状分布，切深仅几米或十几米。尕海盆地是尕海湿地的主要部分，形成始于中生代，进入新生代后受到剥蚀和侵蚀，至第四纪以后，断裂的西部（尕海）快速下降，堆积了厚约 250 米的第四纪沉积物，构成了堆积地形，形成了典型的洪积平原。除东北部边缘保留有较好的洪积扇外，多为平坦的洪积斜坡。河流几乎平行排列，最终汇集于末端水体——尕海。这些河流除洪水季节外，常消失在洪积层中，因地形平坦，排泄不畅而形成沼泽地。

尕海集水区地层构造属于西秦岭古生代褶皱的一部分，尕海以南为西秦岭南支——南秦岭加里海西褶皱带，主要由浅变质岩或未变质的地层组成。在褶皱带主轴南北两侧塌陷带沉积了中生代地层，主要岩石是千枚岩、板岩、页岩、灰岩、砾岩以及侏罗纪岩煤。集水区主要山系有尕海与尕尔娘之间的豆格拉布山、玛曲县及青海省的分界西倾山、四川省分界的拉尔玛山等，这些山系的山峰裸露、尖峭挺拔，高度多在 4000 米以上。最大的地貌特征是具有高大的山地和滩地，山地就是这些湿地的集水区，滩地多为湿地，而发源于这些高山之中的河流小溪就是湿地的水源，在部分相对平缓的山坳常分布深度为 2 米左右的泥炭地；滩地上曲折的水系构成了丰富的河流湿地；在尕海滩的低地形成了甘肃全省最大的高原淡水湖——尕海湖泊湿地。尕海湿地区位于青藏高原气候带、高寒湿润气候区。年平均气温为 1.2℃，最热月 7 月平均为 10.5℃，最冷月 1 月平均为 -9.1℃，年平均日较差为 13.7℃，最大年较差为 52.5℃，无绝对无霜期。受西风环流影响和高原地形作用，尕海湿地雨量充沛，年均降水量 781.8 毫米，年蒸发量 1150.5 毫米，降水集中在 7~9 月，为 439.1 毫米，占全年降水量的 56.2%，冬季积雪较深，时间较长，全年积雪约 80

天，通常深5~6厘米。尕海湿地区气候多变，尤其是6~9月，时而晴空万里，时而乌云密布，暴风骤雨；4~9月多冰雹，月平均2~3次，除冰雹外；主要气象灾害是强雷暴、大暴雨、大雪、春季寒潮、干旱，常造成人畜伤亡，尤其是暴风雪和干旱，造成牧业的大灾年。

列入国家重要湿地名录4处，湿地总面积241049.51公顷。即黄河首曲湿地，面积155926.4公顷；大苏干湖湿地，面积50785.93公顷；小苏干湖湿地，面积34337.18公顷；干海子湿地，面积666公顷。

5.2　湿地自然保护区建设情况

甘肃省成立湿地自然保护区10处，保护区面积1548119公顷，湿地总面积459691.3公顷。其中：国家级自然保护区5处，湿地面积201211.63公顷；省级自然保护区5处，湿地面积258479.67公顷。

5.2.1　甘肃尕海则岔国家级自然保护区

甘肃尕海则岔国家级自然保护区是根据国函[1998]68号《国务院关于发布红松洼等国家级自然保护区名单的通知》建立的，是由1982年3月29日省政府批准建立的尕海候鸟省级自然保护区和1992年2月13日省林业厅根据省政府决定批准建立的则岔省级自然保护区合并晋升的，是我国少见的集高原湿地型、高原草甸型、森林和野生动物型三重功能为一体的自然保护区。主要保护对象是高原湿地、森林及生物多样性资源。

保护区位于青藏高原东北边缘的甘南藏族自治州碌曲县境内，地理坐标为东经102°05′00″~102°47′39″，北纬33°58′12″~34°32′16″，保护区总面积247431公顷。保护区行政区划范围包括碌曲县尕海乡、郎木寺镇、拉仁关乡的全部及西仓乡的贡去乎行政村。

尕海湿地于2000年被确认为国家重要湿地，2011年9月被国际湿地组织指定为国际重要湿地，成为全国第41块、甘肃首块国际重要湿地。

5.2.1.1　水环境状况

洮河的支流热乌曲（括合曲，十八道弯）和合库布日果河（则岔河）发源于波海湿地，在贡去乎相汇，年径流量2.2亿立方米。洮河另一支流周可河发源于尕海湿地，年径流量2.9亿立方米。尕尔娘湿地流入黑河（黄河支流）的水量约为0.5亿立方米。尕海湿地及集水区自产水总量达5.6亿立方米。尕海湿地所在的碌曲县境内地表水和地下水都相当丰富，大大小小的沟岔均有泉水涌出。维持尕海湿地的主要因素是降水及地下水的补给，在盆地的南部有许多泉，大的泉眼有十多个。发源于西倾山的琼木且曲、翁尼曲、冬才曲、忠曲、格琼库乎、格青库乎等十多条河流流入盆地末端—尕海湖，整个盆地的汇水面积12000公顷。尕海湖是甘肃省最大的高原淡水湖，蓄水量4800万立方米，最大蓄水量5000万立方米。汇入尕海湖的水大部分通过周可河和地下潜流流入洮河，一部分蒸发消耗，一部分成为地下水。尕海湿地的水质优良，属I类水，矿化度0.5克/升以下，是人、畜饮用和工农业生产用水的良好水源。

5.2.1.2　主要湿地动物种类

调查共发现尕海湿地脊椎动物16目25科73种，占甘肃湿地脊椎动物总数的27.5%，其中鱼类1目2科9种、两栖类2目4科5种、爬行类1目1科1种、鸟类8目14科54种、兽类4目4科4种，国家重点保护动物有黑颈鹤、黑鹳、大天鹅、灰鹤、水獭等。

5.2.1.3　湿地动物区系

在尕海湿地所在的保护区动物区系中，鸟类古北界种类 96 种，东洋界仅 5 种，其余 28 种为广布种。古北界鸟类由两种类型组成，一是北方型，其繁殖区环绕北半球北部向南分布，达青藏高原；二是高地型，这些动物主要繁殖在青藏高原或喜马拉雅山的高山带，是保护区古北界鸟类的主体。东洋界鸟类属于横断山脉—喜马拉雅山型，起源于横断山脉。兽类古北界种类 22 种，东洋界两种，广布种 14 种。古北界兽类主要由北方型耐寒种类、东北型和高地型的种类组成，这些种类广泛分布于欧亚大陆的寒带，向南伸达青藏高原；东北型分布于我国东北、俄罗斯远东地区，向南分布达青藏高原的东部高山和草原。高地型兽类中黑唇鼠兔、高原兔和喜马拉雅旱獭最为繁盛。

5.2.1.4　湿地动物资源状况及评价

随着尕海湖湿地生态恢复工程的实施，湿地地下水位逐年上升，湿地面积扩大，水域面积由原来的 480 公顷增加到 2175 公顷，伴随而至的是尕海湖生物多样性在逐步恢复，特别是鱼类及水禽类种群数量明显增加。据调查，国家 I 级保护动物黑颈鹤的数量 2009 年恢复到了 31 只；国家 I 级保护动物黑鹳的数量由过去的不到 10 只逐渐增到 2009 年的 319 只；国家 II 级保护动物大天鹅的数量 2009 年达到 260 多只。

除了实施湿地生态恢复工程外，尕海湿地动物数量稳定增长也与当地宗教的约束力密不可分，特别是藏传佛教，对湿地及其野生动物，有其特别的保护措施和方法，对捕杀野生动物的行为，所有的寺庙都是不允许的，发现捕杀野生动物行为，除罚款外，寺院有其惩罚方式，如在其或其家人生病，死亡时，不派喇嘛作法事。宗教传统文化对生物多样性保护的影响，已逐渐成为保护生物学中一个新的研究方向。

5.2.1.5　主要湿地植物种群

（1）主要植被类型及面积。根据实际调查以及相关资料的记载，尕海湿地植被可划分为 4 个植被型组 6 个植被型 24 个群系，其中主要以莎草型湿地植被型和禾草型湿地植被型为主，分布面积占整个保护区湿地植被面积的 85% 以上，其中莎草型湿地植被型主要包括华扁穗草群系、木里苔草群系、黑褐苔草群系以及大花嵩草群系，分布面积约 3.3 万公顷；禾草型湿地植被型主要包括垂穗披碱草群系、发草群系、短颖披碱草群系、沿沟草群系等，分布面积约 1 万公顷；其次落叶阔叶灌丛湿地植被型较多，其中主要为分布于则岔河流沿岸的川滇柳群系、川滇柳—中国沙棘群系，约 400 公顷；另外还有零星分布的寒温性针叶林湿地植被型、杂类草湿地植被型以及沉水植被型。

（2）重点保护及珍稀濒危植物。湿地区内植物资源丰富，共有珍稀濒危及重点保护植物 6 种，其中国家 II 级保护野生植物 2 种，分别为羽叶点地梅、红花绿绒蒿；名贵药材甘肃贝母；列入国家重点保护野生植物名录（农业部分）的有中国沙棘，甘肃省重点保护树种西藏沙棘和稀有濒危植物细穗玄参。其中羽叶点地梅是中国特有属，在植物系统进化中具有重要的科研价值。

5.2.1.6　管理现状

保护区管理局于 2003 年元月 6 日正式挂牌成立，隶属省林业厅管理。内设机构有办公室、组织人事科、计财科、业务科、湿地科、产业开发办、防火办、尕海保护站、则岔保护站、石林保护站和森林公安分局。森林公安分局为副县级单位，下设则岔派出所和尕海派出所。现有职工

106 名，其中从事自然保护工作的 43 名、从事森林公安工作的 18 名、从事天然林管护工作的 45 名。县级干部 7 名，科级干部 20 名。专业技术人员 27 名，其中正高级工程师 1 名，高级工程师 2 名，工程师 4 名。大专及以上学历占 80% 以上，平均年龄 33 岁，少数民族占 37%

5.2.1.7　工作成果

（1）湿地资源调查与监测。

①聘请省上有关专家和州、县相关部门人员组成联合考察队，对包括尕海湿地在内的保护区进行了综合考察，出版了《尕海—则岔自然保护区》。

②于 2006 ~ 2007 年分别开展了动物资源和植物资源综合调查，同时对野生动物进行了连续 8 年的监测，特别是对黑颈鹤、黑鹳、大天鹅等重点保护动物进行了详细的监测和记载，为动植物资源保护提供了可靠的依据和技术保证。

③2004 年开展了泥炭资源调查，为泥炭地保护和恢复提供了比较详细的资料。

④2007 年开展了湿地资源调查，在湿地国际专家的指导下，按照国际湿地标准对保护区范围的湿地资源进行了详细地调查，制作了尕海湿地分布图和尕海湿地影像图，为湿地保护和申报国际重要湿地打下了工作基础。

⑤2004 年以来开展了资源监测工作，于 2014 年将多年监测结果进行了整理，编印了《甘肃尕海则岔国家级自然保护区管理局监测报告》。

（2）湿地科学研究。

技术人员克服人手少科研经费缺乏等困难，在完成正常业务工作的同时，努力学习林业新技术，开展了保护区植物资源调查与监测、动物资源调查与监测、泥炭资源调查、湿地资源调查、尕海湖区湿地恢复工程效益评价、尕海湿地黑颈鹤繁殖行为观察、甘肃尕海湿地保护与建设工程、甘肃尕海湿地实施 ECBP 项目、尕海湿地申报国际重要湿地等 10 项科技工作；协助和配合大专院校、科研院所开展了尕海赭红尾鸲的繁殖行为观察、尕海角百灵生活史调查、则岔黑冠山雀繁殖行为观察、尕海褐背拟地鸦生态与社会行为观察、尕海白腰雪雀和棕颈雪雀生态研究、尕海湿地泥炭土养分特征研究、尕海湿地保护建设工程规划设计、保护区二期工程规划设计、保护区综合生态系统保护与恢复项目规划设计、甘肃高原沼泽湿地野外培训基地建设项目规划设计等 12 项科学研究工作。目前正在自主开展和合作开展的科技项目有"保护区二期科学考察""植被退化对甘南尕海湿地碳汇/源功能的影响及作用机理研究""地山雀的社会行为""高原林蛙的繁殖行为"等。

保护区科技人员在省级以上刊物发表了《甘肃尕海则岔国家级自然保护区发展思路探讨》《保护尕海湿地资源，共建人与自然和谐》《进一步搞好尕海湿地和生物多样性保护工作的建议》《尕海湖区湿地恢复工程生态效益的初步分析》《甘肃尕海湿地退化泥炭地恢复技术评价》《尕海湿地生态系统的保护与管理》《甘肃尕海湿地泥炭资源初步调查》《甘肃尕海湿地资源调查报告》《尕海则岔保护区生物多样性保护研究》《保护中国西部高原湿地》《甘肃尕海湿地及其生物多样性特征》《立足碌曲湿地资源优势，努力搞好生态环境建设》《尕海湿地黑颈鹤繁殖行为观察》《甘肃尕海湿地及其生物多样性特征》《尕海 4 种湿地类型土壤水分特性研究》《尕海湿地泥炭土土壤理化性质》《甘南尕海不同湿地类型土壤物理特性及其水源涵养功能》《甘肃尕海湿地保护成效显著》《认真学习和实践科学发展观 努力搞好尕海湿地资源保护》等 30 多篇湿地保护方面的学术论文，撰写了《若尔盖高原湿地保护协作框架（甘肃部分）》，参加撰写了专著《若尔盖湿地恢复指南》及《若尔盖高原湿地保护与可持续利用战略》，为保护区发展积累了珍贵的资料。

（3）湿地资源保护。

尕海湖区围栏：保护区管理局对湖区周边实施围栏禁牧，沿湖设置了高2米长21公里的隔离网。

草场承包：为了保护核心区的湿地，碌曲县在尕海湿地52000多公顷的汇水区通过实行草场承包和围栏工程，使草场的利用趋于合理，草地的水源涵养能力有所增强。

生态移民：利用甘南黄河重要水源补给生态功能区生态保护与建设项目中的牧民定居点工程，2008年碌曲县投入130多万元，将湖边的尕海乡政府迁移出核心区，同时开始对居住在尕海湿地核心区的171户890多名牧民实施整村搬迁，为尕海湿地的珍稀鸟类提供更大的栖息地和更好的环境，也方便了牧民生活。

退牧还草：省上实施了退牧还草、牧民定居点建设和草畜平衡奖励等有利湿地草场保护的政策，对牧户生产生活进行一定补贴，有效解决了尕海湖边"人与鸟争食"的问题。

出台保护生态措施：为制止乱采乱挖冬虫夏草等野生药材，破坏草原生态的不法行为，碌曲县出台了严禁采挖野生药材的决定。

置换草场权属：碌曲县还将原尕海军牧场的3600公顷国有草场与尕海湖核心区牧民的集体牧场进行置换，明确了尕海湿地的权属。

守望尕海湿地：保护区职工特别是尕海保护站职工在十分艰苦的环境下坚守岗位，保护了湿地和野生动植物的安全，几年来保护区职工先后成功救护了两只受伤的黑颈鹤和一只受伤的大天鹅，还先后救护过5只大鵟以及猎隼、雕鸮、梅花鹿、信鸽、白骨顶和火斑鸠等野生动物。

科研基础设施建设：分别在尕海、则岔建立两个全自动气象观测站，已经正常运行了9年，为科研工作提供了第一手资料；在尕海湿地设立了野外科研教学实习基地，吸引武汉大学、兰州大学、甘肃农业大学及中科院动物研究所等大专院校、科研院所的专家学者和实习生到尕海从事湿地及其生物多样性保护研究；在郭茂滩天鹅湖畔建立了野生动物监测点，保护了鸟类的安全；在尕海建立了野生动物救护中心。

（4）管理制度建设。

按照《中华人民共和国自然保护区条例》的规定，保护区管理局分别制定了《森林火灾处置制度》《森林火灾报告制度》《野外生产用火管理制度》《森林火灾扑救预案》《保护站岗位职责》《野生动物管理办法》等制度、职责和办法。

宣传与教育：充分利用每年的世界湿地日、世界环境日、世界地球日、野生动物保护宣传月及爱鸟周等各种时机向社会各界广泛宣传《中华人民共和国森林法》《中华人民共和国森林法实施条例》《中华人民共和国野生动物保护法》《自然保护区条例》《甘肃省湿地保护条例》等法律法规，宣传保护自然资源就是保护人类自己的科学道理，提高了保护区干部群众对湿地及野生动植物保护重要性的认识，扩大了影响。

（5）国际合作。

GEF项目：2000～2003年实施了全球环境基金会湿地保护与可持续利用项目（GEF）。保护区还争取了一些监测及巡护设备，举办了生态旅游、湿地巡护、社区共管、环境经济学、计算机应用等方面的培训；2004 年 7 月，出席泥炭地保护、恢复与可持续利用国际研讨会的 42 名中外专家，到保护区考察泥炭地与尕海湿地，就如何搞好尕海湿地保护与恢复提出了一些很好的建议。

2011 年以来又实施了"UNDP - GEF 利用生态方法保护洮河流域生物多样性"项目，先后完成了《保护区管理计划》《商业计划》《旅游整体计划》《技能发展计划》《行动计划书》《则岔示范村 PRA 调查报告》《社区资源管理计划》《监测技术规程》和《监测技术方案》；配置了相应的监测设备以及《鸟类野外识别手册》、兽类野外识别手册类、植物分类检索类等专业书籍；布设 8 条野生动物监测样线、20 个野生植物监测样点、5 个气体监测样点；开展了野生动植物及温室气体监测，组织技术人员、鸟类爱好者、社区居民、学生等进行观鸟比赛。

ECBP 项目：2007 ~ 2010 年，实施了中欧生物多样性保护项目（ECBP），国际国内专家对碌曲县有关部门、乡（镇）的领导和保护区职工进行了泥炭地恢复与监测及保护知识培训，还对保护区职工进行了泥炭资源调查技术培训，并帮助保护区开展了泥炭资源调查部分工作；协助保护区开展了退化泥炭地恢复工作，使 350 公顷的退化泥炭地得到恢复；通过举办"湿地杯"健美操比赛和演讲比赛等多种形式，向社区群众和中、小学生宣传湿地在生态环境建设、生物多样性保护、水资源保护及温室气体控制中的重要作用，宣传保护湿地及泥炭地的方法；在生计替代方面，资助示范户实施划区轮牧、修建暖棚、草场改良等有利牧民群众减少牛羊数量、提高经济效益的项目。

WWF 嘉陵江湿地保护网络：2009 年 11 月，保护区加入了 WWF 嘉陵江湿地保护网络，除了参加网络交流外，上报了黑颈鹤监测和白龙江源头草甸植被监测的两个小额基金项目。

（6）基础设施建设。

一期工程：建成科研办公楼（2130 平方米）、尕海保护站（610 平方米）和则岔保护站（713 平方米）及其附属工程，建成尕海和则岔两个气象观测站，实施了核心区围栏、鸟类保护设施、尕海湖引水等保护工程建设，购置了科研、办公设备，为保护区发展奠定了基础。

二期工程：建成石林保护站及其附属设施，建成玛日、尕尔娘、天鹅湖等保护点，填埋了侵蚀沟 10 公里；新建、维修了保护站、点的供水工程和供电工程；购置数码照相机、望远镜、投影仪等宣传设备和监测设备；给保护站（点）配备了办公设备及家具，改善了保护站点的办公条件和生活条件。

（7）项目建设。

尕海湖区湿地恢复工程：2002 年实施了尕海湖区湿地生态恢复工程，在尕海湖出水口修筑了一座长 174 米、底宽 15 米、顶宽 6 米、高 7 米的梯形滚水坝，还在滚水区以外的坝顶覆盖了一层厚厚的草皮，既防止雨水冲刷，又基本保持了"神湖"的自然风貌；同时修建了一条 4.7 公里长的引水渠，将忠曲河水引进尕海湖，从而有效补充了尕海湖水量。

尕海湿地保护工程：2007 ~ 2010 年实施了投资 1140 万元的尕海湿地保护工程，新建野生动物救护站 153 平方米、新建尕海湖引水渠进水口的拦水坝 1 处、维修郭茂滩天鹅湖拱水坝 1 处、新建 2200 平方米科研监测中心，完成退化湿地改造 550 公顷、退化草场休牧 1800 公顷、草场改良 1000 公顷、鼠害防治 12000 公顷，配套生物多样性保护、信息管理系统等。

尕玛公路改道工程：为解决尕玛公路横穿尕海湖核心区影响生态保护的实际，管理局积极协调将尕玛公路进行了改道。

（8）湿地保护成果。

①保护区成立以来特别是 2007 年实施尕海湿地保护与建设工程以来，通过采取筑坝引水、核心区围栏育草、禁牧休牧、草场改良等一系列生态保护措施，尕海湖区周边已经干涸的山泉大都恢复出水，尕海湖面积由 20 世纪 90 年代的 480 公顷恢复到 2004 年的 1590 公顷、2007 年的 2170 公顷和目前的约 2300 公顷，为过去的近 5 倍。周边沼泽湿地的面积也有了明显增加。

②水鸟种群和数量的变化是尕海湖生态变化的"晴雨表"。随着湿地面积的恢复，生物多样性也有了明显的恢复和增加。管理局成立以来调查、监测发现的鸟类分布新记录就有 69 种，使鸟类种数达 214 种，数量最多时达 21000 余只，种类和种群数量达到历史最高水平。国家 I 级保护动物黑鹳从 2004 年的不足 10 只，2007 年增加到的 126 只，2011 年的 420 多只，黑颈鹤数量稳定在 100 只以上，每年前来栖息和繁殖的鸟类达到 28000 只以上，比过去增加了 10000 多只。成群的雁鸭类、棕头鸥等上百种鸟类在这里产卵、育雏，特别是国家 I 级保护动物黑颈鹤成群在这里栖息、越夏繁殖，尕海湿地又成为黑颈鹤的重要繁殖地之一。有效的保护措施使尕海湿地水草丰茂、水生生物丰富、生态环境良好，已成为鸟类乐园。

（9）国际重要湿地生态系统评价。

2013 年 10 月～12 月，保护区科技人员配合国家林业局西北林业规划设计院专家通过实地调查、社会调查、卫星影像解译和采样分析，结合保护区提供的评价参考数据、统计年鉴和文献资料，严格按照《湿地生态系统评价指标体系》以及《湿地生态系统评价指标测量技术手册》，对保护区湿地生态系统健康、功能和价值三个方面进行了综合评价。

湿地生态系统健康评价，见表 6-1。

评价结果：由《尕海则岔保护区湿地生态系统健康评价结果》可以看出，尕海则岔保护区湿地生态系统健康指数为 4.66，健康等级为中。

从各评价指标来看，地表水水质、湿地面积变化率、外来物种入侵度、人口密度等指标指数较高，分别为 10.0、10.0、10.0 和 9.92；土壤含水量、水源保证率、生物多样性、土地利用强度及物质生活指数较低，分别为 3.44、2.81、2.19、2.05 和 0.99。

结果分析：

①保护区地处白龙江和洮河的上游地区，地表水属 I 类水，水质良好；湿地水源补给依靠自然降水，受全球气候变暖及降水减少等自然因素和超载过牧导致植被生长质量下降、土壤板结、土地沙化等因素的影响，湿地水源保证率降低，土壤环境受到轻微的重金属污染（主要为铅、镉），pH 值适中，但含水量偏低，储水功能下降。

②保护区地处青藏高原区，区内居民以藏族牧民为主，人口密度较小，环境保护意识强，湿地面临的人口压力小，但由于当地社会经济发展水平低，人们的物质生活水平差，湿地生态系统所面临的潜在压力大。

③保护区生物指标状况一般，但中国特有高等动物种类较多，达到 40 种，受威胁的野生高等动物和野生维管束植物种分别达到 38 种和 10 种，没有受到外来物种入侵的威胁。

④保护区林草植被覆盖度高，野生动物栖息地环境较好，湿地面积能够维持，基本没有发生变化；这里草地辽阔，是当地牧民的传统居住地和牧场，且超载过牧状况严重，土地利用强度较高。

表6-1 尕海则岔保护区湿地生态系统健康评价结果

一级指标	二级指标	指标原始值	指标归一化值	权重	综合健康指数
水环境指标	地表水水质	I 类水	10.00	0.0868	4.66
	水源保证率	多年平均降水量：781.8 毫米 多年平均蒸发量：1150.5 毫米 多年平均地下水出流量：1.14 亿立方米 保护区湿地面积：57846 公顷	2.81	0.2607	
土壤指标	土壤重金属含量	1.45	6.74	0.0202	
	土壤 pH 值	7.41	7.95	0.0202	
	土壤含水量	34.44	3.44	0.0809	
生物指标	生物多样性	28.75	2.19	0.2157	
	外来物种入侵度	高等动物种类：298 维管束植物种类：678 入侵物种数量 0； 计算结果：0.00	10.00	0.0270	
景观指标	野生动物栖息地指数	有效湿地斑块面积：57846 公顷； 单位面积湿地斑块数量：22； 植被覆盖度：0.70	7.60	0.0640	
景观指标	湿地面积变化率	2012 年湿地面积：57846 公顷 2013 年湿地面积：57846 公顷 湿地变化率：1.00	10.00	0.0320	
社会指标	土地利用强度	0.79	2.05	0.0640	4.66
	人口密度	最小行政区（保护区 11 个村）人口数：12310 人 面积：2474.31 平方公里 人口密度：4.98 人/平方公里	9.92	0.0321	
	物质生活指数	保护区内 11 个村年总收入：1.11 亿元；人均收入单位：9014.62 元/（人＊年）	0.99	0.0321	
	湿地保护意识	具有保护意识的问卷数量占总问卷数量：25/35	7.14	0.0643	

湿地生态系统功能评价，见表6-2。

评价结果：由《尕海则岔保护区湿地生态系统功能评价结果》可以看出，尕海则岔保护区湿地生态系统综合功能指数为 7.18，功能等级为好，其中：湿地调节功能指数最高，为 3.72；其次为文化功能和供给功能指数，均为 1.40；支持功能指数最低，为 0.66。

从单一指标的计算结果来看，湿地水资源调节指数最高，为 2.00；其次为物质生产、气候调节及教育与科研指数，分别为 1.40、1.02 和 0.99；净化水质、保护生物多样性和消遣与生态旅游功能指数较低，分别为 0.70、0.66 和 0.41。

表6-2 尕海则岔保护区湿地生态系统功能评价结果

一级指标	二级指标	指标原始值	权重	单一指标计算结果	综合功能指数
供给功能	物质生产	7.80	0.1756	1.40	
调节功能	气候调节	8.00	0.1277	1.02	
	水资源调节	8.60	0.2320	2.00	7.18
	净化水质	9.90	0.0703	0.70	
文化功能	消遣与生态旅游	7.50	0.0545	0.41	
	教育与科研	9.10	0.1089	0.99	
支持功能	保护生物多样性	2.87	0.2310	0.66	

结果分析：

①湿地调节功能高。尕海则岔保护区跨越黄河和长江两大水系，是长江二级支流白龙江的发源地，也是黄河上游最大支流洮河的主要发源地和水源涵养地，区内水资源丰富，水质良好，尤其是对区域气候、水资源调节方面发挥着重要作用，是甘肃中东部地区生产、生活、生态用水的命脉地之一。

②供给功能显著。保护区内有大面积的草场和沼泽化草甸，这里历来是当地藏族牧民的传统牧场，湿地为当地经济社会发展提供了包括牧草在内的物质产品，经济和社会效益显著。

③科研价值高。保护区地处青藏高原东北部边缘，独特的高寒湿地具有很高的科研价值，近年来，越来越引起国内外湿地研究单位和专家的关注。

④生物多样性支持功能较差。保护区生物多样性较丰富，但生物多样性指数较低，总体水平一般，湿地对生物多样性的支持功能较差。

⑤消遣与生态旅游功能差。保护区地处青藏高原，景观美学价值独特，但由于受气候、交通、位置偏远、当地经济社会发展水平低等条件的限制，来此观光旅游的人数较少。

湿地生态系统价值评价，见表6-3。

评价结果：由《尕海则岔保护区湿地生态系统价值评价结果》可以看出，尕海则岔保护区湿地生态系统总价值为48.44亿元，单位湿地面积价值为0.0837亿元/平方公里。其中间接使用价值最高，为25.28亿元，占湿地生态系统总价值的52.19%；其次为直接使用价值为20.96亿元，占总价值的43.27%；选择价值和存在价值较低，分别为1.30亿元和0.90亿元，仅占湿地总价值的2.68%和1.86%。

从湿地生态系统的单项指标价值来看，湿地在提供淡水、饲草等原料和资源方面的经济价值最高，为18.12亿元；其次为净化去污和调蓄洪水方面的价值，分别为12.36亿元和8.56亿元；调节大气、环境教育、生物多样性、生存栖息地价值和休闲娱乐价值较低，分别为4.36、2.61、1.30、0.90亿元和0.23亿元。

表 6-3 尕海则岔保护区湿地生态系统价值评价结果

一级指标	二级指标	单项价值（亿元）	小计（亿元）	总价值（亿元）
直接使用价值	湿地产品	18.12	20.96	48.44
	休闲娱乐	0.23		
	环境教育	2.61		
间接使用价值	调节大气	4.36	25.28	
	调蓄洪水	8.56		
	净化去污	12.36		
选择价值	生物多样性	1.30	1.30	
存在价值	生存栖息地	0.90	0.90	

结果分析：

①湿地面积较大，间接使用价值显著。广阔的湿地面积在固氮释氧、调节大气，减少洪水径流、调蓄洪水以及对氮磷、重金属元素的吸收转化等方面发挥了重要作用，间接产生的经济价值显著。

②地理位置独特，直接使用价值高。湿地不仅为区域提供了丰富、优质的水资源，当地群众也从生态系统中获得了大量的饲草和燃料；独特的高寒湿地自然景观、良好的生态环境、较高的科研价值也为人们提供了休闲娱乐、生态旅游、环境教育和科学研究的良好场所。

③加强保护管理，维持生物多样性。尕海湿地独特的自然环境为各类生物的生存、繁衍提供了丰富的食物资源以及优良的迁移、栖息及繁殖条件，生物多样性丰富。保护区应加强保护和管理，切实改善和提高湿地生态环境，维持生物多样性，持续提高尕海湿地生物多样性价值及生存栖息地价值。

5.2.2 甘肃敦煌西湖国家级自然保护区

5.2.2.1 保护区基本情况及管理现状

（1）保护区基本情况。敦煌西湖自然保护区位于甘肃河西走廊的最西端，西邻库姆塔格沙漠和新疆罗布泊，南接阿克赛哈萨克族自治县，北连新疆维吾尔自治区的哈密市。保护区深居内陆，气候干燥，降水稀少，蒸发强烈，风大沙多。年均气温 9.3℃，风速 1.9 米/秒，8 级以上大风日数 7.8 天，降水量 39.9 毫米，蒸发量 2486 毫米，蒸发量是降水量的 60 多倍，属典型的暖温带极干旱荒漠气候类型区。保护区的主要保护对象为湿地生态系统、荒漠生态系统及其野生动植物。总面积 66 万公顷，约占敦煌市土地总面积的 21.2%。保护区林地总面积 137547 公顷，占保护区总面积的 20.84%（有林地 1099 公顷，疏林地 5567 公顷，灌木林地 67677 公顷，宜林地 34556 公顷，林业辅助用地 37 公顷，无立木林地 28611 公顷），非林地面积 522452.7 公顷，占保护区总面积的 79.16%。保护区森林覆盖率 10.4%，活立木总蓄积量 120484 立方米。保护区湿地总面积 9.8 万公顷，占保护区总面积的 14.8%，其中有芦苇沼泽 3.4 万公顷。

保护区内有种子植物 80 种，有野生动物 196 种（鸟类 141 种，哺乳类 32 种，鱼类 8 种，两栖类 2 种，爬行类 13 种），其中国家I级保护动物 6 种，II级保护动物 33 种。野骆驼是重点保护对象之一。

敦煌西湖湿地是我国西北极干旱区典型的沼泽湿地。湿地四周被沙漠，戈壁阻隔。作为大面积荒漠戈壁区内的一块重要绿洲，敦煌西湖湿地的兴衰对敦煌工农业及旅游业的可持续发展，对世界文化遗产、千年历史瑰宝莫高窟的存亡起着决定性作用。它有效阻隔了库姆塔格大沙漠的东侵，使敦煌幸免遭受楼兰古城覆灭的厄运；它是我国西部极干旱荒漠区重要的水源涵养区和巨大的蓄水库，改善了敦煌区域小气候；它是候鸟迁徙的重要驿站，一旦失去这个驿站，许多候鸟将难以逾越广袤的沙漠戈壁；它为该区域内的有蹄类动物提供了水源地；它是甘肃、新疆、青海三省区交界处野生动物的避难所和救生圈；它具有较高的科研价值，是研究我国极干旱区湿地生态系统形成、发育、发展、演化过程中理想的天然实验室；它具有较高生态旅游景观价值，是人们科考、旅游、探险、猎奇的理想之地。

（2）保护区管理现状。敦煌西湖保护区始建于1992年，2003年经国务院批准晋升为国家级自然保护区，2005年经省机构编制委员会、省林业厅批准组建，系直属于省林业厅管理的县级建制事业单位，核定事业编制25人。目前，保护区管理局共有工作人员114人，其中在编职工24人，外聘合同制护林员89人。有专业技术人员19人，占事业在编人数的76%，其中高级工程师4人，工程师2人，其他技术人员13人。保护区管理局内设办公室、组织人事科、计划财务科、保护监测科、科研管理科、产业开发办公室6个职能科室，下设玉门关、芦草井、土梁道、后坑、崔木土、多坝沟6个保护管理站。另外，保护区设有森林公安分局，核定森林公安编制20人，目前实有公安干警14人。

5.2.2.2 保护区工作成果

敦煌西湖自然保护区自2003年晋升为国家级自然保护区以来，由于宣传力度的不断加大，保护区在甘肃西部生态保护中的重要作用与特殊地位越来越多地受到了世人的广泛关注。温家宝总理多次做出重要批示，要求要切实把敦煌的生态环境保护好，建设好。甘肃省委原书记陆浩亲临敦煌西湖保护区实地调研，并在《甘肃日报》《求是》杂志发表署名文章《拯救湿地，保护绿洲》，呼吁全社会关注敦煌生态问题，保护敦煌湿地。为认真贯彻落实温家宝总理的重要批示精神，近年来，保护区坚持以"保护为根本、改革为动力、项目为重点、发展为目的"的工作思路，不断加强保护区保护基础设施建设，科研、宣传等方面的工作。

（1）加强保护宣传工作。重视生态文化宣传，启动了敦煌自然博物馆建设工程，2007年9月立项，2010年10月完成主体工程，建成4500平方米展厅一处，目前，已完成布展设计，正在实施布展。加强野生动物救护，先后救助野骆驼、大天鹅、狐狸、高山秃鹫等重点保护动物30多峰（只），2010年9月在保护区首次试验性放归普氏野马7匹，建立了甘肃省首个普氏野马野外放归基地，基地面积3333.33公顷。2011年12月在保护区成功放归了2峰野骆驼。2012年9月在保护区第二次放归普氏野马21匹，2峰野骆驼，并成功举办了甘肃普氏野马第二次放归自然暨全国首次野骆驼试验性放归自然仪式。每年利用植树节、爱鸟周、世界环境日、世界防治荒漠化和干旱日等节日，发放传单上万份，制作宣传展板240余块、宣传牌300余块、录制宣传专题片3部、印制宣传画册1000余份。并通过电视广播、报刊等媒体宣传报道生态环境保护工作，普及林业科技知识，极大地提高了市民的环境保护意识。

（2）加强基础设施建设。保护管理局成立以来，通过抓项目，先后组织实施了保护区基础设施一期工程建设项目、湿地保护建设项目、湿地保护补助资金项目、保护区能力建设项目、防沙治沙封育建设项目、国家重点公益林保护、"三北"封育、湿地保护工程、退耕还林工程等重点建设项目。重点建成了总建筑面积12500平方米的敦煌自然博物馆及科研宣教综合大楼1座；建成保护管理站6个、生态定位监测站1个、野生动物救护中心1处、林业有害生物防治检疫站1处、防火瞭望塔6座、气象监测站4个、水文监测点5个；建立植被固定监测样地30个、监测样线30公里、建成防火巡护道路158公里、围栏50公里，野生动物投饲点10个、饮水点10个；完成保护区三区界线勘定700余公里，埋设界桩、界标、界牌1809个；设置各类宣传牌、警示牌、标志牌500余块；购置办公、巡护管理用车7辆；建成了覆盖保护区全境的无线电通讯网络和覆盖主要交通要道的远程无线视频监控网络；相继开展了保护区森林资源一类清查、二类调查、湿地调查、综合科学考察、生态旅游考察和气象、水文、植被及鸟类监测等一系列科研和调查活动。

（3）加强科研监测。保护区在2012年被中国林学会评为"全国林业科普基地"。同年被甘肃省科学技术协会评为"甘肃省科普教育基地"。在开展自列、申报科研项目的同时，还积极加强与大专院校和科研院所的合作，在保护区内开展了一系列科学考察、调查和科研活动，培养和造就了一批专业技术骨干。2010年6月，管理局与北京林业大学自然保护区学院协作完成的《保护区科学考察报告》和吴三雄局长主编的《拯救敦煌》两本书正式出版；管理局先后完成了《保护区湿地保护对策研究》与《保护区科学考察报告》两项课题研究，并申报2014年甘肃林业科技成果奖，标志着管理局在科研宣教工作方面迈出了可喜一步。同时积极与兰州大学、北京林业大学、西北师范大学、省林科院、规划院、地质环境监测院，国家林业局林科院、规划院及中国科学院寒区旱区环境与工程研究所等高等院校和科研单位建立了长期良好的合作关系，开展了一系列科学研究项目。

5.2.3   甘肃张掖黑河湿地国家级自然保护区

5.2.3.1   基本情况

张掖黑河湿地国家级自然保护区属荒漠地区典型的内陆湿地和水域生态系统类型，具有很强的典型性、稀有性、濒危性和代表性，是集生态保护、科研监测、资源管理、生态旅游、宣传教育和生物多样性保护等功能于一体的自然生态类保护区。

张掖黑河湿地自然保护区位于黑河中游，跨张掖市甘州、临泽、高台三县（区）14个乡镇，南依祁连山国家级自然保护区，北靠巴丹吉林沙漠，处于河西走廊的"蜂腰"地带，是我国西北地区自然保护区网络的重要节点。地理坐标为东经99°19′21″～100°34′48″，北纬38°57′54″～39°52′30″，总面积41164.56公顷，其中核心区13640.01公顷、缓冲区12531.21公顷、实验区14993.34公顷。区内湖泊、沼泽、滩涂星罗棋布，有天然湿地和人工湿地2大类，河流湿地、湖泊湿地等4个类型，永久性河流、季节性河流等11个类别。这些湿地，发挥着涵养水源、调节气候、净化水质、防风固沙等多种生态功能，既是减轻沙尘暴危害、阻挡巴丹吉林沙漠南侵的天然屏障，也是流域人民繁衍生息和经济社会可持续发展的重要依托。

（1）地质与地形。张掖黑河湿地自然保护区地处青藏高原与蒙古高原过渡带、张掖盆地西北端，摆浪河冲积、洪积扇中下部与黑河冲积平原西北部，地形由东南向西北倾斜，总体地势南北高，中间低。保护区主体地貌为中部黑河河谷平原区，海拔1200～1500米，由黑河两岸一、二级阶地和河漫滩组成，呈条带状，微向北倾，地面坡降4‰～22‰。自南向北又可进一步分为砾石平原、细土平原、风积沙地和河谷平原等地貌单元；保护区北部边缘为合黎山区的倾斜戈壁平原，南部边缘为祁连山及分支榆木山中高山区，有大面积的戈壁区。

（2）气候状况。张掖黑河湿地自然保护区地处欧亚大陆腹地，远离海洋，属典型温带大陆性干旱气候。夏季主要受东南太平洋暖湿气流影响，冬季在蒙古、西伯利亚气流控制之下，气候寒冷、干燥。光热资源丰富，年温差较大，年日照时数长达 3088.2 小时，年平均气温度 5～10℃，年平均日较差 14.0℃，极端最高气温 41.0℃，最低气温 -31.0℃；区内多年平均降水量由东南部的 200 毫米向西北减少至 55 毫米，多年平均蒸发量由东南部的 1200 毫米向西北增至 2200 毫米，年相对湿度 52%。保护区气候条件有利于植物进行光合作用，只要水分条件充分，发展农牧业生产具有得天独厚的条件，自古以来就是重要的灌溉农业区。

（3）水文状况。张掖黑河湿地自然保护区内地表水径流主要为过境的黑河水，来源于南部祁连山区的降雨和冰雪融水，地表水资源量 24.8 亿立方米。一般来说，黑河水系具有春汛、夏洪、秋平、冬枯的特点。地表径流年际变化具有丰水年和枯水年连续较长的变化过程，大约 10 年一个变化周期。地下水主要由黑河、大磁窑河、梨园河、摆浪河、水关河、石灰关河、马营河等河川径流的渗漏与潜流的侧向补给，地下水总补给量 18.5 亿立方米，保护区黑河干流的年流量为 11.342 亿立方米。

（4）土壤条件。在自然成土因素与人为因素的长期综合作用下，张掖黑河湿地自然保护区土壤类型呈多样化。土壤分为 8 个土类、18 个亚类、40 个土属、75 个土种。其中，地带性土壤类型为灰棕荒漠土与灰钙土，还包括灌耕土、潮土、草甸土、风沙土、盐土、沼泽土等非地带性土壤。土壤类型的不同决定了土地利用方式，土地开发利用又促进了土壤类型的发育和演变。

（5）野生动植物资源。张掖黑河湿地自然保护区多样化的湿地类型为多种生物的繁衍生息提供了良好的生境，保护区内动植物资源丰富，生物多样性特征显著。据调查，保护区内有种子植物 53 科 173 属 311 种。其中，裸子植物 1 科 1 属 3 种；被子植物中，双子叶植物 40 科 133 属 244 种，单子叶植物 12 科 39 属 64 种。分布于保护区的野生脊椎动物 209 种，其中哺乳类 24 种，鸟类 155 种，两栖爬行类 11 种，鱼类 19 种。在保护区各类别湿地中，栖息着《湿地公约》规定的水禽 65 种，占我国水禽种数的 25.10%，占保护区鸟类种数的 41.29%，其中繁殖种类 41 种。湿地鸟类群落中鸻形目、雁形目和鹳形目占明显优势，分别有 21 种、20 种和 8 种。保护区已记录的昆虫 892 种，隶属于 12 目 114 科 578 属，其中甘肃省新纪录 130 种，珍稀昆虫 11 种。昆虫种类以鳞翅目（319 种，占 35.76%）和鞘翅目（217 种，占 24.33%）昆虫占优势，区系成分以中亚耐干旱种类为主。

张掖黑河湿地自然保护区内珍稀候鸟、水禽种类和数量繁多，每年春秋两季，大批候鸟成群结队，携儿带女，历尽艰难险阻，不远万里，来到黑河湿地停歇。据调查，保护区列入国家重点保护野生动物名录的种类有 28 种（I 级 6 种，II 级 22 种）。其中国家 I 级保护的鸟类有黑鹳、金雕、玉带海雕、白尾海雕、大鸨、遗鸥；国家 II 级保护的鸟类有白琵鹭、大天鹅、小天鹅、鹗、鸢、苍鹰等 22 种。列入濒危野生动植物种国际贸易公约（CITES）附录的有 25 种，其中列入附录 I 的 2 种：白尾海雕、遗鸥，列入附录 II 的 23 种。此外，保护区还有甘肃省重点保护野生动物大白鹭、灰雁、斑头雁等 7 种；被列入中日保护候鸟及其栖息环境协定的鸟类有 73 种，中澳候鸟保护协定的鸟类 23 种，国家保护的"三有"野生脊椎动物 126 种，甘肃省保护的"三有"野生脊椎动物 25 种。

保护区核心区天城湖、明塘湖、马尾湖、大湖湾等地经常出现五六万只各种鸟类欢聚一堂的壮观场面。黑鹳是黑河湿地自然保护区的重要保护对象，集群数量在 500 只以上。每年 4~11 月份来保护区内栖息，在合黎山悬崖峭壁的崖缝或浅洞处筑巢产卵、孵化、育雏。因此，黑河湿地自然保护区是黑鹳重要的繁殖地之一，也是其他鹳类、天鹅等水禽的重要越冬地，也是部分野鸭和雀形目鸟类的繁殖地和迁徙鸟类的重要驿站和中途食物补给地。

（6）景观资源。张掖黑河湿地自然保护区具有丰富的自然人文景观，为旅游业发展提供了有利条件。保护区南北依山，北瞰"河环玉带""屏画黎山"，美景奇观尽收眼底；南眺"祁连雪峰""榆木晴岚"，令人心旷神怡。"一城山光，半城塔影，连片苇溪，遍地古刹"。这水波涟漪的旖旎风光，曾是张掖黑河湿地生态的真实写照。黑河贯穿全境，冰雪融水纵横，地下径流充沛，水库鱼塘遍布，春天碧波荡漾，水鸟栖息；夏天绿苇茵茵，翠色浓郁；秋天荻花摇曳，鱼跃雁鸣，碧草连天，野花遍地，田畴如画，牛羊成群，赋予这片沃土不竭的生机与活力。

张掖黑河湿地自然保护区的主要保护对象为：我国西北典型内陆河流湿地和水域生态系统及生物多样性；以黑鹳为代表的湿地珍禽及鸟类迁徙重要通道和栖息地；黑河中下游重要的水源涵养地和水生动植物生境；西北荒漠区的绿洲植被及典型的内陆河流自然景观。

张掖黑河湿地自然保护区湿地资源丰富，类型多样，天然性良好，生长着大面积的盐生草甸、沼泽草甸、沼泽、荒漠草原等地带性植被，是西北地区为数不多的典型湿地生态系统。保护区生境类型多样，野生动植物资源非常丰富，尤其是珍稀候鸟、水禽种类和数量繁多，因此，保护区是干旱地区湿地形成、发育和演替，珍稀野生动植物种群生态学、群落生态学、湿地生态系统服务功能、稳定性及生态效益评价等研究的重要场所和天然实验室，具有非常重要的科研价值。保护区是开展环境保护宣传与科普教育实习的理想基地。对周边社区群众认识自然保护的重要性，提高公众的环境意识、生态意识，增进对湿地生态系统及珍稀濒危物种的保护意识，从而促进人与自然的和谐发展有着重要的推动作用。

5.2.3.2　机构沿革

张掖黑河湿地自然保护区始建于 1992 年，原名高台县黑河流域自然保护区，2004 年经甘肃省人民政府批准成立甘肃高台黑河湿地省级自然保护区，2011 年 4 月经国务院批准晋升为国家级自然保护区，更名为张掖黑河湿地国家级自然保护区。为了加强自然保护区的管理，根据甘肃省机构编制委员会《关于张掖市黑河流域湿地管理局更名的通知》（甘机编办通字［2011］35 号），张掖市黑河流域湿地管理局更名为张掖黑河湿地国家级自然保护区管理局。并经 2011 年 10 月 22 日市委常委会第 14 次会议研究，决定张掖黑河湿地国家级自然保护区管理局由市人民政府直接管理。同年 11 月，省编办正式批复张掖黑河湿地国家级自然保护区管理局为参照公务员法管理的事业单位。2012 年 10 月，市委批准成立中共张掖黑河湿地国家级自然保护区管理局党组。2013年 10 月，根据张掖市委、市政府关于市区事权调整的安排要求，张掖黑河湿地国家级自然保护区管理局加挂张掖市园林绿化局牌子，实行两块牌子、一套班子的管理体制。内设办公室、宣传教育科、财务管理科、资源管理科、规划建设科、产业开发科、湿地保护总站和湿地生态监测站8 个科(室、站)，下属张掖城市湿地博物馆、张掖市东滩林场，现有工作人员 75 人，其中干部 56名(县处级 4 名、科级 22 名)、工人 19 名；有退休人员 15 名。承担全市湿地资源保护管理、开发建设项目的组织论证和批复实施及监管，全市湿地资源调查及生态科研监测，全市湿地保护行政执法，依法查处侵占、破坏湿地资源的违法行为；负责全市城乡园林绿化、湿地保护业务指导和宣传教育工作。

5.2.3.3 工作成果

（1）工作成就。近年来，管理局紧紧围绕市委、市政府提出的"保护黑河湿地，建设生态张掖"的战略目标，坚持"以湿地保护引领生态建设、以生态建设引领城市建设"的发展思路，按照"立足全局谋项目""规划先行储项目""争引并举抓项目""建管并重促项目"的工作思路，先后争取批复立项基础设施建设和资金补助项目 17 项，批复计划投资近 2 亿元。组织实施了黑河流域湿地保护工程、黑河流域中游湿地恢复与治理一、二期工程、湿地保护中心业务楼和城市湿地博物馆工程等重大工程项目，全力打造宜居宜游首位产业，为促进张掖科学发展、跨越发展、绿色发展做出了积极贡献。通过全体干部职工的共同努力，湿地保护与恢复工作取得了良好成效，张掖市的生态文明建设也走到了全省乃至于全国的前列，得到了社会各界和各级政府的充分肯定。管理局湿地保护总站荣获 2012 年甘肃省"劳动先锋号"称号；局长周全民荣获 2012 年度全市"重点项目突出贡献奖"。张掖市先后荣膺"甘肃园林城市""全省绿化模范城市""全省湿地保护先进单位""全国绿化模范城市""全国国土绿化先进单位"和"全国生态文明示范工程模范市"等荣誉称号。

（2）基础设施建设。作为中国黑河流域（张掖）湿地保护工程的实施牵头单位，组织对湿地保护工程及各项子工程进行充分研究论证，组织修编了《张掖黑河湿地国家级自然保护区总体规划》《张掖国家湿地公园建设规划》和《张掖市宜居宜游城市发展规划》等规划。其中，《张掖黑河湿地国家级自然保护区总体规划》经市政府常务会议审定后上报省政府，并顺利通过了省林业厅组织的专家评审，于 2014 年 2 月由国家林业局批复；《张掖国家湿地公园建设规划》也经省政府第 119 次常务会议审议通过。负责开展的黑河湿地国家级自然保护区建设、甘肃黑河流域中游湿地恢复与治理工程、张掖国家湿地公园建设进展顺利，完成了黑河湿地国家级自然保护区专项资金建设项目和湿地恢复与治理工程年度计划，建设了管护设施、科研监测设施、宣传与教育工程。新建水文气象监测点 1 处，投食台 15 处，观鸟塔 1 处，木质巡护监测栈道 5.2 公里，沙石路面巡护监测栈道 17.6 公里，一级疏浚渠道 10 公里，二级疏浚渠道 17.6 公里，新建引洪拦水坝 5 座，实施退耕还泽 20 公顷，湿地植被恢复 3485 公顷，设置固定监测样地 200 个。根据国家环保部对新建国家级自然保护区开展勘界立标的要求，成立了勘界确权领导小组，全面完成了甘、临、高三县（区）所辖自然保护区的勘界立标工作。共划分保护区小班 1059 个，设置区界标 43 块，宣传牌 35 块，标志牌 24 个，埋设界碑 39 块，界桩 690 个。积极开展由国家七部（局）组织的国家级自然保护区管理评估工作，对照评估打分标准，督促相关县区开展自然保护区基础设施及能力等工程建设，查漏补缺，收集档案资料，顺利的完成了黑河湿地国家级自然保护区批建以来的首次迎评、迎检工作，得到与会评估组专家的高度评价，荣获国家级自然保护区综合管理"优秀"奖项。

为了让更多的人参与到湿地保护中来，保护区多方筹资，先后兴建了城市湿地博物馆、飞禽保护区、游客接待中心、马文化产业园、观光航道及流泉养生馆，建造了观鸟塔、标本馆、垂钓池、孔雀园、跑马场、仙鹤园、休闲亭、曲廊、接待室、购物中心、餐厅等旅游景点及科普宣教、接待服务设施，配备具有本科以上学历的专职讲解员、导游员、接待员，编写了湿地生态保护科普宣讲材料。尤其是新建成的张掖城市湿地博物馆，集收藏、研究、展示、宣教、科普于一体，以"戈壁水乡、生态绿洲、古城文明"为主题，传承地域历史文化，展示湿地保护历程，彰显生态文明成果，描绘城市规划远景，是展现张掖湿地生态建设的窗口，也是对大众进行生态科普教育的基地。5000 余平方米展厅，以"塞上江南·印象张掖""地貌大观·多彩张掖""丝路重镇·人文张掖""湿地之城·生态张掖""城市未来·大美张掖""湿地·生命的摇篮"为脉络，建成了六大展区及 4D 影院，布展采用了先进的声、光、电控制技术，并配套大量的标本、图片、文字资料印证，浓缩了张掖生态建设和城市发展的历程，凸显了黑河湿地国家级自然保护区的战略地位、地质地貌、自然资源、环境演变及生态保护成就，构成了室内与室外、实景与虚景、历史与现代相结合的湿地生态科普科研基地，为弘扬张掖的人文精神，提升张掖生态旅游品质，践行张掖生态发展战略提供了坚实的智力支撑。通过那一幕幕行为画面，一幅幅人与自然、动物与环境和谐的美景，一件件栩栩如生的动植物标本及蔚为壮观的蓝天白云、绿林清水、鸟翔兽奔、花艳蝶舞，鸟语花香等独特的生态景观，每年吸引着大批中外游客、青少年学生前来观光，在此陶冶情操，享受大自然的美丽。

（3）项目建设。坚持把项目资金争取摆在第一位置，强化项目就是生产力、抓项目促发展的意识，理清抓项目的思路和方法，一手抓在建、一手抓申报，形成了上报一批、论证一批、储备一批的项目争取机制。总投资 4.5 亿元的《张掖黑河湿地国家级自然保护区总体规划》2014 年 2 月份获得国家林业局批复；投资 698 万元的《甘肃黑河流域湿地保护建设项目》获得国家发改委、国家林业局批复；总投资 3668.7 万元《甘肃黑河流域湿地恢复与治理一期工程》获得国家发改委、国家林业局批复；总投资 3971 万元的《甘肃张掖黑河流域中游湿地修复与治理二期建设工程》获国家发改委、林业局批复；总投资 544 万元《甘肃黑河流域中游湿地生态系统定位研究站项目》获国家林业局立项批复；总投资 900 万元的《张掖黑河湿地国家级自然保护区能力建设项目》获国家环保部批复；《甘肃张掖黑河湿地国家级自然保护区生态保护补助项目》计划已由财政部和国家林业局联合下达，到位资金 500 万元；其他项目 200 多万元。投资 2996 万元的《张掖黑河湿地国家级自然保护区基础设施建设项目》和投资 2979.7 万元的《甘肃张掖黑河湿地国家级自然保护区生态保护与恢复工程项目》已上报国家林业局审批立项；概算投资 1371 万元的《甘肃黑河湿地植物优良种质资源培育基地建设项目》、概算投资 700 万元的《甘肃张掖黑河湿地国家级自然保护区重点火险区综合治理建设项目》可研报告均已上报省林业厅省发改委审批立项，待国家相关部委批准后组织实施。按照国家政策和投资方向，组织技术人员编写储备了估算总投资 5 亿多元的"黑河湿地生态功能区域效益科学修复示范推广工程"、"黑河湿地科技博物馆建设"等 9 个项目。项目资金的落实到位，储备项目的申报和立项成功，为湿地生态保护工作夯实了基础。

（4）资源管理。结合国家林业局打击毁湿开垦专项行动的精神，先后 7 次组织开展全市打击毁湿开垦等破坏湿地资源行为专项行动。共查处各类违法毁坏湿地案件 39 起，处理 39 起，处理违法违纪人员 48 人次，督办各县（区）湿地、林业部门立案查处 3 件，处理来信来访 7 件，答复人大政协提案 6 件，有效遏制了破坏湿地的势头，确保了湿地资源的安全。

（5）科研成果。保护区管理局主持的"张掖市黑河流域湿地重点区保护与利用技术研究课题"，通过甘肃省科技厅组织的成果鉴定，其研究成果达到了同类研究的国内领先水平；成功举办了"中国张掖黑河流域湿地保护与开发知识讲座"（邀请国内外有关专家学者主讲）、"甘肃省湿地保护与可持续发展高级研修班"和"全国湿地生态保护高级研修班"，为湿地保护与持续利用提供了科技支撑；实施国家外专局支持的国外引智项目，引进以色列著名湿地土壤学专家约拉姆·本杰明博士对"张掖湿地水资源综合管理与利用"和"张掖黑河流域湿地生态定位研究站建设"两方面的工作进行了高端指导。同时，结合实际，在保护区内开展了固定样地调查，共调查不同湿地类型样地 21 个，分别就土壤类型、积水状况、植物种类、盖度、胸径、冠幅等内容进行了详细调查，建立了样地调查电子档案资料；开展了西北干旱区季节性河流建造多级蓄水装置恢复生态景观专利材料的编制，上报省科技部门认定；依托新品种引进繁育项目，在湿地博物馆引进美国加州迎宾柳等苗木新品种取得成功；同时，加强院地合作，与河西学院联合研究的《甘肃张掖黑河湿地国家级自然保护区生态服务功能价值及演替驱动力研究》课题，科研成果已通过省科技厅验收，并获二等奖；《张掖黑河流域湿地重点区保护与利用技术研究》荣获张掖市科技进步二等奖。利用"世界湿地日""爱鸟周"和"野生动物保护月"等时机，坚持开展"湿地宣传进校园、进社区、进乡村"、"走近张掖湿地"等主题活动。在《人民日报》《甘肃日报》、甘肃电视台等新闻媒体播发张掖黑河湿地保护的新闻稿件，制作《保护湿地资源，建设生态张掖》《湿地之韵，金耀张掖》《走近张掖黑河湿地》等专题片；在"湿地中国""张掖湿地"等网站及时发布黑河湿地保护与建设的工作动态、新闻图片及湿地生态知识等内容。编辑出版了《印象张掖湿地》《图说张掖湿地》《感恩黑河——走近张掖黑河湿地》《金色张掖》等书籍。为加大国家级自然保护区宣传力度，2013 年张掖黑河湿地成功入围全国 50 个美丽湿地之一，成为甘肃省唯一入选单位。在甘州区、临泽县、高台县三县(区)湿地局的配合下，协助完成了现场踩点及拍摄工作，并于 2014 年 8 月 26 日央视中文国际频道播出张掖黑河湿地篇《张掖——冰火黑河》，进一步让全省、全国乃至世界人民了解张掖，认识张掖以湿地保护建设生态文明取得的新成效。2014 年 8 月 8 日成功举办了中国自然科学博物馆协会湿地博物馆专业委员会第四次全体会议及学术研讨会。会议的成功举办，对张掖在湿地资源保护与利用、生态建设方面取得的巨大成效提供了一个很好的对外宣传平台，进一步提了升张掖黑河湿地的对外影响力和知名度。

5.2.4 甘肃敦煌阳关国家级自然保护区

5.2.4.1 基本情况

甘肃敦煌阳关国家级自然保护区位于甘肃省最西端的敦煌市阳关镇境内，东经 93°53′~94°17′，北纬 39°39′~40°05′之间，总面积 8.8178 万公顷。保护区东邻党河水库，南接阿克塞哈萨克族自治县，西隔甘肃敦煌西湖国家级自然保护区，南见一望无际的库姆塔格沙漠，北为大面积戈壁。阳关保护区属湿地荒漠复合生态系统类型的国家级自然保护区，主要保护对象为荒漠区中特殊成因的内陆河流生态系统和以候鸟为主的珍稀濒危野生动植物资源。保护区内有脊椎动物145 种，其中列入国家重点保护野生动物名录的有 18 种，国家 I 级保护动物有黑鹳等，国家 II 级保护动物有大白鹭、红隼、鹅喉羚等。保护区有种子植物 141 种。

5.2.4.2 管理现状

机构编制。2009 年 9 月 18 日，国务院办公厅以(国办发〔2009〕54 号)文件批准甘肃敦煌阳关自然保护区晋升为国家级自然保护区。2010 年 4 月，甘肃省机构编制委员会以《关于调整甘肃敦煌阳关国家级自然保护区管理局隶属关系的通知》确定保护区管理局为副处级单位，隶属省环保厅管理。经省环保厅党组批准阳关保护区管理局机关内设：办公室、保护管理科和宣传教育科，下设 3 个管护站：渥洼池、西土沟和二墩三个管护站。根据事业单位人事制度改革核定，阳关自然保护区管理局为管理型事业单位，核定编制 20 人，现实有管理人员 15 人，管理岗位 15 人，占编制总数的 75%，专业技术岗位 4 名，占岗位总数的 20%，工勤岗位 1 名，占岗位总数的 5%。阳关保护区实有职工 36 人，其中全额拨款事业编制管理人员 19 人，长期聘用管护人员 17 人。现有大专以上学历专业技术人员 4 人，聘请自然生态方面的高级职称专家 4 人，主要从事鸟类研究、沙漠治理研究、生态水文和恢复生态研究、保护区区划与环境规划研究等工作。

5.2.4.3　工作成果

（1）基础设施逐步完善。保护区建立之初，办公条件极为简陋，基础设施严重滞后。国家级保护区成立以来，投资较多，发展较快，固定资产从不足 100 万元增加到 900 多万元，增长了 9 倍，其中房屋建设，从租住管护用房到现有固定办公用房。目前阳关保护区管理局已建成办公楼 1 栋，建筑面积 398.4 平方米，管护站 3 个，建筑面积共 3200 平方米，其中渥洼池管护站建筑面积 700 平方米，西土沟管护站建筑面积 1700 平方米，二墩管护站建筑面积 800 平方米。交通运输及通讯设备从无到有，现有巡护越野皮卡车 1 辆，通勤车 1 辆，巡护摩托车 3 辆，GPS 全球定位系统 1 部；办公设备，从不足 10 万元增加到 60 多万元，增长了 6 倍，基础设施的大力发展，基本满足了资源保护的工作需要。

（2）湿地资源保护成效明显。阳关保护区 2007 年晋升为省级保护区时进行了扩区，扩区后面积为 8.81 万公顷，其中湿地面积 1.84 万公顷。2009 年晋升为国家级自然保护区以来，保护区管理局不断加大保护区资源管护力度，严格落实禁牧政策，截至 2011 年，保护区湿地面积扩大到 2.169 万公顷，湿地面积增加 0.329 万公顷，增加湿地面积占湿地总面积的 15.17%。湿地资源的增加和恢复，有效保护了保护区内珍稀濒危动植物资源。

（3）候鸟数量逐年增加。以黑鹳、大天鹅为主的珍稀濒危野生候鸟是保护区的主要保护对象。从 20 世纪 80 年代后期，由于人为的滥捕、滥杀，保护区内野生候鸟数量急剧下降，在较长一段时期内，候鸟种群及数量恢复缓慢。2009 年 9 月晋升为国家级保护区后，上级管理部门加大了对保护区的投资力度，管理局领导高度重视，逐步加大巡护力量，有效遏制了人为因素对候鸟的干扰和捕杀，从近几年渥洼池管护站巡查记录统计来看，黑鹳、大天鹅等国家重点保护的鸟类数量明显增加。

（4）管护能力不断提高。在管护上机构健全措施到位，构成了有效的管护体系；建立了一支乐于吃苦，爱岗敬业的管护队伍；坚持把管护摆在各项工作首位，落实管护责任，提高管护效果；在科研上建立了一支高学历的专业技术队伍；在宣传育上管上每年采取多种形式，广泛深入宣传草原防火常识，提高群众防火意识；在宣传教理局筹资 6 万元，购置了投影仪、笔记本电脑、调音台、录音笔、无线语音扩音器等设备，用现代化的教学设备对单位职工进行各种类型的培训教育，提升了能力建设。

（5）项目争取力度加大。保护区管理局建立以来，始终把跑项目，抓资金作为保护区工作的重点，在项目争取上做到"建设一批，争取一批，储备一批"。在建项目有：2011 年环保部批准的《甘肃敦煌阳关国家级自然保护区专项资金建设项目》和 2013 年国家发改委、环保部批准的《甘肃敦煌阳关国家级自然保护区湿地恢复与治理》项目。争取的项目有：2011 年上报国家发改委待批的《甘肃敦煌阳关国家级自然保护区基础设施建设项目》；与中科院合作的《甘肃敦煌阳关国家级自然保护区生态系统功能保护与修复综合技术体系研究》项目，已通过省财政厅、省环保厅上报财政部。储备的项目有：受环保部生物多样性处的邀请，参加了由环境保护部主办，环境保护对外合作中心承办的"国际生物多样性日纪念活动"，并从生物多样性保护优先项目中筛选出了《生物多样性监测网络建设与示范工程》《湿地保护和恢复示范及重要湿地监测体系建设》《珍稀濒危野生动物拯救工程》和《珍稀濒危野生植物拯救工程》，编写完成了国际合作项目申报材料；邀请中环院李发生总工来保护区考察指导工作，并把阳关保护区列入中环院的实验基地和生物多样性保护试点；与西北师范大学生命科学学院联合启动了《甘肃敦煌阳关国家级自然保护区科学考察》(一期)项目；与敦煌市天泰农林牧综合开发有限责任公司联合启动了 1333.33 公顷造林补助项目；与敦煌市德信农副产品有限公司联合上报了 3333.33 公顷葡萄林下经济种植项目。

(6) 科研工作初步开展。按照保护区的总体规划，加大保护区科研经费的投入，每年把保护区投入资金的 15% 作为保护区的科研经费，近三年来，共投入资金 60 多万元，用于购置科研设备和人员外出考察培训等。采取送出去"学"，请大专院校"帮"，委托科研院所"带"，单位内部定期培训"促"的方法，制定规划，力争通过 3~5 年的努力，培养出一支科研队伍。加强保护区的监测力度，目前已开展了气象、水文等五个方面的监测，通过监测为科研提供准确、全面、系统的第一手资料。已确定沙漠化防治、湿地恢复、候鸟迁徙和地表径流量变化四个方面的研究课题，每个课题确定了专家作为带头人，组织班子开展研究工作。专业技术人员撰写的论文《敦煌阳关湿地的特点及可持续利用的分析》《甘肃敦煌阳关国家级自然保护区湿地现状及其保护对策研究》《"3S"技术在敦煌阳关国家级自然保护区中的应用研究》，分别在《环境与可持续发展》《甘肃农业科技》和《甘肃科技》发表。

5.2.5　甘肃黄河首曲湿地国家级自然保护区

5.2.5.1　基本情况、管理现状

(1)基本情况。

甘肃黄河首曲湿地国家级自然保护区位于甘肃省南部的甘南藏族自治州玛曲县境内，地理坐标为东经 101°54′12″~102°28′45″，北纬 33°20′01″~33°56′31″。地处甘肃、青海、四川三省交界处，黄河第一弯曲部，东北与碌曲县接壤，东部与四川若尔盖县、阿坝县相邻，西南西北与青海省久治县、甘德县、玛沁县相邻，北接青海省河南蒙古族自治县。保护区总面积 203401 公顷，海拔 3300~4800 米，湿地保护划分为核心区、缓冲区、实验区三个功能区，其中核心区 79004 公顷，占总面积的 38.84%，缓冲区 53063 公顷，占总面积的 26.09%，实验区 71334 公顷，占总面积的 35.07%，保护区内湿地面积为 132067 公顷，湿地率为 64.9%。甘肃黄河首曲湿地自然保护区作为黄河上游重要的水源涵养地，是我国青藏高原湿地中面积最大，特征最明显，最具代表性的高寒沼泽湿地，是全球保存状态最为完整和原始的湿地之一，也是我国沼泽分布密度最大的地区之一，湿地类型多样，主要以高寒沼泽湿地为主，泥炭贮量丰富。

黄河从南、东、北三面环绕玛曲而过，形成了著名的天下黄河第一弯，素有"亚洲第一草场"之美称。气候类型属高原大陆性气候，土壤自西向东可分为六个土类和十二个亚类。境内河流属黄河水系，支流众多，一级支流有 27 条，二、三级支流多达 300 余条，黄河流程达 433 公里，流域面积 10190.8 平方公里，占甘肃省境内黄河流域面积的 59%。黄河从青海省久治县流入玛曲时的流量为 38.91 亿立方米，出境时达到 147 亿立方米，黄河水量在玛曲段流量增加 108.1 亿立方米，占黄河源区总径流量 184.13 亿立方米的 58.7%，因而黄河首曲湿地被称为黄河的"蓄水池"和"高原水塔"。

保护区以朗曲乔尔干和也力乔尔干湿地为中心，主要分布在曼日玛、采日玛、齐哈玛、欧拉4乡河曲马场和阿孜试验站。保护区约占4乡1站纵面积的60%，人均草场面积12.19公顷。保护区总人口5852人，全部为牧业人口，占全县总人口的12.9%。各类牲畜存栏7.12万头(头、只)，各类牲畜出栏2.01万头(头、只)，出栏率达到25.97%。

保护区境内国家Ⅰ级保护野生动物有6种，国家Ⅱ级保护野生动物有12种，甘肃省重点保护野生动物有7种，特别是濒危珍稀鸟类黑颈鹤的数量，占目前仅存数量的10%左右，种群数量达480只左右，成为黑颈鹤的集中繁殖区之一，境内植被分属60科，298属，517种，国家重点保护植物有2种。

(2)机构编制。

1995年甘肃省林业厅批准成立了甘肃黄河首曲省级自然保护区，2004年成立了黄河首曲自然保护区管理站，2011年2月，甘肃省人民政府以(甘政函[2011]31号)文件确认为"甘肃黄河首曲湿地省级自然保护区"，主要保护对象为黄河首曲高原湿地生态系统。2012年6月玛曲县委、县政府以(玛曲办发[2012]85号)文件对保护区管理站机构和人员编制进行了核定，甘肃黄河首曲湿地省级自然保护区管理站，隶属县人民政府管理，正科级全额拨款事业单位。核定事业编制23人，其中：领导职数3名(正科级站长1名、副科级副站长2名)。2012年12月县政府任命站长1名，副站长1名。

2013年12月28日国务院办公厅(国办发[2013]111号文件)公布甘肃黄河首曲湿地自然保护区为国家级自然保护区，管理机构正在报批。

现有内设机构：综合办公室、科研科、宣传教育科、资源保护科、资源合理利用科、计划财务科。有管理人员7名、专业技术人员2名、野外巡护人员10名、检测人员5名，共计24人。

5.2.5.2　工作成果

(1)工作成就。

①当地政府高度重视湿地保护工作。2001年玛曲县人民政府发布了《关于保护野生动植物资源及其生态环境和草原建设设施的通告》，通告中明确指出从2001年起全县范围内禁止滥挖滥采野生植物、乱捕野生动物，加强野生动植物资源保护。2014年玛曲县人民政府发布了藏汉双文《关于全面保护野生动植物资源的通告》，通告中更明确指出将野生动物资源工作作为当前一项重要工作来抓，严禁在玛曲县范围内非法捕杀、收购、运输、出售野生动物及其制品。

②通过加大宣传促进社区共管工作的开展。保护区管理站充分利用多种形式加大宣传力度，近几年共散发藏汉两文宣传材料10000余份，接受宣传咨询的人数达12000余人次。通过宣传和培训，使广大群众对保护生物多样性有了更深的了解，从而提高了公众保护生态的意识，提高了社区共管成效。

③不断加强湿地资源管护力度。在不同季节，根据动物的活动规律，开展定期、不定期巡护检查。5~8月黑颈鹤等珍禽繁殖季节，坚持每周核心区巡护1次，其余季节每月巡护2次，为黑颈鹤等珍禽的有效保护起到积极作用。

(2)基础设施建设。保护区基础设施建设正在向上级报批。

(3)项目建设。

鸟类救护站：包括在科研宣教楼内，已于2008年完成全部建设任务，建筑面积为165平方米，为框架结构，并购置综合急救箱、全自动洗胃机等仪器设备。

防火瞭望塔：2007 年完成了采日玛乡防火瞭望塔土建工程，2009 年完成了阿万仓乡、曼日玛乡两座防火瞭望塔土建工程，均为框架结构，防火瞭望塔与各乡保护站合建，并购置了高倍望远镜、办公桌椅等设备。

鸟类生活习性监测点：鸟类生活习性监测点土建工程与曼日玛乡保护站合建到了曼日玛乡政府所在地，共 40 平方米，同时购置了望远镜、海拔仪等仪器设备。

(4)科研成果。

联合国开发计划署(UNDP)、全球环境基金(GEF)、中国林业科学研究院、兰州大学等国际机构和科研院所与保护区建立了良好的科研合作关系，开展了一系列科学考察工作，这些科考和研究工作为黄河首曲湿地的保护和恢复创造了良好的技术条件。

2007 年，甘肃省 GEF 湿地项目办公室组织人员对首曲湿地的生物多样性进行了综合的野外考察，结合样品的分析、标本的鉴定和整理及资料的收集和分析，编写了《甘肃黄河首曲湿地自然保护区生物多样性》的考察报告，为玛曲湿地的保护提供了科学的资料和依据。

2010 年 11 月，甘肃黄河首曲自然保护区管理站邀请兰州大学生命科学学院、国家林业局调查规划设计院，对保护区进行了综合科学考察，内容包括珍稀动植物、旅游资源、地质地貌和湿地资源等。

5.2.6 甘肃省黄河三峡湿地自然保护区

5.2.6.1 自然保护区基本情况

甘肃黄河三峡湿地自然保护区是因修建刘家峡、盐锅峡、八盘峡三个大中型水电站而形成的人工湿地。甘肃黄河三峡自然保护区是根据1995 年 1 月 31 日甘林资字[1995]11 号《关于建立甘肃黄河三峡湿地自然保护区的批复》建立的省级湿地自然保护区。保护区位于甘肃省临夏回族自治州永靖县境内，从南向北纵贯全县，呈带状分布，将永靖县分成东、西两部分，东至关山乡境内松树岘，西至杨塔乡境内炳灵寺石窟，南至刘家峡库区南岸，北至八盘峡水电站，地理坐标为东经102°58′~103°23′，北纬35°47′~36°07′之间。保护区总面积 19500 公顷，其中湿地面积15270.1957 公顷，林地面积 4228.914 公顷。由林业部门主管。主要保护对象是生存在其内的迁徙水禽及其栖息停歇地，维护湿地生态系统的完整性和生物多样性。这里是由西伯利亚通往中亚和澳大利亚地区两条全球候鸟迁徙路线上一个重要的栖息停歇地，已成为我国西北干旱半干旱地区和黄河中上游地区一道重要的生态屏障，具有极高的社会、生态、经济价值。

保护区主要地貌类型为河谷平原，其中侵蚀堆积阶地平均海拔 1560~1740 米，堆积阶地平均海拔 1560~1680 米。土壤类型为黄土母质上发育起来的黄绵土和灰钙土，土层厚度 250 厘米左右。

黄河三峡湿地区属中温带大陆性季风气候。气候温和，干旱少雨，热量适中，光照充足是其气候主要特征。据永靖县气象站资料，年平均气温 5~9℃之间，极端最低气温为 -25℃，极端最高气温为 36.8℃，≥10℃的年积温 2791~3196℃；年日照时数 2705~2800 小时；年平均降水量 300 毫米左右，年蒸发量 1689 毫米，冬春干旱，降水多集中在夏秋季节；无霜期 167~190 天，最大冻土深度 92 厘米；冬季多西北风，夏季多东风和西南风。

5.2.6.2　自然保护区管理机构

1995 年 1 月，经甘肃省政府同意，省林业厅批准，成立了甘肃黄河三峡湿地省级自然保护区。甘肃黄河三峡湿地自然保护区管理站与县林业局两快牌子，一套人马，全局共有干部职工165 人，其中管理人员 23 人，高级职称 2 人，中级以上专业技术职称人员 20 人，县林业局有独立办公楼，办公设施和交通工具较为齐全。湿地保护和管理主要依靠县林业局下设的湿地管理站负责，下辖三塬、太极岛、罗家堡、抚河四个湿地保护点。

甘肃黄河三峡湿地自然保护区管理站为全额拨款的事业股级单位，业务工作经费由县林业局给予支持，隶属于永靖县林业局。2003 年由永靖县机构编制委员会（永机编发〔2003〕11 号）批准，事业编制 26 人，2011 年县机构编制委员会重新调整编制（永机编发〔2011〕5 号）核定编制人员 15人。湿地管理站现实有职工人数 10 人、大专以上人数 2 人。

黄河三峡湿地保护区土地所有权 97% 属于国有，其余为集体。刘家峡、盐锅峡、八盘峡三个水库水域面积所有权分属永靖县、积石山县、临夏县、东乡县，管理权在黄河水利委员会，林地面积属于永靖县巴米山林场，湿地保护区管理站没有依法取得林权证。

5.2.6.3　水环境状况

黄河从青海省民和县入境，经炳灵峡流入刘家峡水库，出水库经县城过盐锅峡、八盘峡入兰州，在县境内流程 107 公里。在刘家峡和八盘峡分别有洮河、湟水河汇入黄河。据统计，黄河多年平均径流量为 908 立方米/秒，平均年径流量为 286.6 亿立方米，最大径流量为 458.7 亿立方米，最小径流量 190.1 亿立方米，湿地淡水储量 65 亿立方米。水源补给状况主要为地表径流和综合补给，流出状况为永久性，积水状况为永久性积水。刘家峡库区最大水深 70 米，平均水深25 米，蓄水量 57 亿立方米，pH 值在 6.8 ~ 7.1 之间，pH 分级为中性，矿化度小于 1.0，矿化度分级为淡水，水质透明度大于 25，透明度等级为很清，水质营养状况为贫营养，主要的污染因素是泥沙淤积，水质级别为Ⅱ级。盐锅峡库区最大水深 30 米，平均水深 15 米，蓄水量 0.5 亿立方米，pH 值在 6.8 ~ 7.0 之间，pH 分级为中性，矿化度小于 1.0，矿化度分级为淡水，水质透明度大于25，透明度等级为较清，水质营养状况为中营养，主要的污染因素是泥沙淤积、农药、化肥、城市生活污水，水质级别为Ⅲ级。八盘峡库区最大水深 25 米，平均水深 15 米，蓄水量 0.6 亿立方米，pH 值在 6.9 ~ 7.2 之间，pH 分级为中性，矿化度小于 1.0，矿化度分级为淡水，水质透明度大于 25，透明度等级为清，水质营养状况为中营养，主要的污染因素是泥沙淤积、农药、化肥、城市生活污水，水质级别为Ⅲ级。

地下水水深在 2.5 米左右，pH 值在 7.0 ~ 7.6 之间，矿化度大于 1.0，水质营养状况为中营养，主要的污染因素是农业生产中残留的农药、化肥，水质级别为Ⅲ级。

5.2.6.4　主要野生动物资源

分布于保护区内的陆生脊椎动物约有 166 种。其中两栖类 4 种，隶属于 2 目 3 科，占该地区动物总种数的 2.4%；爬行类 3 种，隶属于 2 目 3 科，占该地区动物总数的 1.8%，鸟类 136 种，隶属于 16 目 37 科，占该地区陆生脊椎动物总数的 81.9%；哺乳类 23 种，隶属于 6 目 12 科，占该地区动物总数的 13.9%。有鸟类 16 目 37 科 136 种，占甘肃省鸟类总数的 28.1%。兽类相对贫乏，有 6 目 12 科 23 种，占甘肃省兽类总数的 14.1%。

保护区内有鱼类 15 种（包括 2 种养殖种），隶属于 3 目 4 科。其中鲤形目鲤科 4 亚科 9 种，鳅科 2 亚科 4 种；鲈形目鰕虎鱼科 1 种；鲶形目鲶科 1 种。主要以鲤科裂腹鱼亚科和鳅科高原鳅属的鱼类为主，区系组成简单，属于古代第三纪区系复合体的种类有鲤、鲫、鲶、鳅；裂腹鱼亚科鱼类属于中亚高原区系复合体。鱼群结构在河段的不同断面差别不大，其中以厚唇重唇鱼，黄河裸裂尻鱼和黄河高原鳅为优势种，似鲶高原鳅为凶猛鱼类。多数为底层鱼类，中层鱼和上层鱼很少。分布保护区的我国特有种有刺鮈、黄河鮈、瓦氏雅罗鱼、黄河裸裂尻鱼、厚唇重唇鱼、花斑裸鲤、壮体高原鳅、似鲶高原鳅、黄河高原鳅、泥鳅和波氏栉鰕虎鱼 11 种，占保护区已知野生鱼类的 73.33%，是我国特有鱼类相对集中的分布地区。甘肃省新增 1 种瓦氏雅罗鱼。

两栖类 2 目 3 科 3 种。分布于保护区的我国特有种有北方山溪鲵和岷山蟾蜍 2 种。可以认为保护区并不是我国特有两栖类集中分布区，在这些种类中有的分布区极为狭窄。

5.2.6.5　主要植被类型及面积

黄河三峡湿地自然保护区位于黄土高原地区西部与西秦岭的交汇地带，在自然地理位置上占有独特的地位，处于黄土高原典型草原植被和森林草原植被的过度地区。自东南至西北，表现出森林草原，典型草原等地带性植被，植物区系与植物资源十分丰富。经野外调查和资料查阅，共发现黄河三峡湿地自然保护区有种子植物 717 种。其中湿地范围为植物群系主要为眼子菜群系，香蒲群系，苔草—灯心草群系，镳草群系，沼针蔺—水葱群系；有旱柳群系、柽柳群系、芦苇群系、香蒲群系、眼子菜群系。植被面积 2700 公顷。

5.2.6.6　取得的成就

黄河三峡湿地具有供水、调蓄、调节气候、生态文化等方面的功能。黄河三峡湿地是临夏回族自治州重要的水产养殖基地，每年提供近 1500 吨淡水鱼类产品；每年淡水储量 60 亿立方米，航运总路程 100 公里；年产香蒲、芦苇纤维 2000 吨；黄河三峡湿地主要的利用方式是发电、水产养殖、调蓄防洪、农业灌溉、城市工业用水、城乡生活用水、航运、旅游；刘家峡、盐锅峡、八盘峡三个电站年发电量 852049 万千瓦时。黄河三峡湿地范围内蕴藏着丰富的文化旅游资源，有世界著名的炳灵寺石窟、巴米山道教文化、黄河三峡湿地风光、旅游度假区。黄河三峡湿地是生物基因库，具备生物多样性保护的强大功能，在维持湿地生态功能方面发挥着不可或缺的作用。

2008 年完成湿地功能区划初步方案，2011 年第二次对湿地保护区进行了区划调整。共划分为核心区、缓冲区、实验区三个功能区，区划面积 19500 公顷。其中核心区 5502.7 公顷，占 28.22%；缓冲区 2019 公顷，占总 10.35%；实验区 11978.3 公顷，占 61.43%。

2008 年实施了甘肃黄河三峡湿地保护与恢复建设工程项目，总投资 923 万元，完成了退耕还湿、封滩育林草，人工辅助自然恢复湿地面积 1190 公顷，建成了 1 个湿地管理站、4 个湿地保护点、1 个防火了望塔、400 座"四位一体"沼气池，配套建设了生态观测点、候鸟观测点、科研监测室、野生动物救护站、病虫害防治站、湿地界碑、标示标牌、界桩等湿地防护设施。2008 年底完成了湿地功能区划，2010 年底结合永靖县林业"十二五"规划，编制完成了湿地保护中长期规划。

2012 年完成了国家级陆生野生动物疫源疫病监测站建设项目。总投资 40 万元，改扩维修办公用房、监测室、宣教培训室合计 180 平方米。购置了必要的监测设备及交通、通讯设施。

现在正在实施永靖县 2013 年省级自然保护区补助资金项目，总投资 50 万元，用于保持保护区生物多样性的管护设施建设。包括：修建机械围栏、隔离带、界桩界碑、候鸟栖息地保护场所，购置水质检测设备等；永靖县 2014 年中央财政湿地保护区奖励资金建设项目，总投资 540 万元，其中中央财政奖励 500 万元，地方自筹 40 万元，对现有湿地资源进行保护管理、生态恢复及科学研究，全面维护湿地生态系统的生态特性和基本功能，使黄河三峡湿地生态功能退化趋势得到遏制。

黄河三峡湿地管理站制定了五个管理制度，即考勤制度、站长岗位责任制、财务管理制度、值班制度、学习制度。

采取多种宣传形式，提高全民保护意识。结合"爱鸟周""野生动物保护宣传月""科技三下乡活动"在全县开展宣传活动，书写张贴宣传标语，悬挂大型宣传横幅，制作宣传展板在公众集结区展出；每年在全县中小学开展野生动物保护讲座，通过县教育部门在学校向学生宣传、学生向家长宣传保护野生动物的知识；组织"万人签名"活动，积极宣传保护野生动物的重大意义，广大群众保护野生动物的意识普遍提高，认识到野生动物受国家法律保护，并非野生无主。目前，群众凡发现国家保护的或不认识的动物，都能立即报告或救送到县林业局，发现非法狩猎或违法经营的，也能主动拨打县林业局的举报电话，形成了人人保护野生动物的良好氛围。

5.2.7 甘肃省玉门干海子自然保护区

5.2.7.1 基本情况

干海子候鸟自然保护区位于玉门市花海镇境内东北，地处花海盆地中央，四周均为荒滩戈壁，远离人类居住区。保护区于 1982 年由省人民政府批建，位于东经 98°00′49″~98°02′58″，北纬 40°22′50″~40°24′21″；总面积 666 公顷，核心区 300 公顷，全部为水域，属咸水湖；四周区划为缓冲区，面积 366 公顷。湿地水源为地下水渗出小溪流由西向东汇集、盆地地下水聚集而成，是地下水的排泄，蒸发地带。干海子为盐沼泽地，赤金河（石油河）向北流入花海出峡后形成较大的洪积扇，距花海绿洲约 30 公里。小坑海拔 1203 米，比其周围的沙枣园、疙瘩井、花海乡、红泉河坝约低 12~43 米，是花海绿洲的排盐区。周边环境为盐渍沙漠，天然植被主要为怪柳，发挥防风固沙的生态功能。干海子水域植被有芦苇、盐角草、盐爪爪等，适合候鸟栖息繁衍，是候鸟迁徙、繁衍的重要栖息地。土壤主要为草甸盐土，外围有草甸沼泽土。地下水位 1~2 米，盐分类型 CL-SO，SO，主要特征 0.5~5 厘米盐结皮上层较多，棕灰或深灰棕小粒和碎粒结构，壤土为主。草甸沼泽土有盐化特征，地下水位 0.5~1 米，表面盐结皮下有腐殖质层，地表季节性积水。

气候区划上，玉门市属于温带干旱气候，降水少，蒸发量大，日照长，风沙多，该区域具有典型的荒漠气候特点，年降水量 57.1 毫米，年均蒸发量 2980 毫米，年均气温 8.0℃，≥0℃年均积温 3781.0℃，≥10℃年均积温 34176℃。

5.2.7.2 保护管理状况

干海子候鸟自然保护区建于 1982 年，保护区管理隶属于玉门市林业局，为加强保护区管理，当地政府于 2002 年成立了玉门市野生动植物管理局，主要负责保护区管理工作。现有工作人员 6 名，其中副科级管理人员 1 名，保护区建立了干海子候鸟自然保护区管理站一处，与花海天然理管护站、公益林管理站合署办公，工作人员 2 名。有办公场所一处，面积 200 平方米，与花海天然理管护站、公益林管理站合署办公。

5.2.7.3 主要工作成就

（1）严格贯彻执行《中华人民共和国森林法》《中华人民共和国野生动物保护法》《中华人民共

和国自然保护区管理条例》《中华人民共和国湿地保护条例》等法律法规，每年与主管部门签订目标管理责任书，管护站制定了管护责任制度，巡护制度、护林防火制度等。

（2）每年开展 1~2 次大型宣传活动，以悬挂横幅、发宣传单、播放宣传片等方式开展相关法律法规、政策及保护区、野生动植物知识宣传，经当地民政部门登记成立了玉门市野生动物保护协会，现有团体会员 10 个，个人会员 200 多名。

（3）湿地保护与恢复工程。20 世纪 90 年代，干海子候鸟自然保护区咸水湖因种种原因逐渐干涸，水面由当初的 300 公顷减少至枯竭，2002 年起玉门市人民政府启动了干海子人工疏通河道实施生态调水工程，甘肃省水资源管理局年均向干海子调配生态水 2000 多万方，自 2005 年起甘海子咸水湖又开始积水，随着人工输水工程的实施，与干海子湿地息息相关的北石河输水沿线 7 万公顷天然植被逐步得到恢复。截至 2009 年 4 月，共计输水约 1.43 亿立方米，年均 2042 万立方米，有水面积最大时可达千亩，夏季水面约 26.67 公顷，曾经消失的候鸟又展现了身影。

5.2.8 甘肃省玉门市昌马河自然保护区

5.2.8.1 基本情况

玉门市昌马河自然保护区位于甘肃省酒泉市玉门市境内的昌马乡疏勒河流域，地处青藏高原东北边缘，祁连山北麓西段，地理坐标为东经 96°35′~97°00′，北纬 39°42′~39°58′。东、南均与肃北蒙古族自治县毗邻，西南与安西县接壤，北至东南与肃北蒙古族自治县交界处为止，总面积 68250 公顷。湿地面积 1893.84 公顷，其中河流湿地计 1013.93 公顷；沼泽湿地 523.70 公顷；湖泊湿地 356.2068 公顷。保护区在自然地理上处于青藏高原东北部边缘，祁连山系走廊南山西端，地势西南高东北低，四面环山，属祁连山间高寒盆地，盆地的东面、南面为祁连山系走廊南山的香毛山，山顶常年积雪。北面的红山地势险峻，为走廊南山的前山地带。最高海拔 3124 米，最低海拔 2100 米，相对高差 1000 米，平均坡度 20°~35°，境内水系为疏勒河，发源于疏勒南山北坡的沙果林那穆吉木岭和陶勒南山南坡的古夏湟河，全长 620 公里，年经流量 9.98 亿立方米，其中冰川融水为 3.19 亿立方米，其他为天然降水。

保护区土壤类型有灰棕漠土、棕漠土、草甸土、沼泽土、盐土、高山草原土、亚高山草原土、灌淤土 8 个。

保护区地处青藏高原气候区的高原亚寒区，特点是气温低，降水少，年降水量 144.7 毫米，多风，日照长。保护区地处山间盆地，区域性小气候明显，冬暖夏凉，气候宜人。全年平均气温 4.8℃。1 月最低气温平均 -10.5℃；7 月最高气温平均 18.5℃。平均日较差为 14.9℃。太阳辐射量为 590.34~619.66 千卡/平方米，全年日照时数为 3081.2 小时，日照百分率为 69%。年降水量 86 毫米左右，集中于夏季，占全年降水的 66.51%。降水量随海拔高度的升高而增加，每升高 100 米，降水量增加 8~12 毫米。年均蒸发量 2500 毫米，年均相对湿度 34%。常年风力较大，年平均风速 3.2 米/秒，最大风速 18.0 米/秒，极端风速可达 22 米/秒。

水环境状况：保护区属疏勒河水系，疏勒河由南至北横贯全境，年经流量 8.39 亿立方米，汛期 6~9 月的径流量为 5.83 亿立方米，占全年流量的 69.5%。疏勒河径流主要由降水和冰川积雪融水补给，地下水占 39.6%，冰雪融水占 37.6%，降水占 22.9%。冰川积雪融水补给使年经流量的年际变化相对变缓，年经流量变差系数 0.2 左右，水质良好，基本无污染。

昌马河湿地是祁连山脉雪水融化、疏勒河从山区流出的重要通道，河水所到之处形成了当地独特的山间盆地湿地环境，也造就了当地山地动植物环境，为当地农牧业提供了生产生活条件，也为野生动植物的分布、生存提供了必要条件。昌马河自然保护区湿地的利用方式主要为人工截流蓄水用于农业灌溉和生态用水。

5.2.8.2   保护管理状况

昌马河自然保护区建于 1996 年，保护区管理隶属于玉门市林业局，为加强保护区管理，当地政府与 2002 年成立了玉门市野生动植物管理局，主要负责保护区管理工作。现有工作人员 6 名，其中副科级管理人员 1 名，保护区建立了管理站，依照《自然保护区管理条例》对保护区实施管理，采取的措施有封育、禁止无序开发利用、人工疏通河道补充生态水等。保护区管理站租用当地办公场所一处，面积 200 平方，办公室 2 间，面积 56 平方，办公桌椅 2 套。年租金 2 万元。

5.2.8.3   主要工作成就

（1）严格贯彻执行《中华人民共和国森林法》《中华人民共和国野生动物保护法》《中华人民共和国自然保护区管理条例》《中华人民共和国湿地保护条例》等法律法规，每年与主管部门签订目标管理责任书，管护站制定了管护责任制度，巡护制度、护林防火制度等。

（2）每年开展 1~2 次大型宣传活动，以主题横幅、发宣传单、播放宣传片等方式开展相关法律法规、政策及保护区、野生动植物知识宣传，经当地民政部门登记成立了玉门市野生动物保护协会，现有团体会员 10 个，个人会员 200 多名。

（3）"十二五"期间实施的国家、地方湿地保护与恢复工程情况。"十二五"期间，昌马河湿地恢复建设项目已被列入《全国湿地保护工程实施规划（2011~2015）》并获得甘肃省发改委、国家发改委、国家林业局评审通过可研报告，批准总投资 1128.84 万元，项目实施期限 2014~2015 年，国家投资 452.0 万元已到位，项目进展顺利。

5.2.9   甘肃省阿克塞大苏干湖候鸟自然保护区

5.2.9.1   基本情况

甘肃阿克塞苏干湖省级候鸟自然保护区成立于 1982 年。保护区位于阿克塞哈萨克族自治县东南 90 公里的海子草原西部，保护区总面积 10480 公顷（大苏干湖候鸟自然保护区 8580 公顷，小苏干湖候鸟自然保护区 1900 公顷）。大、小苏干湖湿地类型主要有沼泽湿地、河流湿地、湖泊湿地等自然湿地，水草丰美，植被资源丰富，鸟类种类 132 种，分布数量达 8 万多只，其生态序列基本保持着原始状态，同时大苏干湖还是甘肃省最大的内陆湖和仅存的保存较为完好的天然终端湖。

2003 年，阿克塞哈萨克族自治县大、小苏干湖湿地被列入《中国重要湿地名录》。

5.2.9.2   管理状况

阿克塞哈萨克族自治县于 2012 年成立了湿地保护管理机构阿克塞哈萨克族自治县湿地保护管理站（阿克塞哈萨克族自治县野生动物保护站），隶属于林业局，正科级建制，机构内设站长 1 名、副站长 2 名，工作人员 4 名，开展常规性的湿地保护日常工作、湿地巡护、湿地生物资源监测及野生动物疫源疫病监测等工作。

5.2.9.3   工作成果

（1）基础设施建设。为保护苏干湖湿地资源，2008 年阿克塞哈萨克族自治县省级投资 464 万元实施了小苏干湖湿地保护工程。主要建设内容有新建保护站 1 处，管护点 1 处，埋设界碑 25

个，界桩 200 个，宣传标牌 3 个；建鸟类投食点 8 处；修建瞭望塔 3 座，并配套瞭望设备，购置发电设备、供电供暖设施各 3 套，防火指挥车 1 辆，灭火器 10 台，防火衣服 10 套；进行草原病虫鼠害防治面积 50 公顷，人工改良草场面积 200 公顷。新建科研宣教中心 1 处，新建鸟类观测台 2 座，设水文监测点 1 个，气象观测站 1 个；地方投资 1000 万元完成了小苏干湖湿地栈道 2 公里，砂石公路 2 公里，湿地景观大门，初步实现了湿地保护和湿地旅游双盈目标。

2012 年 7 月，争取国家项目投资 2875 万元实施了大苏干湖湿地保护与恢复项目。主要建设内容为：新建湿地保护站 1 处，管护点 1 处，围栏 23 公里，埋设界桩 200 个、界碑 25 个，瞭望塔 3 座；购置发电设备、供电供暖设施各 3 套，设立鸟类投食点 5 处，草场改良 1500 公顷，湿地封滩育草 3200 公顷，病虫鼠害防治 550 公顷。新建科研中心、宣教中心各 1 座，生态定位监测点 1 个，水文气象监测点 1 个。目前，大苏干湖湿地保护项目已完成新建湿地保护站 1 处及配套设施，管护点建设 1 处，生态定位监测点 1 处，瞭望塔 2 座，界桩、界碑制作埋设，围栏 23 公里等基础设施建设，购置风光互补发电设备 3 套，草场改良、鼠兔害防治等项目已开工。地方投资 800 多万元完成游客服务中心、大门、水塔、餐厅、4 公里湿地公路。

（2）保护措施。建立健全湿地自然保护区的管理体制，加强水资源保护与管理，提出水土流失防治方向和治理措施，划定重点监督区、重点治理区和保护区，不断完善水土保持法律法规体系，保护好现有植被，重点抓好开发建设项目水土保持管理。实行围栏、封育、轮牧、休牧、建设人工草场，对牲畜的管理上由放养变为圈养，由自然取食变为人工取食，加强封育保护，增加植被，减少水土流失，促进大范围生态环境改善。科学规范，综合治理。合理利用水资源，使治理区的水土流失减轻；阿克塞哈萨克族自治县重点把工业污染治理放在工作首位，积极探索研究，发明了双流式石棉粉尘装置技术，有效控制了石棉粉尘对环境的污染。对生态旅游垃圾进行分类包装焚烧的方法，有利地促进了环境保护。同时为了防治生态环境污染，阿克塞哈萨克族自治县哈尔腾金矿封闭，开展了生态恢复工程。

（3）取得的生态效益。大、小苏干湖湿地项目的建成，将全面提升大、小苏干湖湿地的保护管理水平，对退化湿地实施针对性的抢救与保护，使大、小苏干湖湿地生态系统完整性、生物多样性和鸟类栖息地得到有效保护，实现湿地资源的良性循环和永续续利用，达到人与自然和谐发展。

5.2.10　甘肃省阿克塞小苏干湖候鸟自然保护区

小苏干湖省级候鸟自然保护区的保护管理属于阿克塞哈萨克族自治县湿地保护管理站（阿克塞哈萨克族自治县野生动物保护站），基本情况和保护管理同甘肃阿克塞大苏干湖省级候鸟自然保护区。

5.3　湿地公园保护建设情况

甘肃省现有湿地公园 8 处，总面积 5862.55 公顷，其中：国家湿地公园（试点）7 处，湿地面积 5808.05 公顷；省级湿地公园 1 处，湿地面积 54.5 公顷。

5.3.1　甘肃张掖国家湿地公园
5.3.1.1　公园概况

（1）地理位置。张掖国家湿地公园位于张掖城北、黑河流域东侧，与市区紧密相连，地理位置为东经 100°06′~100°54′，北纬 38°32′~39°24′。四址为东至昆仑大道，西至 312 国道新河桥段及黑河东岸，南至城区北一环路，北至兰新铁路，总占地面积 4108 公顷，湿地面积 1733 公顷，是河西走廊范围内、黑河沿线最具特色的湿地公园。公园核心区规划范围西至 312 国道、东至张靖公路、南至城市建设区北边缘、北至三闸镇三闸村一社，总面积约 695 公顷。张掖国家湿地公园功能结构为"两核一轴""一环三区"，其中"两核"是指以南湖和北湖形成的两个旅游核心，围绕湖区布置以休闲、探险、运动、游戏、科普、观赏、摄影、绘画等旅游功能区。"一轴"是指贯通南湖游客中心至北湖鸟类科普长廊的湿地木栈道精品游览线。"一环"是指电瓶车道形成的南北环路，主要承担公园不同功能区的联系，也是公园的主要疏散道路。"三区"是指湿地科普区、湿地休闲区和外围控制区。规划区内多样化的湿地类型，是张掖绿洲这一内陆干旱区脆弱生态系统的重要组成部分，发挥着水源涵养和水资源调蓄、净化水质、维护湿地生物多样性、防止沙漠化和改善区域外气候等重要的生态功能，作为区域关键生态支撑体系，对于维护张掖绿洲及黑河中下游生态安全具有重要意义。

（2）资源状况。①湿地资源。张掖国家湿地公园湿地总面积 1733 公顷，其中，天然湿地 1581 公顷，占湿地总面积的 91.2%，人工湿地 152 公顷，占湿地总面积的 8.8%。天然湿地有：河流水域 158.2 公顷，占天然湿地总面积的 10%，草本沼泽湿地 417.9 公顷，占天然湿地总面积的 26.4%，内陆盐沼湿地 651.3 公顷，占天然湿地总面积的 41.2%，泛洪平原地湿地 353.3 公顷，占天然湿地总面积的 22.3%。人工湿地主要有三种类型：水稻田 78 公顷，占人工湿地总面积的 51.6%，库塘水面 74 公顷，占人工湿地总面积的 48.7%，沟渠 0.3 公顷，占人工湿地总面积的 0.2%。

②动植物资源。张掖国家湿地公园植物主要有水生和湿生两大类，湿地植被的组成主要以湿生和沼生植物为主，主要有木贼科、蓼科 45 科 124 属 195 种。植被组成主要有香蒲、黑三棱、芦苇、柽柳、河柳等，其物种多样性组成十分丰富。以湿生和挺水植物为主，如有芦苇、酸模、苔草等；浮水和沉水植物相对较少，仅有眼子菜等少数几种。黑河流域湿地的特殊生境也为各种水禽提供了良好的栖息繁殖地和食物链。湿地公园在动物地理区划上属于蒙新区西部荒漠亚区，是黑河中游野生动物的集中分布区。国家重点保护野生动物 24 种占全国重点保护野生动物（陆栖部分）335 种的 5.97%，占全省重点保护野生动物（陆栖部分）106 种的 22.64%。有鸟类 100 种占全国鸟类 1258 种的 7.95%，占全省鸟类 441 种的 22.68%，占河西地区鸟类 268 种的 37.31%，其中留鸟 26 种，夏候鸟 45 种，冬候鸟 8 种，旅鸟 21 种。

（3）自然条件。

①地形地貌。张掖国家湿地公园规划区处于黑河中游祁连山洪积扇前缘和黑河古河道及泛滥平原的潜水溢出地带，是由河流、草本沼泽、湿草甸等天然湿地，以及人工湖、池塘、沟渠等人工湿地为主体构成的复合湿地生态系统，湿地类型多样，原生态特征突出。规划区南高北低，自然落差 20 米（1467~1445 米），除了黑河河道及径流新河补充水源外，地下水渗出是其主要水源，北郊湿地内有天然泉眼 12202 个、渠道 3 条、人工引水排阴沟 17 条，湿地植物密布，形成一片"水乡泽国"的胜景。规划区湿地植被丰富，挺水植物、浮水植物、沉水植物、湿生植物、盐生植物与陆生乔灌林木、草原植被、荒漠植被镶嵌分布，形成的西部绿洲生态系统在我国西北干旱区具有典型性，世界范围内也具有独特性，具有特殊的保护价值。

②气候。张掖国家湿地公园区气候属明显的温带大陆性气候，其显著特点是：降水稀少而集中，年降水量仅 129 毫米，在时间分布上，多集中在 6～9 月份，约占全年总量的 71.9%，春季降水仅占 14%，年内降水分布很不均匀，年际变化较大；蒸发强烈。全区年平均蒸发量 2047 毫米，干旱指数高达 10.3。日照充足，温差大，太阳年辐射总量 147.99 千卡/平方米，年日照时数为 3085 小时；多年平均气温为 7℃，历年最高气温为 37.4℃，最低气温为 -28℃，无霜期 153 天。全年盛行西北风，年均风速 2 米/秒，最大风速 36 米/秒，年均大风日数 14.9 天，最多天数 40 天，最少 3 天，年均沙尘暴日数 20.3 天，最多 33 天，最少 14 天。灾害性天气有大风、沙尘暴、干热风、干旱、霜冻、初春低温等。

③水文。按照水系分布，湿地区自东向西主要由东泉渠系、阿薛渠系、庚名渠系、黑河(滩)水等四大水系构成，天然河道、引水渠道、排阴沟、排污渠纵横交错，有机井 71 眼，泉眼(泉域)12202 处。除黑河滩无污水排放、庚名干渠泉水与污水可以分流外，其他渠道均为河水、泉水和污水混流。受南部潜水侧向径流和深层承压水的越流补给，地下水自南东向西北运动，水位埋深大部分在 1 米以内。2008 年湿地公园内总需水量 2914.8 万立方米，可利用水资源量 2769.8 万立方米，年缺水 145 万立方米。公园通过实施排污分流、生态补水、水源涵养、生物治理等措施，采取引黑河水补充湿地用水，增加湿地地表供水量 914 万立方米，比 2008 年增加 244.9 万立方米。

④土壤。规划区总面积 4108 公顷，其中，湿地面积 1733 公顷，水浇耕地 1184 公顷(水田 714.8 公顷，开荒地 455.6 公顷，新开荒地 13.6 公顷)，林地 234.5 公顷，建筑可用地 838.7 公顷，道路用地 90.4 公顷，未利用地 17.1 公顷，其他用地 10.4 公顷。规划区土壤类型主要有草甸土、潮土、溪淤土、草甸盐土、沼泽土。大部分为湖积堆积物、系黄褐色、灰绿色的淤泥质土，表层零星分布黄黏土或富含腐殖质的淤泥层。土壤中水分充足，好氧性微生物活动受阻，不利于有机物的矿化，影响成土的方向和进程，形成了以草甸土为主的自然土壤和以潮土为主的耕作土壤。

(4)公园特色。

①历史文化深厚。张掖国家湿地公园自古美景遍布。明清时期城北一带水丰草茂，且能行舟，芦苇蒲草成片相连，山泉湖水碧波荡漾，荡舟水草之中，尽赏四时美景。明代诗人郭绅曾赋诗"甘州城北水云乡、每至深秋一望黄；穗老连绸多秀色、实繁隔陇有余香"。著名学者罗家伦曾赋诗"绿荫从外麦毻毻，竟见芦花水一望，不望祁连山顶雪、错将张掖认江南"，就是古城张掖美丽景色的真实写照，湿地作为张掖的一张靓丽名片，在历史上留下了浓墨重彩的一笔。如今的张掖国家湿地公园生态系统健康稳定、湿地资源丰富、地理位置优越、自然景观独特、文化积淀深厚。

②示范作用明显。张掖是座落在祁连山自然保护区和张掖黑河湿地自然保护区两个国家级自然保护区上的一个城市。张掖国家湿地公园是以保护我国典型的内陆河流域湿地生态系统及其珍稀濒危野生动物物种为主的湿地公园，是集生态保护、科研监测、科学研究、资源管理、生态旅游、宣传教育和生物多样性保护等功能于一体的国家级湿地公园。是黑河流域湿地生态环境综合治理重点规划项目之一，也是黑河流域湿地保护与恢复试验示范基地，规划区内多样化的湿地类型，是张掖绿洲这一内陆干旱区脆弱生态系统的重要组成部分，发挥着水源涵养和水资源调蓄、

净化水质、维护湿地生物多样性、防止沙漠化和改善区域外气候等重要的生态功能，作为区域关键生态支撑体系，对于维护张掖绿洲及黑河中下游生态安全具有重要意义。保护好这片湿地，对于维系两大高原生态平衡，维护西部地区生态安全，遏制巴丹吉林沙漠持续南侵，保证居延海水源，保障国防稳定和民族团结等方面都具有非常重要的意义。

③生态功能突出。张掖国家湿地公园地处张掖城区北郊，黑河东岸，位于城市上风向，既可降低沙尘暴等灾害天气危害，又可以增加空气湿度，是拱卫张掖市区的一道天然屏障和天然氧吧，对于改善城市生态和人居环境具有重要的作用。湿地公园区域又处于祁连山冲积扇最低洼地段，祁连山雪水融化后，其地表水和地下水都要向该区域汇聚，通过湿地的净化后返还黑河下游，对保证下游的水质安全和农业生产具有重要意义。张掖国家湿地公园是目前全国距离城市最近、植被最具特色、湿地类型最丰富的湿地公园之一，是集农耕湿地、城市湿地、文化湿地于一体的湿地公园，具有很高的保护和开发价值及示范作用。

5.3.1.2　管理现状

（1）管理机构。张掖国家湿地公园（试点）2009年经国家林业局批准建建立，根据市委办公室、市政府办公室《关于成立张掖滨河新区暨张掖国家湿地公园建设领导小组的通知》（市委办发〔2010〕5号），2010年4月张掖市机构编制委员会《关于成立张掖滨河新区暨张掖国家湿地公园管理委员会的通知》（张机编办〔2010〕11号），2010年6月甘州区机构编制委员会《关于成立张掖滨河新区暨张掖国家湿地公园管理委员会的通知》（甘区机编〔2010〕8号）文件精神，张掖滨河新区暨张掖国家湿地公园管委会于2010年6月成立，具体负责张掖国家湿地公园管理经营，隶属张掖市甘州人民区政府，县级建制全额拨款事业单位。具体职责是：负责湿地公园的生态系统恢复、开发建设和经营管理，内设办公室、建设管理部、经营发展部、科研监测部、计划财务部5个科级事业机构。湿地公园内设执法管理、绿化养护、维修、电瓶车、安保、环卫6个大队、1个经营组等管理经营机构。

（2）人员情况。张掖滨河新区暨张掖国家湿地公园管委会核定人员编制32人，现有在职干部职工31人，其中：常务副主任1人，副主任4人（副县级），科级干部4人，干部职工4人；本科以上学历27名，专科以上学历4名；另外面向社会公开择优聘用电瓶车驾驶员、保安24人，人社部门调配公益性岗位131人，具体负责公园水源涵养、植被恢复、环卫保洁、安全巡查、旅游服务等工作，2014年公园班组被省总工会授予"全省工人先锋号"荣誉称号。

5.3.1.3　工作成果

（1）工作成就。自2009年3月启动建设以来，在市委、市政府的正确领导下，坚持生态引领战略，秉持立于生态、兴于经济、成于家园的理念，把湿地公园作为宜居宜游首位产业的重要载体进行保护、建设和开发，累计完成投资4.5亿元，先后实施水源涵养、基础设施、水系疏浚、绿化景观等工程。建成湿地博物馆、飞禽保护区、甘泉府、丹顶鹤观赏繁育中心等服务项目。开发建设游船画舫、激情漂流、观光电瓶车、趣味自行车、苇塘垂钓、溜冰运动等旅游服务项目，年接待游客达60万人次。公园于2009年12月被国家林业局批准确立为国家湿地公园建设试点，2011年被国家旅游质量等级评定委员会评定为4A级旅游景区，是全市青少年生态文明教育基地。现已成为张掖人民为之骄傲的亮丽名片和金子招牌，金张掖美丽的后花园和游客避暑度假的旅游胜地，全方位展示金张掖"戈壁水乡""湿地之城""塞上江南"独特魅力的窗口！

（2）设施建设。

①基础设施建设。公园管理办公室，建设面积670平方米，广场面积500平方米，所有建筑外部装饰采用芦苇、高粱、包谷等乡土作物，配以牛车大轱辘等物品装饰，营造了自然和谐、古朴大方的民俗氛围。游客服务中心是张掖国家湿地公园基础性旅游服务设施，是集接待、管理、科普展示、商业购物、餐饮娱乐等为一体的综合性旅游服务中心。综合服务中心是张掖国家湿地公园旅游服务设施的重要组成部分，是集购物、会议、餐饮、客房以及娱乐休闲等功能于一体的综合服务中心。规划设计建筑面积9860平方米，框架三层，占地面积13015平方米（折合1.3公顷）。安全管控中心负责湿地公园的旅游安全、防火安全、涉水人身安全、湿地资源安全的巡查巡护及安全保卫工作，面积30平方米，配备了对讲系统、数字监控系统、巡护车辆等管理设施设备。游客集散服务中心提供游客旅游指南、导游、运营项目售票以及其他服务，总面积60平方米，配备了售票处、咨询室、游客休息室、影视中心等服务设施。医疗救援中心负责湿地公园游客医疗救援救护、应急医疗处置、游客医疗服务，面积30平方米，配备了相应的医疗救护设施设备。丹顶鹤驯养繁殖中心位于张掖国家湿地公园南入口，是以丹顶鹤为主题特色，开展丹顶鹤繁殖、科研、救护、保护、展览于一体的综合养殖繁育基地。苇塘垂钓园位于公园核心区西南区域，距城区3公里，交通方便快捷，外连内畅。园区总占地面积216.3公顷，规划建设钓鱼池9座、养殖水面3.33公顷、观赏水面1.33公顷、亲水钓台80个；自助烧烤休闲长廊80米，木质景观栈道900米，水景木屋3座、茅草亭3座、贵宾接待室一座，配套建设管理用房和星级公厕等辅助设施，是集垂钓、观赏、休憩、娱乐为一体的综合生态休闲园。湿地航道，西起鹊桥，与漂流河道相连，东止甘泉府，是可通行机动船和人力船的水上观光游船航道。航道分两岔位于湿地公园核心区，总长2.25公里，中间保留一个面积约6万平方米芦苇岛，航道水面宽度为20米，水深1.2米，可以通行乘坐20人左右的机动船和人力船。

②服务设施建设。公园主入口、西入口、东入口、南入口各修建一个停车场，总占地面积3.41公顷。主入口、西入口、东入口、南入口各修建公交车站点一处，其中，南入口公交车站点占地面积0.33公顷。湿地公园内有游船码头4处，其中湿地航道工程2处，河流河码头2处。根据公园进入游客数量、生态保护实际，公园内部通行主要以旅游观光车、趣味自行车、观光马车为主，现有旅游观光电瓶车17辆，趣味自行车60多辆、观光马车2辆。现有水上大型游船2艘，电动助力船4艘，小型人力船10艘，漂流皮划艇100艘。公园建设公共卫生间9座，其中主入口广场、甘州亭、北三环入口建设高标准生态环保卫生间各1座，垂钓园建设高标准生态环保卫生间2座，荷花池、西入口广场、公园管理办公室建设固定水冲式卫生间各1座，东入口建设环保卫生间1座，并在旅游区和人类活动频繁的区域设置垃圾箱150个。为方便游客观赏湿地鸟类，公园沿栈道、电瓶车道两侧湿地水域伸出修建观景平台，平台上设置了观鸟亭，在北湖、黄水池等水域区域修建了燕鸥亭、鹳亭、飞燕亭、红鹮亭、天鹅亭、翠鸟亭、白鹭亭、鹤亭等八个以湿地鸟类命名的观鸟亭。依托湿地自然水面、河道景观，在漂流河道、栈道交汇处修建水云桥、鹊桥、玉水桥、蝶恋桥等4座景观桥，形成木栈道与漂流河道的立体交叉，与观景木栈道相连。公园建设迎宾亭、肃南亭、山丹亭、甘州亭、临泽亭、民乐亭、高台亭、望芦亭等九个观景亭。为丰富公园物种，恢复湿地水景景观，先后引种荷花、睡莲二大品系5个品种，栽培荷花景观池5处3.33公顷。按照A级景区标准化、规范化、专业化建设要求，制作安装导游全景图标示牌6

块、景点(景物)介绍牌 19 块、道路导向指示牌 19 块、警示温馨提示标识牌 35 块、动植物介绍牌 42 块。公园现有配电房 6 处，架设变压器 6 台，供水机井 2 眼，城市自来水管网沿公园南入口接入综合服务中心，公园主要景观节点、木栈道全线、部分非机动车道沿线已敷设用电线路完成供电，安装亮化灯具 2500 余盏，主要交通路口、重点监管区域架设数字监控设备 26 套，建成无线广播系统、无线通讯系统，架设中程机站 2 座，配备无线对讲机 100 余部，安装程控电话 2 部，各入口广场安装 WIFI 无线网络信号发射设备，满足工作人员和游客的通讯联络需要，并通过广播系统提供不同的背景音乐、导游信息和紧急呼叫服务。

③交通设施建设。对外交通系统，公园共设出入口 4 处，分别位于东入口、西入口、南入口、北三环入口。其中，西入口(沿国道 312 线外地游客进入多)、南入口(离城市最近市区内游客进入多)为张掖国家湿地公园建设的两大主要入口，东入口、北三环入口为辅助性入口。湿地公园西入口在国道 312 线沿边，可沿国道 312 沿乘坐市内 4 路、21 路公交车进入；南入口在城市居延路与北三环路交汇处，与滨河新区规划道路相通，可乘坐市内 8 路、11 路公交车进入；公园北三环路口与滨河新区规划建设道路相通，也可进入公园。内部道路系统，分为机动车道、非机动车道、步行道。机动车道主要有公园路，全长 1.5 公里，路宽 7 米，沥青路面；主入口广场至西入口广场、主入口广场至检测站机动车道，全长 1.8 公里，路宽 5 米，混凝土路基铺砖。非机动车道是景区各景点、各功能区联系的道路，是向各功能区延伸，通过不同景区、景点的主要道路，整个非机动车道呈环形，构成了景区交通体系的完整骨架，可供非机动车、自行车、观光马车及行人通过。非机动车道是利用原有机耕道路改造建设，在主入口开设通道入口，从新河桥沿湖岸利用现有机耕道进入湿地，经西入口广场、航道西码头、马文化俱乐部、荷花池、飞禽保护区、东入口、综合服务中心、苇塘垂钓园、游客服务中心等地，形成贯通整个湿地区域的环状非机动车道，路面宽 4~6 米，全长 14 公里。公园规划建设观景木栈道 7 公里，实现湿地水面、草滩、芦苇荡等片区和湿地内非机动车道相互连接贯通。步行道主要是公园内通达各景点的小径，以及供游客步行的田间、林内小道，根据立地实际情况以青砖铺面或以石块构筑汀步，也有不作任何修饰的泥土路面，远观无道，前行有路，尽量维护湿地公园景观的原生态性和完整性。

(3)项目建设。

①沼泽保护与恢复。按照"顺应自然、简单梳理、恢复原生态"的思路，在全面调查公园湿地资源的基础上，采取退耕还湿、植被种植、生态补水相结合的措施，全面实施 1733 公顷湿地植被恢复工程，对湿地公园规划区域内零星开荒地退耕还湿地 206.6 公顷，平整鱼塘 86.7 公顷，恢复芦苇 333.33 公顷，提高湿地生态系统的自我恢复、调节功能，恢复公园湿地景观原貌，保护生物多样性及湿地生态系统结构和功能的完整性。

②植被恢复。公园在植物恢复过程中，分析湿地区域土壤、地下水位、气候等现状，坚持适地适树的原则，营造湿地适生乡土树种，恢复保育区柳树、柽柳、河柳等自然植被群落，加强人工管护工作，增强自然修复能力，适当扩大群落面积，柔化群落边界，延长群落交错带，恢复河岸、滩涂森林湿地。水源涵养区、公园入口采取乔、灌、草、花相结合、生态功能与景观绿化相结合的方式，营造湖区、驳岸景观绿化带 166.7 公顷，改善湿地区域树种结构单一，恢复湿地公园小气候，提升湿地景观效果，发挥水源涵养生态功能作用。

③湖荡保护与恢复。按照"顺应自然、适度梳理、涵养水源、科学补水"的总体思路，依据现

状水系走向，规划水系成大树形，规划实施水源涵养区建设南湖、中湖、北湖 150 公顷，疏浚渠系 23 公里，适时控制补水流速与流向，给湿地提供了稳定的水源，增强湿地涵养水源、调节径流、蓄洪防旱、降解污染、净化水体、调节气候、控制土壤侵蚀、美化环境和保护生物多样性等多种生态功能。修建围堰堵坝 11 道 7.2 公里，自然湖荡 187 公顷，形成水域连通，大小不等的湖荡，湖中堆设小岛，在此基础上进行湿地恢复与重建，形成水面宽阔、水景多样、水草茂盛、苇溪连片湿地生态原貌。

④湖泊生态保护。《张掖国家湿地公园湖泊生态恢复保护示范项目》列入江河湖泊治理与保护专项资金的支持，2014 年启动实施。生态恢复工程包含了河流生态修复、塘池湿地生态修复、渠系清淤、湖泊整治与坡岸修复等工程内容，面积约 187 公顷，是实施湖泊补水与净化、富营养化生态恢复技术示范的重要依托

⑤公园生态系统调查及研究。为开展湿地水质监测，提高监测质量，管委会与中国科学院寒区旱区环境与工程研究所(黑河遥感试验研究站)密切合作，开展了湿地资源调查和遥感监测、湿地生物量测量、湿地水质保护等湿地公园生态系统调查项目，建立了较为完善的技术档案，基本掌握了湿地水质本底情况，监测结果对张掖国家湿地公园的湿地保护起到了很重要的辅助作用。

(4)科研成果。张掖国家湿地公园内共设立气象观测站 2 处，分别选择代表性的 10 个环境监测点、20 个湿地固定样地、3 条样线，开展湿地公园生态环境监测、湿地资源监测。公园南入口投资 1.2 亿元建成张掖湿地博物馆，总面积 0.73 公顷，建筑面积 5573 平方米，湿地观鸟塔(高42.6 米)1 座，是融湿地保护、湿地观光、湿地宣教、湿地科研为一体的西北首家专业湿地博物馆。公园建设以来，注重湿地保护科研工作，加强与科研院校合作，强化技术人员培训，针对性的开展湿地保护管理科研攻关、湿地论坛等科研活动，认真总结湿地保护管理成功经验和技术成果，并推广示范。2010 年已正式出版《湿地保护与可持续发展》论文集一本，在国家级、省级发表张掖国家湿地公园湿地保护管理科研方面的论文 30 余篇，为湿地公园湿地保护管理工作提供了强有力的科技支撑和理论基础。

5.3.2 甘肃兰州秦王川国家湿地公园

5.3.2.1 基本情况

秦王川国家湿地公园地处秦王川盆地南部，位于兰州新区中川镇。地理坐标为东经103°36′28″~103°40′13″，北纬36°24′52″~36°28′44″，北起纬三路南侧 100 米，东至方家坡村，西南至刘家湾北侧的涵洞；东西直线距离约 1800 米，南北直线距离约 7600 米，总面积为 315.77 公顷，其中湿地面积为 140.5 公顷。由于湿地公园处在秦王川盆地南部，海拔较低，是该盆地自然降水、地下水潜流溢出、潜水溢流和引大入秦灌溉用水的主要汇水区，该区域受水层岩性、地貌和补给、通流等因素控制，经过长期的水文过程，逐渐形成了自然的半碱水内陆盐沼湿地。

有脊椎动物 86 种，其中鸟类 58 种，兽类 14 种，两栖类 2 种，爬行类 5 种，鱼类 7 种。其中：鸟类 58 种，隶属于 14 目，25 科。植物有 4 个植被型组、7 个植被型和 22 个群系，主要以盐生灌丛湿地植被和禾草型湿地植被型为主。盐生灌丛湿地植被型主要包括甘蒙柽柳群系、柽柳群系、黑果枸杞群系、盐爪爪群系；禾草型湿地植被型主要包括芦苇群系、赖草群系，此类型的植被面积在保护区分布最广，为公园内植被面积的主要成分；杂类草湿地植被型主要包括水烛群系。

5.3.2.2　管理现状

甘肃兰州秦王川国家湿地公园(试点)2011年经国家林业局批准建立。自2000年起，秦王川湿地引起了省上和国家林业局的重视，也投入了一定资金开展了保护工作。兰州新区成立后，对该湿地的保护和开发工作被列入新区生态建设的重要内容。在湿地公园项目得到国家林业局批准后，成立了由新区管委会领导为组长和副组长、新区各相关部门负责人为成员的秦王川国家湿地公园开发建设协调领导小组，并下设了协调领导小组办公室和建设质量管理办公室。协调领导小组办公室设在新区规划和国土资源局，负责协调项目建设过程中遇到的土地征收、基础设施配套、配套土地供应、规划审批方面的问题；建设质量管理办公室设在新区农林水务局(现为湿地公园筹建处)，负责湿地公园设计、建设质量管理、施工进度管理和投资控制等工作。

5.3.2.3　主要工作

兰州新区成立后，主要是近两年，通过中央财政湿地补助资金建设了部分围栏和管护设施，大大减少了附近村民对湿地的侵占和乱采乱挖现象。2013年分别完成了方案设计和可行性研究，2014年初完成了初步设计并获批，已批复园林景观工程投资4.84亿元，建设总工期3年，目前项目已全面开工建设。2014年落实中央财政湿地补助资金300万元，现正在按秦王川湿地公园2014年中央财政湿地补助资金实施方案组织实施。

5.3.3　甘肃民勤石羊河国家湿地公园

5.3.3.1　基本情况

甘肃民勤石羊河国家湿地公园位于民勤县城以南30公里处，南起洪水河桥、北至红崖山水库北缘，南北长31公里，东西间于0.6~3.5公里之间，总面积6174.9公顷。2012年12月，经国家林业局组织专家评审，批复开展国家湿地公园试点建设。

该区域是石羊河进入民勤后，唯一由永久性河流、人工库塘、泛洪平原、灌丛沼泽、草本沼泽形成的复合湿地生态系统，处于民勤盆地的核心区域，保存着民勤境内较为完整的植被群落和多样的野生动物资源，在西北乃至全国干旱荒漠区具有典型性、独特性和稀缺性，地理位置独特，维系着红崖山水库乃至民勤绿洲的安全，生态区位十分重要。

按照《湿地公约》及《全国湿地资源调查与监测技术规程》湿地类型的划分标准，湿地公园区域内湿地分为3类6型。其中：河流湿地包括永久性河流和泛洪平原湿地2型；沼泽湿地包括草本沼泽湿地和灌丛沼泽湿地2型；人工湿地包括库塘湿地和输水渠(河)2型。湿地生态系统比较独特、自然，是干旱地区湿地类型的典型代表。湿地公园内湿地总面积为3233.0公顷，湿地率52.4%。其中：永久性河流湿地面积325.8公顷，占规划区湿地面积的10.08%，为石羊河干流民勤段；泛洪平原湿地面积618.7公顷，占规划区湿地面积的19.14%，分布在洪水河桥至水库库尾石羊河两岸；草本沼泽湿地面积424.8公顷，占规划区湿地面积的13.14%，主要分布在麻家湖至水库库尾；灌丛沼泽湿地面积78.8公顷，占规划区湿地面积的2.44%，分布在麻家湖一带；库塘湿地面积1766.3公顷，占规划区湿地面积的54.94%，为红崖山水库；输水河湿地面积8.6公顷，占规划区湿地面积的0.27%，为红崖山水库向绿洲输水的干渠。

湿地公园划分为湿地保育区、湿地恢复重建区、湿地宣教展示区、湿地合理利用区等4个功能区。其中湿地保育区面积2994.2公顷、占公园的48.5%；湿地恢复重建区面积1014.2公顷、占公园的16.4%；湿地宣教展示区面积663.3公顷、占公园的10.8%；湿地合理利用区面积

1503.2 公顷、占公园的 24.3%。总投资 8239.36 万元，建设期限为 2012～2020 年，9 年。

5.3.3.2 管理现状

甘肃民勤石羊河国家湿地公园(试点)2012 年经国家林业局批准建建立，按照《国家湿地公园管理办法(试行)》的规定，2013 年 3 月由民勤县机构编制委员会批准成立甘肃民勤石羊河国家湿地公园管理局(民机编发〔2013〕11 号)，其工作主要职能是全面负责甘肃民勤石羊河国家湿地公园的建设和管理工作，贯彻执行国家、省、市有关方针政策，编制湿地及生态恢复规划和年度计划。会同有关部门负责境内湿地及生态恢复的管理工作，逐步提升建设质量和治理成效。

湿地公园管理局为财政全额供给正科级事业单位，隶属民勤县林业局管理。下设红崖山、黄案滩、青土湖 3 个管理站，均为财政全额供给股级事业单位。红崖山管理站与红崖山林业区站合署办公，黄案滩管理站与东坝林业区站合署办公，青土湖管理站与湖区林业区站合署办公。

甘肃民勤石羊河国家湿地公园管理局财政全额供给事业编制 4 名，其中领导职数 2 名(局长 1 名，副局长 1 名)。目前人员、办公设备已配备到位。现有林业工程师 1 名，林业助理工程师 2 名。

5.3.3.3 工作成果

前期，我们已多方筹资，先期启动湿地公园建设，共投资 850 万元用以绿化、界线勘查，外围围栏等基础设施建设。目前，我们争取实施了 2013 年中央财政湿地保护补助资金和 2014 年中央财政湿地保护奖励试点资金项目等 2 个项目，争取到位资金 700 万元。通过项目的实施，基本建立了以湿地公园为中心的湿地管护和监测体系，湿地保护能力显著提升。

5.3.4 甘肃文县黄林沟国家湿地公园

5.3.4.1 基本情况

甘肃文县黄林沟国家湿地公园位于文县县城东北部，地理位置处于东经 104°37′12″～104°45′00″，北纬 33°12′36″～33°16′12″之间。规划区域在文县洋汤河冰境内。总面积 262.6 公顷，湿地总面积 83.2 公顷，占公园总面积的 31.7%，由芳草滩所在汪家沟和曙光滩所在黄林沟组成，其中南北向分布汪家沟长 6.8 公里，东西分布黄林沟长 12.7 公里。汪家沟在黄林沟中部汇入黄林沟，两沟径流总长度约 20 公里。沟谷谷底最高海拔约 2200 米，最低海拔约 1350 米，湿地公园河谷上下游高差约 850 米。

5.3.4.2 管理机构

甘肃文县黄林沟国家湿地公园(试点)2012 年经国家林业局批准建立，2013 年初，通过向文县人民政府提交成立文县黄林沟国家湿地公园管理局的申请报告，在 2013 年 12 月 28 日由文县机构编制委员会(文机编发〔2013〕29 号文件)审批成立了甘肃文县黄林沟国家湿地公园管理局；暂定为事业单位，正科级建制，隶属文县林业局，局长由县林业局局长兼任。内设办公室、计划财务科、保护管理科、科研监测科、宣传教育科、生态旅游公司 6 个科室，人员编制 22 人。

目前，正在积极向陇南市人民政府申请，要求按照原来副县级的规划设计进行行政级别的升级与设置，逐步使管理工作走上正轨。

5.3.4.3 主要工作

(1)已于 2014 年 4 月，委托甘肃省林业调查规划院，按照《甘肃文县黄林沟国家湿地公园总体规划》近、中期发展规划，编制完成了《甘肃文县黄林沟国家湿地公园湿地保护与恢复工程可行性研究报告》；该可研规划项目建设期限为：2014～2016 年，规划资金总计 4024.56 万元，其中国家投资 3219.65 万元（占总投资的 80.0%）。

（2）2014 年 7 月，得到了甘肃省财政厅、林业厅（甘财农〔2014〕155 号）联合下发的《关于下达 2014 年中央财政湿地和林业国家级自然保护区补贴资金的通知》，下达文县黄林沟国家湿地公园 200 万元的湿地保护与恢复资金，目前，该资金已经到位，我们正在组织项目实施工作，严格按照要求，在 2015 年 6 月底前全面完工。

5.3.5　甘肃康县梅园河国家湿地公园

5.3.5.1　基本情况

康县位于甘肃省东南部，东邻陕西省略阳县，南接陕西省宁强县，西与本市武都区毗连，北隔西汉水（犀牛江）与成县相望。康县水资源丰富，属长江流域嘉陵江水系，多年平均自产河川径流量为 10.94 亿立方米。地下水总动储量为 5.77 亿立方米，其中稳定储量 1.97 亿立方米，调节储量 3.80 亿立方米。境内具有常年性流水的沟道极多，集水面积在 50 平方公里以上，极端最枯流量不小于 0.05 立方米/秒的河流共 15 条，以万家大梁为界分别流向南北，组成两组走向各异的小水系，即西汉水水系和燕子河水系。

甘肃康县梅园河湿地公园位于康县阳坝镇，梅园河流穿行于梅子园林区，流域内有大面积森林覆盖，河谷有大面积河漫滩分布。因降水时空分布不均，引起径流年内分配差异。多年平均年径流量 1.054 亿立方米，年平均流量 3.34 立方米/秒，枯水流量 0.68 立方米/秒，最枯流量 0.37 立方米/秒。每年 4～5 月，随降水增加，河川径流渐丰，4～9 月为径流最丰时段，10～11 月为退水期，河川径流逐渐回落。梅园河河水清澈透明，水质良好。湿地公园总面积 555.8 公顷，其中：永久性河流湿地面积 194.9 公顷，占规划区湿地面积的 89.41%，分布在梅园河及其各个支流河道；草本沼泽湿地面积 5.4 公顷，占规划区湿地面积的 2.49%，分布在梅园河源头黄泥滩；灌丛沼泽湿地面积 13.0 公顷，占规划区湿地面积的 5.94%，分布在梅园河源头黄泥滩；森林沼泽湿地面积 4.7 公顷，占规划区湿地面积的 2.15%，分布在快活林。湿地面积合计 218.0 公顷，规划区总面积 555.8 公顷，湿地率 39.22%。

湿地公园属北亚热带森林植被区域的南秦岭常绿、落叶阔叶林植被区，植物区系成分复杂，处于南北过渡类型。

按照《地表水环境质量标准》（GB3838—2002）表中的基本项目 23 个指标检测，梅园河地表水检测结果（取水点月牙潭）中 21 项指标达到了I类标准，总磷（以 P 计）0.03 达到II类标准。

5.3.5.2　管理现状

甘肃康县梅园河国家湿地公园（试点）2013 年 12 月经国家林业局批准建立，2014 年 2 月由康县机构编制委员会批准成立了康县梅园河国家湿地公园管理局，事业单位，正科级建制，隶属康县林业局，局长由县林业局局长兼任。主要职责是全面负责康县梅园河国家湿地和生态环境保护，负责梅园河国家湿地公园管理和建设工作。目前，正在落实编制和人员。

5.3.5.3　主要工作

湿地公园管理局机构设立以来，依据康县湿地基本情况及保护管理现状，先后制定出台了《康县湿地保护管理办法（试行）》；制定了村规民约，通过电视、网络、微博、微信等多种形式，向广大干部群众宣传湿地保护标相关法律法规，普及湿地知识；组织林政执法人员深入全县各乡镇进行了湿地保护专项执法行。

目前，我县湿地公园建设各项工作稳步推进，编制了《甘肃省康县2016～2020年湿地保护工程实施规划》、《康县2014年湿地保护奖励试点项目实施方案》。

2014年落实中央财政湿地保护与恢复项目资金300万元，现正在按《甘肃康县梅园河国家湿地公园2014年中央财政湿地保护与恢复项目实施方案》组织实施。

5.3.6　甘肃嘉峪关草湖国家湿地公园

5.3.6.1　基本情况

草湖湿地公园位于嘉峪关市东北部，地处巴丹吉林沙漠和蒙新戈壁前沿，由讨赖河、露头泉水和地下水形成的天然沼泽湿地和人工湿地，包括草本沼泽湿地、灌丛沼泽湿地和库塘湿地。湿地公园总面积1379公顷。其中：湿地面积711.5公顷，灌木林地面积499.9公顷，宜林沙荒地面积179公顷。湿地公园所在的新城镇是嘉峪关市水资源赋存丰富的区域之一，位于酒泉东盆地地下水溢出带，地下水补给为发源于祁连山的讨赖河河床渗隙水，地下水资源量为4151.91万立方米，泉水年涌出量为3000万立方米/年。草湖湿地由七个连池组成，又名七连池，由西北到东南从高到低依次是一星池、二星池、三星池、四星池、五星池、六星池和七星池(即拱北梁水库组成)。据当地水资源评价报告，草湖的潜流量年平均为3500万立方米，与四周山泉汇入新城草湖的径流基本平衡或稍低，但在近些年出现了湖水减少现象，尤其在2000年由于持续干旱造成了新城草湖部分沼泽干涸，到8月份才逐渐恢复到原来的水位。2001年至今的十余年间，草湖总水量基本维持在3000万立方米，且依靠泉水和地下渗透补水，常年趋于稳定，湿地面积多年没有出现扩大或缩小的迹象。

湿地公园内动植物资源丰富。有野生高等植物25科48属66种，其中有33个湿地物种，占物种总数的50%。野生动物5纲27目49科142种，以鸟类居多，鸟类又以水禽数量多而具特色。草湖湿地处于国际上中亚至印度鸟类迁徙线路之上，又位于甘肃河西走廊干旱带北端，特殊的地理区位和丰富的湿地资源为迁徙水禽提供了良好的栖息和繁衍环境。

5.3.6.2　管理现状

甘肃嘉峪关草湖国家湿地公园(试点)2013年经国家林业局批准建立，2013年9月3日成立嘉峪关草湖国家湿地公园保护管理中心，隶属市农林局管理，为全额发款科级事业单位，核定全额拨款事业编制3名，其中科技干部职数2名(主任1名，副主任1名)。主要职责：宣传贯彻国家有关湿地公园保护的法律法规和政策，制定、发布和组织实施区域内的有关管理规定；依法对湿地公园实施管理和功能建设；负责湿地公园总体规划，建设项目审核，开发利用；组织开展湿地公园自然资源调查、监测、保护、科学研究等工作；协调和管理区域内的社会治安综合治理工作。

5.3.6.3　主要工作

嘉峪关市委、市政府从"生态立市"和生态文明建设的战略高度出发，十分重视草湖湿地的保护和管理。明确了土地管理权属，完善了湿地标示、宣传牌、环保垃圾箱，购置了垃圾车，实施了年补水200万立方米的专用输水渠道和14公里湿地公园沙石道路建设项目，新建翻修专用输水渠道13公里。委托国家林产规划设计院编制了《甘肃嘉峪关草湖国家湿地公园修建性详细规划》并通过市规委会和专家评审，目前，正在积极开展办理项目立项、规划手续，申报可研评审，编制环评等前期工作。

5.3.7　甘肃酒泉花城湖国家湿地公园

5.3.7.1　基本情况

甘肃酒泉花城湖国家湿地公园，属甘肃酒泉市肃州区，距酒泉市 25 公里，位于甘肃河西走廊中部干旱地带的酒泉盆地东北部。其湿地是由讨赖河水的下渗、地下水系涌形成的天然湖泊，绵延千年而轻灵独秀，地处荒漠却自然天成，南枕祁连，北通大漠，湿地特征典型，自然景观独特，是西北干旱荒漠区弥足珍贵的湿地资源。为酒泉北部绿洲的延续和阻挡巴丹吉林沙漠向南侵蚀酒泉发挥着极其重要的作用。

花城湖湿地公园地理位置为东经 98°30′42″～98°59′21″，北纬 39°56′32″～40°11′09″，总面积 559 公顷，湿地面积 487 公顷，湿地率 87.11%，平均海拔 1400 米。湿地分为 2 类 3 型。其中：湖泊 232 公顷，草本沼泽 220 公顷，灌丛沼泽 35 公顷。

特殊的地理区位和丰富的湿地资源为迁徙水禽提供了良好的栖息和繁衍环境，是国际上重要的候鸟迁徙通道和停歇地花城湖湿地公园所在地酒泉市是古丝绸之路上重要的历史文化名城，周边与世界闻名的艺术宝库敦煌莫高窟、驰名中外的中国西部航天城相邻，交通便利。湿地区历史遗迹丰富，民间传说故事生动有趣，有明烽火台遗址、花木兰筑城湖畔、花城王子乌力汗遗爱大漠的美丽传说。这里湖泊与沙丘共存，蓝天与草地相接，集大漠戈壁、草原、山峰、湖泊、沙丘、长城烽燧于一身，汇大西北典型风景于一处。得天独厚的区位优势，独特的自然地理环境和丰富的生物多样性资源，蕴育了花城湖湿地独特的湿地特征及丰富的湿地景观，是开展荒漠区湿地科研监测、教学实习、科普宣教的理想场所。对探索研究荒漠生态系统和湿地生态系统的演替具有重要意义。

湿地公园内有高等植物 20 科 42 属 53 种。其中蕨类植物 1 科 1 属 1 种，种子植物 19 科 41 属 52 种；有野生脊椎动物 5 纲 28 目 51 科 144 种，其中鸟类 105 种，哺乳类 16 种，鱼类 14 种，两栖类 2 种，爬行类 7 种。国家重点保护野生动物 11 种，其中属国家Ⅰ级保护的野生动物有 2 种，国家Ⅱ级保护的野生动物有 10 种。区内有 4 个植被型组、6 个植被型、22 个主要群系，植被以沙生植物和水生植物群落为主。分布有高等植物 20 科 42 属 53 种。其中蕨类植物 1 科 1 属 1 种，种子植物 19 科 41 属 52 种，湿地植物 26 种。主要有芦苇、香蒲等。

5.3.7.2　管理现状

甘肃酒泉花城湖国家湿地公园(试点)2013 年经国家林业局批准建立，2014 年 8 月 4 日成立肃州区花城湖国家湿地公园管理局，隶属于肃州区林业局管理的全额拨款事业单位，与区林业资源管理站实行"两块牌子，一套人马"管理体制，按照相关法律、法规，保护和合理利用湿地资源，负责湿地公园基础设施建设、项目、资金及其他事项的管理。编制 11 人，正科 1 人，付科 1 人。现有人员 6 人，中级职称 1 人，初级职称 4 人，工勤 1 人。

5.3.7.3　主要工作

花城湖湿地公园近年来共投资 1000 余万元，在重点区域设立防护围栏 12 公里，实施工程治沙 50 公顷，人工造林 67 公顷，设置警示牌、宣传牌 12 个，铺设沥青路面 1.7 公里，简易砂石路面 5.7 公里。架设高压线路 2.5 公里，低压线路 3.8 公里，变电站一座。移动电话信号全面覆盖，为花城湖拟建立省级湿地公园奠定了基础。

2014 年落实中央财政湿地补贴项目资金共 300 万，资金主要用于湿地保育工程、湿地恢复工程、宣教展示等几个方面。目前项目建设已经进入准备实施阶段。

5.3.8　甘肃省榆中县青城湿地公园

5.3.8.1　基本情况

榆中青城湿地公园位于榆中县最北端的青城镇，黄河南岸，为镇政府所在地，距青城镇 3 公里，距榆中县城 90 公里，距离兰州市区 110 公里，距白银市 30 公里，东接上花岔乡，南与哈岘乡毗邻，西临皋兰县，北与白银市水川镇隔河相望。地理位置处于东经 104°07′40″～104°20′40″，北纬 36°12′17″～36°22′37″之间。总面积 56.00 公顷，湿地面积 54.50 公顷，湿地率 97.32%。

青城湿地公园浸没地段为河流冲击及人工筑堤放淤形成的高漫滩地，上部土层厚度一般 0.8～3.6 米，为粉质黏土或含沙粉质黏土，其间夹有粉细砂及黏土条带，分布不均；下部为冲积砂卵砾石层，厚 12.4～19.4 米。

湿地公园内分布的主要动植物有：脊椎动物 5 纲 22 目 36 科 84 种，其中鱼类 1 目 1 科 5 种，两栖类 1 目 2 科 2 种，爬行类 1 目 1 科 2 种，鸟类 15 目 26 科 65 种，兽类 4 目 6 科 10 种，动物以鸟类为主。植物 11 科 21 属 23 种，其中蕨类植物 1 科 1 属 1 种，被子植物 10 科 20 属 22 种。湿地植物有 11 种，占植物总种数的 47.8%。

5.3.8.2　管理现状

2013 年 1 月，甘肃省榆中县青城湿地公园经甘肃省林业厅《关于同意建立甘肃省榆中青城湿地公园的批复》（甘林护函〔2013〕4 号）同意建立，是甘肃省截止目前唯一一处省级湿地公园。目前由青城镇政府负责管理，共有 9 名工作人员，其中管理人员 3 人，专业技术人员 6 人。

5.3.8.3　主要工作

甘肃省青城湿地公园总体规划于 2014 年 6 月获批，根据规划，下一步将争取资金加大对湿地公园内道路等基础设施的建设力度。2014 年，青城省级湿地公园共投入资金 400 万元，完成 66.67 公顷土地的平整，修建完成田间道路 7 公里。同时，在东滩湿地公园风景区，利用独特的自然资源条件，发展荷花、水稻种植，打造"陇上小江南"特色景观。目前，正在积极申报国家级湿地公园。

5.4　湿地生态系统定位研究站建设情况

目前，甘肃省建立湿地生态系统定位研究站 2 处，主要承担着河西内陆河湿地生态系统的观测与研究。

5.4.1　甘肃黑河流域中游湿地生态系统定位研究站

该站由张掖黑河湿地国家级自然保护区管理局承担，2011 年由国家林业局批准建立，项目投资 544 万元。研究站建设覆盖甘州区、临泽县、高台县、肃南县、山丹县和民乐县的定位监测系统，以期对张掖黑河中游湿地进行全面的定位监测和研究。现有人员 10 名，其中副高级职称 2 人，中级职称 3 人，初级职称 4 人，其他 1 人；已修建湿地生态系统定位研究综合实验站 1 处，在甘州、临泽、高台、山丹、民乐、肃南六县区修建定位观测点各 1 处，购置相关的水文、土壤、生物、气象等观测设施设备 50 多台(件)。该站建设对于健全黑河流域中游湿地生态系统定位监测体系，实现对黑河流域湿地资源与生态环境长期、全面的监测，揭示湿地生态系统组成结构与环境之间的关系，监测人类活动对系统的冲击与湿地自我调节过程，建立湿地生态环境动态评价、监测和预警体系提供决策依据，也为区域湿地生态环境建设、湿地资源可持续利用和经济可持续发展提供科技支撑。

5.4.2　甘肃敦煌西湖湿地生态系统定位观测研究站

该站由甘肃敦煌西湖国家级自然保护区管理局承担。2011 年由国家林业局批准建立，项目投资 395 万元。现有研究人员 19 人，其中博士、硕士 8 人，已建成面积 400 平方米的野外综合试验室 1 座，综合观测塔 2 座、测流堰 2 处、径流场 2 处、气象观测场 1 处、观测井 2 眼；拥有 Easy-chem Plus 全自动化学分析仪 1 套、8.1Win RHIZO 根系分析系统 1 套、TDR 剖面土壤水分测量系统 1 套，SEBA Flash – Com 水位水质测量系统 2 套、A 立方米 00 便携式叶面仪 1 台、Ap4 气孔计 1 台等多种仪器设备。

第二节
湿地保护管理建议

1　建立和完善湿地保护政策

《甘肃省湿地保护条例》的出台，在甘肃省湿地保护工作中发挥了积极作用，目前乃至今后一段时间内，还需继续加强湿地保护法律法规建设，逐步建立和完善湿地保护政策。

（1）以法规的形式，建立湿地保护制度，划定全省湿地保护红线，严格限制围垦和开发天然湿地，严禁天然湿地中土地利用方式的随意改变，严格限制围湿工程建设，建立天然湿地改变用途许可制度。

（2）在水资源利用的整体经济政策机制下，逐步建立、完善鼓励保护与合理利用湿地、限制破坏湿地的经济政策体系。

（3）严格实施湿地开发环境影响评价制度。建立对天然湿地开发以及用途变更的生态影响评估、审批管理程序，在涉及湿地开发利用的重大问题方面，实施湿地开发环境影响评价，严格依法论证、审批并监督实施。

（4）制定湿地开发和利用中的有价补偿利用及生态恢复管理的政策，制定天然湿地开发的经济限制政策和人工湿地管理、开发的经济扶持政策，提高占用天然湿地的成本。

（5）加强执法力度，建立联合执法和执法监督的体制，通过法律和经济手段，打击破坏湿地资源的违法、犯罪活动，及时制止对湿地资源破坏的现象，遏制过度和不合理地利用湿地资源的行为。

2　建立湿地保护管理协调机制

湿地保护是一项复杂的系统工程，涉及到社会的各个方面，只有从加强土地资源、生物资源、水资源等多资源的保护和管理，加强湿地自然保护区建设，同时控制湿地污染等多方面入手，在省上统一规划指导下，林业、农业、水利、环保、旅游、建设等各部门协调配合，才能遏制天然湿地资源退化的趋势，使湿地生态系统功能效益得到正常发挥，从而实现湿地资源的可持续利用。因此，湿地资源保护和合理利用管理涉及着多个政府部门和行业，关系多方的利益，政府部门之间目前亟需在管理方面加强协调与合作。湿地保护管理工作涉及部门行业较多，单纯的依赖于林业部门将无法圆满达到预期。

（1）注重协调、明确各部门以及各级人民政府在湿地保护和合理利用方面的管理职权责任，规范部门间机制。

（2）提高政府、非政府组织、当地社区在湿地保护和合理利月方面的能力，加强湿地周围区域各有关机构之间的交流与协调，采取协调一致的湿地保护行动。

（3）探索湿地的合作共管等新型综合管理途径，鼓励并引导当地居民和社区组织积极参与湿地保护工作，寻求改善湿地周围社区群众生活水平的途径，减少管理部门与社区居民之间的矛盾，使社区居民变被动保护为主动保护。

（4）积极探索湿地生态补偿制度，逐步加大财政转移支付力度，发挥财政资金在生态补偿中的激励和引导作用；对流域上游和重要生态功能区因承担更大的保护责任和发展领域受限制而进行有效的开发性补偿；建立和完善湿地生态补偿措施。

3　加强水资源管理和合理调配

根据水资源承载能力和水资源状况确定经济布局、产业结构和发展规模，做到因水制宜，量水而行。

（1）确定全省、流域和地区水资源配置方案及水资源宏观控制指标体系和水量分配指标，按水量配额统筹兼顾生活、生产和生态用水，优化配置水资源。

（2）制定重要江河的水资源保护规划，合理划分水功能区，确定河流水体的纳污总量，对排污实施总量控制，划定水源地保护区，有效保护水资源。

（3）制定节水政策，建立不同地区、不同行业、不同产品的微观用水定额体系、行业万元国内生产总值用水量指标体系和节水考核指标体系，高效利用水资源。

（4）在节流的前提下合理开源，不断提高湿地水资源的配置能力和供水保障程度，妥善解决贫困地区和高耗水地区水资源利用平衡问题，保障湿地资源的经浐社会发展和生态用水要求，合理开发水资源。

（5）在主要江河建立统一、权威、高效的水资源管理体制和水资源工程的良性运行机制，实现全流域水资源管理与区域水资源管理的有机结合。

（6）加强水资源的优化配置、调整用水结构、普及现代节水技术、提高水资源的利用率，科学管理水资源。

4　加强湿地资源调查评价和监测体系建设

建立湿地资源信息数据管理系统和湿地资源监测体系，掌握湿地变化动态，为湿地的保护和利用提供科学依据：

（1）建立健全全省湿地资源信息数据库及各类子数据库，建立以地理信息系统、遥感和全球定位系统等技术为基础的湿地信息管理系统，实现信息资源共享，为湿地的科学管理和合理利用提供科学决策的依据。

(2)评估现有水利、农业、环保、林业和科研、教学等单位建立的野外湿地监测、实验站点，建立国家、省级和基层三级管理，多部门参与、相互协调、相互补充的统一监测体系。

(3)采用统一的监测指标和先进技术、方法，为湿地监测以及相关管理工作人员编制湿地监测工作指南。

(4)建立全省湿地生态环境监测和评价体系，及时监测、预测预报湿地污染和生态环境动态，重点加强对长江、黄河及重要湿地的污染监测和预报。

(5)加强省级湿地监测中心建设。湿地监测中心是全省湿地资源调查与监测工作的技术负责部门，将全面掌握全省湿地资源的动态变化，并及时提出相关的管理和决策，为湿地保护和合理利用服务。

5   加强湿地生态恢复、修复和重建

甘肃省湿地面积萎缩大部分与水资源缺乏和不合理利用有着直接的关系。因此湿地生态恢复的前提是水资源的恢复，对已遭到不同程度破坏的湿地生态系统进行恢复、修复和重建。

(1)加强水资源的调配和管理，保障已经干枯和正在承受缺水威胁的湿地得以恢复。

(2)积极实施退耕(牧)还林(湖、泽、滩、草)工程，有计划地恢复天然湿地面积，改善湿地生态环境状况，逐步恢复湿地生态系统的基本功能。

(3)严格控制湿地污染，有计划地治理已受污染的河流，并限期达到国家规定的治理标准。开展湿地污染生物防治工程示范，对排污超标的部门、企业和单位予以约束和处罚，并限期整改。按国家有关规定，对那些严重污染环境的单位，坚决实行关、停、并、转、迁等措施。

(4)大力营造水源涵养林，通过改变湿地上游地区易造成水土流失的土地利用方式等措施，防止水土流失，减少江河淤积。

6   加强湿地国际合作与交流，积极培养湿地保护管理人才

认真履行《湿地公约》，继续保持并发展与湿地有关的国际组织与国家间的良好关系，积极探索新的合作途径和方式，努力吸收国外的先进技术和管理经验。积极开展与有关非政府组织、学术机构和团体、基金组织及其友好人士的合作与交流，强化对外信息交流能力，把重要湿地建设成为湿地保护和合理利用的宣教培训基地。通过双边、多边、政府、民间等合作形式，全方位引进先进技术、管理经验与资金，开展湿地保护优先合作项目。加强对列入国际重要湿地名录的湿地监管；逐步增加甘肃省列入国际重要湿地名录的数量，通过国际合作，力促黄河首曲湿地保护区申报国际重要湿地，实施并管理好现有的国际援助项目。

通过各种途径，加强人才培训，完善湿地保护的技术培训体系，通过专业教育和专业技术培训，提高广大干部、技术人员的专业知识和技术水平。充分利用现有的设施和机构，建立湿地管理和宣传教育培训中心、培训机构和野外培训基地。重点加强基础设施和相关设备建设。制定湿地保护和合理利用人员培训计划，加强各部门间人员的培训交流，并广泛开展与国外的培训交流工作。

7　积极建立国际重要湿地、国家重要湿地和国家湿地公园

根据甘肃省湿地资源保护的实际需要，积极建立湿地公园和合理利用示范试验区，对符合国际、国家重要湿地标准的湿地，积极争取列入国际、国家相应重要湿地名录。

(1)潜在的国际重要湿地名录。黄河首曲湿地，张掖黑河湿地，黄河三峡湿地，祁连山保护区湿地，盐池湾保护区湿地，大、小苏干湖湿地。

(2)潜在的国家重要湿地名录。黄河三峡湿地，祁连山保护区湿地，盐池湾保护区湿地，黑河流域湿地，嘉陵江源头区湿地，合作佐盖多玛、佐盖曼玛湿地，夏河甘加、桑科、达久滩湿地，宕昌八马湿地，兴隆山保护区湿地，玉门干海子保护区湿地，玉门昌马河保护区湿地，岷县狼渡滩湿地。

(3)潜在的国家湿地公园。兰州三河口湿地，酒泉市金塔县北海子湿地，临洮县洮河湿地，金昌市永昌县北海子湿地，榆中县青城湿地公园，白银区湿地公园，岷县狼渡滩湿地，宕昌县八马湿地，兰州雁滩湿地公园，临泽县湿地公园，高台县湿地公园。

8　加大湿地保护管理资金投入

湿地保护是跨部门、多学科、综合性的系统工程，因而其投入也具有多渠道、多元化、多层次的特点。

(1)将各级湿地保护纳入国民经济与社会发展规划之中，加强政府投入湿地保护资金的主渠道作用。

(2)各级财政应把湿地保护管理经费列入年度财政预算，建立长期稳定且随当地财政收入增长而增长的投入机制，不断加大对湿地保护管理工作的投入力度，确保全省湿地保护管理工作的正常开展。

(3)由省上牵头，积极向国家有关部委申报争取，实施国家级重点的生态项目建设，通过长期稳定的投资建设，从根本上解决湿地保护问题。

(4)对国家级和省级湿地自然保护区、湿地公园予以重点投资和实施重点建设，建立健全吸引全社会力量保护建设的新机制，更多地吸纳社会力量用于湿地自然保护区建设、保护管理、科研监测等。

(5)广泛争取国际社会、国际组织、国际金融等机构对湿地保护工作的资金和技术援助，鼓励社会各类投资主体向湿地保护投资，规范地利用社会集资、个人捐助等方式广泛吸引社会资金，建立全社会参与湿地保护的投入机制。

序号	科	属	种	
			中文名	拉丁名
一、苔藓植物				
1	毛叶苔科	毛叶苔属	毛叶苔	*Ptilidium ciliare*
2	小叶苔科	小叶苔属	小叶苔	*Fossmbronia pusilla*
3	地钱科	地钱属	地钱	*Marchantia plymorpha*
4	钱苔科	钱苔属	叉钱苔	*Riccia fluitans*
5	泥炭藓科	泥炭藓属	泥炭藓	*Sphagnum cymbifolium*
6	牛毛藓科	角齿藓属	角齿藓	*Ceratodon purpureus*
7	曲尾藓科	曲尾藓属	曲尾藓	*Dicranum scoparium*
8	凤尾藓科	凤尾藓属	卷叶凤尾藓	*Fissdens cristatus*
9	丛藓科	拟合睫藓属	拟合睫藓	*Pseudosymblepharis papillosrla*
10	葫芦藓科	葫芦藓属	葫芦藓	*Funaria hygrometrica*
11	真藓科	真藓属	丛生真藓	*Bryum caespiticium*
12			刺叶真藓	*Bryum clathratum*
13		丝瓜藓属	丝瓜藓	*Pohlia cruda*
14			黄丝瓜藓	*Pohlia nutaus*
15	提灯藓科	提灯藓属	圆叶提灯藓	*Mnium vesicatum*
16	邹蒴藓科	邹蒴藓属	沼泽皱蒴藓	*Aulacomnium palustre*
17	珠藓科	泽藓属	直叶泽藓	*Philonotis marchica*
18	水藓科	水藓属	水藓	*Fontinalis antipyretica*
19			狭叶水藓	*Fontinalis gothica*
20			柔枝水藓	*Fontinalis hypnoides*
21			鳞叶水藓	*Fontinalis squamosa*
22	万年藓科	万年藓属	万年藓	*Cliacium dendroides*
23			东亚万年藓	*Cliacium japonicum*
24	柳叶藓科	大湿原藓属	大湿原藓	*Calliergonella cuspidata*
25		细湿藓属	细湿藓	*Campylium polygamum*
26		牛角藓属	牛角藓	*Cratoneuron filicinum*

（续）

序号	科	属	种	
			中文名	拉丁名
27	青藓科	毛尖藓属	毛尖藓（长毛尖藓）	*Cirriphyllum piliferum*
28	灰藓科	毛梳藓属	毛梳藓	*Ptilium crista-castrensis*
29	垂枝藓科	垂枝藓属	垂枝藓	*Rhytidium rugosum*
30	塔藓科	塔藓属	塔藓	*Hylocomium splendens*
31	金发藓科	金发藓属	大金发藓	*Polytichum commune*

二、维管束植物
（一）蕨类植物

序号	科	属	种	
			中文名	拉丁名
1	卷柏科	卷柏属	江南卷柏	*Selaginella moellendorffii*
2	木贼科	木贼属	问荆	*Equisetum arvense*
3			溪木贼	*Equisetum fluviatile*
4			木贼	*Equisetum hiemale*
5			节节草	*Equisetum ramosissimum*
6	瓶尔小草科	瓶尔小草属	瓶尔小草	*Ophioglossu vulgatum*
7	紫萁科	紫萁属	紫萁	*Osmunda japonica*
8	膜蕨科	蕗蕨属	甘肃蕗蕨	*Mecodium kansuense*
9	骨碎补科	加钻毛蕨属	甘肃假钻毛蕨	*Paradavallodes kansuense*
10	铁线蕨科	铁线蕨属	铁线蕨	*Adiantum capillus-veneris*
11			白背铁线蕨	*Adiantum davidii*
12	蹄盖蕨科	假蹄盖蕨属	钝羽假蹄盖蕨	*Athyriopsis conilii*
13			假蹄盖蕨	*Athyriopsis japonica*
14		冷蕨属	冷蕨	*Cystopteris fragilis*
15	铁角蕨科	铁角蕨属	华中铁角蕨	*Asplenium sarelii*
16	金星蕨科	针毛蕨属	雅致针毛蕨	*Macrothelypteris oligophlebia* var. *elegans*
17		假毛蕨属	普通假毛蕨	*Pseudocyclosorus subochthodes*
18		沼泽蕨属	沼泽蕨	*Thelypteris palustris*
19	球子蕨科	荚果蕨属	中华荚果蕨	*Matteuccia intermedia*
20			东方荚果蕨	*Matteuccia orientalis*
21			荚果蕨	*Matteuccia struthiopteris*
22	水龙骨科	骨牌蕨属	抱石骨牌蕨	*Lepidogrammitis drymoglossoides*
23	鳞毛蕨科	耳蕨属	黑鳞耳蕨	*Polystichum makinoi*
24	苹科	苹属	苹	*Marsilea quadrifolia*
25	槐叶苹科	槐叶苹属	槐叶苹	*Salvinia natans*
26	满江红科	满江红属	满江红	*Azolla imbricata*

（二）裸子植物

序号	科	属	种	
			中文名	拉丁名
1	柏科	圆柏属	祁连圆柏	*Sabina przewalskii*

（续）

序号	科	属	种	
			中文名	拉丁名
2	柏科	圆柏属	叉子圆柏	*Sabina vulgaris*
3	杉科	水杉属	水杉	*Metasequoia glyptostroboides*
4	松科	松属	华山松	*Pinus armandii*
5			油松	*Pinus tabulaeformis*
6		云杉属	麦吊云杉	*Picea brachytyla*
7			青海云杉	*Picea crassifolia*
8			紫果云杉	*Picea purpurea*
9		落叶松属	日本落叶松	*Larix kaempferi*
10	三尖杉科	三尖杉属	粗榧	*Cephalotaxus sinensis*
11	麻黄科	麻黄属	单子麻黄	*Ephedra monosperma*

（三）被子植物

序号	科	属	中文名	拉丁名
1	胡桃科	胡桃属	野核桃	*Juglans cathayensis*
2			胡桃	*Juglans regia*
3		枫杨属	湖北枫杨	*Pterocarya hupehensis*
4			甘肃枫杨	*Pterocarya macroptera*
5			枫杨	*Pterocarya stenoptera*
6	杨柳科	杨属	响叶杨	*Populus adenopoda*
7			新疆杨	*Populus alba* var. *pyramidalis*
8			加杨	*Populus × canadensis*
9			青杨	*Populus cathayana*
10			胡杨	*Populus euphratica*
11			二白杨	*Populus gansuensis*
12			河北杨	*Populus hopeiensis*
13			箭杆杨	*Populus nigra* var. *thevestina*
14	杨柳科	杨属	青甘杨	*Populus przewalskii*
15			小青杨	*Populus seudo-simonii*
16			小叶杨	*Populus simonii*
17			毛白杨	*Populus tomentosa*
18			陇南杨	*Populus rockii*
19		柳属	白柳	*Salix alba*
20			垂柳	*Salix babylonica*
21			腺柳	*Salix chaenmeloides*
22			乌柳	*Salix cheilophila*
23			光果乌柳	*Salix cheilophila* var. *cyanolimnea*
24			秦柳	*Salix chingiana*

（续）

序号	科	属	种	
			中文名	拉丁名
25	杨柳科	柳属	川柳	*Salix hylonoma*
26			拉马山柳	*Salix lamashanensis*
27			筐柳	*Salix linearistipularis*
28			旱柳	*Salix matsudana*
29			龙爪柳	*Salix matsudana* f. *tortuosa*
30			小坡柳	*Salix myrtillacea*
31			山生柳	*Salix oritrepha*
32			康定柳	*Salix paraplesia*
33			毛枝康定柳	*Salix paraplesia* var. *pubescence*
34			狭叶康定柳	*Salix paraplesia* f. *lanceolata*
35			五蕊柳	*Salix pentandra*
36			北沙柳	*Salix psammophila*
37			青皂柳	*Salix pseudo-wallichiana*
38			川滇柳	*Salix rehderiana*
39			细叶沼柳	*Salix rosmarinifolia*
40			沼柳	*Salix rosmarinifolia* var. *brachypoda*
41			山丹柳	*Salix shandanensis*
42			中国黄花柳	*Salix sinica*
43			齿叶黄花柳	*Salix sinica* var. *dentate*
44			红皮柳	*Salix sinopurpurea*
45			洮河柳	*Salix taoensis*
46			柄洮河柳	*Salix taoensis* var. *pedicellata*
47			秋华柳	*Salix variegata*
48			皂柳	*Salix wallichiana*
49			线叶柳	*Salix wilhelmsiana*
50	桦木科	桤木属	桤木	*Alnus cremastogyne*
51		桦木属	红桦	*Betula albo-sinensis*
52			白桦	*Betula platyphylla*
53		鹅耳枥属	鹅耳枥	*Carpinus turczaninowii*
54		榛属	藏刺榛	*Corylus ferox* var. *thibetica*
55			川榛	*Corylus heterophylla* var. *sutchuenensis*
56	壳斗科	栎属	辽东栎	*Quercus mongolica* var. *liaotungensis*
57			枹栎	*Quercus serrata*
58			栓皮栎	*Quercus variabilis*
59	榆科	榆属	春榆	*Ulmus davidiana* var. *japonica*

（续）

序号	科	属	种	
			中文名	拉丁名
60	榆科	榆属	榆树	*Ulmus pumila*
61	桑科	构属	构	*Broussonetia papyrifera*
62	大麻科	葎草属	葎草	*Humulopsis scandens*
63		啤酒花属	啤酒花	*Humulus lupulus*
64	荨麻科	苎麻属	序叶苎麻	*Boehmeria clidemioides* var. *diffusa*
65			赤麻	*Boehmeria nivea*
66			苎麻	*Boehmeria silvestrii*
67			悬铃木叶苎麻	*Boehmeria tricuspis*
68		水麻属	水麻	*Debregeasia orientalis*
69		楼梯草属	楼梯草	*Elatostema involucratum*
70			异叶楼梯草	*Elatostema monandrum*
71			钝叶楼梯草	*Elatostema obtusum*
72			山楼梯草	*Elatostema stewardii*
73			锐齿楼梯草	*Elatostema syrtandrifolium*
74			文县楼梯草	*Elatostema wenxienense*
75		糯米团属	糯米团	*Gonostegia hirta*
76	荨麻科	艾麻属	艾麻	*Laportea cuspidata*
77		紫麻属	紫麻	*Oreocnide frutescens*
78		赤车属	蔓赤车	*Pellionia scabra*
79		冷水花属	陇南冷水花	*Pilea gansuensis*
80			山冷水花	*Pilea japonica*
81			大叶冷水花	*Pilea martinii*
82			冷水花	*Pilea notata*
83			少花冷水花	*Pilea pauciflora*
84			透茎冷水花	*Pilea pumila*
85			钝尖冷水花	*Pilea pumila* var. *obtusifolia*
86			粗齿冷水花	*Pilea sinofasciata*
87		荨麻属	麻叶荨麻	*Urtica cannabina*
88			宽叶荨麻	*Urtica laetevirens*
89			毛果荨麻	*Urtica triangularis* subsp. *trichocarpa*
90	蓼科	金线草属	短毛金线草	*Antenoron neofiliforme*
91		荞麦属	细柄野荞麦	*Fagopyrum gracilipes*
92		冰岛蓼属	冰岛蓼	*Koenigia islandica*
93		蓼属	两栖蓼	*Polygonum amphiflorum*
94			萹蓄	*Polygonum aviculare*

（续）

序号	科	属	种	
			中文名	拉丁名
95	蓼科	蓼属	火炭母	*Polygonum chinense*
96			卷茎蓼	*Polygonum convolvulus*
97			虎杖	*Polygonum cuspidatum*
98			稀花蓼	*Polygonum dissitiflorum*
99			冰川蓼	*Polygonum glaciale*
100			水蓼	*Polygonum hydropiper*
101			愉悦蓼	*Polygonum jucundum*
102			酸模叶蓼	*Polygonum lapathifolium*
103			绵毛酸模叶蓼	*Polygonum lapathifolium* var. *salicifolium*
104			长鬃蓼	*Polygonum longisetum*
105			圆穗蓼	*Polygonum macrophyllum*
106			窄叶圆穗蓼	*Polygonum macrophyllum* var. *stenophyllum*
107	蓼科	蓼属	尼泊尔蓼	*Polygonum nepalense*
108			荭草	*Polygonum orientale*
109			展枝蓼	*Polygonum patulum*
110			毛蓼	*Polygonum pilosum*
111			习见蓼	*Polygonum plebeium*
112			丛枝蓼	*Polygonum posumbu*
113			柔毛蓼	*Polygonum pubescens*
114			西伯利亚蓼	*Polygonum sibiricum*
115			箭叶蓼	*Polygonum sieboldii*
116			支柱蓼	*Polygonum suffltum*
117			戟叶蓼	*Polygonum thunbergii*
118			珠芽蓼	*Polygonum viviparum*
119			细叶珠芽蓼	*Polygonum viviparum* var. *angustum*
120		大黄属	掌叶大黄	Rheum palmatum
121		酸模属	酸模	*Rumex acetosa*
122			水生酸模	*Rumex aquaticus*
123			皱叶酸模	*Rumex crispus*
124			齿果酸模	*Rumex dentatus*
125			毛脉酸模	*Rumex gmelini*
126			尼泊尔酸模	*Rumex nepalensis*
127			巴天酸模	*Rumex patientia*
128	商陆科	商陆属	商陆	*Phytolacca acinosa*
129	马齿苋科	马齿苋属	马齿苋	*Portulaca oleracea*

（续）

序号	科	属	种	
			中文名	拉丁名
130	石竹科	无心菜属	蚤缀	*Arenaria serphyllifolia*
131		卷耳属	簇生卷耳	*Cerastium fontanum* subsp. *triviale*
132		狗筋蔓属	狗筋蔓	*Cucubalus baccifer*
133		女娄菜属	女娄菜	*Melandrium apricum*
134			喜马拉雅女娄菜	*Melandrium himalayense*
135			隐瓣女娄菜	*Melandrium pumilum*
136		鹅肠菜属	鹅肠菜	*Myosoton aquaticum*
137		孩儿参属	蔓孩儿参	*Pseudostellaria davidii*
138	石竹科	孩儿参属	须弥孩儿参	*Pseudostellaria himalaica*
139		漆姑草属	漆姑草	*Sagina japonica*
140		蝇子草属	长梗蝇子草	*Silene pterosperma*
141			匍生蝇子草	*Silene repens*
142		拟漆姑属	二蕊拟漆姑	*Spergularia diandra*
143			拟漆姑	*Spergularia marina*
144		繁缕属	沙生繁缕	*Stellaria arenaria*
145			垫状繁缕	*Stellaria decumbens* var. *pulvinata*
146			繁缕	*Stellaria media*
147			沼泽繁缕	*Stellaria palustris*
148			湿地繁缕	*Stellaria uda*
149			雀舌草	*Stellaria uliginosa*
150	藜科	千针苋属	千针苋	*Acroglochin persicarioides*
151		滨藜属	中亚滨藜	*Atriplex centralasiatica*
152			野滨藜	*Atriplex fera*
153			滨藜	*Atriplex patens*
154			西伯利亚滨藜	*Atriplex sibirica*
155		轴藜属	轴藜	*Axyris amaranthoides*
156			杂配轴藜	*Axyris hybrida*
157		雾滨藜属	雾冰藜	*Bassia dasyphylla*
158		香藜属	菊叶香藜	*Botrydium foetidum*
159		藜属	尖头叶藜	*Chenopodium acuminatum*
160			白藜	*Chenopodium album*
161			灰绿藜	*Chenopodium glaucum*
162			杂配藜	*Chenopodium hybridum*
163			小藜	*Chenopodium serotinum*
164		虫实属	蒙古虫实	*Coispermum mongolicum*

（续）

序号	科	属	种	
			中文名	拉丁名
165	藜科	盐节木属	盐节木	*Halocnemum strobilaceum*
166		盐穗木属	盐穗木	*Halostachys caspica*
167		盐爪爪属	尖叶盐爪爪	*Kalidium cuspidatum*
168			黄毛头	*Kalidium cuspidatum* var. *sincum*
169			盐爪爪	*Kalidium foliatum*
170			细枝盐爪爪	*Kalidium gracile*
171		地肤属	伊朗地肤	*Kochia iranica*
172			地肤	*Kochia scoparia*
173		驼绒藜属	驼绒藜	*Krascheninnikovia latens*
174		盐角草属	盐角草	*Salicornia europaca*
175		猪毛菜属	蒿叶猪毛菜	*Salsola abrotanoides*
176			猪毛菜	*Salsola collina*
177			长刺猪毛菜	*Salsola paulsenii*
178			刺沙蓬	*Salsola ruthenica*
179		碱蓬属	角果碱蓬	*Suaeda corniculata*
180			碱蓬	*Suaeda glauca*
181			盘果碱蓬	*Suaeda heterophylla*
182			平卧碱蓬	*Suaeda prostrata*
183			阿拉善碱蓬	*Suaeda przewalskii*
184			盐地碱蓬	*Suaeda salsa*
185			星花碱蓬	*Suaeda stellatiflora*
186	苋科	苋属	反枝苋	*Amaranthus retroflexus*
187			凹头苋	*Amaranthus lividus*
188		青葙属	青葙	*Celosia argentea*
189	樟科	樟属	银木	*Cinnamomum septentrionale*
190		山胡椒属	川钓樟	*Lindera pulcherrima* var. *hemsleyana*
191		木姜子属	木姜子	*Litsea pungens*
192	水青树科	水青树属	水青树	*Tetracentron sinense*
193	领春木科	领春木属	领春木	*Euptelea pleiosperma*
194	连香树科	连香树属	连香树	*Cercidiphyllum japonicum*
195	毛茛科	乌头属	露蕊乌头	*Aconitum gymnandrum*
196			甘青乌头	*Aconitum tanguticum*
197		类叶升麻属	类叶升麻	*Actaea asiatica*
198		银莲花属	野棉花	*Anemone hupehensis*
199			叠裂银莲花	*Anemone imbricata*

（续）

序号	科	属	种	
			中文名	拉丁名
200	毛茛科	银莲花属	疏齿银莲花	*Anemone obtusiloba* subsp. *ovalifolia*
201			条叶银莲花	*Anemone trullifolia* var. *linearis*
202			草玉梅	*Anemone rivularis*
203			小花草玉梅	*Anemone rivularis* var. *bardulata*
204		耧斗菜属	耧斗菜	*Aquilegia viridiflora*
205		水毛茛属	水毛茛	*Batrachium bungei*
206			黄花水毛茛	*Batrachium bungei* var. *flavidum*
207		驴蹄草属	驴蹄草	*Caltha palustris*
208			花葶驴蹄草	*Caltha scaposa*
209		铁线莲属	甘川铁线莲	*Clematis akebioides*
210			粗齿铁线莲	*Clematis argentilucida*
211			黄花铁线莲	*Clematis intricata*
212			须蕊铁线莲	*Clematis pogonandra*
213			甘青铁线莲	*Clematis tangutica*
214		翠雀花属	蓝翠雀花	*Delphinium caeruleum*
215			翠雀花	*Delphinium grandiflorum*
216			大通翠雀花	*Delphinium pylzowii*
217			细须翠雀花	*Delphinium siwanense* var. *leptopogon*
218			川甘翠雀花	*Delphinium souliei*
219		碱毛茛属	水葫芦苗	*Halerpestes cymbalaria*
220			长叶碱毛茛	*Halerpestes ruthenica*
221			三裂碱毛茛	*Halerpestes tricuspis*
222		鸦跖花属	鸦跖花	*Oxygraphis glacialis*
223		毛茛属	茴茴蒜	*Ranunculus chinensis*
224			毛茛	*Ranunculus japonicus*
225			长茎毛茛	*Ranunculus longicaulis*
226			云生毛茛	*Ranunculus longicaulis* var. *nephelogenes*
227			浮毛茛	*Ranunculus natans*
228			沼地毛茛	*Ranunculus radicans*
229			石龙芮	*Ranunculus sceleratus*
230			扬子毛茛	*Ranunculussieboldii*
231			高原毛茛	*Ranunculus tangutica*
232		唐松草属	高山唐松草	*Thalictrum alpinum*
233			高原唐松草	*Thalictrum cultratum*
234			瓣蕊唐松草	*Thalictrum petaloideum*

（续）

序号	科	属	种	
			中文名	拉丁名
235	毛茛科	唐松草属	长柄唐松草	*Thalictrum przewalskii*
236			芸香叶唐松草	*Thalictrum rutifolium*
237		金莲花属	川陕金莲花	*Trollius buddae*
238			矮金莲花	*Trollius farreri*
239			青藏金莲花	*Trollius pumilus* var. *tanguticus*
240			毛茛状金莲花	*Trollius ranunculoides*
241	小檗科	小檗属	锥花小檗	*Berberis aggregata*
242			小檗（黄卢木）	*Berberis amurensis*
243			鲜黄小檗	*Berberis diaphana*
244			显脉小檗	*Berberis oritrepha*
245			匙叶小檗	*Berberis vernae*
246			疣枝小檗	*Berberis verruculosa*
247		十大功劳属	阔叶十大功劳	*Mahonia bealei*
248	鬼臼科	淫羊藿属	心叶淫羊藿	*Epimedium brevicornum*
249	睡莲科	睡莲属	睡莲	*Nymphaea tetragona*
250	莲科	莲属	莲	*Nelumbo nucifera*
251	金鱼藻科	金鱼藻属	金鱼藻	*Ceratophyllum demersum*
252	三白草科	蕺菜属	蕺菜	*Houttuynia cordata*
253		三白草属	三白草	*Saururus chinensis*
254	芍药科	芍药属	川赤芍	*Paeonia veitchii*
255	猕猴桃科	猕猴桃属	中华猕猴桃	*Actinidia chinensis*
256	藤黄科	金丝桃属	黄海棠	*Hypericum ascyron*
257	罂粟科	白屈菜属	白屈菜	*Chelidonium majus*
258		博落回属	小果博落回	*Macleaya microcarpa*
259		绿绒蒿属	多刺绿绒蒿	*Meconopsis horridula*
260			全缘叶绿绒蒿	*Meconopsis integrifolia*
261			红花绿绒蒿	*Meconopsis punicea*
262		罂粟属	野罂粟	*Papaver nudicaule*
263			虞美人	*Papaver rhoeas*
264	紫堇科	紫堇属	蛇果黄堇	*Corydalis ophiocarpa*
265			小花黄堇	*Corydalis racemosa*
266	角茴香科	角茴香属	细果角茴香	*Hypecoum leptocarpum*
267	十字花科	南芥属	垂果南芥	*Arabis pendula*
268		荠属	荠	*Capsella bursa-pastoris*
269		碎米荠属	光头山碎米荠	*Cardamine engleriana*

（续）

序号	科	属	种	
			中文名	拉丁名
270	十字花科	碎米荠属	弹裂碎米荠	*Cardamine impatiens*
271			毛果碎米荠	*Cardamine impartiens* var. *dasycarpa*
272			白花碎米荠	*Cardamine leucantha*
273			大叶碎米荠	*Cardamine macrophylla*
274			小花碎米荠	*Cardamine parviflora*
275			草甸碎米荠	*Cardamine pratensis*
276			紫花碎米荠	*Cardamine tangutorum*
277			文县碎米荠	*Cardamine wenhsienensis*
278		播娘蒿属	播娘蒿	*Descurainia sophia*
279		葶苈属	毛葶苈	*Draba eriopoda*
280			苞序葶苈	*Draba ladyginii*
281			紫茎锥果葶苈	*Draba lanceolata* var. *chingii*
282			葶苈	*Draba nemorosa*
283			沼泽葶苈	*Draba rockii*
284		独行菜属	头花独行菜	*Lepidium capilatam*
285			心叶独行菜	*Lepidium cordatum*
286			楔叶独行菜	*Lepidium cuneiforme*
287			光果宽叶独行菜	*Lepidium latifolium* var. *affine*
288		豆瓣菜属	豆瓣菜	*Nasturtium officinale*
289		念珠芥属	窄叶蚓果芥	*Neotorularia humilis* f. *angustifolia*
290		蔊菜属	无瓣蔊菜	*Rorippa dubia*
291			高蔊菜	*Rorippa elata*
292			蔊菜	*Rorippa indica*
293			沼生蔊菜	*Rorippa islandica*
294		大蒜芥属	垂果大蒜芥	*Sisymbrium heteromallum*
295		菥蓂属	菥蓂	*Thlaspi arvense*
296	金缕梅科	枫香属	枫香	*Liquidambar formosana*
297	景天科	景天属	费菜	*Sedum aizoon*
298			垂盆草(匍匐景天)	*Sedum sarmentosum*
299			火焰草	*Sedum stellariilolium*
300	扯根菜科	扯根菜属	扯根菜	*Penthorum chinensis*
301	虎耳草科	落新妇属	落新妇	*Astilbe chinensis*
302		金腰子属	中华金腰	*Chrysosplenium sinicum*
303		虎耳草属	道孚虎耳草	*Saxifraga lumpuensis*
304			黑蕊虎耳草	*Saxifraga melanocentra*

（续）

序号	科	属	种	
			中文名	拉丁名
305	虎耳草科	虎耳草属	山地虎耳草	*Saxifraga montana*
306			矮虎耳草	*Saxifraga nanella*
307			狭瓣虎耳草	*Saxifraga pseudohirculus*
308			虎耳草	*Saxifraga stolonifera*
309			甘青虎耳草	*Saxifraga tangutica*
310	茶藨子科	茶藨子属	冰川茶藨子	*Ribes glacile*
311			狭果茶藨子	*Ribes stenocarpum*
312	梅花草科	梅花草属	甘肃梅花草	*Parnassia gansuensis*
313			细叉梅花草	*Parnassia oreophila*
314			三脉梅花草	*Parnassia trinervis*
315	蔷薇科	龙牙草属	龙牙草	*Agrimonia pilosa*
316		无尾果属	无尾果	*Coluria longibotia*
317		沼委陵菜属	西北沼委陵菜	*Comarum salesovianum*
318		栒子属	灰栒子	*Cotoneaster acutifolius*
319			麻核栒子	*Cotoneaster foreolatus*
320			水栒子	*Cotoneaster multiflorus*
321			毛叶水栒子	*Cotoneaster submultiflorus*
322			西北栒子	*Cotoneaster zabelii*
323		蛇莓属	蛇莓	*Duchesnea indica*
324		草莓属	东方草莓	*Fragaria orientalis*
325			野草莓	*Fragaria vesca*
326		水杨梅属	水杨梅	*Geum aleppicum*
327		棣棠花属	棣棠	*Kerria japonica*
328		委陵菜属	鹅绒委陵菜	*Potentilla anserine*
329			掌叶多裂委陵菜	*Potentilla anserine* var. *ornithopoda*
330			二裂委陵菜	*Potentilla bifurca*
331			蛇莓委陵菜	*Potentilla centigrana*
332			委陵菜	*Potentilla chinensis*
333			翻白草	*Potentilla discolor*
334			莓叶委陵菜	*Potentilla fragarioides*
335			金露梅	*Potentilla fruticosa*
336			银露梅	*Potentilla glabra*
337			蛇含委陵菜	*Potentilla kleiniana*
338			多茎委陵菜	*Potentilla multicaulis*
339			小叶金露梅	*Potentilla parvifolia*

（续）

序号	科	属	种	
			中文名	拉丁名
340	蔷薇科	委陵菜属	华西委陵菜	*Potentilla potaninii*
341			朝天委陵菜	*Potentilla supine*
342			三叶朝天委陵菜	*Potentilla supine* var. *ternate*
343		李属	李	*Prunus salicina*
344		火棘属	火棘	*Pyracantha fortuneana*
345		蔷薇属	细梗蔷薇	*Rosa graciliflora*
346			卵果蔷薇	*Rosa helenae*
347			扁刺蔷薇	*Rosa sweginzowii*
348		悬钩子属	乌泡子	*Rubus parkeri*
349			茅莓	*Rubus parvifolius*
350		地榆属	地榆	*Sanguisorba officinalis*
351			矮地榆	*Sanguisorba filiformis*
352		鲜卑花属	窄叶鲜卑花	*Sibiraea angustata*
353			鲜卑花	*Sibiraea laevigata*
354		珍珠梅属	华北珍珠梅	*Sorbaria kirilowii*
355		花楸属	陕甘花楸	*Sorbus koehneana*
356			天山花楸	*Sorbus tianschaneica*
357		绣线菊属	高山绣线菊	*Spiraea alpina*
358			狭叶绣线菊	*Spiraea japonica* var. *acuminata*
359			蒙古绣线菊	*Spiraea mongolica*
360			细枝绣线菊	*Spiraea myrtilloides*
361			南川秀线菊	*Spiraea rosthornii*
362	云实科	云实属	云实	*Caesalpinia decapetala*
363	蝶形花科	合萌属	合萌	*Aeschynomene indica*
364		骆驼刺属	骆驼刺	*Alhagi sparsifolia*
365		黄耆属	直立黄耆	*Astragalus adsurgens*
366			祁连山黄耆	*Astragalus chilienshanensis*
367			达乌里黄耆	*Astragalus dahuricus*
368			甘肃黄耆	*Astragalus licentianus*
369			紫云英	*Astragalus sinicus*
370		锦鸡儿属	川西锦鸡儿	*Caragana erinacea*
371			鬼箭锦鸡儿	*Caragana jubata*
372			柠条锦鸡儿	*Caragana korshinskii*
373		小冠花属	绣球小冠花	*Coronilla varia*
374		豆属	野大豆	*Glycine soja*

（续）

序号	科	属	种	
			中文名	拉丁名
375		甘草属	光甘草	*Glycyrrhiza glabra*
376			胀果甘草	*Glycyrrhiza inflata*
377			甘草	*Glycyrrhiza uralensis*
378		岩黄耆属	红花岩黄耆	*Hedysarum multijugum*
379		鸡眼草属	鸡眼草	*Kummerowia striata*
380		山黧豆属	牧地香豌豆	*Lathyrus pratensis*
381		胡枝子属	达胡里胡枝子	*Lespedeza davurica*
382		百脉根属	百脉根	*Lotus corniculatus*
383		苜蓿属	野苜蓿	*Medicago falcata*
384			天蓝苜蓿	*Medicago lupulina*
385			花苜蓿	*Medicago ruthenica*
386			苜蓿	*Medicago sativa*
387		草木樨属	白香草木樨	*Melilotus alba*
388			黄香草木樨	*Melilotus officinalis*
389			草木樨	*Melilotus suaveolens*
390		驴食草属	驴食草	*Onobrychis viciifolia*
391	蝶形花科	棘豆属	刺叶柄棘豆	*Oxytropis aciphylla*
392			镰形棘豆	*Oxytropis falcata*
393			小花棘豆	*Oxytropis glabra*
394			甘肃棘豆	*Oxytropis kansuensis*
395			黄花棘豆	*Oxytropis ochrocephala*
396		刺槐属	刺槐	*Robinia pseudoacacia*
397		苦马豆属	苦马豆	*Sphaerophysa salsula*
398		槐属	苦豆子	*Sophora alopecuroides*
399			白刺花	*Sophora davidii*
400			龙爪槐	*Sophora japonica* f. *pendula*
401		黄华属	高山野决明	*Thermopsis alpina*
402			披针叶野决明	*Thermopsis lanceolata*
403		高山豆属	高山豆	*Tibetia himalaica*
404		野豌豆属	广布野豌豆	*Vicia cracca*
405			小巢菜	*Vicia hirsuta*
406			东方野豌豆	*Vicia japonica*
407			歪头菜	*Vicia unijuga*
408	酢浆草科	酢浆草属	山酢浆草	*Oxalis acetosella* subsp. *griffithii*
409			酢浆草	*Oxalis corniculata*

（续）

序号	科	属	种	
			中文名	拉丁名
410	牻牛儿苗科	牻牛儿苗属	牻牛儿苗	*Erodium stephanianum*
411		老鹳草属	粗根老鹳草	*Geranium dohuricum*
412			尼泊尔老鹳草	*Geranium nepalense*
413			毛蕊老鹳草	*Geranium platyanthum*
414			甘青老鹳草	*Geranium pylzowianum*
415			鼠掌老鹳草	*Geranium sibiricum*
416			老鹳草	*Geranium wilfordii*
417	蒺藜科	蒺藜属	蒺藜	*Tribulus terrestris*
418	骆驼蓬科	骆驼蓬属	骆驼蓬	*Peganum harmala*
419	白刺科	白刺属	西伯利亚白刺	*Nitraria sibirica*
420			唐古特白刺	*Nitraria tangutorum*
421	大戟科	铁苋菜属	铁苋菜	*Acalypha australis*
422		假多包叶属	假多包叶	*Discocleidion rufescens*
423		大戟属	泽漆	*Euphorbia helioscopia*
424			地锦	*Euphorbia humifusa*
425			准噶尔大戟	*Euphorbia soongarica*
426			高山大戟	*Euphorbia stracheyi*
427			西藏大戟	*Euphorbia tibetica*
428		雀儿舌头属	雀儿舌头	*Leptopus chinensis*
429		油桐属	油桐	*Vernicia fordii*
430	芸香科	花椒属	竹叶花椒	*Zanthoxylum armatum*
431			花椒	*Zanthoxylum bungeanum*
432			刺异叶花椒	*Zanthoxylum ovalifolium* var. *spinifolium*
433			川陕花椒	*Zanthoxylum piasezkii*
434	苦木科	臭椿属	臭椿	*Ailanthus altissima*
435	楝科	香椿属	香椿	*Toona sinensis*
436	马桑科	马桑属	马桑	*Coriaria nepalensis*
437	漆树科	黄栌属	红叶	*Cotinus coggygria* var. *cinerea*
438		盐肤木属	盐肤木	*Rhus chinensis*
439	七叶树科	七叶树属	七叶树	*Aesculus chinensis*
440	凤仙花科	凤仙花属	齿萼凤仙花	*Impatiens dicentra*
441			水金凤	*Impatiens noli-tangere*
442			西固凤仙花	*Impatiens notolophora*
443			宽距凤仙花	*Impatiens platyceras*
444			陇南凤仙花	*Impatiens potaninii*
445			异萼凤仙花	*Impatiens pterosepala*
446			窄萼凤仙花	*Impatiens stenosepala*

（续）

序号	科	属	种	
			中文名	拉丁名
447	冬青科	冬青属	珊瑚冬青	*Ilex corallina*
448			猫儿刺	*Ilex pernyi*
449	省沽油科	省沽油属	膀胱果	*Staphylea holocarpa*
450	黄杨科	黄杨属	雀舌黄杨	*Buxus bodinieri*
451	鼠李科	鼠李属	小叶鼠李	*Rhamnus parvifolia*
452	葡萄科	蛇葡萄属	掌裂草葡萄	*Ampelopsis aconitifolia* var. *palmiloba*
453	锦葵科	苘麻属	苘麻	*Abutilon theophrasti*
454		木槿属	木槿	*Hibiscus syriacus*
455			野西瓜苗	*Hibiscus trionum*
456		锦葵属	冬葵	*Malva crispa*
457	瑞香科	瑞香属	甘肃瑞香	*Daphne tangutica*
458		狼毒属	狼毒	*Stellera chamaejasme*
459	胡颓子科	胡颓子属	沙枣	*Elaeagnus angustifolia*
460			牛奶子	*Elaeagnus umbellata*
461		沙棘属	肋果沙棘	*Hippophae neurocarpa*
462			中国沙棘	*Hippophae rhamnoides* subsp. *sinensis*
463			中亚沙棘	*Hippophae rhamnoides* subsp. *turkestanica*
464			西藏沙棘	*Hippophae tibetana*
465	堇菜科	堇菜属	鸡腿堇菜	*Viola acuminata*
466			双花堇菜	*Viola biflora*
467			白花地丁	*Viola patrinii*
468			紫花地丁	*Viola philippica*
469			堇菜	*Viola verecunda*
470	柽柳科	水柏枝属	宽苞水柏枝	*Myricaria bracteata*
471			三春水柏枝	*Myricaria paniculata*
472			匍匐水柏枝	*Myricaria prostrata*
473			具鳞水柏枝	*Myricaria squamosa*
474		红砂属	红砂	*Reaumuria songarica*
475		柽柳属	白花柽柳	*Tamarix androssowii*
476			密花柽柳	*Tamarix arceuthoides*
477			甘蒙柽柳	*Tamarix austromongolica*
478			柽柳	*Tamarix chinensis*
479			长穗柽柳	*Tamarix elongata*
480			甘肃柽柳	*Tamarix gansuensis*
481			翠枝柽柳	*Tamarix gracilis*

（续）

序号	科	属	种	
			中文名	拉丁名
482	柽柳科	柽柳属	刚毛柽柳	*Tamarix hispida*
483			多花柽柳	*Tamarix hohenackeri*
484			金塔柽柳	*Tamarix jintaenia*
485			盐地柽柳	*Tamarix karelinii*
486			短穗柽柳	*Tamarix laxa*
487			伞花短穗柽柳	*Tamarix laxa* var. *polystachya*
488			细穗柽柳	*Tamarix leptostachys*
489			多枝柽柳	*Tamarix ramosissima*
490	葫芦科	盒子草属	盒子草	*Actinostemma tenerum*
491		赤瓟属	赤瓟	*Thladiantha dubia*
492	千屈菜科	水苋菜属	耳基水苋菜	*Ammannia arenaria*
493		千屈菜属	千屈菜	*Lythrum salicaria*
494		节节菜属	节节菜	*Rotala indica*
495	八角枫科	八角枫属	八角枫	*Alangium chinense*
496	菱科	菱属	菱	*Trapa bispinosa*
497	柳叶菜科	露珠草属	高山露珠草	*Circaea alpina*
498			高原露珠草	*Circaea alpina* subsp. *imaicola*
499		柳叶菜属	毛脉柳叶菜	*Epilobium amurense*
500			光滑柳叶菜	*Epilobium amurense* subsp. *cephalostigma*
501			柳兰	*Epilobium angustifolium*
502			毛脉柳兰	*Epilobium angustifolium* subsp. *circumvagum*
503			腺茎柳叶菜	*Epilobium brevifolium* subsp. *trichoneurum*
504			圆柱柳叶菜	*Epilobium cylindricum*
505			多枝柳叶菜	*Epilobium fastigiatoramosum*
506			柳叶菜	*Epilobium hirsutum*
507			细籽柳叶菜	*Epilobium minutiflorum*
508			沼生柳叶菜	*Epilobium palustre*
509			小花柳叶菜	*Epilobium parviflorum*
510			阔柱柳叶菜	*Epilobium platystigmatosum*
511			长籽柳叶菜	*Epilobium pyrricholophum*
512			短梗柳叶菜	*Epilobium royleanum*
513			鳞片柳叶菜	*Epilobium sikkimense*
514			中华柳叶菜	*Epilobium sinense*
515			亚革质柳叶菜	*Epilobium subcoriaceum*
516			滇藏柳叶菜	*Epilobium wallichianum*

（续）

序号	科	属	种	
			中文名	拉丁名
517	柳叶菜科	丁香蓼属	丁香蓼	*Ludwigia prostrata*
518		月见草属	待宵草	*Oenothera stricta*
519	小二仙草科	狐尾藻属	穗状狐尾藻	*Myriophyllum spicatum*
520			狐尾藻	*Myriophyllum verticillatum*
521	杉叶藻科	杉叶藻属	杉叶藻	*Hippuris vulgaris*
522	蓝果树科	喜树属	喜树	*Camptotheca acuminata*
523	五加科	楤木属	楤木	*Aralia chinensis*
524		常春藤属	常春藤	*Hedera nepalensis* var. *sinensis*
525	伞形科	峨参属	刺果峨参	*Anthriscus nemorosa*
526		葛缕子属	田葛缕子	*Carum buriaticum*
527			葛缕子	*Carum carvi*
528			细葛缕子	*Carum carvi* f. *gracile*
529		矮泽芹属	矮泽芹	*Chamaesium paradoxum*
530		毒芹属	毒芹	*Cicuta virosa*
531		蛇床属	蛇床	*Cnidium monnieri*
532		鸭儿芹属	鸭儿芹	*Cryptotaenia japonica*
533		独活属	裂叶独活	*Heracleum millefolium*
534			永宁独活	*Heracleum yungningense*
535		藁本属	藁本	*Ligusticum sinense*
536		水芹属	水芹	*Oenanthe javanica*
537		香根芹属	香根芹	*Osmorhiza aristata*
538		茴芹属	直立茴芹	*Pimpinella smithii*
539		棱子芹属	西藏棱子芹	*Pleurospermum hookeri* var. *thomsonii*
540	伞形科	囊瓣芹属	丛枝囊瓣芹	*Pternopetalum caespitosum*
541			囊瓣芹	*Pternopetalum davidii*
542			澜沧囊瓣芹	*Pternopetalum delavayi*
543		变豆菜属	变豆菜	*Sanicula chinensis*
544			长序变豆菜	*Sanicula elongata*
545			鳞果变豆菜	*Sanicula hacquetioides*
546			直刺变豆菜	*Sanicula orthacantha*
547			锯叶变豆菜	*Sanicula serrata*
548	天胡荽科	天胡荽属	天胡荽	*Hydrocotyle sibthorpioides*
549	杜鹃花科	杜鹃花属	千里香杜鹃	*Rhododendron thymifolium*
550	报春花科	点地梅属	垫状点地梅	*Androsace tapeta*
551		海乳草属	海乳草	*Glaux maritima*

（续）

序号	科	属	种	
			中文名	拉丁名
552	报春花科	珍珠菜属	泽珍珠菜	*Lysimachia candida*
553			过路黄	*Lysimachia christinae*
554			临时救	*Lysimachia congestiflora*
555		羽叶点地梅属	羽叶点地梅	*Pomatosace filicula*
556		报春花属	苞芽粉苞春	*Primula gemmifera*
557			胭脂花	*Primula maximowiczii*
558			天山报春	*Primula nutans*
559			雅江报春	*Primula yargongensis*
560	白花丹科	补血草属	黄花补血草	*Limonium aureum*
561			星毛补血草	*Limonium aureum* var. *potaninii*
562			二色补血草	*Limonium bicolor*
563			耳叶补血草	*Limonium otolepis*
564	柿树科	柿属	柿	*Diospyros kaki*
565	木犀科	连翘属	连翘	*Forsythia suspensa*
566		梣属	水曲柳	*Fraxinus mandschurica*
567		女贞属	金叶女贞	*Ligustrum* × *vicaryi*
568	龙胆科	百金花属	百金花	*Centaurium pulchellum* var. *altaicum*
569		喉毛花属	镰萼喉毛花	*Comastoma falcatum*
570			喉毛花	*Comastoma pulmonarium*
571		龙胆属	阿坝龙胆	*Gentiana abaensis*
572			刺芒龙胆	*Gentiana aristata*
573			肾叶龙胆	*Gentiana crassuloides*
574			线叶龙胆	*Gentiana lawrencei* var. *farreri*
575			蓝白龙胆	*Gentiana leucomelaena*
576			秦艽	*Gentiana macrophylla*
577			大花秦艽	*Gentiana macrophylla* var. *fetissowii*
578			云雾龙胆	*Gentiana nubigena*
579			黄管秦艽	*Gentiana officinalis*
580			假水生龙胆	*Gentiana pseudo-aquatica*
581			红花龙胆	*Gentiana rhodantha*
582			河边龙胆	*Gentiana riparia*
583			匙叶龙胆	*Gentiana spathulifolia*
584			鳞叶龙胆	*Gentiana squarrosa*
585			麻花艽	*Gentiana straminea*
586			华丽龙胆	*Gentiana sino-ornata*
587			三色龙胆	*Gentiana tricolor*
588			蓝玉簪龙胆	*Gentiana veitchiorum*

（续）

序号	科	属	种	
			中文名	拉丁名
589	龙胆科	扁蕾属	扁蕾	*Gentianopsis barbaba*
590			湿生扁蕾	*Gentianopsis paludosa*
591		花锚属	椭圆叶花锚	*Halenia elliptica*
592			大花花锚	*Halenia elliptica* var. *grandiflora*
593		肋柱花属	肋柱花	*Lomatogonium carinthiacum*
594			大花肋柱花	*Lomatogonium macranthum*
595			辐状肋柱花	*Lomatogonium rotatum*
596		獐牙菜属	獐牙菜	*Swertia bimaculata*
597			歧伞獐牙菜	*Swertia dichotoma*
598			红直獐牙菜	*Swertia erythrosticta*
599			华北獐牙菜	*Swertia wolfangiana*
600	睡菜科	莕菜属	莕菜	*Nymphoides peltatum*
601	夹竹桃科	罗布麻属	罗布麻	*Apocynum venetum*
602		白麻属	大花白麻	*Poacynum hendersonii*
603	萝藦科	鹅绒藤属	鹅绒藤	*Cynanchum chinense*
604			戟叶鹅绒藤	*Cynanchum sibiricum*
605	杠柳科	杠柳属	杠柳	*Periploca sepium*
606	透骨草科	透骨草属	透骨草	*Phryma leptostachya* subsp. *asiatica*
607	茜草科	香果树属	香果树	*Emmenopterys henryi*
608		拉拉藤属	猪殃殃	*Galium aparine* var. *tenerum*
609			六叶葎	*Galium aperuloides* subsp. *hoffmeisteri*
610			北方拉拉藤	*Galium boreale*
611			四叶葎	*Galium bungei*
612			中亚车轴草	*Galium rivale*
613			蓬子菜	*Galium verum*
614		茜草属	披针叶茜草	*Rubia alata*
615			茜草	*Rubia cordifolia*
616	花荵科	花荵属	中华花荵	*Polemonium coeruleum* var. *chinensis*
617	旋花科	打碗花属	打碗花	*Calystegia hederacea*
618			藤长苗	*Calystegia Pellita*
619		旋花属	田旋花	*Convolvulus arvensisi*
620	菟丝子科	菟丝子属	南方菟丝子	*Cuscuta australis*
621	紫草科	琉璃草属	倒提壶	*Cynoglossum amabile*
622			琉璃草	*Cynoglossum zeylanicum*
623		鹤虱属	鹤虱	*Lappula myosotis*
624		长柱琉璃草属	长柱琉璃草	*Lindelofia stylosa*
625		微孔草属	微孔草	*Microula sikkimensis*
626		勿忘草属	湿地勿忘草	*Myosotis caesspitosa*
627		附地菜属	附地菜	*Trigonotis peduncularis*
628	马鞭草科	马鞭草属	马鞭草	*Verbena officinalis*

（续）

序号	科	属	种	
			中文名	拉丁名
629		莸属	光果莸	*Caryopteris tangutica*
630	牡荆科	大青属	海州常山	*Clerodendrum trichotomum*
631		牡荆属	荆条	*Vitex negundo* var. *heterophylla*
632	水马齿科	水马齿属	沼生水马齿	*Callitriche palustris*
633		筋骨草属	筋骨草	*Ajuga ciliata*
634			美花圆叶筋骨草	*Ajuga ovalifolia* var. *calantha*
635		水棘针属	水棘针	*Amethystea caerulea*
636		风轮菜属	风轮菜	*Clinopodium chinense*
637		青兰属	香青兰	*Dracocephalum moldavica*
638		香薷属	香薷	*Elsholtzia ciliata*
639			密花香薷	*Elsholtzia densa*
640			鸡骨柴	*Elsholtzia fruticosa*
641		鼬瓣花属	鼬瓣花	*Galeopsis bifida*
642		活血丹属	活血丹	*Glechoma longituba*
643		香茶菜属	蓝萼毛叶香茶菜	*Isodon japonicus* var. *glaucocalyx*
644			溪黄草	*Isodon serra*
645		夏至草属	夏至草	*Lagopsis supina*
646	唇形科	独一味属	独一味	*Lamiophlomis rotata*
647		野芝麻属	宝盖草	*Lamium amplexicaule*
648		益母草属	益母草	*Leonurus artemisia*
649			细叶益母草	*Leonurus sibiricus*
650		地笋属	地笋	*Lycopus lucidus*
651		薄荷属	薄荷	*Mentha haplocalyx*
652		石荠苎属	小鱼仙草	*Mosla dianthera*
653		夏枯草属	夏枯草	*Prunella vulgaris*
654		鼠尾草属	荔枝草	*Salvia plebeia*
655			黄鼠狼花	*Salvia tricuspis*
656		黄芩属	韩信草	*Scutellaria incica*
657			甘肃黄芩	*Scutellaria rehderiana*
658		水苏属	毛水苏	*Stachys baicalensis*
659			华水苏	*Stachys chinensis*
660			甘露子	*Stachys sieboldi*
661		曼陀罗属	曼陀罗	*Datura stramonium*
662	茄科	枸杞属	宁夏枸杞	*Lycium barbarum*
663			枸杞	*Lycium chinense*
664			黑果枸杞	*Lycium ruthenicum*

（续）

序号	科	属	种	
			中文名	拉丁名
665	茄科	酸浆属	酸浆	*Physalis alkekengi*
666		茄属	少花龙葵	*Solanum alatum*
667			龙葵	*Solanum nigrum*
668			青杞	*Solanum septemlobum*
669	醉鱼草科	醉鱼草属	互叶醉鱼草	*Buddleja alternifolia*
670			醉鱼草	*Buddleja lindleyana*
671			密蒙花	*Buddleja officinalis*
672			甘肃醉鱼草	*Buddleja purdomii*
673			舟曲醉鱼草	*Buddleja striata* var. *zhouquensis*
674	玄参科	小米草属	短腺小米草	*Euphrasia regelii*
675		兔耳草属	短穗兔耳草	*Lagotis brachystachya*
676			短筒兔耳草	*Lagotis brevituba*
677		肉果草属	肉果草	*Lancea tibetica*
678		母草属	狭叶母草	*Lindernia angustifolia*
679			母草	*Lindernia crustacea*
680		水茫草属	水茫草	*Limosella aquatica*
681		通泉草属	通泉草	*Mazus japonicus*
682		沟酸浆属	尼泊尔沟酸浆	*Mimulus tenellus* var. *neplensis*
683		疗齿草属	疗齿草	*Odontites serotina*
684		泡桐属	毛泡桐	*Paulownia tomentosa*
685		马先蒿属	碎米蕨叶马先蒿	*Pedicularis cheilanthifolia*
686			等唇碎米蕨叶马先蒿	*Pedicularis cheilanthifolia* var. *isochila*
687			中国马先蒿	*Pedicularis chinensis*
688			具冠马先蒿	*Pedicularis cristatella*
689			弯管马先蒿	*Pedicularis curvituba*
690			白花甘肃马先蒿	*Pedicularis kansuensis* f. *albiflora*
691			长花马先蒿	*Pedicularis longiflora*
692			斑唇马先蒿	*Pedicularis longiflora* var. *tubiformis*
693			藓生马先蒿	*Pedicularis muscicola*
694			返顾马先蒿	*Pedicularis resupinata*
695			大拟鼻花马先蒿	*Pedicularis rhinanthoides* subsp. *labellata*
696			穗花马先蒿	*Pedicularis spicata*
697			红纹马先蒿	*Pedicularis striata*
698			轮叶马先蒿	*Pedicularis verticillata*
699		细穗玄参属	细穗玄参	*Scrofella chinensis*

（续）

序号	科	属	种	
			中文名	拉丁名
700	玄参科	玄参属	砾玄参	*Scrophularia incisa*
701		阴行草属	阴行草	*Siphonostegia chinensis*
702		婆婆纳属	北水苦荬	*Veronica anagallia-aquatica*
703			长果水苦荬	*Veronica anagalloides*
704			长果婆婆纳	*Veronica ciliata*
705			小婆婆纳	*Veronica serpyllifolia*
706			水苦荬	*Veronica undulata*
707		腹水草属	草本威灵仙	*Veronicastrum sibiricum*
708	狸藻科	捕虫堇属	北捕虫堇	*Pinguicula villosa*
709		狸藻属	狸藻	*Utricularia vulgaris*
710	车前科	车前属	车前	*Plantago asiatica*
711			平车前	*Plantago depressa*
712			大车前	*Plantago major*
713			盐生车前	*Plantago maritima* subsp. *ciliata*
714			长叶车前	*Plantago lanceolata*
715	忍冬科	忍冬属	蓝靛果	*Lonicera caerulea* var. *edulis*
716			葱皮忍冬	*Lonicera ferdinandii*
717			刚毛忍冬	*Lonicera hispida*
718			金银忍冬	*Lonicera maackii*
719			岩生忍冬	*Lonicera rupicola*
720			红花岩生忍冬	*Lonicera rupicola* var. *syringantha*
721			毛药忍冬	*Lonicera serreana*
722		莛子藨属	莛子镳	*Triosteum pinnatifidum*
723	接骨木科	接骨木属	血满草	*Sambucus adnata*
724			接骨草	*Sambucus chinensis*
725			接骨木	*Sambucus williamsii*
726	荚蒾科	荚蒾属	桦叶荚蒾	*Viburnum betulifolium*
727			蒙古荚蒾	*Viburnum mongolicum*
728	五福花科	五福花属	五福花	*Adoxa moschatellina*
729	败酱科	甘松属	甘松	*Nardostachys chinensis*
730		败酱属	异叶败酱	*Patrinia heterophylla*
731			少蕊败酱	*Patrinia monandra*
732			糙叶败酱	*Patrinia rupestris* subsp. *scabra*
733		缬草属	柔垂缬草	*Valeriana flaccidissima*
734			缬草	*Valeriana officinalis*

（续）

序号	科	属	种	
			中文名	拉丁名
735	川续断科	川续断属	川续断	*Dipsacus asperoides*
736	刺参科	刺续断属（蓟叶参属）	圆萼刺参	*Morina chinensis*
737	桔梗科	风铃草属	钻裂风铃草	*Campanula aristata*
738		党参属	党参	*Codonopsis pilosula*
739		袋果草属	袋果草	*Peracarpa carnosa*
740	菊科	蓍属	齿叶蓍	*Achillea acuminata*
741			云南蓍	*Achillea wilsoniana*
742		顶羽菊属	顶羽菊	*Acroptilon repens*
743		和尚菜属	和尚菜	*Adenocaulon himalaicum*
744		下田菊属	下田菊	*Adenostemma lavenia*
745		香青属	黄腺香青	*Anaphalis aureo-punctat*
746			乳白香青	*Anaphalis lactea*
747			珠光香青	*Anaphalis margaritacea*
748		牛蒡属	牛蒡	*Arctium lappa*
749		蒿属	莳萝蒿	*Artemisia anethoides*
750			碱蒿	*Artemisia anethifolia*
751			黄花蒿	*Artemisia annua*
752			艾蒿	*Artemisia argyi*
753			茵陈蒿	*Artemisia capillaris*
754			米蒿	*Artemisia dalai-lamae*
755			沙蒿	*Artemisia desertorum*
756			牛尾蒿	*Artemisia dubia*
757			铁杆蒿	*Artemisia gmelinii*
758			臭蒿	*Artemisia hedinii*
759			牡蒿	*Artemisia japonica*
760			野艾蒿	*Artemisia lavandulaefolia*
761			蒙古蒿	*Artemisia mongolica*
762			灰苞蒿	*Artemisia roxburghiana*
763			香叶蒿	*Artemisia rutifolia*
764			白莲蒿	*Artemisia sacrorum*
765			猪毛蒿（黄蒿）	*Artemisia scoparia*
766			蒌蒿（水蒿）	*Artemisia selengensis*
767			大籽蒿	*Artemisia sieversiana*
768			辽东蒿	*Artemisia tangutica*
769			甘青蒿	*Artemisia verbenacea*

（续）

序号	科	属	种	
			中文名	拉丁名
770	菊科	紫菀属	三脉紫菀	*Aster ageratoides*
771			小舌紫菀	*Aster albescens*
772			高山紫菀	*Aster alpinus*
773			块根紫菀	*Aster asteroides*
774			狭苞紫菀	*Aster farreri*
775			紫菀	*Aster tataricus*
776		紫菀木属	中亚紫菀木	*Asterothamnus centrali-asiaticus*
777		鬼针草属	婆婆针	*Bidens bipinnata*
778			柳叶鬼针草	*Bidens cernua*
779			三叶鬼针草	*Bidens pilosa*
780			小花鬼针草	*Bidens parviflora*
781			狼杷草	*Bidens tripartita*
782		短星菊属	短星菊	*Brachyactis ciliata*
783		飞廉属	丝毛飞廉	*Carduus crispus*
784		天名精属	天名精	*Carpesium abrotanoides*
785			大花金挖耳	*Carpesium macrocephalum*
786			高原天名精	*Carpesium lipskyi*
787			毛暗花金挖耳	*Carpesium minum*
788			小花金挖耳	*Carpesium triste* var. *sinense*
789		矢车菊属	矢车菊	*Centaurea cyanus*
790		蓟属	丝路蓟	*Cirsium arvense*
791			莲座蓟	*Cirsium esculentum*
792			马刺蓟	*Cirsium souliei*
793			烟管蓟	*Cirsium pendulum*
794			刺儿菜	*Cirsium setosum*
795			葵花大蓟	*Cirsium monocephalum*
796		白酒草属	小蓬草	*Conyza canadensis*
797		秋英属	秋英	*Cosmos bipinnata*
798		野茼蒿属	野茼蒿	*Crassocephalum crepidioides*
799		垂头菊属	褐毛垂头菊	*Cremanthodium brunneo-pilosum*
800			喜马拉雅垂头菊	*Cremanthodium decaisnei*
801			条叶垂头菊	*Cremanthodium lineare*
802			车前状垂头菊	*Cremanthodium ellisii*
803		大丽花属	大丽花	*Dahlia pinnata*
804		菊属	野菊	*Dendranthema indicum*
805			甘菊	*Dendranthema lavandulifolium*

（续）

序号	科	属	种	
			中文名	拉丁名
806		东风菜属	东风菜	*Doellingeria scaber*
807		多榔菊属	狭舌多榔菊	*Doronicum stenoglossum*
808		醴肠属	醴肠	*Eclipta prostrata*
809		飞蓬属	一年蓬	*Erigeron annuus*
810		泽兰属	泽兰	*Eupatorium japonicum*
811			林泽兰	*Eupatorium lindleyanum*
812		天人菊属	天人菊	*Gaillardia pulchella*
813		鼠麴草属	鼠麴草	*Gnaphalium affine*
814		泥胡菜属	泥胡菜	*Hemistepta lyrata*
815		狗娃花属	阿尔泰狗娃花	*Heteropappus altaicus*
816		旋覆花属	欧亚旋覆花	*Inula britanica*
817			旋覆花	*Inula japonica*
818			线叶旋覆花	*Inula lineariifolia*
819			蓼子朴	*Inula salsoloides*
820		小苦荬属	中华小苦荬	*Ixeridium chinense*
821			抱茎小苦荬	*Ixeridium sonchifolium*
822		马兰属	马兰	*Kalimeris indica*
823	菊科	花花柴属	花花柴	*Karelinia caspic*
824		山莴苣属	山莴苣	*Lagedium sibiricum*
825		火绒草属	美头火绒草	*Leontopodium calocephalum*
826			湿生美头火绒草	*Leontopodium calocephalum* var. *uliginosum*
827			火绒草	*Leontopodium leontopodioides*
828			长叶火绒草	*Leontopodium longifolium*
829			矮火绒草	*Leontopodium nanum*
830			绢茸火绒草	*Leontopodium souliei*
831			银叶火绒草	*Leontopodium smithianum*
832		橐吾属	齿叶橐吾	*Ligularia dentata*
833			大黄橐吾	*Ligularia duciformis*
834			蹄叶橐吾	*Ligularia fischeri*
835			鹿蹄橐吾	*Ligularia hodgsonii*
836			狭苞橐吾	*Ligularia intermedia*
837			沼生橐吾	*Ligularia lamarum*
838			侧茎橐吾	*Ligularia pleurocaule*
839			浅齿橐吾	*Ligularia potaninii*
840			掌叶橐吾	*Ligularia przewalskii*

（续）

序号	科	属	种	
			中文名	拉丁名
841			褐毛橐吾	*Ligularia purdomii*
842			箭叶橐吾	*Ligularia sagitta*
843		橐吾属	橐吾	*Ligularia sibirica*
844			离舌橐吾	*Ligularia virgaurea*
845			黄帚橐吾	*Ligularia veitchiana*
846		乳苣属	乳苣	*Mulgedium tataricum*
847		栉叶蒿属	栉叶蒿	*Neopallasia pectinata*
848		蟹甲草属	三角叶蟹甲草	*Parasenecio deltophyllus*
849			太白山蟹甲草	*Parasenecio pilgerianus*
850		蜂斗菜属	蜂斗菜	*Petasites japonicus*
851		毛连菜属	毛连菜	*Picris hieracioides*
852			草地风毛菊	*Saussurea amara*
853			达乌里风毛菊	*Saussurea davurica*
854			长毛风毛菊	*Saussurea hieracioides*
855			紫苞雪莲	*Saussurea iodostegia*
856		风毛菊属	重齿风毛菊	*Saussurea katochaete*
857			大耳叶风毛菊	*Saussurea macrota*
858	菊科		钝苞雪莲	*Saussurea nigrescens*
859			星状雪兔子	*Saussurea stella*
860			碱地风毛菊	*Saussurea runcinata*
861			索氏风毛菊	*Saussurea thoroldii*
862		鸦葱属	蒙古鸦葱	*Scorzonera mongolica*
863			琥珀千里光	*Senecio ambraceus*
864		千里光属	林荫千里光	*Senecio nemorensis*
865			千里光	*Senecio scandens*
866			天山千里光	*Senecio thianshanicus*
867		豨莶草属	豨莶	*Siegesbeckia orientalis*
868		华蟹甲属	华蟹甲（羽裂蟹甲草）	*Sinacalia tangutica*
869			苣荬菜	*Sonchus arvensis*
870		苦苣菜属	花叶滇苦菜	*Sonchus asper*
871			苦苣菜	*Sonchus oleraceus*
872		万寿菊属	万寿菊	*Tagetes erecta*
873			亚洲蒲公英	*Taraxacum asiaticum*
874		蒲公英属	华蒲公英	*Taraxacum borealisinense*
875			白花蒲公英	*Taraxacum mongolicum*
876			蒲公英	*Taraxacum leucanthum*

（续）

序号	科	属	种	
			中文名	拉丁名
877	菊科	狗舌草属	狗舌草	*Tephroseris kirilowii*
878		碱菀属	碱菀	*Tripolium vulgare*
879		款冬属	款冬	*Tussilago farfara*
880		苍耳属	苍耳	*Xanthium sibiricum*
881			刺苍耳	*Xanthium spinosum*
882		黄鹌菜属	黄鹌菜	*Youngia japonica*
883			碱黄鹌菜	*Youngia stenoma*
884	香蒲科	香蒲属	长苞香蒲	*Typha angustata*
885			水烛	*Typha angustifolia*
886			宽叶香蒲	*Typha latifolia*
887			无苞香蒲	*Typha laxmannii*
888			小香蒲	*Typha minima*
889			东方香蒲	*Typha orientalis*
890	黑三棱科	黑三棱属	小黑三棱	*Sparganium simplex*
891			黑三棱	*Sparganium stoloniferum*
892	眼子菜科	眼子菜属	钝叶菹草	*Potamogeton amblyophllus*
893			菹草	*Potamogeton crispus*
894			眼子菜	*Potamogeton distinctus*
895			光叶眼子菜	*Potamogeton lucens*
896			竹叶眼子菜	*Potamogeton malaianus*
897			浮叶眼子菜	*Potamogeton natans*
898			钝叶眼子菜	*Potamogeton obtusifolius*
899			帕米尔眼子菜	*Potamogeton pamiricus*
900			篦齿眼子菜	*Potamogeton pectinatus*
901			铺散眼子菜	*Potamogeton pectinatus* var. *diffuses*
902			穿叶眼子菜	*Potamogeton perfoliatus*
903			小眼子菜	*Potamogeton pusillus*
904	川蔓藻科	川蔓藻属	川蔓藻	*Ruppia maritima*
905	角果藻科	角果藻属	角果藻	*Zannichellia palustris*
906	水麦冬科	水麦冬属	海韭菜	*Triglochin palustre*
907			水麦冬	*Triglochin maritimum*
908	茨藻科	茨藻属	大茨藻	*Najas marina*
909			小茨藻	*Najas minor*
910	泽泻科	泽泻属	草泽泻	*Alisma gramineum*
911			东方泽泻	*Alisma orientale*

（续）

序号	科	属	种	
			中文名	拉丁名
912	泽泻科	慈姑属	野慈姑	*Sagittaria trifolia*
913			长瓣慈姑	*Sagittaria trifolia* f. *longiloba*
914			慈姑	*Sagittaria trifolia* var. *sinensis*
915	花蔺科	花蔺属	花蔺	*Butomus umbellatus*
916	禾本科	芨芨草属	醉马草	*Achnatherum inebrians*
917			芨芨草	*Achnatherum splendens*
918		獐毛属	小獐毛	*Aeluropus pungens*
919			獐毛	*Aeluropus sinensis*
920		剪股颖属	剪股颖	*Agrostis matsumurae*
921			多花剪股颖	*Agrostis myriantha*
922			疏花剪股颖	*Agrostis perlaxa*
923			甘青剪股颖	*Agrostis hugoniana*
924			巨序剪股颖（小糠草）	*Agrostis gigantean*（*Agrostis alba*）
925		看麦娘属	看麦娘	*Alopecurus aequalis*
926			苇状看麦娘	*Alopecurus arundinaceus*
927			大看麦娘	*Alopecurus pratensis*
928		荩草属	荩草	*Arthraxon hispidus*
929			匿芒荩草	*Arthraxon hispidus* var. *cryptatherus*
930			矛叶荩草	*Arthraxon lanceolatus*
931		燕麦属	野燕麦	*Avena fatua*
932		簕竹属	慈竹	*Bambusa affinis*
933		菵草属	菵草	*Beckmannia syzigachne*
934		孔颖草属	白羊草	*Bothriochloa ischaemum*
935		短柄草属	短柄草	*Brachypodium sylvaticum*
936		雀麦属	疏花雀麦	*Bromus remotiflorus*
937			大雀麦	*Bromus magnus*
938		拂子茅属	拂子茅	*Calamagrostis epigeios*
939			假苇拂子茅	*Calamagrostis pseudophragmites*
940		细柄草属	细柄草	*Capillipedium parviflorum*
941		沿沟草属	沿沟草	*Catabrosa aquatica*
942		虎尾草属	虎尾草	*Chloris virgata*
943		隐花草属	隐花草	*Crypsis aculeata*
944			蔺状隐花草	*Crypsis schoenoides*
945		狗牙根属	狗牙根	*Cynodon dactylon*
946		鸭茅属	鸭茅	*Dactylis glomerata*

（续）

序号	科	属	种	
			中文名	拉丁名
947	禾本科	发草属	发草	*Deschampsia caespitosa*
948			滨发草	*Deschampsia littoralis*
949			穗发草	*Deschampsia koelerioides*
950		野青茅属	野青茅	*Deyeuxia arundinacea*
951			大叶章	*Deyeuxia langsdorffii*
952		马唐属	止血马唐	*Digitaria ischaenum*
953			马唐	*Digitaria sanguinalis*
954		稗属	稗	*Echinochloa crusgalli*
955			无芒稗	*Echinochloa crusgalli* var. *mitis*
956			西来稗	*Echinochloa crusgalli* var. *zelayensis*
957			旱稗	*Echinochloa hispidula*
958		披碱草属	短颖披碱草	*Elymus burchan-buddae*
959			披碱草	*Elymus dahuricus*
960			肥披碱草	*Elymus excelsus*
961			垂穗披碱草	*Elymus nutans*
962			老芒麦	*Elymus sibiricus*
963			中华披碱草	*Elymus sinicus*
964		画眉草属	大画眉草	*Eragrostis cilianensis*
965		野黍属	野黍	*Eriochloa villosa*
966		箭竹属	华西箭竹	*Fargesia nitida*
967		羊茅属	微药羊茅	*Festuca nitidula*
968			羊茅	*Festuca ovina*
969		甜茅属	假鼠妇草	*Glyceria leptolepis*
970		异燕麦属	藏异燕麦	*Helictotrichon tibeticum*
971		大麦属	短芒大麦草	*Hordeum brevisubulatum*
972			紫大麦草	*Hordeum violaceum*
973		柳叶箬属	柳叶箬	*Isachne globosa*
974		以礼草属	大颖草	*Kengyilia granaiglumis*
975			硬秆以礼草	*Kengyilia rigidula*
976			窄颖以礼草	*Kengyilia stenachyra*
977		菭草属	菭草	*Koeleria cristata*
978			大花菭草	*Koeleria cristata* var. *pseudocristata*
979			芒菭草	*Koeleria litvinowii*
980		赖草属	窄颖赖草	*Leymus angustus*
981			羊草	*Leymus chinensis*

（续）

序号	科	属	种	
			中文名	拉丁名
982		赖草属	毛穗赖草	*Leymus paboanus*
983			赖草	*Leymussecalinus*
984		黑麦草属	黑麦草	*Lolium perenne*
985		求米草属	求米草	*Oplismenus undulatifolius*
986		稻属	水稻	*Oryza sativa* var. *japonica*
987		雀稗属	雀稗	*Paspalum thunbergii*
988		狼尾草属	白草	*Pennisetum centrasiaticum*
989		虉草属	虉草	*Phalaris arundinacea*
990		梯牧草属	高山梯牧草	*Phleum alpinum*
991			鬼蜡烛	*Phleum paniculatum*
992		芦苇属	芦苇	*Phragmites australis*
993		早熟禾属	白顶早熟禾	*Poa acroleuca*
994			早熟禾	*Poa annua*
995			疏花早熟禾	*Poa chalarantha*
996			草地早熟禾	*Poa pratensis*
997	禾本科		西藏早熟禾	*Poa tibetica*
998		棒头草属	棒头草	*Polypogon fugax*
999			长芒棒头草	*Polypogon monspeliensis*
1000		细柄茅属	细柄茅	*Ptilagrostis mongholica*
1001		碱茅属	朝鲜碱茅	*Puccinellia chinampoensis*
1002			碱茅	*Puccinellia distans*
1003			鹤甫碱茅	*Puccinellia hauptiana*
1004			微药碱茅	*Puccinellia micrandra*
1005			星星草	*Puccinellia tenuiflora*
1006		鹅观草属	垂穗鹅观草	*Roegneria nutans*
1007		甘蔗属	斑茅	*Saccharum arundinaceum*
1008		狗尾草属	金色狗尾草	*Setaria glauca*
1009			狗尾草	*Setaria viridis*
1010		针茅属	沙生针茅	*Stipa glareosa*
1011		荻属	荻	*Triarrhena sacchariflora*
1012		菰属	菰	*Zizania latifolia*
1013		扁穗草属	华扁穗草	*Blysmus sinocompressus*
1014	莎草科	球穗镳草属	球穗镳草	*Bolboschoenus popovii*
1015		薹草属	北疆薹草	*Carex arcatica*
1016			干生薹草	*Carex aridula*

（续）

序号	科	属	种	
			中文名	拉丁名
1017			青绿薹草	*Carex breviculmis*
1018			亚澳薹草	*Carex brownii*
1019			褐果薹草	*Carex brunnea*
1020			丛薹草	*Carex caespitosa*
1021			细秆薹草	*Carex capillaris*
1022			绿穗薹草	*Carex chlorostachys*
1023			扁囊薹草	*Carex coriophora*
1024			浪淘殿薹草	*Carex coriophora* subsp. *langtaodianensis*
1025			黑褐穗薹草	*Carex coriophora* subsp. *minor*
1026			寸草	*Carex duriuscula*
1027			白颖薹草	*Carex duriuscula* subsp. *rigescens*
1028			细叶薹草	*Carex duriuscula* subsp. *stenophylloides*
1029			无芒薹草	*Carex earistata*
1030			无脉薹草	*Carex enervis*
1031			箭叶薹草	*Carex ensifolia*
1032	莎草科	薹草属	丝秆薹草	*Carex filamentosa*
1033			穹隆薹草	*Carex gibba*
1034			叉齿薹草	*Carex gotoi*
1035			大舌薹草	*Carex grandiligulata*
1036			点叶薹草	*Carex hancockiana*
1037			亨氏薹草	*Carex henryi*
1038			异穗薹草	*Carex heterostachya*
1039			长安薹草	*Carex heudesii*
1040			日本薹草	*Carex japonica*
1041			甘肃薹草	*Carex kansuensis*
1042			膨囊薹草	*Carex lehmanii*
1043			尖嘴薹草	*Carex leiorhyncha*
1044			二柱薹草卵囊薹草	*Carex lithophila*
1045			长密花穗薹草	*Carex longispiculata*
1046			城口薹草	*Carex luctuosa*
1047			玛曲薹草	*Carex maquensis*
1048			青藏薹草	*Carex muliensis*
1049			木里薹草	*Carex moorcroftii*
1050			翼果薹草	*Carex neurocarpa*
1051			云雾薹草	*Carex nubigena*

（续）

序号	科	属	种	
			中文名	拉丁名
1052			针叶薹草	*Carex onoei*
1053			圆囊薹草	*Carex orbicularis*
1054			帕米尔薹草	*Carex pamirensis*
1055			小薹草	*Carex parva*
1056			红棕薹草	*Carex przewalski*
1057			似莎薹草	*Carex pseudo-cyperus*
1058		薹草属	鳞秕果薹草	*Carex ramentaceofructus*
1059			丝引薹草	*Carex remotiuscula*
1060			粗脉薹草	*Carex ruguloda*
1061			糙喙薹草	*Carex scabrirostris*
1062			仙台薹草	*Carex sendaica*
1063			山丹薹草	*Carex shandanica*
1064			陕西薹草	*Carex ussuriensis*
1065			乌苏里薹草	*Carex shanxiensis*
1066			风车草	*Cyperus alternifolius* subsp. *flabelliformis*
1067			阿穆尔莎草	*Cyperus amuricus*
1068			扁穗莎草	*Cyperus compressus*
1069	莎草科		异型莎草	*Cyperus difformis*
1070		莎草属	褐穗莎草	*Cyperus fuscus*
1071			北莎草	*Cyperus fuscus* f. *virescens*
1072			头状穗莎草	*Cyperus glomeratus*
1073			碎米莎草	*Cyperus iria*
1074			具芒碎米莎草	*Cyperus microiria*
1075			香附子	*Cyperus rotundus*
1076			荸荠	*Heleocharis dulcis*
1077			中间型荸荠	*Heleocharis intersita*
1078		荸荠属	具刚毛荸荠	*Heleocharis valleculosa* f. *setosa*
1079			羽毛荸荠	*Heleocharis wichurai*
1080			牛毛毡	*Heleocharis yokoscensis*
1081		飘拂草属	两歧飘拂草	*Fimbristylis dichotoma*
1082			水虱草	*Fimbristylis miliacea*
1083		水莎草属	水莎草	*Juncellus serotinus*
1084			线叶嵩草	*Kobresia capillifolia*
1085		嵩草属	截形嵩草	*Kobresia cuneata*
1086			甘肃嵩草	*Kobresia kansuensis*

（续）

序号	科	属	和	
			中文名	拉丁名
1087			大花嵩草	*Kobresia macrantha*
1088			裸果嵩草	*Kobresia macrantha* var. *nudicarpa*
1089			嵩草	*Kobresia myosuroides*
1090		嵩草属	高原嵩草	*Kobresia pusilla*
1091			粗壮嵩草	*Kobresia robusta*
1092			四川嵩草	*Kobresia setchwanensis*
1093			西藏嵩草	*Kobresia tibetica*
1094			短轴嵩草	*Kobresia vidua*
1095		水蜈蚣属	短叶水蜈蚣	*Kyllinga brevifolia*
1096			光鳞水蜈蚣	*Kyllinga brevifolia* var. *leiolepis*
1097		砖子苗属	砖子苗	*Mariscus umbellatus*
1098			小球穗扁莎	*Pycreus globosus* var. *nilagiricus*
1099		扁莎草属	直球穗扁莎	*Pycreus globosus* var. *strictus*
1100	莎草科		红鳞扁莎	*Pycreus sanguinolentus*
1101			红缘扁莎草	*Pycreus sanguinolentus* f. *rubro-marginatus*
1102			双柱头蔍草	*Scirpus distigmaticus*
1103			萤蔺	*Scirpus juncoides*
1104			扁杆蔍草	*Scirpus planiculmis*
1105			矮蔍草	*Scirpus pumilus*
1106			百球蔍草	*Scirpus rosthornii*
1107			细杆蔍草	*Scirpus setaceus*
1108		蔍草属	球穗蔍草	*Scirpus strobilinus*
1109			羽状刚毛蔍草	*Scirpus subulatus*
1110			朔北林生蔍草	*Scirpus sylvaticus* var. *maximowiczii*
1111			水毛花	*Scirpus validus*
1112			蔍草	*Scirpus triqueter*
1113			水葱	*Scirpus triangulates*
1114	棕榈科	棕榈属	棕榈	*Trachycarpus fortunei*
1115			象南星	*Arisaema elephas*
1116	天南星科	天南星属	一把伞南星	*Arisaema erubescens*
1117			宽叶一把伞南星	*Arisaema erubescens* f. *latisectum*
1118		犁头尖属	独角莲	*Typhonium giganteum*
1119			菖蒲	*Acorus alamus*
1120	菖蒲科	菖蒲属	金钱蒲	*Acorus gramineus*
1121			石菖蒲	*Acorus tatarinowii*

（续）

序号	科	属	种	
			中文名	拉丁名
1122	浮萍科	浮萍属	浮萍	*Lemna minor*
1123			品藻	*Lemna trisulca*
1124		紫萍属	紫萍	*Spirodela polyrrhiza*
1125		芜萍属	芜萍	*Wolffia arrhiza*
1126	谷精草科	谷精草属	白药谷精草	*Eriocaulon sieboldianum*
1127	鸭跖草科	鸭跖草属	火柴头	*Commelina benghalensis*
1128			鸭跖草	*Commelina communis*
1129		竹叶子属	竹叶子	*Streptolirion volubile*
1130	雨久花科	雨久花属	鸭舌草	*Monochoria vaginalis*
1131	灯芯草科	灯芯草属	翅茎灯芯草	*Juncus alatus*
1132			葱状灯芯草	*Juncus allioides*
1133			走茎灯芯草	*Juncus amplifolius*
1134			小花灯芯草	*Juncus articulatus* var. *senescens*
1135			小灯芯草	*Juncus bufonius*
1136			栗花灯芯草	*Juncus castaneus*
1137			葱状灯芯草	*Juncus concinnus*
1138			星花灯芯草	*Juncus diastrophanthus*
1139			灯芯草	*Juncus effusus*
1140			细灯芯草	*Juncus gracillimus*
1141			片髓灯芯草	*Juncus inflexus*
1142			喜马灯芯草	*Juncus himalensis*
1143			分枝丝灯芯草	*Juncus luzuliformis* var. *modestus*
1144			单枝丝灯芯草	*Juncus luzuliformis* var. *potaninii*
1145			多花灯芯草	*Juncus modicus*
1146			长柱灯芯草	*Juncus przewalskii*
1147			拟灯芯草	*Juncus thomsonii*
1148			展苞灯芯草	*Juncus setchuensis* var. *effusoides*
1149		地杨梅属	多花地杨梅	*Luzula campestris* var. *multiflora*
1150			散穗地杨梅	*Luzula effusa*
1151			羽毛地杨梅	*Luzula plumosa*
1152	百合科	大百合属	大百合	*Cardiocrinum giganteum*
1153		贝母属	川贝母	*Fritillaria cirrhosa*
1154		百合属	野百合	*Lilium brownii*
1155	重楼科	重楼属	重楼	*Paris polyphylla*
1156			北重楼	*Paris verticillata*

（续）

序号	科	属	种	
			中文名	拉丁名
1157	萱草科	萱草属	北黄花菜	*Hemerocallis lilio-asphodelus*
1158			小黄花菜	*Hemerocallis minor*
1159	天门冬科	天门冬属	戈壁天门冬	*Asparagus gobicus*
1160			西北天门冬	*Asparagus persicus*
1161	铃兰科	铃兰属	铃兰	*Convallaria majalis*
1162		山麦冬属	土麦冬	*Liriope spicata*
1163			禾叶土麦冬	*Liriope graminifolia*
1164		沿阶草属	沿阶草	*Ophiopogon bodinieri*
1165			麦冬	*Ophiopogon japonicus*
1166		黄精属	卷叶黄精	*Polygonatum cirrhifolium*
1167			大苞黄精	*Polygonatum megaphyllum*
1168			玉竹	*Polygonatum odoratum*
1169			轮叶黄精	*Polygonatum verticillatum*
1170		鹿药属	管花鹿药	*Smilacina henryi*
1171			鹿药	*Smilacina japonica*
1172	葱科	葱属	蓝花韭	*Allium beesianum*
1173			镰叶韭	*Allium carolinianum*
1174			野葱	*Allium chrysanthum*
1175			天蓝韭	*Allium cyaneum*
1176			卵叶韭	*Allium ovalifolium*
1177			滩地韭	*Allium oreoprasum*
1178	石蒜科	石蒜属	忽地笑	*Lycoris aurea*
1179	薯蓣科	薯蓣属	穿龙薯蓣	*Dioscorea nipponica*
1180			薯蓣	*Dioscorea opposita*
1181	鸢尾科	射干属	射干	*Belamcanda chinensis*
1182		鸢尾属	锐果鸢尾	*Iris goniocarpa*
1183			喜盐鸢尾	*Iris halophila*
1184			马蔺	*Iris wilsonii*
1185			黄花鸢尾	*Iris lactea* var. *chinensis*
1186	芭蕉科	芭蕉属	芭蕉	*Musa basjoo*
1187	兰科	无柱兰属	一花无柱兰	*Amitostigma monanthum*
1188		虾脊兰属	箭叶虾脊兰	*Calanthe davidii*
1189		杜鹃兰属	杜鹃兰	*Cremastra appendiculata*
1190		杓兰属	扇脉杓兰	*Cypripedium japonicum*
1191		火烧兰属	小花火烧兰	*Epipactis helleborine*

（续）

序号	科	属	种	
			中文名	拉丁名
1192	兰科	手参属	手参	*Gymnadenia conopsea*
1193			西南手参	*Gymnadenia orchidis*
1194		玉凤花属	粉叶玉凤花	*Habenaria glaucifolia*
1195		角盘兰属	角盘兰	*Herminium monorchis*
1196		沼兰属	沼兰	*Malaxis monophyllos*
1197		兜被兰属	兜被兰	*Neottianthe cucullata*
1198		红门兰属	广布红门兰	*Orchis chusua*
1199			宽叶红门兰	*Orchis latifolia*
1200		舌唇兰属	二叶舌唇兰	*Platanthera chlorantha*
1201		独蒜兰属	独蒜兰	*Pleione bulbocodioides*
1202		绶草属	绶草	*Spiranthes sinensis*

注：本名录为分布于甘肃省湿地的植物名录，植物名录主要包括：

1. 甘肃省第二次全国湿地资源调查的 34 个重点湿地区采集到的植物；

2. 《中国湿地植物初录》《中国常见湿地植物》《中国湿地及其植物与植被》《秦岭植物志》等文献资料记载在甘肃分布于湿地的植物；

3. 各湿地保护区科考报告记载分布于湿地的植物；

4. 在一般调查区域内分布但未在甘肃省第二次全国湿地资源调查过程中采集到的植物。

本名录中苔藓植物科采用陈邦杰等（1963，1978）系统排列，蕨类植物科采用秦仁昌（1978）系统排列，裸子植物科采用郑万钧（1979）系统排列，被子植物科采用 Engler（1964）系统排列，科内各属、种均按照学名字母顺序排列。

附录 2　甘肃湿地调查区域动物名录

序　号	目	科	种	
			中文名	拉丁名
一、脊椎动物				
(一)鱼类				
1	鲑形目	鲑科	秦岭细鳞鲑	*Brachymystax lenok*
2			中华花鳅	*Cobitis sinensis*
3			北方花鳅	*Cobitis granoei*
4			泥鳅	*misgurnus anguillicaudatus*
5			大鳞副泥鳅	*Parami dabryarus*
6			中华沙鳅	*Botia superciliaris*
7			长薄鳅	*Leptobotia elongata*
8			红唇薄鳅	*Leptobotia rubrilabris*
9			斑纹副鳅	*Paracobitis variegates*
10			短体副鳅	*Paracobitis potanini*
11			岷县高原鳅	*Triplophysa minxianansis*
12			背斑高原鳅	*Triplophysa dorsonotata*
13			壮体高原鳅	*Triplophysa robusta*
14			达里湖高原鳅	*Triplophysa dalaica*
15		鳅科	黄河高原鳅	*Triplophysa pappenheimi*
16			似鲶高原鳅	*Triplophysa siluroides*
17	鲤形目		东方高原鳅	*Triplophysa kungessana*
18			硬刺高原鳅	*Triplophysa scleroptera*
19			拟硬鳍高原鳅	*Triplophysa pseudoscleroptera*
20			小眼高原鳅	*Triplophysa microps*
21			石羊河高原鳅	*Triplophysa shiyangensis*
22			短尾高原鳅	*Triplophysa brevicauda*
23			武威高原鳅	*Triplophysa wuweiensis*
24			黑体高原鳅	*Triplophysa obscura*
25			重穗唇高原鳅	*Triplophysa papillosolabiatus*
26			梭形高原鳅	*Triplophysa leptosoma*
27			酒泉高原鳅	*Triplophysa hsutschouensis*
28			新疆高原鳅	*Triplophysa strauchii*
29			大鳍鼓鳔鳅	*Hedinichthys yarkandensis*
30		鲤科	中华细鲫	*Aphyocypris chinensis*
31			马口鱼	*Opsariichthys bidens*

（续）

序 号	目	科	种	
			中文名	拉丁名
32			宽鳍鱲	*Zacco platypus*
33			拉氏鲅	*Phoxinus lagowskii*
34			东北雅罗鱼	*Leuciscus waleckii*
35			黄河雅罗鱼	*Leuciscus chuanchicus*
36			鳡鱼	*Elopichthys bambusa*
37			草鱼	*Ctenopharyngodon idellus*
38			圆吻鲴	*Distoechodon tumirostris*
39			赤眼鳟	*Squaliobarbus curriculus*
40			鳙	*Aristichthys nobilis*
41			鲢鱼	*Hypophthalmichthys molitrix*
42			餐条	*Hemicculter Leuciclus*
43			团头鲂	*megalobram amblycephala*
44			鳊	*Parabramis pekinensis*
45			唇鱼骨	*Hemibarbus labeo*
46			花鱼骨	*Hemibarbus maculates*
47			刺鮈	*Acanthogobio guentheri*
48			似鱼骨	*Belligobio nummifer*
49	鲤形目	鲤科	麦穗鱼	*Pseudorasbora parva*
50			点纹颌须鮈	*Cnathopogon wolterstorffi*
51			短须颌须鮈	*Cnathopogon imberbis*
52			黄河鮈	*Gobio huanghensis*
53			似铜鮈	*Gobio coriparoides*
54			北方铜鱼	*Coreius septemntrionalis*
55			圆筒吻鮈	*Rhinogobio cylindricus*
56			大鼻吻鮈	*Rhinogobio nasutus*
57			蛇鮈	*Saurogobio dabryi*
58			裸腹片唇鮈	*Plotysmacheilus nudiventris*
59			清徐胡鮈	*Huigobio chinssuensis*
60			棒花鱼	*Abbottina rivularis*
61			异鳔鳅鲩	*Gobiobotia boulengeri*
62			宜昌鳅鲩	*Gobiobotia ichangensin*
63			平鳍鳅鲩	*Gobiobotia homalopteroides*
64			刺鲃	*Barbodes caldwelli*
65			中华倒刺鲃	*Barbodes sinensis*
66			宽口光唇鱼	*Acrossocheilus monticola*

（续）

序　号	目	科	种	
			中文名	拉丁名
67	鲤形目	鲤科	多鳞铲颌鱼	*varicorhinus mccrolepis*
68			白甲鱼	*varicorhinus simus*
69			四川白甲鱼	*varicorhinus angustistomatus*
70			瓣结鱼	*Tor brevifilis*
71			华鲮	*Similabeo rendchli*
72			厚唇裸重唇鱼	*Gymnodiptychus pachycheilus*
73			渭河裸重唇鱼	*Gymnodiptychus pachycheilus weiheensis*
74			极边扁咽齿鱼	*Platypharodon extremus*
75			花斑裸鲤	*Gymnocypris eckloni*
76			祁连山裸鲤	*Gymnocypris gymnocypris chilianesis*
77			黄河裸裂尻鱼	*Schizopygopsis pylzori*
78			嘉陵裸裂尻鱼	*Schizopygopsis kialingensis*
79			重口裂腹鱼	*Schizothorax davidi*
80			齐口裂腹鱼	*Schizothorax prenanti*
81			中华裂腹鱼	*Schizothorax sinensis*
82			四川裂腹鱼	*Schizothorax kozlovi*
83			骨唇黄河鱼	*Chuanchia labiosa*
84			鲤	*Cyprinus carpio*
85			鲫	*Carassius auratus*
86			中华鳑鲏	*Rhodeus sinensis*
87		平鳍鳅科	犁头鳅	*Lepturichtys fimbriata*
88			短身间吸鳅	*Hemimyzon abbreviata*
89			四川华吸鳅	*Sinogastromyzon szechuanensis*
90			峨嵋后平鳅	*Metahomaloptera omeiensis*
91	鲶形目	鲶科	鲶	*Silurus asotus*
92			兰州鲶	*Silurus lanzhouensis*
93		鲿科	黄颡鱼	*Pelteobagrus fulvidraco*
94			瓦氏黄颡鱼	*Pelteobagrus vachelli*
95			粗唇鮠	*Leiocassis crassilabris*
96			叉尾鮠	*Leiocassis tenuifurcatus*
97			短尾拟鲿	*Pseudobagrus brevicaudatus*
98			中臀拟鲿	*Pseudobagrus medianalis*
99			乌苏拟鲿	*Pseudobagrus ussuriensis*
100			大鳍鳠	*Mystus macropterus*
101		钝头鮠科	白缘䱀	*Liobagrus marginatus*

（续）

序 号	目	科	种	
			中文名	拉丁名
102	鲶形目	鮡科	中华纹胸鮡	*Glyptothorax sinense*
103			中华鮡	*Pareuchiloglanis sinensis*
104			前臀鮡	*Pareuchiloglanis anteanalis*
105			扁头鮡	*Pareuchiloglanis kamengensis*
106	鳉形目	青鳉科	青鳉	*Oryzias latipes*
107	合腮鱼目	合鳃鱼科	黄鳝	*Monopterus albus*
108	鲈形目	塘鳢科	黄鱼幼鱼	*Hypseleotris swinhonis*
109		鰕虎鱼科	波氏栉鰕虎鱼	*Ctenogobius cliffordpopei*
110			子陵栉鰕虎鱼	*Ctenogobius giurinus*
(二)两栖类				
1	有尾目	小鲵科	西藏山溪鲵	*Batrachuperus tibetanus*
2		隐鳃鲵科	大鲵	*Megalobatrachus davidianus*
3		蝾螈科	细痣疣螈	*Tylototriton asperrimus*
4	无尾目	锄足蟾科	北方齿突蟾	*Scutiger boulengeri*
5			宁陕齿突蟾	*Scutige ningshanensis*
6			胸腺猫眼蟾	*Scutiger glandulatus*
7			川北齿蟾	*Oredalax Chuanbeiensis*
8			凉北齿蟾	*Oredalax lianbeiensis*
9			大齿蟾	*Oredalax major*
10		蟾蜍科	华西蟾蜍	*Bufo andrewsi*
11			中华蟾蜍	*Bufo gargarizans*
12			花背蟾蜍	*Bufo raddei*
13			岷山蟾蜍	*Bufo minshanicus*
14		角蟾科	角蟾	*Megophrys wushaesis*
15		盘舌蟾科	峨山掌突蟾	*Leptolalax Poshanensis*
16		雨蛙科	秦岭雨蛙	*Hyla tsinlingensis*
17		蛙科	棘腹蛙	*Rana boulengeri*
18			中国林蛙	*Rana chensinensis*
19			日本林蛙	*Rana japonica*
20			泽蛙	*Rana limnocharis*
21			黑斑蛙	*Rana nigromaculata*
22			隆肛蛙	*Rana quadranus*
23			绿臭蛙	*Rana margaratae*
24			花臭蛙	*Rana schmackeri*
25			倭蛙	*Nanorana pleskei*

（续）

序　号	目	科	种	
			中文名	拉丁名
26	无尾目	蛙科	崇安湍蛙	*Staurois chunganensis*
27			四川湍蛙	*Staurois mantzorum*
28		树蛙科	斑腿树蛙	*Rhacophorus leucomystax*
29		姬蛙科	北方狭口蛙	*Kaloula borealia*
30			饰纹姬蛙	*Microhyla ornata*
31			花姬蛙	*Microhyla pulchra*

（三）鸟类

1	龟鳖目	龟科	乌龟	*Chiemys reevesii*
2		鳖科	中华鳖	*Trionyx sinensis*

（四）爬行类

1	䴙䴘目	䴙䴘科	小䴙䴘	*Tachybaptus ruficollis*
2			黑颈䴙䴘	*Podiceps nigricollis*
3			凤头䴙䴘	*Podiceps cristatus*
4			赤颈䴙䴘	*Podiceps grisegena*
5	鹈形目	鹈鹕科	白鹈鹕	*Pelecanus onocrotalus*
6		鸬鹚科	普通鸬鹚	*Phalacrocorax carbo*
7	鹳形目	鹭科	苍鹭	*Ardea cinerea*
8			草鹭	*Ardea purpurea*
9			绿鹭	*Butorides striatus*
10			池鹭	*Ardeola bacchus*
11			牛背鹭	*Bubulcus ibis*
12			大白鹭	*Egretta alba*
13			白鹭	*Egretta garzetta*
14			中白鹭	*Egretta intermedia*
15			夜鹭	*Nycticorax nycticorax*
16			黄苇鳽	*Ixobrychus sinensis*
17			栗苇鳽	*Ixobrychus cinnamomeus*
18			黑鳽	*Ixobrychus flavicollis*
19			大麻鳽	*Botaurus stellaris*
20		鹳科	黑鹳	*Ciconia nigra*
21		鹮科	白琵鹭	*Platalea leucorodia*
22	雁形目	鸭科	豆雁	*Anser fabalis*
23			灰雁	*Anser anser*
24			斑头雁	*Anser indicus*
25			大天鹅	*Cygnus Cygnus*

（续）

序号	目	科	种	
			中文名	拉丁名
26	雁形目	鸭科	小天鹅	*Cygnus columbianus*
27			赤麻鸭	*Tadorna ferruginea*
28			翘鼻麻鸭	*Tadorna tadorna*
29			针尾鸭	*Anas acuta*
30			绿翅鸭	*Anas crecca*
31			罗纹鸭	*Anas falcata*
32			绿头鸭	*Anas platyrhynchos*
33			斑嘴鸭	*Anas poecilorhyncha*
34			赤膀鸭	*Anas strepera*
35			赤颈鸭	*Anas Penelope*
36			白眉鸭	*Anas querquedula*
37			琵嘴鸭	*Anas clypeata*
38			赤嘴潜鸭	*Netta rufina*
39			红头潜鸭	*Aythya ferina*
40			白眼潜鸭	*Aythya nyroca*
41			青头潜鸭	*Aythya baeri*
42			凤头潜鸭	*Aythya fuligula*
43			鸳鸯	*Aix galericulata*
44			棉凫	*Nettapus coromandelianus*
45			长尾鸭	*Clangula hyemal*
46			鹊鸭	*Bucephala clangula*
47			斑头秋沙鸭	*mergus albellus*
48			红胸秋沙鸭	*mergus serrator*
49			普通秋沙鸭	*mergus merganser*
50	隼形目	鹰科	鹗	*Pandion haliaetus*
51	鹤形目	鹤科	灰鹤	*Grus grus*
52			黑颈鹤	*Grus nigricollis*
53			蓑羽鹤	*Anthropoides virgo*
54		秧鸡科	普通秧鸡	*Rallus aquaticus*
55			小田鸡	*Porzana pusilla*
56			红胸田鸡	*Porzana fusca*
57			白胸苦恶鸟	*Amaurornis phoenicurus*
58			黑水鸡	*Gallinula chloropus*
59			白骨顶	*Fulica atra*
60	鸻形目	鸻科	凤头麦鸡	*Vanellus vanellus*

（续）

序　号	目	科	种	
			中文名	拉丁名
61		鸻科	灰斑鸻	*Pluvialis squatcrola*
62			金斑鸻	*Pluvialisdominica*
63			剑鸻	*Charadrius hiaticula*
64			金眶鸻	*Charadrius dubius*
65			环颈鸻	*Charadrius alexandrinus*
66			蒙古沙鸻	*Charadrius mongolus*
67			铁嘴沙鸻	*Charadrius leschenaultia*
68		鹬科	白腰杓鹬	*Numenius arquata*
69			红腰杓鹬	*Numenius madagascariensis*
70			黑尾塍鹬	*Limosa limosa*
71			红脚鹤鹬	*Tringa erythropus*
72			红脚鹬	*Tringa tetanus*
73			泽鹬	*Tringa stagnatilis*
74			青脚鹬	*Tringa nebularia*
75			白腰草鹬	*Tringa ochropus*
76			林鹬	*Tringa glareola*
77			灰鹬	*Tringa incana*
78	鸻形目		矶鹬	*Tringa hypoleucos*
79			翻石鹬	*Arenaria interpres*
80			孤沙锥	*Gallinago solitaria*
81			针尾沙锥	*Gallinago stenura*
82			扇尾沙锥	*Gallinago gallinago*
83			丘鹬	*Scolopax rusticola*
84			姬鹬	*Lymnocryptes minimus*
85			红胸滨鹬	*Calidris ruficollis*
86			长趾滨鹬	*Calidris subminuta*
87			乌脚滨鹬	*Calidris temminckii*
88			尖尾滨鹬	*Calidris acuminate*
89			弯嘴滨鹬	*Calidris ferruginea*
90			三趾滨鹬	*Crocethia alba*
91		反嘴鹬科	鹮嘴鹬	*Ibidorhyncha struthersii*
92			黑翅长脚鹬	*Himantopus himantopus*
93			反嘴鹬	*Recurvirostra arosetta*
94		瓣蹼鹬科	红颈瓣蹼鹬	*Phalaropus lobctus*
95		燕鸻科	普通燕鸻	*Glareola maldivarum*

（续）

序 号	目	科	种	
			中文名	拉丁名
96	鸥形目	贼鸥科	中贼鸥	*Stercorarius pomarinus*
97		鸥科	黑尾鸥	*Larus crassirostris*
98			（黄脚）银鸥	*Larus argenatus cachinnans*
99			渔鸥	*Larus ichthyaetus*
100			遗鸥	*Larus relictus*
101			红嘴鸥	*Larus ridibundus*
102			棕头鸥	*Larus brunnicephalus*
103			三趾鸥	*Rissa tridactyla*
104			须浮鸥	*Chlidonias hybrida*
105			普通燕鸥	*Sterna hirundo*
106	鸮形目	鸱鸮科	毛脚鱼鸮	*Ketupa flavipes*
107	佛法僧目	翠鸟科	冠鱼狗	*Ceryle lugubrus*
108			普通翠鸟	*Alcedo atthis*
109			蓝翡翠	*Halcyon pileata*
（五）哺乳类				
1	食肉目	鼬科	水獭	*Lutra lutra*
二、无脊椎动物				
（一）腹足类				
1	中腹足目	田螺科	中国圆田螺	*Cipangopaludina chinensis*
2			中华圆田螺	*Cipangopaludina cahayensis*
3		觿螺科	泥泞拟钉螺	*Tricula humida*
4			长角涵螺	*Alocinma longicornis*
5			纹沼螺	*Parafossarulus striatulus*
6			瘤拟黑螺	*Melanoides tuberculata*
7		黑螺科	瘤拟黑螺	*Melanoides tuberculata*
8	基眼目	椎实螺科	耳萝卜螺	*Radix auricularia*
9			折叠萝卜螺	*Radix plicatula*
10			小土蜗	*Galba pervia*
11		扁卷螺科	半球多脉扁螺	*Polypylis hemisphaerula*
（二）瓣鳃类				
1	真瓣鳃目	蚌科	圆顶珠蚌	*Unio douglasiae*
2			背角无齿蚌	*Anodonta woodiana*
3		蚬科	河蚬	*Corbicula fluminea*
（三）甲壳类				
1	端足目	钩虾科	钩虾	*Gammarus* sp.
2		跳钩虾科	跳钩虾	*Orchestia* sp.

（续）

序　号	目	科	种	
			中文名	拉丁名
3		长臂虾科	祁连沼虾	*Macrobrachium qilianensis*
4	十足目	溪蟹科	长江华溪蟹	*Sinopotamon yangtsekiense*
5			陕西华溪蟹	*Sinopotamon shensiense*

附录3 甘肃重点调查湿地概况

1. 甘肃尕海则岔国家级自然保护区

甘肃尕海则岔国家级自然保护区重点调查湿地范围面积24.74万公顷，湿地面积5.77万公顷，主要湿地类型为沼泽湿地和湖泊湿地(湖泊为淡水)。地理坐标为东经102°05′00″~102°47′39″，北纬33°58′12″~34°32′16″，位于碌曲县内。

湿地高等植物59科176属342种。国家重点保护野生植物2种，其中国家Ⅱ级保护野生植物2种。没有记录到外来物种。

湿地植被划分为4个植被型组，6个植被型，24个群系。

脊椎动物16目22科70种。其中，鱼类1目2科9种，两栖类2目4科5种，爬行类1目1科1种，鸟类8目14科54种，哺乳类1目1科1种。

国家重点保护野生动物6种。其中，国家Ⅰ级保护野生动物2种，国家Ⅱ级保护野生动物4种。在国家重点保护野生动物中，湿地鸟类5种，其中国家Ⅰ级保护鸟类2种，国家Ⅱ级保护鸟类3种。

没有记录到外来动物物种。

于1982年建立省级自然保护区，1988年晋升为国家级自然保护区，受林业部门管理，成立了正县级管理机构。

主要受超载过牧、沙化、盐渍化威胁。

2. 敦煌西湖国家级自然保护区

敦煌西湖国家级自然保护区重点调查湿地范围面积66万公顷，湿地面积为9.65万公顷，主要湿地类型为沼泽湿地和河流湿地。地理坐标为东经92°45′~93°50′，北纬39°45′~40°36′；位于敦煌市内。

湿地高等植物17科52属67种。没有记录到外来物种。

湿地植被划分为3个植被型组，4个植被型，12个群系。

脊椎动物9目18科67种。其中，鱼类1目2科8种，两栖类1目2科2种，鸟类7目14科57种。

国家重点保护野生动物6种。其中，国家Ⅰ级保护野生动物1种，国家Ⅱ级保护野生动物5种。在国家重点保护野生动物中，湿地鸟类6种，其中国家Ⅰ级保护鸟类1种，国家Ⅱ级保护鸟类5种。

没有记录到外来动物物种。

敦煌西湖国家及自然保护区于1992年建立省级自然保护区，2003年晋升为国家级自然保护区，受林业部门管理，成立了正县级管理机构。

主要受到水位下降、自然灾害、土地沙漠化、鼠害威胁。

3. 黄河首曲省级自然保护区

黄河首曲省级自然保护区重点调查湿地范围面积 37.5 万公顷，湿地面积为 11.42 万公顷，主要湿地类型为沼泽湿地和河流湿地。地理坐标为东经 100°45′~102°29′，北纬 33°06′~34°30′；位于玛曲县内。

湿地高等植物 62 科 201 属 366 种。国家重点保护野生植物 1 种，国家 Ⅱ 级保护野生植物 1 种。

没有记录到外来植物物种。

湿地植被划分为 2 个植被型组，3 个植被型，20 个群系。

脊椎动物 13 目 18 科 54 种。其中，鱼类 2 目 3 科 20 种，两栖类 3 目 3 科 5 种，鸟类 8 目 12 科 29 种。

国家重点保护野生动物 1 种。其中，国家 Ⅰ 级保护野生动物 1 种。在国家重点保护野生动物中，湿地鸟类 1 种，其中国家 Ⅰ 级保护鸟类 1 种，国家 Ⅱ 级保护鸟类 2 种。没有记录到外来动物物种。

黄河首曲省级自然保护区于 1995 年建立省级自然保护区，受玛曲县政府管理，成立了正科级管理机构。

首曲湿地受威胁状况等级为安全。

4. 黄河三峡省级自然保护区

黄河三峡省级自然保护区重点调查湿地范围面积 1.9 万公顷，湿地面积为 1.45 万公顷，主要湿地类型为河流湿地。地理坐标为东经 102°58′~103°23′，北纬 35°47′~36°07′，位于永靖县内。

湿地高等植物 42 科 109 属 166 种。没有记录到外来植物物种。

湿地植被划分为 4 个植被型组，6 个植被型，13 个群系。

脊椎动物纲 13 目 20 科 73 种。其中，鱼类 3 目 5 科 24 种，两栖类 2 目 3 科 3 种，鸟类 8 目 12 科 46 种。

国家重点保护野生动物 2 种。其中，国家 Ⅱ 级保护野生动物 2 种。在国家重点保护野生动物中，湿地鸟类 2 种，国家 Ⅱ 级保护鸟类 2 种。

没有记录到外来动物物种。

于 1995 年建立省级自然保护区，与县林业局合署办公。

主要受到泥沙淤积威胁。

5. 大苏干湖省级候鸟自然保护区

大苏干湖省级候鸟自然保护区重点调查湿地范围面积 7.43 万公顷，湿地面积为 5.19 万公顷，主要湿地类型为沼泽和湖泊湿地。地理坐标为东经 93°47′15″~94°07′59″，北纬 38°45′20″~38°57′31″；位于阿克塞哈萨克族自治县内。

湿地高等植物 19 科 47 属 63 种。没有记录到外来植物物种。

湿地植被划分为 2 个植被型组，4 个植被型，10 个群系。

脊椎动物纲 16 目 31 科 48 种。其中，鱼类 1 目 1 科 1 种，鸟类 8 目 12 科 47 种。

国家重点保护野生动物 8 种。其中，国家 I 级保护野生动物 3 种，国家 II 级保护野生动物 5 种。在国家重点保护野生动物中，湿地鸟类 8 种，其中国家 I 级保护鸟类 3 种，国家 II 级保护鸟类 5 种。

没有记录到外来动物物种。

于 1982 年建立大苏干湖省级候鸟自然保护区，受阿克塞哈萨克族自治县人民政府管理，成立了科级管理机构。

主要受到生物资源过度利用、水资源过度开发，物种生态环境恶化威胁。

6. 小苏干湖省级候鸟自然保护区

小苏干湖省级候鸟自然保护区重点调查湿地范围面积 3.51 万公顷，湿地面积为 3.43 万公顷，主要湿地类型为沼泽和湖泊湿地。地理坐标为东经 94°07′59″ ~ 94°12′08″，北纬 38°56′51″ ~ 39°00′07″；位于阿克塞哈萨克族自治县内。

湿地高等植物门 18 科 41 属 51 种。没有记录到外来植物物种。

湿地植被划分为 1 个植被型组，3 个植被型，9 个群系。

脊椎动物 16 目 31 科 48 种。其中，鱼类 1 目 1 科 1 种，鸟类 8 目 12 科 45 种。

国家重点保护野生动物 8 种。其中，国家 I 级保护野生动物 3 种，国家 II 级保护野生动物 5 种。在国家重点保护野生动物中，湿地鸟类 8 种，其中国家 I 级保护鸟类 3 种，国家 II 级保护鸟类 5 种。

没有记录到外来动物物种。

于 1982 年建立小苏干湖省级候鸟自然保护区，受阿克塞哈萨克族自治县人民政府部门管理，成立了科级管理机构。

主要受到生物资源过度利用、水资源过度开发，物种生态环境恶化威胁。

7. 干海子省级自然保护区

干海子省级自然保护区重点调查湿地范围面积 0.067 万公顷，湿地面积 0.052 万公顷，主要湿地类型为湖泊和河流湿地。地理坐标为东经 98°00′49″ ~ 98°02′58″、北纬 40°22′50″ ~ 40°24′21″；位于玉门市内。

湿地高等植物 26 科 65 属 87 种。没有记录到外来植物物种。

湿地植被划分为 2 个植被型组，3 个植被型，6 个群系。

脊椎动物纲 10 目 16 科 30 种。其中，鱼类 2 目 3 科 3 种，两栖类 1 目 2 科 2 种，鸟类 7 目 11 科 25 种。

国家重点保护野生动物 4 种。其中，国家 I 级保护野生动物 2 种，国家 II 级保护野生动物 2 种。在国家重点保护野生动物中，湿地鸟类 4 种，其中国家 I 级保护鸟类 2 种，国家 II 级保护鸟类 2 种。

没有记录到外来动物物种。

于 1982 年建立干海子省级自然保护区，受玉门市人民政府管理部门管理，成立了副科级管理机构。

主要受到气候变化导致水资源短缺、湿地萎缩、保护区环境恶化、湿地生物多样性减少威胁。

8. 昌马河省级自然保护区

昌马河省级自然保护区重点调查湿地范围面积 0.68 万公顷，湿地面积 0.25 万公顷，主要湿地类型为人工湿地和河流湿地。地理坐标为东经 96°35′~97°00′，北纬 39°42′~39°58′；位于玉门市内。

湿地高等植物 31 科 78 属 109 种。没有记录到外来植物物种。

湿地植被划分为 4 个植被型组，6 个植被型，18 个群系。

脊椎动物 10 目 16 科 30 种。其中，鱼类 2 目 3 科 3 种，两栖类 1 目 2 科 2 种，鸟类 7 目 11 科 25 种。

国家重点保护野生动物 4 种。其中，国家 I 级保护野生动物 2 种，国家 II 级保护野生动物 2 种。在国家重点保护野生动物中，湿地鸟类 4 种，其中国家 I 级保护鸟类 2 种，国家 II 级保护鸟类 2 种。

没有记录到外来动物物种。

于 1996 年建立昌马河省级自然保护区，受玉门市人民政府管理部门管理，成立了副科级管理机构。

主要受到气候变化、河道泥沙淤积、湿地退化、过度放牧威胁。

9. 张掖黑河流域湿地国家级自然保护区

张掖黑河流域湿地国家级自然保护区重点调查湿地范围面积 4.12 万公顷，湿地面积为 2.50 万公顷，主要湿地类型为河流湿地和沼泽湿地。地理坐标为东经 99°17′24″~100°30′15″，北纬 38°56′39″~39°52′30″；位于张掖市甘州区、临泽县、高台县内。

湿地高等植物 63 科 173 属 293 种。没有记录到外来植物物种。

湿地植被划分为 4 个植被型组，7 个植被型，25 个群系。

脊椎动物 19 目 48 科 164 种。其中，鱼类 1 目 2 科 15 种，两栖类 1 目 2 科 5 种，鸟类 15 目 39 科 142 种。

国家重点保护野生动物 7 种。其中，国家 I 级保护野生动物 2 种，国家 II 级保护野生动物 5 种。在国家重点保护野生动物中，湿地鸟类 7 种，其中国家 I 级保护鸟类 2 种，国家 II 级保护鸟类 5 种。

没有记录到外来动物物种。

于 1992 年建立省级自然保护区，2011 年晋升为国家级自然保护区，受张掖市政府部门管理，成立了正县管理机构。

主要受到湿地持续萎缩，荒漠化加剧、湿地污染，生态环境破坏威胁。

10. 黄河兰州段

黄河兰州段重点调查湿地范围面积 0.72 万公顷，湿地面积为 0.70 万公顷，主要湿地类型为河流湿地。地理坐标为东经 102°35′58″～104°34′29″，北纬 35°34′20″～37°07′07″；位于兰州市内。

湿地高等植物 45 科 116 属 163 种。没有记录到外来植物物种。

湿地植被划分为 4 个植被型组，9 个植被型，28 个群系。

脊椎动物 13 目 20 科 73 种。其中，鱼类 3 目 5 科 24 种，两栖类 2 目 3 科 3 种，鸟类 8 目 12 科 46 种。

国家重点保护野生动物 3 种。其中，国家 Ⅱ 级保护野生动物 3 种。在国家重点保护野生动物中，湿地鸟类 3 种，国家 Ⅱ 级保护鸟类 3 种。

没有记录到外来动物物种。

受兰州市人民政府管理。

主要受到水体污染、城市建设威胁。

11. 黄河靖远段省级湿地自然保护区

黄河靖远段省级湿地自然保护区重点调查湿地范围面积 0.60 万公顷，湿地面积为 0.59 万公顷，主要湿地类型为河流湿地。地理坐标为东经 104°18′～105°18′，北纬 36°10′～37°15′；位于靖远县内。

湿地高等植物 42 科 99 属 144 种。没有记录到外来植物物种。

湿地植被划分为 4 个植被型组，8 个植被型，18 个群系。

脊椎动物 10 目 16 科 61 种。其中，鱼类 1 目 2 科 13 种，两栖类 1 目 2 科 2 种，鸟类 8 目 12 科 46 种。

国家重点保护野生动物 3 种。其中，国家 Ⅱ 级保护野生动物 3 种。在国家重点保护野生动物中，湿地鸟类 3 种，其中国家 Ⅱ 级保护鸟类 3 种。

没有记录到外来动物物种。

受靖远县人民政府管理，成立了副科级管理机构。

主要受到土地资源的过度开发和围垦及水体污染威胁。

12. 洮河临洮段省级湿地自然保护区

洮河临洮段省级湿地自然保护区重点调查湿地范围面积 0.33 万公顷，湿地面积为 0.29 万公顷，主要湿地类型为河流湿地。地理坐标为东经 103°29′～103°51′，北纬 35°03′42″～35°56′46″；位于临洮县内。

湿地高等植物 39 科 95 属 140 种。没有记录到外来植物物种。

湿地植被划分为 4 个植被型组，6 个植被型，10 个群系。

脊椎动物 11 目 14 科 44 种。其中，鱼类 3 目 3 科 14 种，两栖类 2 目 3 科 3 种，鸟类 6 目 8 科 27 种。

国家重点保护野生动物 3 种。其中，国家 Ⅱ 级保护野生动物 3 种。在国家重点保护野生动物中，湿地鸟类 3 种，其中国家 Ⅱ 级保护鸟类 3 种。

没有记录到外来动物物种。

受临洮县政府管理。

洮河临洮段湿地受威胁状况等级为安全。

13. 岷县狼渡滩

岷县狼渡滩重点调查湿地范围面积 3.42 万公顷，湿地面积为 0.25 万公顷，主要湿地类型为河流湿地和沼泽湿地。地理坐标为东经 $103°41'29'' \sim 104°59'23''$，北纬 $34°07'34'' \sim 34°45'45''$；位于岷县境内。

湿地高等植物 45 科 134 属 242 种。没有记录到外来植物物种。

湿地植被划分为 4 个植被型组，6 个植被型，18 个群系。

脊椎动物 12 目 18 科 43 种。其中，鱼类 2 目 3 科 20 种，两栖类 2 目 3 科 6 种，鸟类 8 目 12 科 17 种。

国家重点保护野生动物 4 种。其中，国家 Ⅰ 级保护野生动物 2 种，国家 Ⅱ 级保护野生动物 2 种。在国家重点保护野生动物中，湿地鸟类 3 种，其中国家 Ⅰ 级保护鸟类 1 种，国家 Ⅱ 级保护鸟类 2 种。

没有记录到外来动物物种。

受岷县人民政府管理。

狼渡滩湿地受威胁状况等级为安全。

14. 兰州市银滩湿地公园

兰州市银滩湿地公园重点调查湿地范围面积 0.0043 万公顷，湿地面积为 0.0043 万公顷，主要湿地类型为河流湿地。地理坐标为东经 $103°34' \sim 103°47'$，北纬 $36°04' \sim 36°10'$，位于兰州市内。

湿地高等植物 31 科 74 属 94 种。没有记录到外来植物物种。

湿地植被划分为 3 个植被型组，6 个植被型，13 个群系。

脊椎动物 13 目 20 科 73 种。其中，鱼类 3 目 5 科 24 种，两栖类 2 目 3 科 3 种，鸟类 8 目 12 科 46 种。

国家重点保护野生动物 3 种。其中，国家 Ⅱ 级保护野生动物 3 种。在国家重点保护野生动物中，湿地鸟类 3 种，其中国家 Ⅱ 级保护鸟类 3 种。

没有记录到外来动物物种。

受兰州市安宁区城市园林绿化管理所管理。

主要受到上游水源的污染威胁。

15. 张掖国家湿地公园

张掖国家湿地公园重点调查湿地范围面积 0.41 万公顷，湿地面积为 0.096 万公顷，主要湿地类型为沼泽湿地。中心地理坐标为东经 $100°28'$，北纬 $38°57'$；位于张掖市甘州区内。

湿地高等植物 45 科 103 属 160 种。没有记录到外来植物物种。

湿地植被划分为 4 个植被型组，6 个植被型，14 个群系。

脊椎动物17目43科159种。其中，鱼类1目2科15种，两栖类1目2科2种，鸟类15目39科142种。

国家重点保护野生动物7种。其中，国家Ⅰ级保护野生动物2种，国家Ⅱ级保护野生动物5种。在国家重点保护野生动物中，湿地鸟类7种，其中国家Ⅰ级保护鸟类2种，国家Ⅱ级保护鸟类5种。

没有记录到外来动物物种。

于2009年建立张掖湿地公园，2009年晋升为国家级自然保护区，受张掖市湿地局管理，成立了正县级管理机构。

张掖湿地公园的湿地受威胁状况等级为安全。

16. 祁连山国家级自然保护区

祁连山国家级自然保护区重点调查湿地范围面积265.30万公顷，湿地面积为19.60万公顷，主要湿地类型为河流湿地和沼泽湿地。地理坐标为东经97°24′~103°46′，北纬36°43′~39°42′；位于天祝藏族自治县、肃南裕固族自治县及古浪、凉州、山丹、民乐、甘州、永昌8县(市)内。

湿地高等植物79科260属538种。国家重点保护野生植物2种，其中国家Ⅱ级保护野生植物2种。没有记录到外来植物物种。

湿地植被划分为5个植被型组，8个植被型，17个群系。

脊椎动物12目21科71种。其中，鱼类2目3科16种，两栖类1目2科2种，鸟类9目16科53种。

国家重点保护野生动物7种。其中，国家Ⅰ级保护野生动物2种，国家Ⅱ级保护野生动物5种。在国家重点保护野生动物中，湿地鸟类7种，其中国家Ⅰ级保护鸟类2种，国家Ⅱ级保护鸟类5种。

没有记录到外来动物物种。

于1987年建立省级自然保护区，1988年晋升为国家级自然保护区，受林业部门管理，成立了正县级管理机构。

祁连山湿地受威胁状况等级为安全。

17. 盐池湾国家级自然保护区

盐池湾国家级自然保护区重点调查湿地范围面积136万公顷，湿地面积为15.03万公顷，主要湿地类型为河流湿地和沼泽湿地。地理坐标为东经95°21′~97°10′，北纬38°26′~39°52′；位于肃北蒙古族自治县内。

湿地高等植物31科81属122种。国家重点保护野生植物种，没有记录到外来植物物种。

湿地植被划分为3个植被型组，6个植被型，15个群系。

脊椎动物17目33科102种。其中，鱼类2目2科5种，两栖类1目1科1种，鸟类14目30科96种。

国家重点保护野生动物种。其中，国家Ⅰ级保护野生动物1种，国家Ⅱ级保护野生动物1种。在国家重点保护野生动物中，湿地鸟类2种，其中国家Ⅰ级保护鸟类1种，国家Ⅱ级保护鸟类 1 种。

没有记录到外来动物物种。

于 1982 年建立省级自然保护区，2006 年晋升为国家级自然保护区，受林业部门管理，成立了正县级管理机构。

盐池湾湿地受威胁状况等级为轻度。

18. 小陇山国家级自然保护区

小陇山国家级自然保护区重点调查湿地范围面积 3.19 万公顷，湿地面积为 0.11 万公顷，主要湿地类型为河流湿地和沼泽湿地。地理坐标为东经 106°13′10″ ～ 106°33′06″，北纬 33°35′12″ ～ 33°45′11″；位于徽县、两当县内。

湿地高等植物门 116 科 273 属 424 种。国家重点保护野生植物 3 种，其中国家 I 级保护野生植物 1 种，国家 II 级保护野生植物 2 种。没有记录到外来植物物种。

湿地植被划分为 3 个植被型组，6 个植被型，17 个群系。

脊椎动物 12 目 20 科 53 种。其中，鱼类 2 目 3 科 18 种，两栖类 2 目 6 科 9 种，爬行类 1 目 2 科 2 种，鸟类 6 目 8 科 20 种，哺乳类 1 目 2 科 4 种。

无国家重点保护野生动物。

没有记录到外来动物物种。

于 1982 年建立省级自然保护区，2006 年晋升为国家级自然保护区，受林业部门管理，成立了正县级管理机构。

小陇山国家级自然保护区湿地受威胁状况等级为安全。

19. 白水江

白水江重点调查湿地范围面积 18.38 万公顷，湿地面积为 0.12 万公顷，主要湿地类型为河流湿地。地理坐标为东经 104°16′ ～ 105°25′，北纬 32°35′ ～ 33°05′；位于武都区文县内。

湿地高等植物 92 科 237 属 390 种。国家重点保护野生植物 6 种，其中国家 II 级保护野生植物 6 种。没有记录到外来植物物种。

湿地植被划分为 3 个植被型组，4 个植被型，14 个群系。

脊椎动物 16 目 29 科 133 种。其中，鱼类 4 目 8 科 67 种，两栖类 2 目 8 科 28 种，爬行类 1 目 2 科 2 种，鸟类 8 目 10 科 34 种，哺乳类 1 目 1 科 1 种。

国家重点保护野生动物 3 种。其中，国家 II 级保护野生动物 3 种。

没有记录到外来动物物种。

1978 年建立国家级自然保护区，受林业部门管理，成立了正县级管理机构。

主要受到水位下降，湿地减少、生物资源过度利用威胁。

20. 疏勒河中下游省级自然保护区

疏勒河中下游省级自然保护区重点调查湿地范围面积 32.42 万公顷，湿地面积为 7.83 万公顷，主要湿地类型为沼泽湿地和湖泊湿地。地理坐标为东经 94°45′ ～ 97°00′，北纬 39°52′ ～ 40°36′；

位于瓜州县内。

湿地高等植物 36 科 82 属 107 种。没有记录到外来植物物种。

湿地植被划分为 3 个植被型组，5 个植被型，16 个群系。

脊椎动物 10 目 19 科 68 种。其中，鱼类 1 目 2 科 8 种，两栖类 1 目 2 科 2 种，鸟类 7 目 14 科 57 种，哺乳类 1 目 1 科 1 种。

国家重点保护野生动物 6 种。其中，国家 I 级保护野生动物 1 种，国家 II 级保护野生动物 6 种。在国家重点保护野生动物中，湿地鸟类 6 种，其中国家 I 级保护鸟类 1 种，国家 II 级保护鸟类 5 种。

没有记录到外来动物物种。

于 2002 年建立省级自然保护区，受瓜州县人民政府管理，成立了正科级管理机构。

主要受到生物资源过度利用、气候变化、水位下降、物种生态环境恶化、湿地出现退化、沙化威胁。

21. 裕河省级自然保护区

裕河省级自然保护区重点调查湿地范围面积 7.49 万公顷，湿地面积为 0.055 万公顷，主要湿地类型为河流湿地。地理坐标为东经 105°16′ ~ 105°38′，北纬 32°46′ ~ 33°10′；位于陇南市武都区县内。

湿地高等植物 52 科 170 属 257 种。国家重点保护野生植物 3 种，其中国家 II 级保护野生植物 3 种。没有记录到外来植物物种。

湿地植被划分为 3 个植被型组，4 个植被型，12 个群系。

脊椎动物 16 目 26 科 77 种。其中，鱼类 3 目 6 科 30 种，两栖类 2 目 4 科 8 种，鸟类 8 目 13 科 32 种，哺乳类 3 目 3 科 7 种。

国家重点保护野生动物 2 种。其中，国家 II 级保护野生动物 1 种。在国家重点保护野生动物中，湿地鸟类 1 种，其中国家 II 级保护鸟类 1 种。

没有记录到外来动物物种。

于 2002 年建立省级自然保护区，受武都区人民政府管理，成立了正科级管理机构。

主要受到采砂采石威胁。

22. 插岗梁省级自然保护区

插岗梁省级自然保护区重点调查湿地范围面积 11.88 万公顷，湿地面积为 0.12 万公顷，主要湿地类型为河流湿地和沼泽湿地。地理坐标为东经 103°57′03″ ~ 104°38′43″，北纬 33°13′10″ ~ 33°51′29″；位于舟曲县内。

湿地高等植物 51 科 108 属 153 种。国家重点保护野生植物 6 种，其中国家 I 级保护野生植物 1 种，国家 II 级保护野生植物 5 种。没有记录到外来植物物种。

湿地植被划分为 4 个植被型组，5 个植被型，14 个群系。

脊椎动物 16 目 26 科 62 种。其中，鱼类 3 目 6 科 30 种，两栖类 2 目 4 科 8 种，鸟类 8 目 13 科 20 种，哺乳类 2 目 2 科 4 种。

国家重点保护野生动物2种。其中，国家Ⅱ级保护野生动物2种。在国家重点保护野生动物中，湿地鸟类1种，其中国家Ⅱ级保护鸟类1种。

没有记录到外来动物物种。

于2005年建立省级自然保护区，受林业部门管理，成立了科级管理机构。

插岗梁湿地受威胁状况等级为安全。

23. 甘肃敦煌阳关国家级自然保护区

甘肃敦煌阳关国家级自然保护区重点调查湿地范围面积8.82万公顷，湿地面积为2.17万公顷，主要湿地类型为河流湿地和沼泽湿地。地理坐标为东经93°53′~94°20′，北纬39°39′~40°05′；位于敦煌市。

湿地高等植物24科53属69种。没有记录到外来植物物种。

湿地植被划分为4个植被型组，6个植被型，11个群系。

脊椎动物9目18科33种。其中，鱼类1目2科8种，两栖类1目2科2种，鸟类7目14科56种。

国家重点保护野生动物6种。其中，国家Ⅰ级保护野生动物1种，国家Ⅱ级保护野生动物5种。在国家重点保护野生动物中，湿地鸟类6种，其中国家Ⅰ级保护鸟类1种，国家Ⅱ级保护鸟类5种。

没有记录到外来动物物种。

于1994年建立省级自然保护区，2009年晋升为国家级自然保护区，受省环保厅管理，成立了副处级管理机构。

主要受到降水稀少，蒸发量大；耕地增加，引水灌溉；放牧威胁。

24. 兰州秦王川国家湿地公园

兰州秦王川国家湿地公园重点调查湿地范围面积0.027万公顷，湿地面积为0.011万公顷，主要湿地类型为内陆盐沼湿地。地理坐标为东经103°35′38″~108°38′37″，北纬36°23′59″~36°27′56″；位于永登县内。

2011年批准为国家湿地公园（试点），受林业部门管理。

主要威胁因子为基建和城市化，受威胁等级为轻度。

25. 洮河国家级保护区

洮河国家级保护区重点调查湿地范围面积28.78万公顷，湿地面积为0.65万公顷，主要湿地类型为河流湿地。地理坐标为东经102°46′02″~103°44′40″，北纬34°10′07″~34°42′05″；位于甘南藏族自治州的卓尼、临潭、迭部、碌曲、合作5县（市）内。

于2005年建立省级自然保护区，2009年晋升为国家级自然保护区，受林业部门管理。

主要受到泥沙淤积、水利工程威胁。

26. 连城国家级自然保护区

连城国家级自然保护区重点调查湿地范围面积4.79万公顷，湿地面积为0.02万公顷，主要湿地类型为河流湿地。地理坐标为东经102°36′~102°55′，北纬36°33′~36°48′；位于永登县内。

2005年晋升为国家级自然保护区，受林业部门管理，成立了管理机构。

主要受到污染、水利工程威胁。

27. 莲花山国家级自然保护区

莲花山国家级自然保护区重点调查湿地范围面积1.17万公顷，湿地面积为0.036万公顷，主要湿地类型为河流湿地。地理坐标为东经103°39′59″~103°50′26″，北纬34°54′17″~35°01′43″；位于康乐、临潭、卓尼、渭源、临洮五县交界处。

于1983年建立省级自然保护区，2003年晋升为国家级自然保护区，受林业部门管理，成立了正县级管理机构。

主要受到周边旅游的影响威胁。

28. 太子山国家级自然保护区

太子山国家级自然保护区重点调查湿地范围面积8.47万公顷，湿地面积为0.24万公顷。主要湿地类型为河流湿地。地理坐标为东经102°43′~103°42′，北纬35°02′~35°36′；位于临夏回族自治州与甘南藏族自治州之间县内。

于2005年建立省级自然保护区，2012年晋升为国家级自然保护区，受林业部门管理，成立了正县级管理机构。

主要受到湿地水环境的阻断和破坏、污染的威胁。

29. 连古城自然保护区

连古城自然保护区重点调查湿地范围面积38.99万公顷，湿地面积为1.23万公顷，主要湿地类型为灌丛沼泽湿地。地理坐标为东经102°30′~103°57′，北纬38°10′~38°09′；位于民勤县内。

于1982年建立省级自然保护区，2002年晋升为国家级自然保护区，受林业部门管理，成立了正县级管理机构。

主要受到荒漠化和沙化威胁。

30. 安西极旱荒漠国家级自然保护区

安西极旱荒漠国家级自然保护区重点调查湿地范围面积80万公顷，湿地面积为0.24万公顷，主要湿地类型为季节性沼泽湿地。分南片和北片。南片地理坐标为东经95°50′30″~96°51′00″，北纬39°50′45″~40°43′40″；北片地理坐标为东经94°47′00″~95°41′00″，北纬41°19′00″~41°12′24″，位于瓜州县内。

于1987年建立省级自然保护区，1992年晋升为国家级自然保护区，受甘肃省环境保护厅管理，成立了县级管理机构。

主要受到盐碱化、沙化威胁。

31. 甘肃平凉太统—崆峒山自然保护区

甘肃平凉太统—崆峒山自然保护区重点调查湿地范围面积 1.63 万公顷，湿地面积为 0.13 万公顷，主要湿地类型为河流湿地，地理坐标为东经 35°32′，北纬 106°30′，位于平凉市崆峒区境内。

于 1982 年建立省级自然保护区，2005 年晋升为国家级自然保护区，受林业部门管理，成立了正县级管理机构。

主要受到水利工程、引排水威胁。

32. 甘肃兴隆山国家级自然保护区

甘肃兴隆山国家级自然保护区重点调查湿地范围面积 2.96 万公顷，湿地面积为 0.11 万公顷，主要湿地类型为高山草甸、河流零星湿地。地理坐标为东经 103°50′ ~ 104°10′，北纬 35°38′ ~ 35°58′；位于榆中县内。

于 1982 年建立省级自然保护区，1988 年晋升为国家级自然保护区，受林业部门管理，成立了正县级管理机构。

主要受到城市化、沙化威胁。

33. 甘肃安南坝野骆驼自然保护区

甘肃安南坝野骆驼自然保护区重点调查湿地范围面积 39.6 万公顷，湿地面积为 0.12 万公顷，主要湿地类型为河流和沼泽湿地。地理坐标为东经 92°20′ ~ 93°19′，北纬 39°02′ ~ 39°47′；位于阿克塞哈萨克族自治县内。

于 1982 年建立省级自然保护区，2006 年晋升为国家级自然保护区，受林业部门管理，成立了正县级管理机构。

主要受到降水少、沙化威胁。

34. 博峪河省级自然保护区

博峪河省级自然保护区重点调查湿地范围面积 6.15 万公顷，湿地面积 0.008 万公顷，主要湿地类型为河流湿地。地理坐标为东经 104°09′23″ ~ 104°32′40″，北纬 33°03′18″ ~ 33°34′50″；位于舟曲县、文县内。

于 2006 年建立省级自然保护区，受林业部门管理，成立了科级管理机构。

博峪河省级自然保护区湿地受威胁等级为安全。

参考文献

[1]安定国.甘肃省小陇山高等植物志[M].兰州：甘肃民族出版社，2000.

[2]包新康.大小苏干湖湿地鸟类多样性季节变化[J].动物学杂志，2007，42(6)：131～135.

[3]蔡邦华.昆虫分类学(中册)[M].北京：科学出版社，1973.

[4]蔡邦华.昆虫分类学(下册)[M].北京：科学出版社，1985.

[5]蔡英亚，张英，魏若飞.贝类学概论[M].上海：上海科学技术出版社，1979.

[6]陈邦杰.中国藓类植物属志.(上，下册)[M].北京：科学出版社，1963～1978.

[7]陈德牛，高家祥.中国农区贝类[M].北京：农业出版社，1987.

[8]陈德牛.陆生软体动物[M].北京：科学出版社，1987.

[9]陈服官，罗时友.中国动物志，鸟纲(九卷)[M].北京：科学出版社，1998.

[10]陈华豪，常虹.哺乳类动物调查中的截线抽样法与逆向截线法[J].兽类学报，1987，7(1)：58～66.

[11]陈克林.若尔盖湿地恢复指南[M].北京：中国水利水电出版社，2010.

[12]陈清潮，石长泰.中国动物志：节肢动物门甲壳亚门端足目[M].北京：科学出版社，2002.

[13]陈宜瑜.横断山区鱼类[M].北京：科学出版社，1998.

[14]陈宜瑜.中国动物志，硬骨鱼纲鲤形目(中卷)[M].北京：科学出版社，1998.

[15]陈义编.中国动物图谱－环节动物[M].北京：科学出版社，1959.

[16]陈义.中国陆栖寡毛类几个新种的记述Ⅱ[J].动物学报，1977，23(2)：175～181.

[17]陈义.中国蚯蚓[M].北京：科学出版社，1956.

[18]崔保山，杨志峰.吉林省典型湿地资源效益评价研究[J].资源科学，2001，(03)

[19]崔保山，杨志峰.湿地生态系统健康评价指标体系I：理论[J].生态学报，2002，22(7)：1005～1011.

[20]崔丽娟，张明祥.湿地评价研究概述[J].世界林业研究，2002，(06).

[21]丁瑞华.都近郊陆栖寡毛类的初步调查[J].四川动物，1983，2(2)：1～5.

[22]堵南山.甲壳动物学(上)[M].北京：科学出版社，1987.

[23]堵南山.甲壳动物学(下)[M].北京：科学出版社，1993.

[24]费梁，叶昌媛，黄永昭.中国两栖动物检索及图解[M].成都：四川科学技术出版社，2005.

[25]费梁.中国两栖动物图鉴[M].郑州：河南科学技术出版社，1999.

[26]冯自成，徐梦龙.甘南树木图志[M].兰州：甘肃科学技术出版社，1994.

[27]冯祚建，蔡桂全.西藏哺乳类[M].北京：科学出版社，1986.

[28]傅立国.中国高等植物(第一卷～第十三卷)[M].青岛：青岛出版社，1998～2009.

[29]傅桐生，宋榆钧，高玮.中国动物志(第十四卷，雀形目文鸟科－雀科)[M].北京：科学出版社，1998.

[30]甘肃白水江国家级自然保护区管理局.甘肃白水江国家级自然保护区综合科学考察报告[M].兰州：甘肃科学技术出版社，1997.

[31]甘肃祁连山国家级自然保护区志编纂委员会.甘肃祁连山国家级自然保护区志[M].兰州：甘肃科学技术出版社，2009.

[32]《甘肃省地图集》编纂委员会.甘肃省地图集[M].西安：西安地图出版社，2007.

[33]甘肃省蝗虫调查协作组. 甘肃蝗虫图志[M]. 兰州：甘肃人民出版社，1985.

[34]甘肃省湿地保护条例[J]. 中国绿色时报，2004. 2. 2.

[35]《甘肃省志林业志》编纂委员会. 甘肃省林业志[M]. 兰州：甘肃文化出版社，2009.

[36]《甘肃植物志》编辑委员会. 甘肃植物志(第二卷)[M]. 兰州：甘肃科学技术出版社，2005.

[37]高耀亭. 中国动物志(兽纲八卷)[M]. 北京：科学出版社，1987.

[38]葛钟麟，丁锦华，田立新. 中国经济昆虫志(第27册，同翅目－飞虱科)[M]. 北京：科学出版社，1984.

[39]郭冬生. 常见鸟类野外识别手册[M]. 重庆：重庆大学出版社，2007.

[40]韩联宪. 甘肃省阿克塞哈萨克族自治县夏季鸟类调查[J]. 国土与自然资源研究，1999，4：65～67.

[41]韩联宪. 苏干湖夏季鸟类调查及观鸟潜力评价[J]. 云南地理环境研究，1998，10(2)：86～90.

[42]何池全，崔保山，赵志春. 吉林省典型湿地生态评价[J]. 应用生态学报，2001，(05).

[43]胡金林. 中国农林蜘蛛[M]. 天津：天津科学技术出版社，1983.

[44]胡淑琴，赵尔宓. 中国动物图谱. 两栖类－爬行类(第二版)[M]. 北京：科学出版社，1987.

[45]黄福珍. 蚯蚓[M]. 北京：农业出版社，1982.

[46]季达明. 中国爬行动物图鉴[M]. 郑州：河南科学技术出版社，2002.

[47]姜文来. 湿地资源开发可持续环境影响评价研究[J]. 中国环境科学，1997，(05).

[48]蒋燮治，堵南山. 中国动物志(节肢动物门甲壳纲－淡水枝角类)[M]. 北京：科学出版社，1979，1～297.

[49]蒋燮治，沈韫芬，龚循矩. 西藏水生无脊椎动物[M]. 北京：科学出版社，1983，335～492.

[50]李飞. 途经甘肃的3种水鸟新纪录[J]. 动物学杂志，2008，43(1)：15.

[51]李光鹏. 我国涡虫纲分类学研究[J]. 动物学杂志，1994，29(2)，58～62.

[52]李吉均，文世宣. 青藏高原隆起的时代(幅度和形成的探讨)[J]. 中国科学，1979，(6)：608～616.

[53]刘承钊，胡淑琴，丁汉波. 中国动物图谱两栖动物[M]. 北京：北京科学出版社，1959.

[54]刘德增. 中国的淡水(三肠目)涡虫[J]. 动物学杂志，1989，24(6)：38～43.

[55]刘红玉，吕宪国，张世奎. 湿地景观变化过程与累积环境效应研究进展[J]. 地理科学进展，2003，(01).

[56]刘凌云，郑光美. 普通动物学(第三版)[M]. 北京：高等教育出版社，1998.

[57]刘迺发，马崇玉. 尔海—则岔自然保护区[M]. 北京：中国林业出版社，1997.

[58]刘迺发，宁瑞栋. 甘肃安西极旱荒漠国家级自然保护区[M]. 北京：中国林业出版社，1998.

[59]刘永彪，李俊臻. 甘南藏族自治州林业志[M]. 兰州：甘肃民族出版社，1997.

[60]吕宪国，黄锡畴. 我国湿地研究进展——献给中国科学院长春地理研究所成立40周年[J]. 地理科学，1998，(04)

[61]吕宪国，王起超，刘吉平. 湿地生态环境影响评价初步探讨[J]. 生态学杂志，2004，(01).

[62]马敬能，菲利普斯，何芬奇. 中国鸟类野外手册[M]. 长沙：湖南教育出版社，2000.

[63]马雄，张荣. 浅谈甘南高原草地现状及保护对策[J]. 草业科学，2010，(10).

[64]毛文锋，吴仁海. 建议在我国开展累积影响评价的理论与实践研究[J]. 环境科学研究，1998，(05).

[65]南开大学，中山大学，北京大学. 昆虫学(上册)[M]. 北京：人民教育出版社，1980.

[66]欧阳峰，王磊. 玛曲湿地保护管理[M]. 兰州：甘肃人民出版社，2009.

[67]庞雄飞，毛金龙. 中国经济昆虫志(第14册－鞘翅目－瓢虫类)[M]. 北京：科学出版社，1979.

[68]史密斯，解焱，盖玛. 中国兽类野外手册[M]. 长沙：湖南教育出版社，2009.

[69]宋大祥，冯钟琪. 蚂蟥[M]. 北京：科学出版社，1978.

[70]宋志明，王香亭. 甘肃两栖、爬行动物区系研究[J]. 兰州大学学报，1984，20(3)：92～105.

[71]隋敬之，孙洪国. 中国习见蜻蜓[M]. 北京：农业出版社，1986.

[72]孙广友．中国湿地科学的进展与展望[J]．地理科学进展，2000，(06)．

[73]孙儒泳．动物生态学原理[M]．北京：北京师范大学出版社，2003．

[74]王惠基．腹足纲—后鳃亚纲和肺螺亚纲[M]．上海：上海科学技术文献出版社，1989．

[75]王慧芙．中国经济昆虫志(第23册–螨目–叶螨总科)[M]．北京：科学出版社，1981．

[76]王家楫．中国淡水轮虫志[M]．北京：科学技术出版社，1961，1~288．

[77]王丕贤，周天林．甘肃子午岭地区鸟类区系分析[J]．四川动物，1994，13(3)：120~122．

[78]王香亭．甘肃脊椎动物志[M]．兰州：甘肃科学技术出版社，1991．

[79]王香亭，宋志明．甘肃鸟类区系研究[J]．兰州大学学报，1981，(3)：114~125．

[80]王子清．中国经济昆虫志同翅目粉蚧科[M]．北京：科学出版社，1982．

[81]吴炳方，黄进良，沈良标．湿地的防洪功能分析评价——以东洞庭湖为例[J]．地理研究，2000，(02)

[82]伍光和．白水江自然保护区综合考察报告[M]．兰州：甘肃科学技术出版社，1997．

[83]武海涛，吕宪国．中国湿地评价研究进展与展望[J]．世界林业研究，2005，(4)：49~53．

[84]武云飞，吴翠珍．青藏高原鱼类[M]．成都：四川科学技术出版社，1991．

[85]徐景先，赵良成，林秦文．北京湿地植物[M]．北京：北京科学技术出版社，2009．

[86]杨全生．甘肃祁连山国家级自然保护区综合科学考察报告[M]．兰州：甘肃科学技术出版社，2008．

[87]杨维康，钟文勤，高行宜．鸟类栖息地选择研究进展[J]．干旱区研究，2000，17(3)：71~78．

[88]杨永兴．国际湿地科学研究的主要特点、进展与展望[J]．地理科学进展，2002，(02)．

[89]杨再学，郑元利，金星．黑线姬鼠(Apodemus agrarius)的种群繁殖参数及其地理分异特征[J]．生态学报，2007，27(6)：2425~2434．

[90]杨忠庆，李建国．甘肃祁连山鸟类区系研究[J]．青海师范大学学报(自然科学版)，1997，2：51~61．

[91]殷康前，倪晋仁．湿地研究综述[J]．生态学报，1998，18(5)：539~546．

[92]殷康前，倪晋仁．湿地综合分类研究Ⅱ：模型[J]．自然资源学报，1998，13(4)：312~319．

[93]尹文英．中国土壤动物检索图鉴[M]．北京：科学出版社，1998．

[94]尹文英．中国亚热带土壤动物[M]．北京：科学出版社，1992．

[95]俞穆清，田卫，孙道玮，等．湿地资源开发环境影响评价探析[J]．东北师大学报(自然科学版)，2000，(01)

[96]袁军，吕宪国．湿地功能评价研究进展[J]．湿地科学，2004，(02)

[97]张广学，钟铁森．中国经济昆虫志(第25册–同翅目–蚜虫类)[M]．北京：科学出版社，1983．

[98]张荣祖．中国动物地理[M]．北京：科学出版社，1999．

[99]张荣祖．中国自然地理——动物地理[M]．北京：科学出版社，1979．

[100]张士美．中国经济昆虫志(第31册–半翅目)(1)[M]．北京：科学出版社，1985．

[101]张树仁．中国常见湿地植物[M]．北京：科学出版社，2009．

[102]张涛．甘肃白水江国家级自然保护区鸟类新记录[J]．甘肃科学学报，1998，10(4)：56~58．

[103]张永民．生态系统与人类福祉评价框架—千年生态系统评估报告集[M]．北京：中国环境科学出版社，2007．

[104]张永明，宋孝玉，沈冰，等．石羊河流域水资源与生态环境变化及其对策研究[J]．干旱区地理，2006(06)．

[105]张勇，刘贤德，李鹏．甘肃河西地区维管植物检索表[M]．兰州：兰州大学出版社，2001．

[106]张峥，朱琳，张建文，等．我国湿地生态质量评价方法的研究[J]．中国环境科学，2000．

[107]张知彬．SOS！濒危极限的生物多样性[J]．生物多样性，1993，1(1)：30~34．

[108]赵军，党国锋．祁连山草地资源利用面临的问题及治理对策[J]．草业科学，2003，(07)．

［109］赵魁义. 甘肃省沼泽志［M］. 北京：科学出版社，1999.

［110］赵学敏. 湿地：人与自然和谐共存的家园［M］. 北京：中国林业出版社，2005.

［111］郑宝赉. 中国动物志（鸟纲八卷）［M］. 北京：科学出版社，北京，1985.

［112］郑光美. 世界鸟类分类与分布名录［M］. 北京：科学出版社，北京，2002.

［113］郑光美. 中国鸟类分类与分布名录［M］. 北京：科学出版社，2005.

［114］郑生武，余玉群. 甘肃盐池湾白唇鹿自然保护区有蹄类动物群结构的初步观察［J］. 兽类学报，1989，9（2）：130～136.

［115］郑生武. 中国西北地区珍稀濒危动物志［M］. 北京：中国林业出版社，1994.

［116］郑作新. 中国动物志（鸟纲二卷）［M］. 北京：科学出版社，1979.

［117］郑作新. 中国动物志（鸟纲六卷）［M］. 北京：科学出版社，1991.

［118］郑作新. 中国动物志（鸟纲十卷）［M］. 北京：科学出版社，1995.

［119］郑作新. 中国动物志（鸟纲四卷）［M］. 北京：科学出版社，1978.

［120］郑作新. 中国动物志（鸟纲一卷）［M］. 北京：科学出版社，1997.

［121］郑作新. 中国鸟类系统检索［M］. 北京：科学出版社，2002.

［122］中国科学院西北植物研究所. 秦岭植物志（1～5卷）［M］. 北京：科学出版社，1983～1985.

［123］中国科学院植物研究所. 中国高等植物图鉴（1～5册及补编1～2册）［M］. 北京：科学出版社，1983.

［124］中国科学院植物研究所. 中国植物志电子版查询网：Hppt：//frps. plantphoto. cn/，2008.

［125］《中国湿地百科全书》编辑委员会. 中国湿地百科全书［M］. 北京：中国科学技术出版社，2009.

［126］《中国植物志》编辑委员会. 中国植物志（各卷册）［M］. 北京：科学出版社，1959～2004.

［127］朱松泉. 中国淡水鱼类检索［M］. 南京：江苏科学技术出版社，1995.

［128］朱松泉. 中国条鳅志［M］. 南京：江苏科学技术出版社，1989.

［129］Kburaki T. On the terrestrial planrians from Japenens territores. Jour. Ccll. Imp. Univ. Tokyo，1922，44（4）：1～54.

［130］Randi E，P U. Alkon Genetic structure of chukar（*Alectoris chukar*）populations in Israel. The Auk，1994，111（2）：213～225.

附 件

甘肃省第二次湿地资源调查主要参与调查单位及人员

甘肃省野生动植物管理局：马崇玉　张国栋　赵平友　陶　冶　高　军　王春霞
　　　　　　　　　　　　蔡　鸣　何莉萍　高洪龙　马玉萍
清华大学3S中心：马洪兵　陈吉卓　谢　磊
兰州大学：张立勋
西北师范大学：马正学　陈学林　马虎生　王彦彪
天水师范学院：李晓鸿
甘肃尕海则岔国家级自然保护区：李俊臻　田瑞春
甘肃祁连山国家级自然保护区：裴　雯　李世霞　孙小霞
甘肃敦煌西湖国家级自然保护区：曹文渊
甘肃敦煌阳关国家级自然保护区：赵庭伟
甘肃兴隆山国家级自然保护区：金秋艳
甘肃黄河首曲国家级自然保护区：汪志安
甘肃连古城国家级自然保护区：李发鸿
甘肃白水江国家级自然保护区：谢宏余
兰州市林业局：杨辉来
张掖市林业局：孔东升
白银市林业局：吴　琼
酒泉市林业局：赵　华
甘肃玉门市动管站：何　涛
甘肃临夏州动管站：牟晓英
甘肃陇南市动管站：杨飞禹
甘肃天水市动管站：汪　潇
甘肃永靖黄河三峡省级自然保护区：肖怀念
甘肃大、小苏干湖省级自然保护区：阿　力
甘肃裕河省级自然保护区：赵志峰
其他单位人员：王江川　王　侠　王　瑞　左青云　石金华　张平峰　张吉顺
　　　　　　　张翔宇　张慕华　李志东　杨　帆　杨忠庆　杨　泉　汪志安
　　　　　　　周存海　宗呈祥　姚为民　赵　华　董　鑫　窦广斐　裴正晔
　　　　　　　魏佳玲

后　记

　　2014年1月全国第二次湿地资源调查全面结束后，国家林业局安排部署了编撰出版《中国湿地资源》和中国湿地资源各省分卷工作。为了编写好《中国湿地资源·甘肃卷》，甘肃省林业厅组织成立了《中国湿地资源·甘肃卷》编撰委员会，制定了《中国湿地资源·甘肃卷》编写方案。

　　《中国湿地资源·甘肃卷》的编撰以《第二次全国湿地资源调查甘肃省湿地资源调查报告》为主要依据。2009年起，为进一步摸清全省湿地资源"家底"，掌握湿地资源动态变化情况，甘肃省林业厅按照国家林业局统一部署，组织开展了全省第二次湿地资源调查工作。调查的目的是查清全省湿地资源及其环境现状，掌握湿地资源动态消长规律，建立全省湿地资源数据库和管理信息平台，对全省湿地资源进行全面、客观地分析评价，为湿地资源的保护、管理和合理利用提供准确的基础资料，为有针对性地强化湿地资源保护政策，进一步加强全省湿地资源保护与管理提供科学依据。

　　湿地资源调查过程中，省林业厅成立了省级湿地资源调查工作领导小组、领导小组办公室和专家技术委员会。依据国家林业局制定的《全国湿地资源调查技术规程（试行）》，编制了《甘肃省湿地资源调查实施细则》和《甘肃省湿地资源调查工作方案》，举办了两期全省湿地资源调查培训班，培训湿地调查业务骨干100多人。各市（州）林业部门也相应成立了湿地资源调查工作领导小组，组建了省级和市（州）级调查队伍。调查从2009年开始至2013年结束，历时5年时间。调查范围覆盖全省符合湿地定义的各类湿地资源，包括面积8公顷（含8公顷）以上的湖泊湿地、沼泽湿地、人工湿地以及宽度10米以上、长度5000米以上的河流湿地。调查通过采用"3S"技术与现地调查相结合的方法，获到了全省湿地类型、面积、分布、受威胁情况和生态状况等资料。外业调查完成了全省86个县（市、区）和34个重点湿地的调查任务，重点调查区域面积达690万公顷，完成动物调查样方（地、点、线）235个，植物调查样方1729个。调查自始至终由清华大学承担技术指导，其成果经省林业厅专家组和国家林业局专家组审定通过，最后形成《第二次全国湿地资源调查甘肃省湿地资源调查报告》。

　　湿地资源调查成果表明，全省湿地总面积169.39万公顷，湿地斑块总数4015个，包含了河流湿地、湖泊湿地、沼泽湿地、人工湿地4大类16种。其中：自然湿地面积164.24万公顷，占湿地总面积96.96%；人工湿地5.15万公顷，占湿地总面积的3.04%。全省湿地率为3.98%，受到有效保护的湿地占湿地总面积的51.56%。湿地资源主要分布在酒泉、张掖、武威、甘南等市（州），占湿地面积的89.83%。全省湿地以沼泽湿地为主，占湿地面积的73.49%。

　　《中国湿地资源·甘肃卷》全书共六章，分别从基本情况、湿地类型、湿地生物资源、湿地资源利用、湿地资源评价、湿地保护管理等6个方面，较系统地反映了甘肃湿地资源现状，详细介绍了全省湿地资源的分布、类型、数量以及主要生态特征，湿地植物资源，湿地动物资源，湿地自然保护区以及其他重点湿地保护与利用情况，合理开展了湿地资源评价，分析了保护与利用中存在的主要问题以及应采取的对策措施。本书专业性强且通俗易懂，不仅可以作为业务工具用书，而且可以作为科普宣传用书。《中国湿地资源·甘肃卷》的出版发行，能够在加强甘肃湿地资源保护管理、湿地自然保护区和湿地公园建设、野生动植物资源保护和湿地资源合理利用等方面发挥更大作用，为从事湿地保护管理、科学研究的同仁们提供资料依据，为社会各界关注、热爱湿地的人士提供帮助，并能激励更多的人参与湿地保护事业！

由于学识及专业水平有限，书中错误在所难免，敬请专家和读者批评指正。

中国科学院生态环境研究中心马克明研究员、清华大学 3S 中心对本书的编撰给予了审核，在此表示衷心感谢！

《中国湿地资源·甘肃卷》编写组

2014 年 10 月